冶金专业教材和工具书经典传承国际传播工程

Project of the Inheritance and International Dissemination of Classical Metallurgical Textbooks & Reference Books

冶金工业出版社

高职高专“十四五”规划教材

增材制造技术

主　编　李晓芳　蒋灵搏　牛　敏

副主编　常生德　周　萍　余业南

　　　　李新明　葛君朋　李　芬

主　审　魏安庆　付师星

北　京

冶　金　工　业　出　版　社

2025

内 容 提 要

本书以模块形式全面系统地介绍了增材制造技术基础知识、增材制造建模技术、增材制造设备操作、3D 扫描技术、3D 数据处理技术等，理论联系实际，实用性强。

本书可作为职业院校机械类、材料类专业的教材及增材制造行业从业人员的培训教材，也可作为工业产品创新设计类比赛的参考书。

图书在版编目(CIP)数据

增材制造技术 / 李晓芳，蒋灵搏，牛敏主编. 北京：冶金工业出版社，2025. 1. --（高职高专“十四五”规划教材）. -- ISBN 978-7-5240-0069-3

Ⅰ. TB4

中国国家版本馆 CIP 数据核字第 2024DE4227 号

增材制造技术

出版发行 冶金工业出版社　　**电　话** (010)64027926
地　址 北京市东城区嵩祝院北巷 39 号　　**邮　编** 100009
网　址 www. mip1953. com　　**电子信箱** service@ mip1953. com

策划编辑 杜婷婷　责任编辑 杜婷婷　美术编辑 吕欣童　版式设计 郑小利
责任校对 郑　娟　责任印制 范天娇

三河市双峰印刷装订有限公司印刷

2025 年 1 月第 1 版，2025 年 1 月第 1 次印刷

787mm×1092mm　1/16；22. 75 印张；506 千字；343 页

定价 59. 00 元

投稿电话　(010)64027932　投稿信箱　tougao@ cnmip. com. cn
营销中心电话　(010)64044283
冶金工业出版社天猫旗舰店　yjgycbs. tmall. com
(本书如有印装质量问题，本社营销中心负责退换)

冶金专业教材和工具书
经典传承国际传播工程
总　　序

钢铁工业是国民经济的重要基础产业，为我国经济的持续快速增长和国防现代化建设提供了重要支撑，做出了卓越贡献。当前，新一轮科技革命和产业变革深入发展，中国经济已进入高质量发展新时代，中国钢铁工业也进入了高质量发展的新时代。

高质量发展关键在科技创新，科技创新离不开高素质人才。党的二十大报告指出："教育、科技、人才是全面建设社会主义现代化国家的基础性、战略性支撑。必须坚持科技是第一生产力、人才是第一资源、创新是第一动力，深入实施科教兴国战略、人才强国战略、创新驱动发展战略，开辟发展新领域新赛道，不断塑造发展新动能新优势。"加强人才队伍建设，培养和造就一大批高素质、高水平人才是钢铁行业未来发展的一项重要任务。

随着社会的发展和时代的进步，钢铁技术创新和产业变革的步伐也一直在加速，不断推出的新产品、新技术、新流程、新业态已经彻底改变了钢铁业的面貌。钢铁行业必须加强对科技进步、教育发展及人才成长的趋势研判、规律认识和需求把握，深化人才培养体制机制改革，进一步完善相应的条件支撑，持续增强"第一资源"的保障能力。中国钢铁工业协会《"十四五"钢铁行业人力资源规划指导意见》提出，要重视创新型、复合型人才培养，重视企业家培养，重视钢铁上下游复合型人才培养。同时要科学管理，丰富绩效体系，进一步优化人才成长环境，造就一支能够支撑未来钢铁行业高质量发展的人才队伍。

高素质人才来源于高水平的教育和培训，并在丰富多彩的创新实践中历练成长。以科技创新为第一动力的发展模式，需要科技人才保持知识的更新频率，站在钢铁发展新前沿去思考未来，系统性地将基础理论学习和应用实践学习体系相结合。要深入推进职普融通、产教融合、科教融汇，建立高等教育+职业教育+继续教育和培训一体化行业人才培养体制机制，及时把钢铁科技创新成果转化为钢铁从业人员的知识和技能。

一流的专业教材是高水平教育培训的基础，做好专业知识的传承传播是当代中国钢铁人的使命。20 世纪 80 年代，冶金工业出版社在原冶金工业部的领导支持下，组织出版了一批优秀的专业教材和工具书，代表了当时冶金科技的水平，形成了比较完备的知识体系，成为一个时代的经典。但是由于多方面的原因，这些专业教材和工具书没能及时修订，导致内容陈旧，跟不上新时代的要求。反映钢铁科技最新进展和教育教学最新要求的新经典教材的缺失，已经成为当前钢铁专业人才培养最明显的短板和痛点。

为总结、提炼、传播最新冶金科技成果，完成行业知识传承传播的历史任务，推动钢铁强国、教育强国、人才强国建设，中国钢铁工业协会、中国金属学会、冶金工业出版社于 2022 年 7 月发起了“冶金专业教材和工具书经典传承国际传播工程”（简称“经典工程”），组织相关高校、钢铁企业、科研单位参加，计划用 5 年左右时间，分批次完成约 300 种教材和工具书的修订再版和新编，以及部分教材和工具书的对外翻译出版工作。2022 年 11 月 15 日在东北大学召开了工程启动会，率先启动了高等教育和职业教育教材部分工作。

“经典工程”得到了东北大学、北京科技大学、河北工业职业技术大学、山东工业职业学院等高校，中国宝武钢铁集团有限公司、鞍钢集团有限公司、首钢集团有限公司、河钢集团有限公司、江苏沙钢集团有限公司、中信泰富特钢集团股份有限公司、湖南钢铁集团有限公司、包头钢铁（集团）有限责任公司、安阳钢铁集团有限责任公司、中国五矿集团公司、北京建龙重工集团有限公司、福建省三钢（集团）有限责任公司、陕西钢铁集团有限公司、酒泉钢铁（集团）有限责任公司、中冶赛迪集团有限公司、连平县昕隆实业有限公司等单位的大力支持和资助。在各冶金院校和相关钢铁企业积极参与支持下，工程相关工作正在稳步推进。

征程万里，重任千钧。做好专业科技图书的传承传播，正是钢铁行业落实习近平总书记给北京科技大学老教授回信的重要指示精神，培养更多钢筋铁骨高素质人才，铸就科技强国、制造强国钢铁脊梁的一项重要举措，既是我国钢铁产业国际化发展的内在要求，也有助于我国国际传播能力建设、打造文化软实力。

让我们以党的二十大精神为指引，以党的二十大精神为强大动力，善始善终，慎终如始，做好工程相关工作，完成行业知识传承传播的使命任务，支撑中国钢铁工业高质量发展，为世界钢铁工业发展做出应有的贡献。

中国钢铁工业协会党委书记、执行会长

2023 年 11 月

前　言

增材制造技术，又称“3D 打印技术”，诞生于 20 世纪 80 年代，属于快速成型技术的一种，区别于传统的“减材制造技术”，被誉为“第三次工业革命最具标志性的生产工具”。增材制造技术作为高端装备制造行业的关键技术，广泛应用于航空航天、医疗、汽车、建筑、艺术创作等领域。

我国提出了从制造大国向制造强国转变的“三步走”战略，而被称为“工业 4.0”中核心技术的增材制造技术，正是新一轮工业革命的重要技术，重构了制造业的生产方式。制造业的迅速发展，对增材制造产业链条上相关专业人才的需求逐渐扩大，3D 建模、增材制造设备的操作及组装与维护、应用服务等领域都出现大量人才缺口。

增材制造技术课程是材料成型与控制技术、增材制造技术、金属精密成型技术、机械制造与自动化、数控技术、模具设计与制造等相关专业必修的一门专业核心技能课程，前置课程为“机械制图”“机械设计基础”，后置课程为“增材制造”实习实训。本书的主要内容包括增材制造技术基础知识、增材制造建模技术、增材制造设备操作、3D 扫描技术、3D 数据处理技术等。

本书依据增材制造技术专业人才培养方案、课程标准和企业生产服务的实际生产内容和业务流程，参照增材制造模型设计“1+X”职业技能等级标准，分析相关专业主要专业能力要求和岗位需求，科学设计 6

个教学模块：增材制造技术的理解与应用分析、基于SLA技术制造排风扇叶轮、基于SLS技术制造行星齿轮、基于WJP技术制造手机支架、基于逆向技术的吸尘器产品改型设计与制造、增材制造设备组装调试与维护。模块1主要介绍了3D打印技术的产生和发展、各种3D打印技术的原理和流程，剖析了目前主流的3D打印技术，包括光固化成型技术（SLA）、选择性激光烧结技术（SLS）、熔融沉积快速成型技术（FDM）、三维打印成型技术（3DP）和薄材叠层制造成型（LOM）；模块2介绍了基于SLA技术制造排风扇叶轮，通过建模、切片等完成排风扇叶轮的打印任务；模块3介绍了基于SLS技术制造行星齿轮，通过建模、切片等完成行星齿轮的金属打印任务；模块4介绍了基于WJP技术制造手机支架，通过建模、装配等完成手机支架的打印、组装任务；模块5介绍了基于逆向技术的吸尘器产品改型设计与制造，通过扫描、数据重构及切片等完成吸尘器产品的改型设计、打印任务；模块6介绍了增材制造设备的基本构造、组装与维护等。

本书入选中国钢铁工业协会、中国金属学会和冶金工业出版社组织的“冶金专业教材和工具书经典传承国际传播工程”第一批立项教材。

本书由经验丰富的教师与企业工程师共同编写。编写过程中得到了山东工业职业学院、上海联泰科技股份有限公司、珠海赛纳三维科技有限公司、湖南华曙高科技股份有限公司等相关单位和人员的支持与帮助。本书由李晓芳、蒋灵搏、牛敏担任主编，常生德、周萍、余业南、李新明、葛君朋、李芬担任副主编，刘温聚、周广、马岩美、刘海涛、董颖参编，全书由魏安庆、付师星主审。具体编写分工如下：李晓芳、葛君朋编写模块1；蒋灵搏、刘温聚、马岩美编写模块2；牛敏、周萍、周广编写模块3；常生德、刘海涛、董颖编写模块4；周萍、李芬编写模块5；李新明、余业南、李芬编写模块6。

本书在编写过程中，参考了有关文献资料，在此向文献资料的作者表示感谢。

由于编者水平所限，书中不妥之处，敬请广大读者批评指正。

编　者

2024年7月

目　　录

模块 1　增材制造技术的理解与应用分析

背景描述

从航空航天、医疗、模具、汽车制造，到珠宝、艺术创作等领域，日益广泛的应用场景使增材制造技术走进了许多人的工作生活，也为中国制造业高质量发展注入了新动能。而进行增材制造的“魔术师”在 2022 年 6 月有了正式名称——增材制造工程技术人员。在大家眼中，他们能变出各种各样的物件。

2022 年，人力资源和社会保障部向社会公示 18 个新职业，增材制造工程技术人员被列入其中。此次公示的新职业反映了数字经济发展的需要，顺应了碳达峰、碳中和的趋势。这些新职业信息的公示发布，对于增强从业人员的社会认同度、促进就业创业、引领职业教育培训改革、推动经济高质量发展等，都具有重要意义。

这令高职大二学生小张认为增材制造工程技术人员这个职业的发展前景非常广阔，于是决定毕业后找份增材制造工程师的工作。他在国内某公司实习时发现，车间内增材制造的物件随处可见，如栩栩如生的动物模型、工艺精湛的铸造零件、小巧细致的各类模具等（见图 1-1），这让小张对增材制造产生了浓厚兴趣，增材制造技术的原理是什么，这些“魔术师”的日常工作是什么？

图 1-1　增材制造的产品

学习目标

模块1
教学设计

知识目标：

（1）了解增材制造技术的定义、基本原理等；

（2）掌握增材制造技术实施的必备条件；

（3）掌握几种增材制造主流技术的原理等；

（4）熟悉增材制造材料的区别及适用范围；

（5）掌握增材制造成型件的后期处理方法；

（6）了解增材制造工程技术人员的职业概况及职业素养。

技能目标：

（1）能够根据增材制造工程技术人员国家标准查阅职业要求；

（2）能够分析并正确选择增材制造方法；

（3）能够完成增材制造工艺装备与材料类型的适用性匹配；

（4）能够动手进行增材制造后处理操作。

素质目标：

（1）具备收集、分析、整理参考资料的能力；

（2）具备良好的社会责任感、法律意识和职业素养；

（3）具备良好的团队精神和沟通交流能力，满足先进制造行业对人才的需求，积极服务国家与社会；

（4）具有自主学习新知识的能力；

（5）提高学习积极性，提升科技强国国策的认同感。

思政小课堂

“中国3D打印之父”卢秉恒：从工人到院士

卢秉恒是中国工程院院士、西安交通大学教授，也是一位在工厂一线工作过十余载的熟练工。他是我国增材制造技术的奠基人，中国3D打印之父。

人生第一次被提拔

“我想考北大，想搞航天。”受钱学森等老一辈科学家的影响，卢秉恒从小有个航天梦，作为当时的“学霸”，他一心想考进北京大学学习固体力学，为我国航空航天事业贡献一份力量。由于种种原因，最终失之交臂，卢秉恒去了其他大学学习机械制造专业。

大学毕业后的卢秉恒被分配到一间工厂做车床工人，这一干就是5年，后来，他迎来了人生第一次被提拔。“厂子说提拔你，先当技术员吧，请你到家属工厂主管那里的技术。”“那里有100多个家属工，有三分之一都不识字，但是我学习的东西在这里逐渐得到了应用，我学习制造工艺，设计了卡具，包括开动机床都可以教他们，最后形成很好的效益。”

“我这一生都受益于在工厂工作的11年，没有白过。”年过七旬的卢秉恒回忆起当年工厂生涯时，动情地说。

改革开放之初，卢秉恒已是两个孩子的父亲，他顶着生活的压力，考取了西安交通大学研究生，师从顾崇衔教授，直到博士毕业，人生新篇章就此打开。

这些活他都自己做

“我今天回顾一下，幸亏是学机械制造的。”卢秉恒说，在工厂的经历，使他具备了实践的意识与能力。他举例，在完成他的硕士论文时，需要制作 200 多个零件，最初联系的工厂一个多月都没有音讯，他便决定自己上手，只用了两个夜班时间，又快又好地做出了所需零件，顺利完成了论文。

博士毕业后，卢秉恒作为访问学者前往国外交流学习，在参观一家汽车企业时，一台设备引起了他的注意。“那是一台 3D 打印设备，只需要将 CAD（计算机辅助设计）模型输进去就可以把原型做出来，这在中国没见过，我感到很新奇。”卢秉恒当即决定将自己的研究方向转向这个新兴领域，他认为这是发展我国制造业的一个好契机。

回国后，起初卢秉恒想引进这种机器，然而价格昂贵，光是一个激光器就需要十几万美元。由于资金紧缺，他不得不打消这个念头。面对“技术+资金”的双壁垒，卢秉恒决心靠自己的力量“破壁”，从头开始研发这项技术。

起初不知道技术的工作原理，他就自己一步一步通过实践探索出来；买不起昂贵的零件和原材料，就联合其他科技工作者自己花小成本制作出来。终于，在他和团队的共同努力下，不仅制造出来了原型机，还获得了科学技术部的资助，自此卢秉恒顺利开展了增材制造技术的探索，并且让这项技术在祖国的土地上“生根发芽”。

“西迁精神”不能丢

“西迁精神”是在 1956 年交通大学为响应支援大西北，由上海迁往西安的过程中，生发出来的一种宝贵的精神财富，其实质是“胸怀大局，无私奉献，弘扬传统，艰苦创业”。

“西迁精神一直在鼓励着我！”卢院士在节目中强调，他从导师顾崇衔身上清晰地感受到了西迁精神的伟大。顾教授是当年西迁的老教授之一，将自己的全部都奉献给了三秦大地。

“他知道此时国家正在发展工业，这里需要他，于是他带着全家老小搬到了西安。”卢秉恒表示，初到西安时，顾教授感到这里远不如上海，但是看见了许多在建的工厂，让他受到了触动，认为西安才是他该来的地方，帮助这些工厂建设，才是他要做的事。

卢秉恒一直强调的创新与实践，也来自顾教授的深远影响。据卢秉恒介绍，为搜集机械加工的案例，顾教授带领助教走访一二十个工厂，用实际案例编写教材，证明了其中的理论，最终，这套教材被全国 100 多所院校采用。

“如今，我两个梦都实现了，我研究的 3D 打印技术为我国航空航天事业做出了贡献，而我本人也被北京大学聘为了兼职教授。”站在舞台之上的卢秉恒不无自豪地说。他勉励莘莘学子牢记西迁精神，脚踏实地解决国家亟须解决的工程问题，在工作中发光发热，实现自己的价值。

任务 1.1 增材制造技术认知与理解

课件：任务 1.1 增材制造技术认知与理解

任务导入

高职大二学生小张参观增材制造企业时，亲身体验了增材制造技术的神奇，公司展厅展示了不同增材制造工艺打印出的三维模型。企业专家介绍，增材制造技术就是用打印机制造三维物体的过程，增材制造设备可以打印实物，比如可以打印机器人、玩具车、各种模型等。小张不禁发问：为什么增材制造设备可以打印出实物，增材制造技术的原理是什么？

任务要求

（1）在学银在线或学习通平台上完成在线学习任务，学会知识点基本技能操作，完成知识构建。

（2）了解增材制造技术的定义、基本原理等。

（3）填写工作过程记录单，提交课程平台。

（4）学银在线或学习通平台完成拓展任务，参与话题讨论。

微课视频：3D打印机的使用

知识链接

1.1.1 知识点1：什么是增材制造技术

增材制造（Additive Manufacturing，AM）又被称为快速制造技术，是20世纪80年代发展起来的新制造技术，集成了CAD、CAM、CNC，新材料技术及激光技术等多种先进技术。如图1-2所示，增材制造技术是采用材料堆积叠加的方法制造三维实体的技术，相对于传统的材料去除→切削加工技术，是一种“自下而上”的新型材料成型方法。基于不同的分类原则和理解方式，增材制造技术还有快速原型、快速成型、快速制造、3D打印等多种称谓。

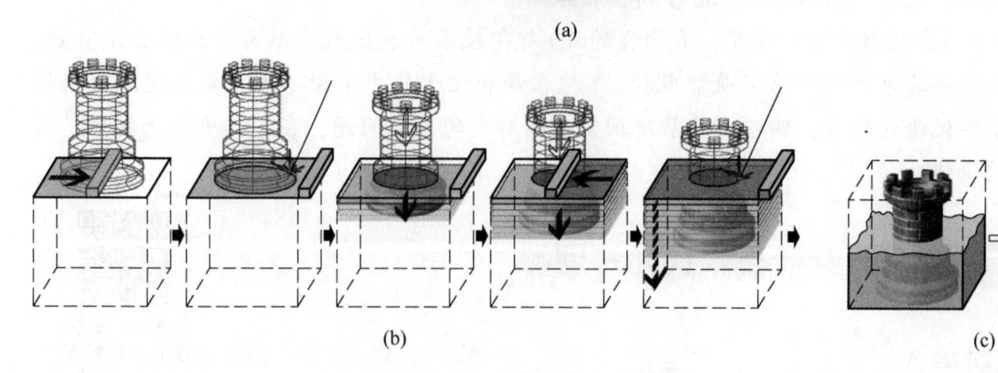

图1-2 三维-二维-三维的转换

（a）CAD模型；（b）堆积成型；（c）产品

1.1.2 知识点 2：增材制造与传统制造方法的区别

微课视频：3D 实物成型方法

生产制造方法有新型生产制造方法和传统生产制造方法两种。其中，传统的生产制造方法有等材制造和减材制造。图 1-3 所示为增材制造与传统制造方法的区别。

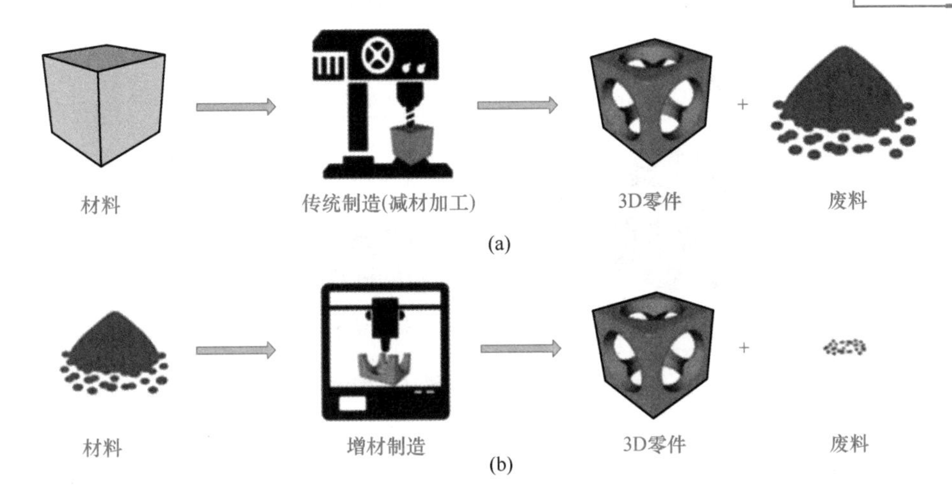

图 1-3 增材制造与传统制造方法的区别

（a）传统制造方法；（b）增材制造方法

等材制造是指采用铸造、焊接及锻压等技术对材料进行加工的方法，制造过程中，基本上不改变材料的量或者改变很少。

减材制造是指利用切削机床对毛坯进行加工的方法，毛坯由大变小，形成最终所需要形状的零件。

1.1.3 知识点 3：增材制造技术基本原理

微课视频：3D 打印的原理

增材制造技术是由 CAD 模型直接驱动快速制造任意复杂形状三维实体零件或模型的技术总称，其基本过程如图 1-4 所示。首先在计算机中生成符合零件设计要求的三维 CAD 数字模型；然后根据工艺要求，按照一定的规律将该模型在 Z 方向离散为一系列有序的片层。通常在 Z 方向将其按一定厚度进行分层，把原来的三维 CAD 模型变成一系列的层片；再根据每个层片的轮廓信息，输入加工参数，自动生成数控代码；最后由成型机喷头在 CNC 程序控制下沿轮廓路径做 2.5 轴运动，喷头经过的路径会形成新的材料层，上下相邻层片会自己黏结起来，之后得到一个三维物理实体。这样就将一个复杂的三维加工转变成一系列二维层片的加工，大大降低了加工难度，这也是所谓的“降维制造”。在增材制造技术中所用的成型材料不同，系统的工作原理也有所区别，甚至不同公司制造的同一原理打印系统也略有差异，但其基本原理都是一样的，即“分层制造，逐层叠加”。

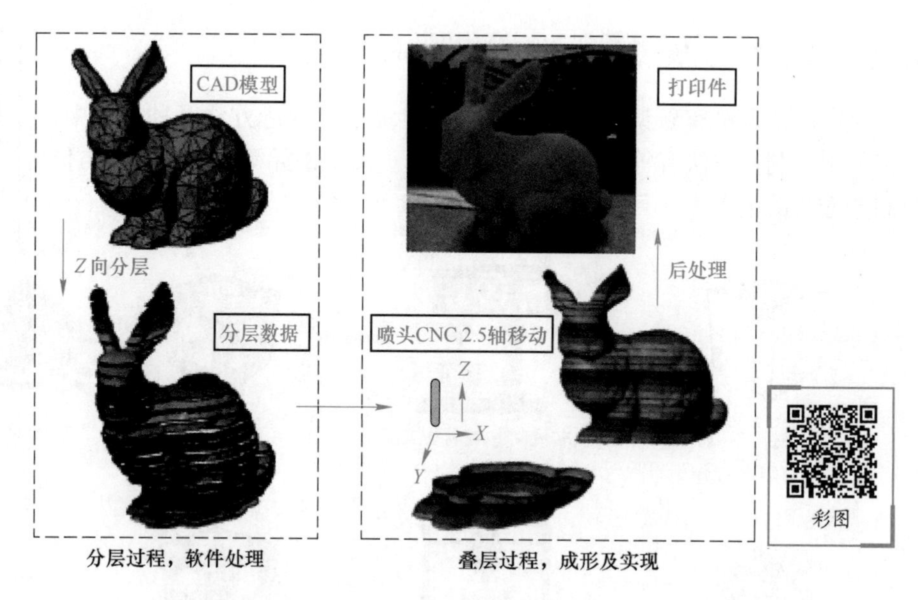

图 1-4 增材制造技术基本原理（用颜色表示分层）

1.1.4 知识点 4：增材制造技术的发展历史

增材制造技术的发展历史可以追溯到 150 多年前，当时人们利用二维图层叠加来成型三维的地形图。20 世纪 60 年代和 70 年代的研究工作验证了第一批现代 AM 工艺，包括 20 世纪 60 年代末的光聚合技术、1972 年的粉末熔融工艺，以及 1979 年的薄片叠层技术。然而，当时的 AM 技术尚处于起步阶段，几乎完全没有商业市场，对研发的投入也很少。

20 世纪 80 年代和 90 年代初，增材制造相关的专利和学术出版物数量明显增多，出现了很多创新的增材制造技术，例如 1989 年麻省理工学院的 3D 打印技术（3DP）、90 年代的激光束熔化工艺。同一时期，一些增材制造技术被成功商业化，包括光固化成型技术（SLA）、固体熔融沉积技术（FDM），以及激光烧结技术（SLS）。但是，高成本、有限的材料选择，尺寸限制以及有限的精度，限制了增材制造技术在工业上的应用，只能用于少量快速原型件或模型的制作。

20 世纪 90 年代至 21 世纪初是增材制造技术的增长期。电子束熔化（EBM）等新技术实现了商业化，而现有技术得到了改进。研究者的注意力开始转向开发增材制造相关软件，出现了增材制造的专用文件格式、增材制造的专用软件。设备的改进和工艺的开发使 3D 增材制造产品的质量得到了很大提高，开始被用于工具甚至最终零件。

21 世纪，金属的增材制造技术脱颖而出，成为市场关注的重点。金属增材制造技术的设备、材料和工艺相互促进发展，多种不同的金属增材技术互相竞争，互相促进，不同的技术特点开始展现，应用方向也逐渐明朗，增材制造技术的发展简史如图 1-5 所示。

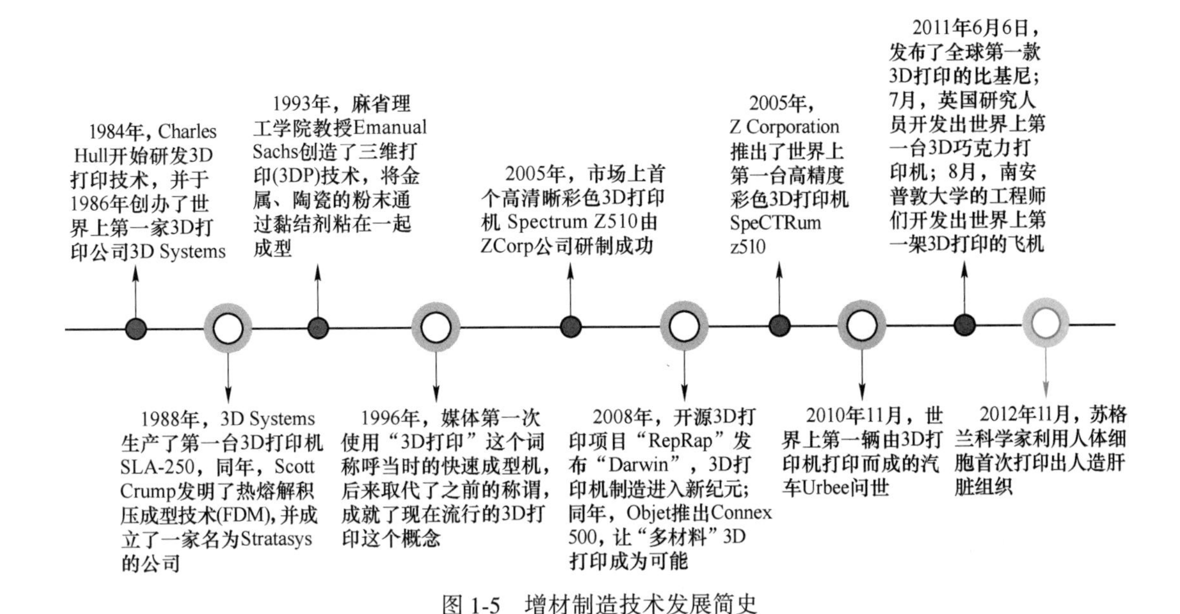

图 1-5 增材制造技术发展简史

1.1.5 知识点 5：我国增材制造技术发展的历史

20 世纪 80 年代末，我国启动开展增材制造技术的研究，研制出系列增材制造装备，并开展产业化应用。1988 年，清华大学成立了激光快速成型中心。随后，华中科技大学、西安交通大学、西北工业大学、北京航空航天大学等高校开展增材制造技术的研究和产业化。1993 年 5 月，国内首台工业级增材制造设备——激光选区烧结（SLS）设备样机研发成功。2015 年，为加快推进我国增材制造产业健康有序发展，工业和信息化部、国家发展和改革委员会、财政部联合发布了《国家增材制造产业发展推进计划（2015—2016 年）》。清华大学、北京航空航天大学、华中科技大学、西安交通大学、西北工业大学等高校也成为国内增材制造技术的重要科研基地，这些最早接触增材制造技术的高校研究力量形成了如今国内增材制造的“五大流派”。

1988 年，清华大学颜永年教授在美国 UCLA 访问期间首次接触增材制造技术，回国后开始专攻 3D 打印，他带领的团队在快速成型领域取得了很多重要成果。

1992 年，西安交通大学卢秉恒教授在美国密歇根大学访问期间发现增材制造技术在汽车制造业中的应用。随后，卢秉恒团队在国内开拓光固化快速成型制造系统研究，开发出国际首创的紫外光快速成型设备。

1995 年，西北工业大学黄卫东团队开始金属增材制造研究。黄卫东教授在中国首先提出金属高性能增材制造的技术构思，授权首批专利，出版专著《激光立体成形》。

1998 年，华中科技大学史玉升团队开始了“粉末材料快速成型技术与设备”的研发。团队建立了选择性激光烧结快速成型技术的成套学术体系与系统，得到广泛应用，并取得了显著的社会效益与经济效益。

2012年，北京航空航天大学王华明教授主持的“飞机钛合金大型复杂整体构件激光成型技术”项目获得国家技术发明奖一等奖。

任务实施

微课视频：3D打印与2D打印的区别与联系

（1）通过观察、比较等方法，总结2D打印和3D打印有什么共同点，有什么区别。

用日常生活中的普通打印机可以打印计算机设计的平面图形，而3D打印机与普通打印机工作原理很相似，只是打印材料不同。普通打印机的打印耗材是墨水（或墨粉）和纸张，而3D打印机消耗的是金属、陶瓷、塑料等不同的“打印材料”，是实实在在的原材料。打印机与计算机连接后，通过计算机控制可以把“打印材料”一层层地叠加起来，最终把计算机上的蓝图变成实物。通俗地说，3D打印机是可以“打印”出真实3D物体的一种设备，比如打印一个机器人、玩具车、各种模型，甚至是食物或人体器官等。之所以通俗地称其为“打印机”，是因为其参照了普通打印机的技术原理，分层加工的过程与通常的打印十分相似，这项打印技术也可称为3D立体打印技术。

（2）通过文献检索、网络查询等方法，收集我国增材制造行业相关政策和发展现状。

2012年以来，我国多部门相继推出增材制造产业政策。2015年，工业和信息化部、国家发展和改革委员会、财政部研究制定并印发了《国家增材制造产业发展推进计划（2015—2016年）》，增材制造产业发展上升到国家战略层面。

此后，国家分别从产业体系、技术创新与行业标准等多方面对3D打印产业进行政策推动与规范。

2016年11月29日，国务院印发《“十三五”国家战略性新兴产业发展规划》，重点打造增材制造产业链。

2017年，国务院及工业和信息化部、科学技术部等部门发布涉及增材制造的政策多达20余项，重点聚焦核心技术攻关与创新示范应用，加大财政支持力度。尤其是在2017年11月，工业和信息化部、国家发展和改革委等十二部门联合印发《增材制造产业发展行动计划（2017—2020年）》，对全面推动我国增材制造产业发展的意义重大。此外，省级层面（含计划单列市）出台的相关产业政策中，涉及增材制造内容的有40余项。

2020年，为最大限度降低新冠疫情对工业通信企业生产的负面影响，工业和信息化部印发《关于有序推动工业通信业企业复工复产的指导意见》，将增材制造作为重点支持对象。

2021年3月，在《中华人民共和国国民经济和社会发展第十四个五年规划和二〇三五年远景目标纲要》中，明确了发展增材制造在制造业核心竞争力提升与智能制造技术发展方面的重要性，将增材制造作为未来规划发展的重点领域。

2021年，各部委及地方政府共发布23份增材制造相关政策文件，将增材制造列入智能制造关键发展技术目录，大力扶持本土增材制造关键技术突破及应用推广，推动增材制造产业发展。

任务 1.2 增材制造技术的实施流程

课件：任务1.2 增材制造技术的实施过程

任务导入

在了解了增材制造的技术原理后，小张发现增材制造作为一种创新的工具激发了人们无尽的创想，生活中创意无处不在，个性化的笔筒、栩栩如生的动物、三维人物模型打印，当然还有快速成型的复杂零件等，不管是个人还是企业建立增材制造工作室甚至车间，都需要满足一定的软件和硬件技术条件，其中有些是可选的，有些是必须配备的，那么这些产品是如何进行三维建模的，又是如何通过增材制造技术生成的呢？

任务要求

（1）在学银在线或学习通平台上完成在线学习任务，学会知识点基本技能操作，完成知识构建。

（2）掌握增材制造技术实施的必备条件。

（3）填写工作过程记录单，提交课程平台。

（4）学银在线或学习通平台完成拓展任务、参与话题讨论。

微课视频：3D打印的制造过程

知识链接

1.2.1 知识点1：增材制造过程

如图1-6所示，增材制造过程包括三维建模、模型数据处理、三维打印过程以及成型件后处理，其运作原理和传统打印机工作原理基本相同，也是用喷头一点点“磨”出来的。只不过三维打印喷的不是墨水，而是树脂、塑性材料等。之后通过电脑控制利用FDM等技术把打印材料一层层叠加起来，最终把计算机上的蓝图变成实物。

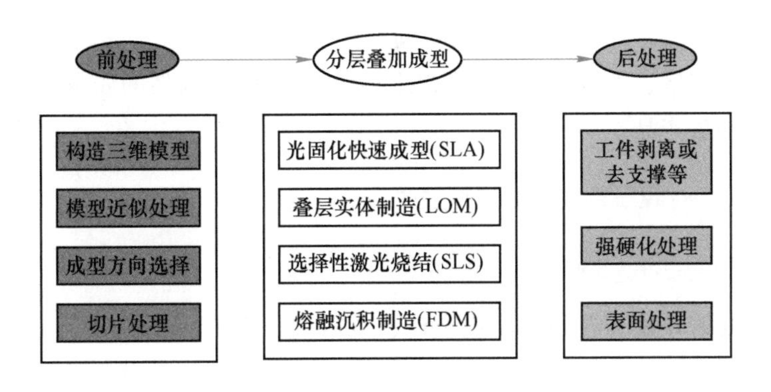

图1-6 增材制造过程

1.2.2 知识点2：增材制造技术的实施流程

微课视频：3D打印的流程

1.2.2.1 三维设计

增材制造过程的开始和普通打印机一样，也需要一个打印源文件，有了这个数字模型文件，才能进行下一步的工作。增材制造的数据模型源文件一般都由3D制图或3D建模软件绘制，属于软件生成的矢量模型。

1.2.2.2 切片处理

三维模型必须经过两个软件的处理才能完成“打印程序”：切片与传送。切片软件会将模型细分成可以打印的厚度，然后计算其打印路径，也就是得到分层截面息，从而指导成型设备逐层制造。

设计模型文件转换为STL格式文件后，STL将设计对象的数字形状转化为由成千上万个连锁多边形组成的“网格”所构成的虚拟表面里。STL文件格式是设计软件和成型系统之间协作的标准文件格式，它的作用是将设计的复杂细节转换为直观的数字形式。一个STL文件使用三角面来近似模拟物体的表面，三角面越小其生成的表面分辨率越高，STL文件的每个虚拟切片都反映最终打印物体的一个横截面。STL文件准备就绪，连接CAD和CAM的桥梁就已基本完成。成型设备的客户端软件读取STL文件，并将这些数据传送至硬件，提供控制其他功能的控制界面。硬件读取STL文件，读取数字网格“切”成虚拟的薄层，这些薄层对应着即将实际“打印”的实体薄层。切片、传送等功能多合一，即切片引擎功能一体化，似乎会成为增材制造设备前端软件不可避免的趋势。目前，常用的切片软件有Cura、KISSlicer、Custom Open、magics等。

1.2.2.3 叠层制造

收到控制命令后，物理“打印”过程就可以开始了。“打印”设备全程自动运行，根据不同的成型原理，在“打印”进行并持续的过程中，会得到一层层的截面实体并逐层黏结，这样完整实体就一层层地“生长”出来了，直至整个实体制造完毕。

1.2.2.4 后处理

由于成型原理不同，经“打印”成型的实体有时还需要进一步的后处理，如去除支撑、打磨、组装、拼接、上色涂装甚至二次固化等，以提高制品的质量；后处理之后，就可以得到原本的创意产品。

1.2.3 知识点3：构建三维模型的三种方式

微课视频：利用3D建模软件构建模型

1.2.3.1 利用三维建模软件构建模型

增材制造过程的开始和普通打印机一样，也需要一个打印源文件，有了这个数字模型源文件，才能进行下一步的工作。目前市场上有很多三维建模软件，针对不同的应用场景和目的，这些软件各有特点，按照软件的应用场景可以分为通用性三维建模软件和专业性三维建模软件，如图1-7所示。

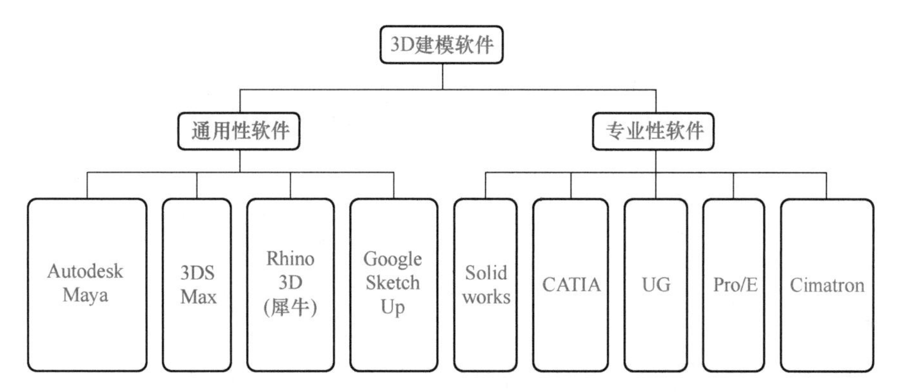

图 1-7 常见的 3D 建模软件

微课视频:
基于图像构建模型

1.2.3.2 基于图像构建三维模型

AUTODESK 123D CATCH 就是一种基于图像的三维建模软件，用户需要对着物体简单拍摄几张照片，软件就能轻松自如地为其生成三维模型。

不过 AUTODESK 123D 中的 AUTODESK 123D CATCH 才是重点，它利用云计算的强大能力，将用户拍摄的数码照片迅速转换为逼真的三维模型，只要使用傻瓜相机、手机或数码单反相机抓拍物体、人物或场景，人人都能利用 AUTODESK 123D CATCH 将照片转换成生动鲜活的三维模型。图 1-8 为 AUTODESK 123D CATCH 界面。

图 1-8 AUTODESK 123D CATCH 界面

微课视频:
利用3D扫描仪构建3D模型

这种建模方法需要提供一组物体不同角度的序列照片，利用计算机辅助工具，即可自动生成物体的三维模型。这种方法主要针对已有物体的三维建模工作，操作较为简单，自动化程度很高，成本低，真实感强。

1.2.3.3 利用三维扫描仪构建三维模型

三维扫描仪（3D scanner）是一种科学仪器，用来侦测并分析现实世界中物体或环境的形状（几何构造）与外观数据（如颜色、表面反照率等性质）。搜集到的数据常被用来进行三维重建计算，在虚拟世界中创建实际物体的数字模型，图 1-9 为浇铸件现场扫描图。

A 三维扫描仪的分类

目前，三维扫描仪大体分为接触式三维扫描仪（见图 1-10）和非接触式三维扫描仪（见图 1-11）。其中，接触式扫描仪的代表是三维坐标测量机，虽然精度达到微米量级，但

图 1-9　浇铸件现场扫描图

是由于体积巨大、造价高以及不能测量柔软的物体等缺点，使其应用领域受到限制。非接触式三维扫描仪又分为拍照式三维扫描仪和激光扫描仪。拍照式三维扫描仪又有白光扫描仪和蓝光扫描仪等，激光扫描仪又有点激光、线激光、面激光的区别。

图 1-10　接触式三维扫描仪

图 1-11　非接触式三维扫描仪

B　三维扫描仪的主要功能

（1）三维扫描仪的用途是创建物体几何表面的点云（Point Cloud），这些点可用来插补成物体的表面形状，越密集的点云可以创建更精确的模型（这个过程称为三维重建）。若扫描仪能够取得表面颜色，则可进一步在重建的表面上粘贴材质贴图，即所谓的材质映射（Texture Mapping）。

（2）三维扫描仪可模拟为照相机，它们的视线范围都呈圆锥状，信息的搜集皆限定在一定的范围内。两者不同之处在于相机抓取的是颜色信息，而三维扫描仪测量的是距离。三维扫描仪把物体的三维数据进行扫描后传入系统中，自动生成三维数据模型，如果不需要修改，则进行切片处理并生成增材制造设备可以识别的格式后就可以进行增材制造了。

C　三维扫描仪的优缺点

（1）优点。基于三维扫描仪构建三维模型，特点是模型精度较高，一般适用于文物复原、工业生产等。

（2）缺点。三维扫描仪的缺点是对于物体表面的纹理特征多数仍需要辅助大量的手工工作才能完成，且设备操作较为复杂，价格较为昂贵。

1.2.4 知识点 4：增材制造三维打印流程

微课视频：打印3D模型

微课视频：3D打印的流程

1.2.4.1　增材制造设备初始化

在制造之前，需要初始化增材制造设备。如图 1-12 所示，点击三维打印菜单下面的“初始化”选项，当增材制造设备发出蜂鸣声，初始化即开始。打印喷头和打印平台将再次返回到增材制造设备的初始位置，当准备好后将再次发出蜂鸣声。

1.2.4.2　选择材质使增材制造设备正常进丝

目前，桌面增材制造设备最常用的就是 PLA 和 ABS 两种材质，二者都是工程塑料，具有良好的热塑性，通常用于制造物体模型。除了以上两种比较常用的增材制造材料外，还有光敏树脂液体材料及金属、陶瓷粉末等材料。当然，不同的机型适用的材料是不一样的，要根据打印物品的需要准备好打印材料，并在增材制造设备上安装好，使机器能够正常进丝，图 1-13 所示为增材制造设备进丝。

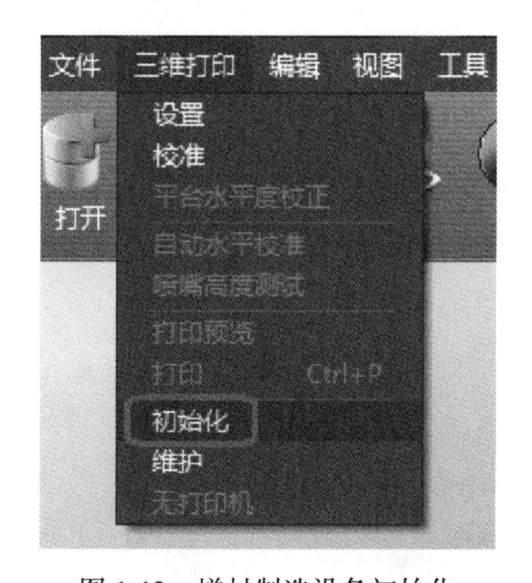

图 1-12　增材制造设备初始化

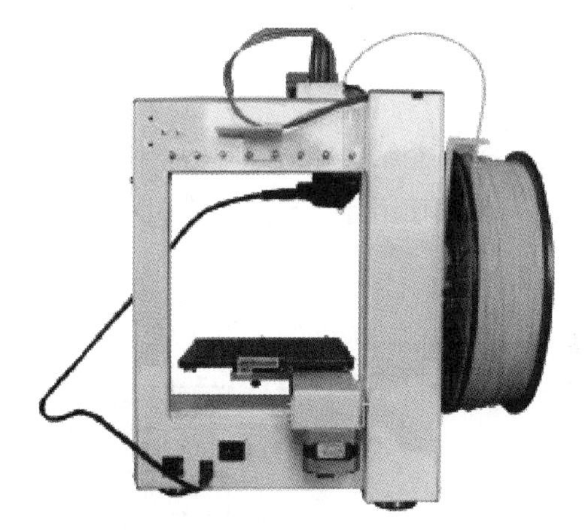

图 1-13　增材制造设备进丝

1.2.4.3　调平打印平台

如图 1-14 所示，在正确校准喷嘴高度之前，需要检查喷嘴和设备平台 4 个角的距离是否一致。校准前，将水平校准器吸附至喷头下侧，并将 3.5 mm 双头线依次插入水平校准器和机器后方底部的插口，当点击软件中的“自动水平校准”选项时，水平校准器将会依次对平台的 9 个点进行校准，并自动列出当前各点数值。

1.2.4.4　开始打印和结束打印

增材制造设备调试完成后，点击“开始打印”，这样增材制造设备就可以打印选定的模型了。

打印结束后，喷头自动归位。为方便取下打印好的模型，可以先将打印平台降下来，然后用刮板轻轻地将模型从平台上刮下来。如果时间充足，也可以在模型冷却后再将其从

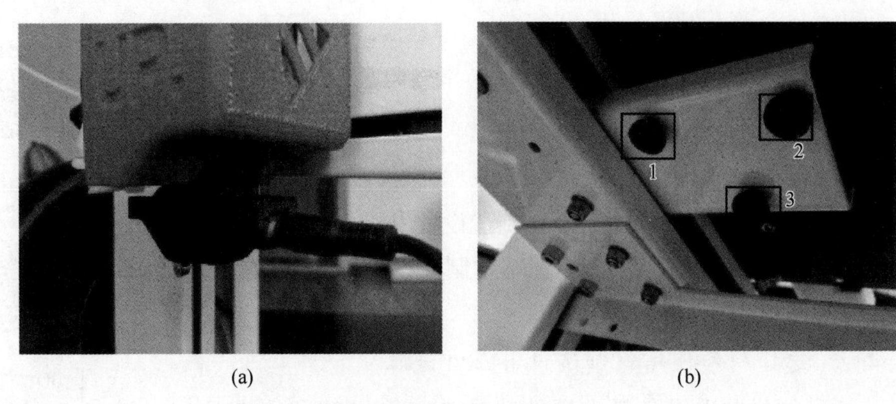

(a) (b)

图 1-14 调平打印设备

(a) 将水平校准器吸附至喷头下侧；(b) 机器后方插口

平台上拿下来（有些增材制造设备的平台垂直方向是固定的，无法降下来）。

当料架上剩余的料不够下一次打印或者需要更换颜色时，必须首先进行退、续料操作，然后再给打印机换上新料。

任务实施

(1) 通过总结、归纳等方法，绘制出增材制造技术实施的基本流程，如图 1-15 所示。

(2) 你会使用什么软件构建 3D 模型？尝试用你熟悉的三维建模软件制作一个笔筒的模型。

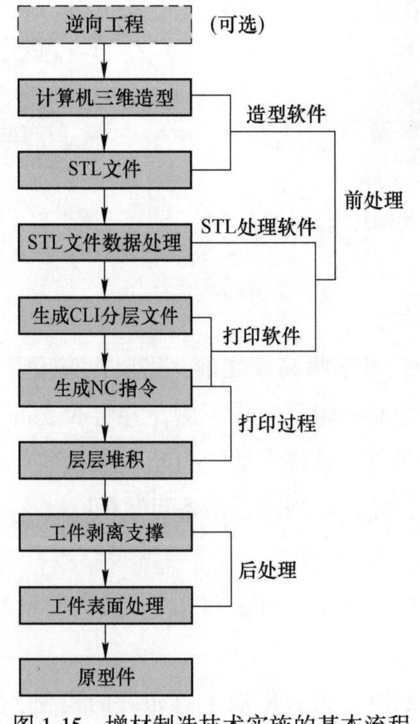

图 1-15 增材制造技术实施的基本流程

微课视频：
笔筒模型建模
思路分析

1）笔筒模型的建模思路分析。

①零件图样分析。笔筒的零件图样如图 1-16 所示，笔筒是均匀壁厚的零件，有光滑曲面、腔、均匀排列孔、拔模、变半径的倒圆角和抽壳等结构。

②造型方案设计。笔筒零件的造型包含交错线性阵列、变半径倒圆角、从边拔模、通过曲线组曲面、分割实体、抽壳等知识点，涵盖了简单曲面零件的造型方法和思路，具体造型方案见表 1-1。

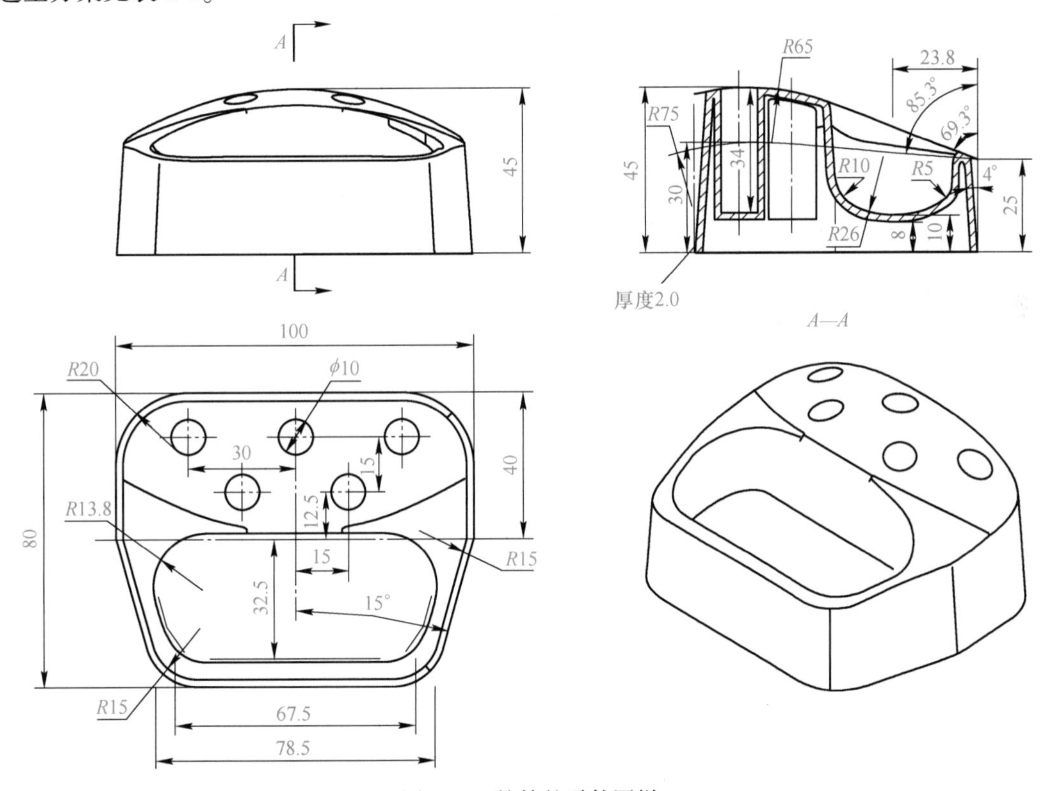

图 1-16　笔筒的零件图样

表 1-1　笔筒的造型方案

（1）创建主体	（2）创建腔体底面	（3）创建顶部草图	（4）倒圆角 $R20$ mm 和 $R15$ mm
		截面1 截面2 截面3	
（5）拔模 4°	（6）创建凹槽	（7）倒圆角 $R12.5$ mm	（8）创建孔 $\phi10$ mm

续表 1-1

（9）创建曲面	（10）裁剪实体	（11）拔模	（12）倒圆角、抽壳

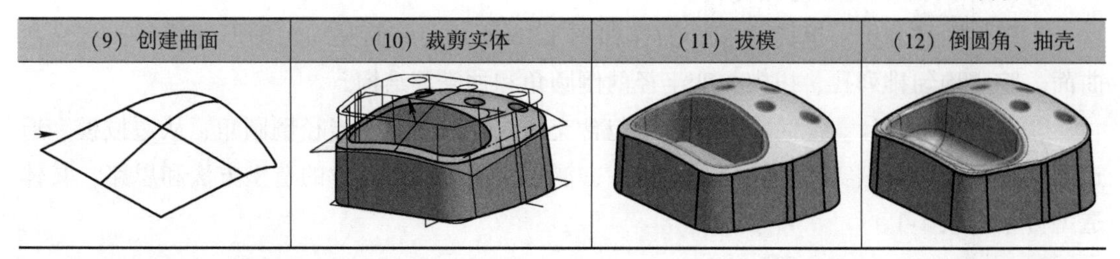

2）笔筒模型的建模设计。

微课视频：笔筒模型建模示范操作（主体轮廓）

微课视频：笔筒模型建模示范操作（细节部分）

①新建模型文件，文件名：笔筒 . prt，单位：mm。

②基本体造型如下：

➢ 创建草图，*X*—*Y* 平面作为草图平面，草图如图 1-17 所示。

➢ 拉伸草图，拉伸方向+*ZC*，限制开始距离为 0 mm，结束距离为 45 mm，结果如图 1-18 所示。

③创建腔底拉伸曲面如下：

➢ 创建草图，以基本体的右侧面为草图平面，绘制曲线如图 1-19 所示，点击“完成草图”。

➢ 拉伸曲面。点击“拉伸”命令，选择上一步绘制的曲线，拉伸方向为-*XC*，开始距离为 0 mm，结束距离为 100 mm，结果如图 1-20 所示。

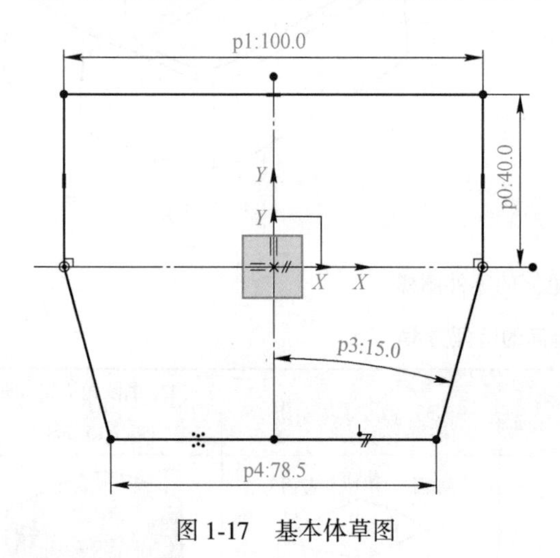

图 1-17 基本体草图

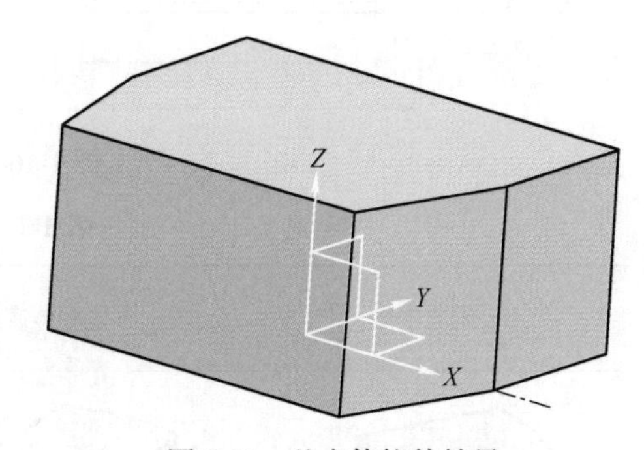

图 1-18 基本体拉伸结果

④绘制草图曲线如下：

➢ 绘制草图曲线 1。草图平面选择左侧面，尺寸如图 1-21 所示。

➢ 绘制草图曲线 2。平面方法选择创建平面，指定平面选择 *YC*—*ZC* 平面，尺寸如图 1-22 所示。

➢ 绘制草图曲线 3。草图平面选择右侧面，尺寸如图 1-21 所示，各截面位置如图 1-23 所示。

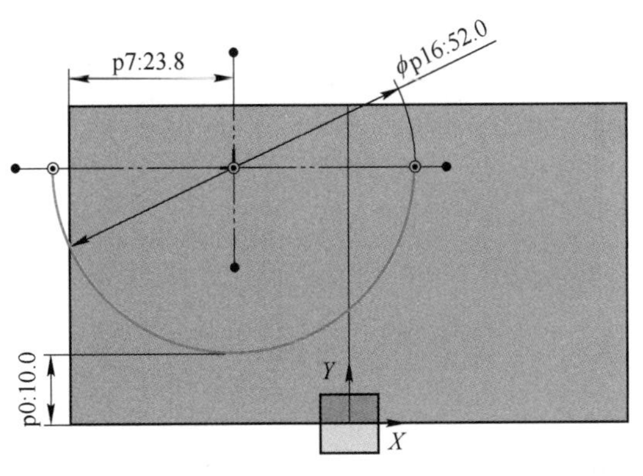

图 1-19　腔体拉伸草图

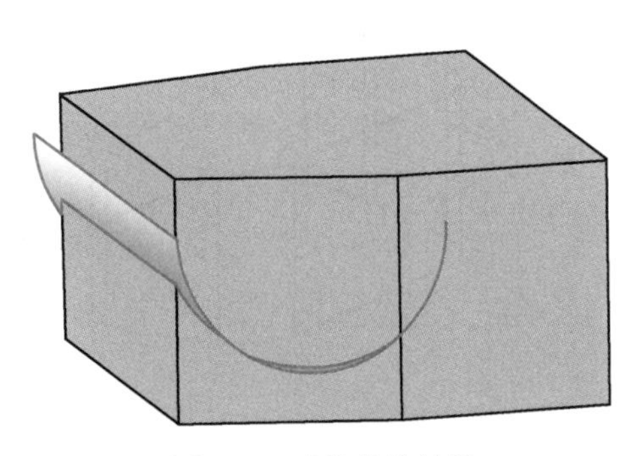

图 1-20　腔体拉伸结果

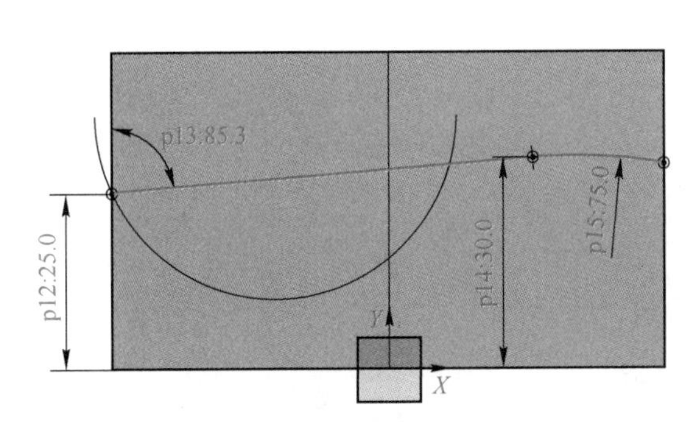

图 1-21　曲线 1 和曲线 3 草图尺寸

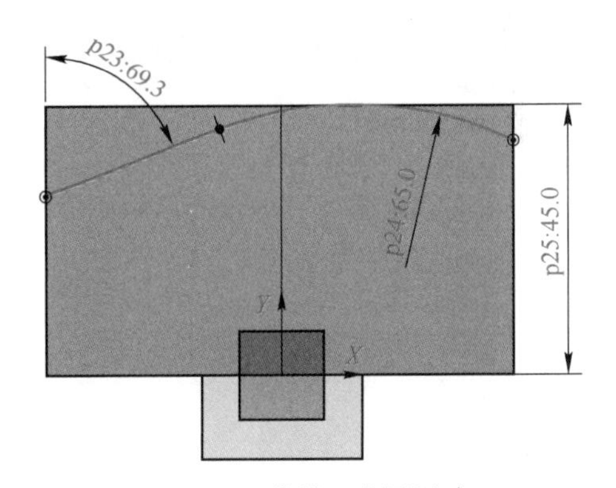

图 1-22　曲线 2 草图尺寸

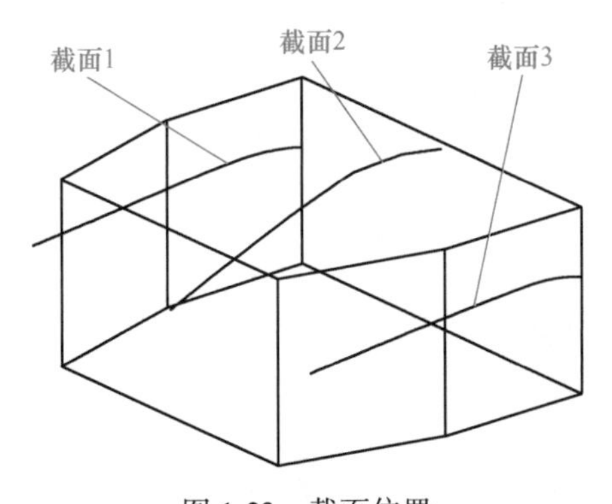

图 1-23　截面位置

⑤倒圆角 $R20$ mm 和 $R15$ mm，结果如图 1-24 所示。

⑥拔模，点击“拔模”命令，脱模方向为$+ZC$，拔模方法为固定面，选择基本体底面。要拔模的面选择基本体侧面，拔模角度：4°，结果如图 1-25 所示。

⑦拉伸腔如下：

➢ 创建草图。“草图平面”选择基本体顶面，草图尺寸如图 1-26 所示。

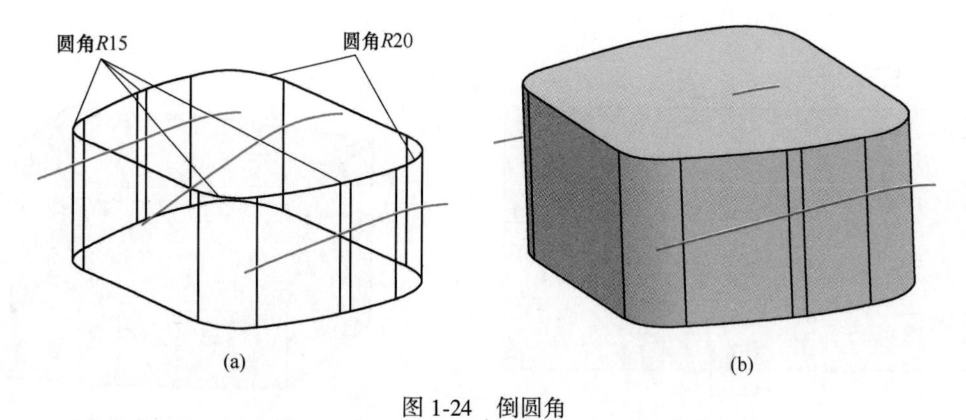

图 1-24 倒圆角

（a）选择需要倒圆角的边；（b）主体倒圆角结果

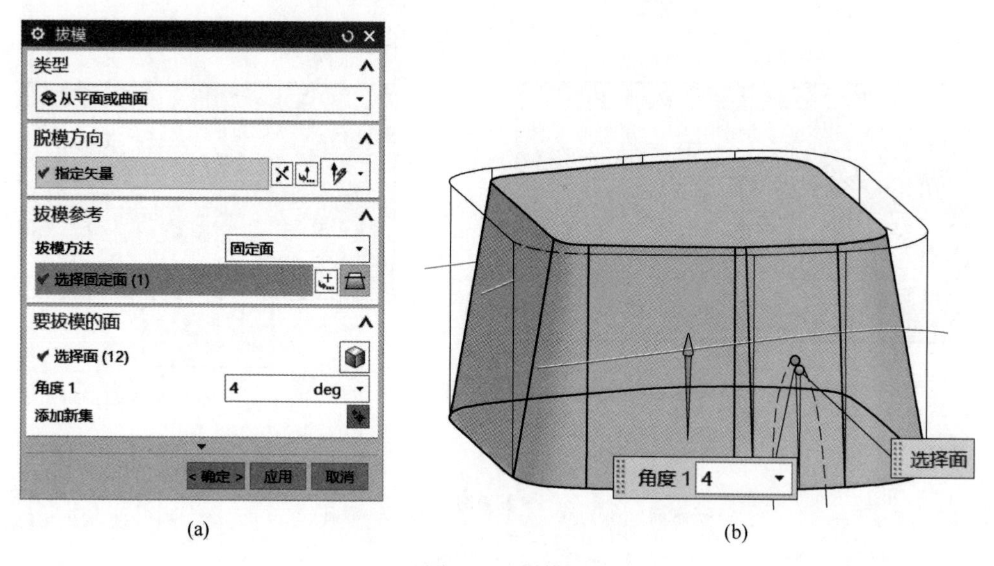

图 1-25 拔模

（a）拔模参数设置；（b）拔模结果

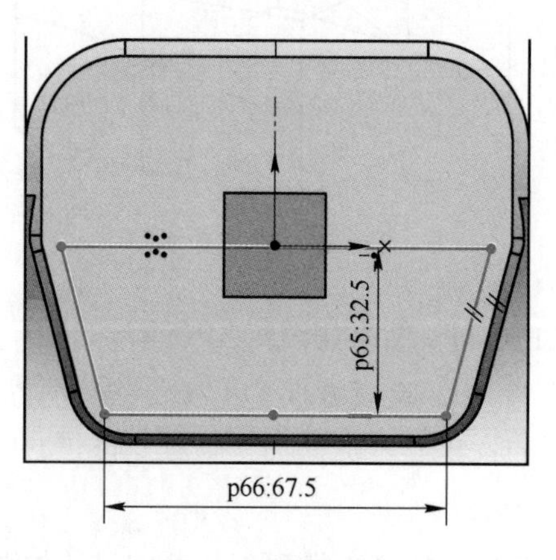

图 1-26 草图尺寸

➢ 拉伸腔体，点击“拉伸”命令，选择上一步创建的草图曲线，拉伸方向为$-ZC$，拉伸起始：0 mm，直至选定，选择曲面，布尔求差，隐藏腔体底面，草图曲线等，拉伸参数设置如图 1-27 所示，拉伸结果如图 1-28 所示。

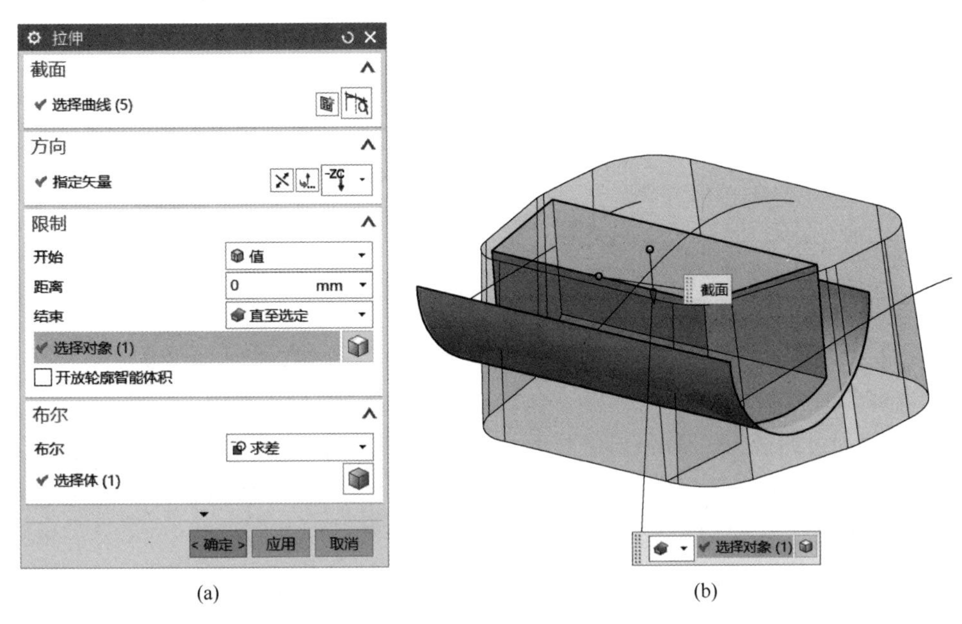

(a)　　　　(b)

图 1-27　拉伸参数设置

（a）拉伸参数设置；（b）拉伸结果

⑧倒圆角 $R12.5$ mm，结果如图 1-29 所示。

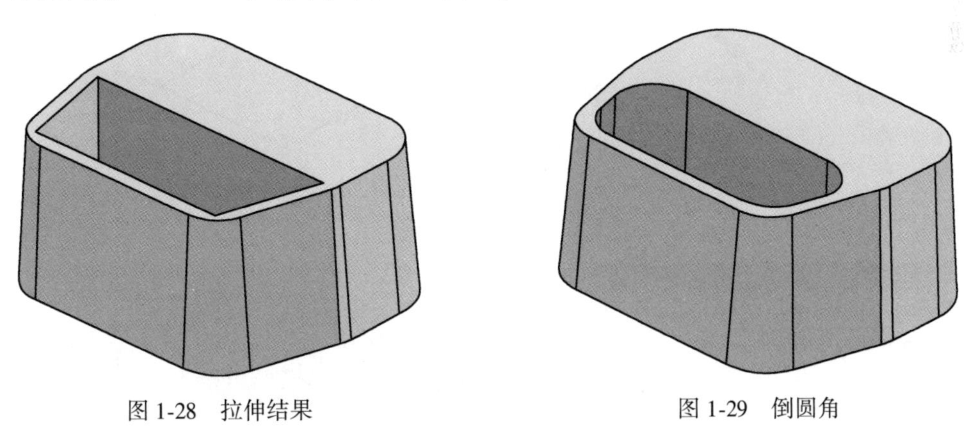

图 1-28　拉伸结果　　　　图 1-29　倒圆角

⑨创建顶部均布孔 $\phi10$ mm×34 mm。直径：$\phi10$ mm，深度：34 mm，位置如图 1-30 所示，结果如图 1-31 所示。

⑩孔阵列，阵列形式：线性。选择图 1-31 中的孔，方向矢量 1：$+XC$，数量 3，节距：30 mm；方向矢量 2：$+YC$，数量 2，节距：10 mm。抑制不需要的实例对象，结果如图 1-32 所示。

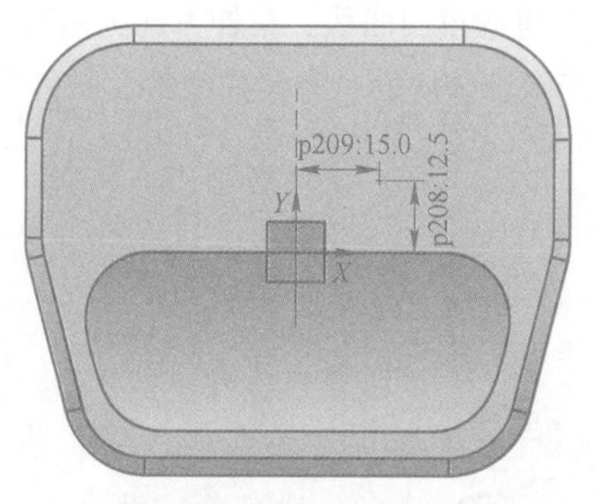

图 1-30 孔位置

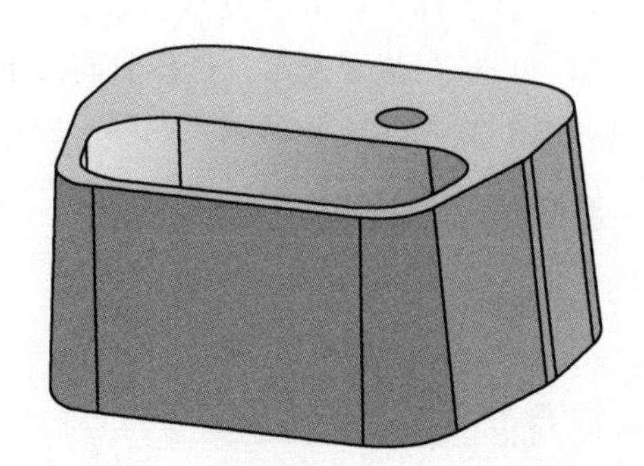

图 1-31 孔特征

⑪成型顶部曲面。使用“特征”工具栏中“修剪体”工具按钮，对实体进行修剪，保留下侧，隐藏顶部曲面和截面线。

➢ 使用“通过曲线组”命令创建曲面，如图 1-33 所示。

➢ 使用“特征”工具栏“修剪体”工具按钮，对实体进行修剪，保留下侧，如图1-34所示。

➢ 隐藏顶部曲面和截面线，结果如图 1-35 所示。

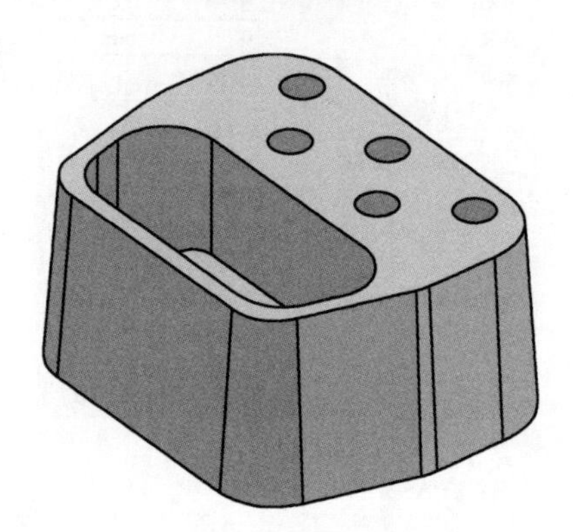

图 1-32 阵列结果

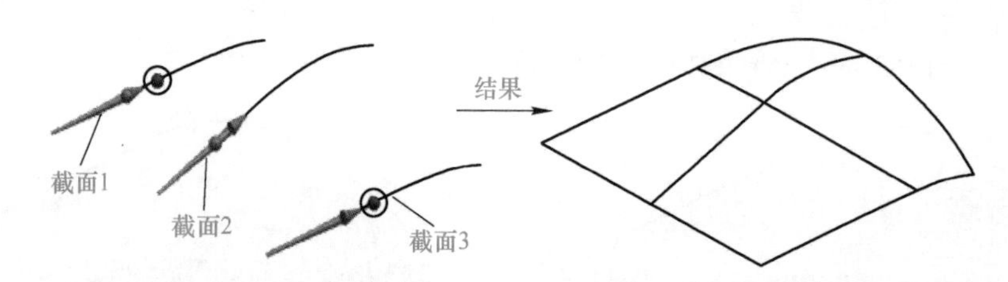

图 1-33 顶部曲面

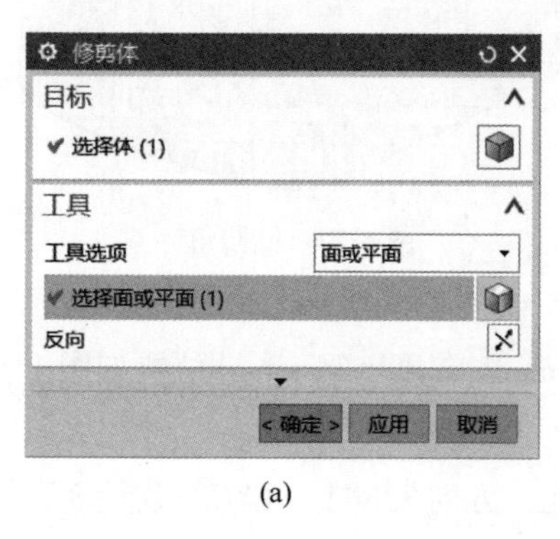

(a)

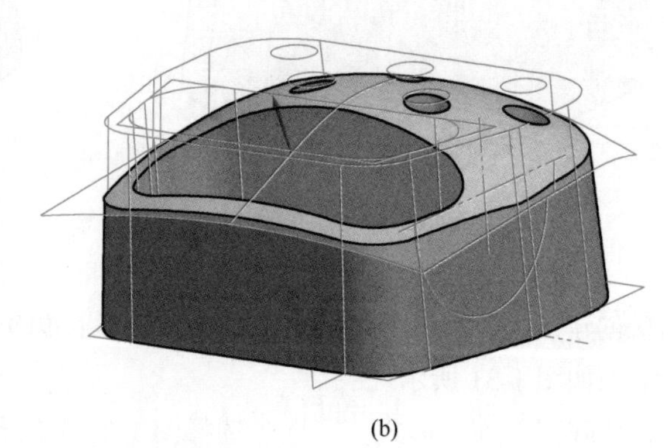

(b)

图 1-34 裁剪体

（a）修剪体参数设置；（b）修剪结果

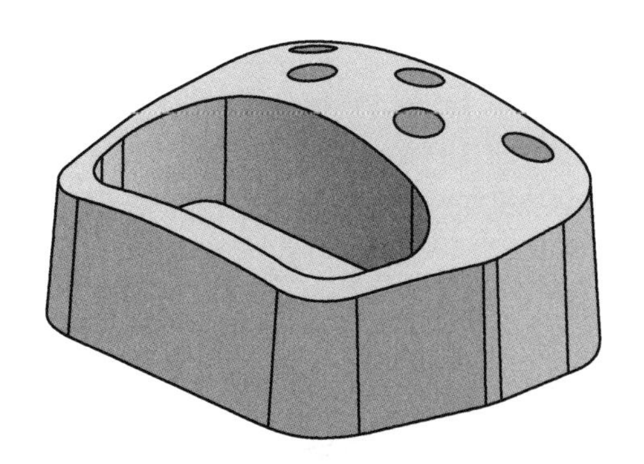

图 1-35　隐藏顶部曲面和截面线

⑫创建腔侧面拔模 4°。拔模方式：从边，拔模角度：4°，固定边和拔模方向的参数设置如图 1-36 所示，结果如图 1-37 所示。

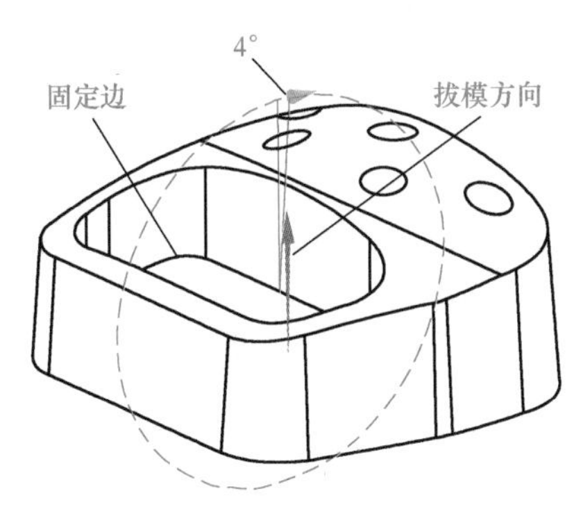

图 1-36　拔模参数

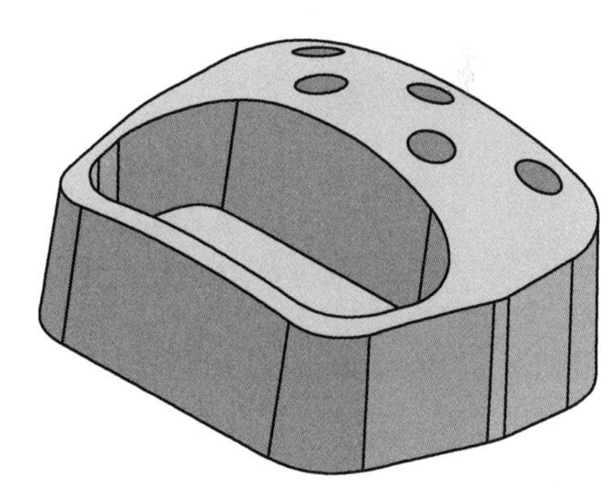

图 1-37　拔模结果

⑬倒圆角 R_2 mm，参数设置及结果如图 1-38 所示。

(a)

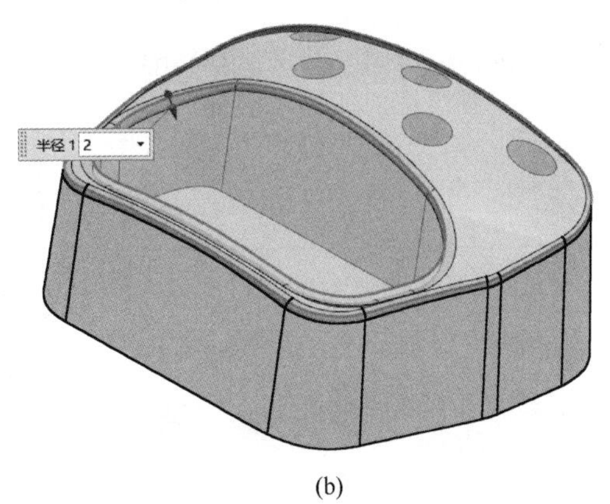

(b)

图 1-38　倒圆角参数设置及结果

（a）圆角参数设置；（b）顶面倒圆角结果

⑭倒变半径圆角。要求：靠近后方的直线两个端点设定 $R10$ mm，前方直线两个端点设定 $R5$ mm，参数设置及结果如图 1-39 所示。

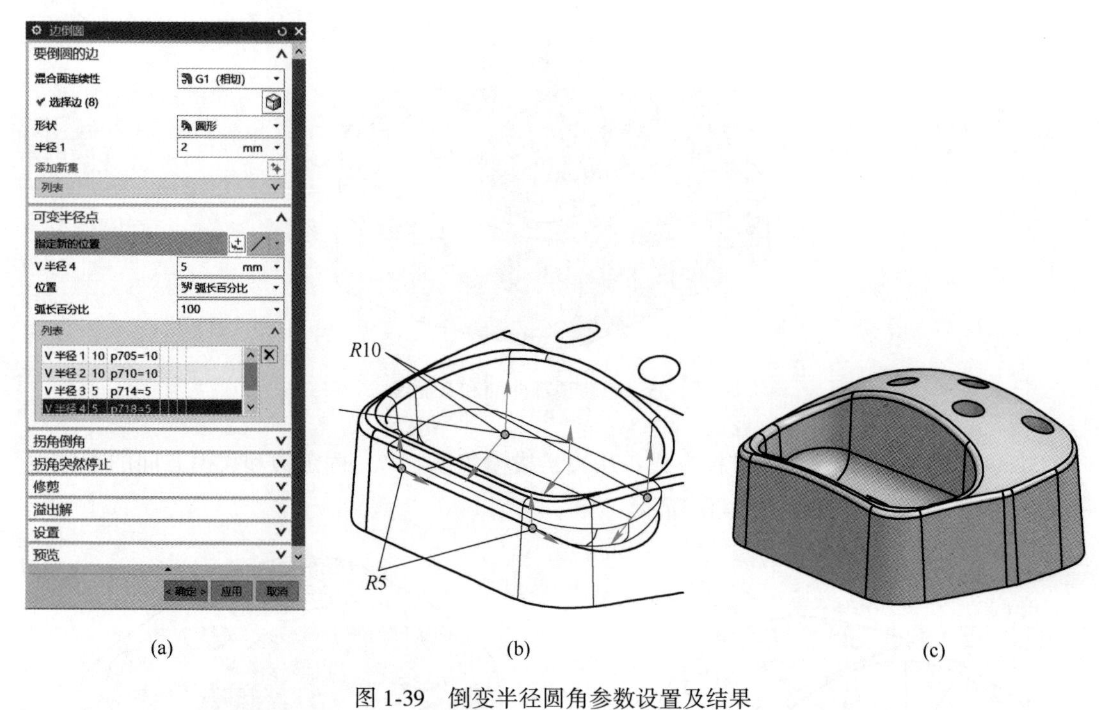

图 1-39 倒变半径圆角参数设置及结果

（a）倒变半径圆角参数设置；（b）选择不同边倒不同圆角；（c）倒圆角后

⑮抽壳，厚度 2 mm。使用“特征”工具栏“抽壳”工具按钮创建抽壳特征，抽壳类型：移除面，然后抽壳；要穿透的面：选择模型底面；抽壳厚度：2 mm。参数设置及结果如图 1-40 所示。

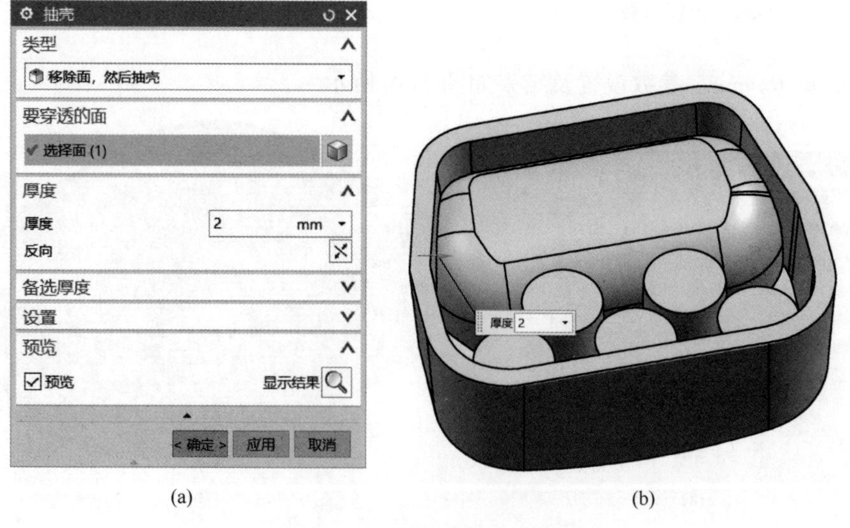

图 1-40 抽壳参数设置及结果

（a）抽壳参数设置；（b）抽壳结果

3）笔筒模型的切片处理。

①载入 STL 模型。打开切片软件，如图 1-41 所示，点击“文件”→“读取模型文件”

选择要载入的模型。

②调整摆放模型，放置到地板上，结果如图 1-42 所示。

③选择支撑与切片。由于笔筒上表面、腔体底面等特征悬空，因此需要打印支撑。支撑类型，选择“延伸到平台的”，参数设置如图 1-43 所示。

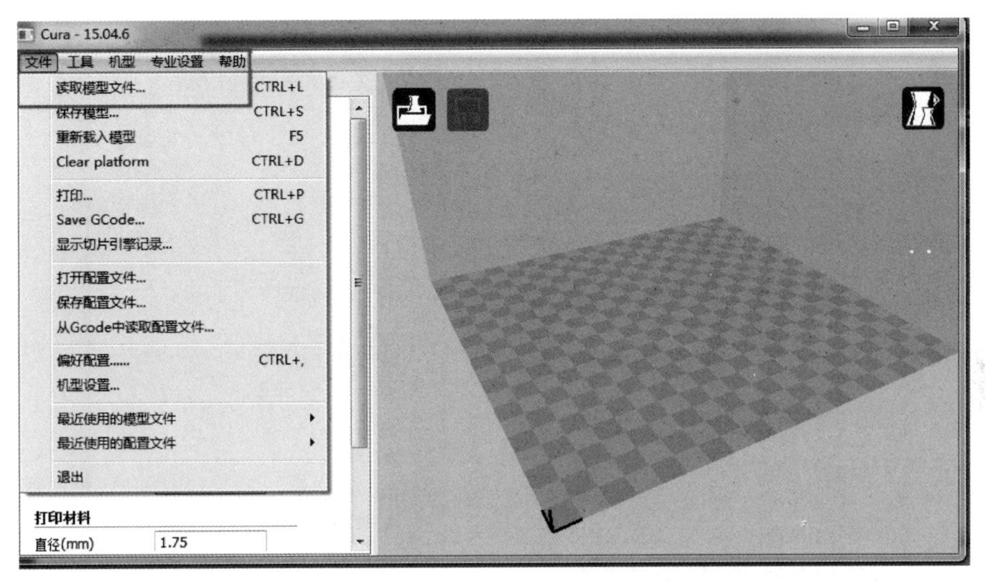

图 1-41　载入 STL 模型

图 1-42　模型放置结果

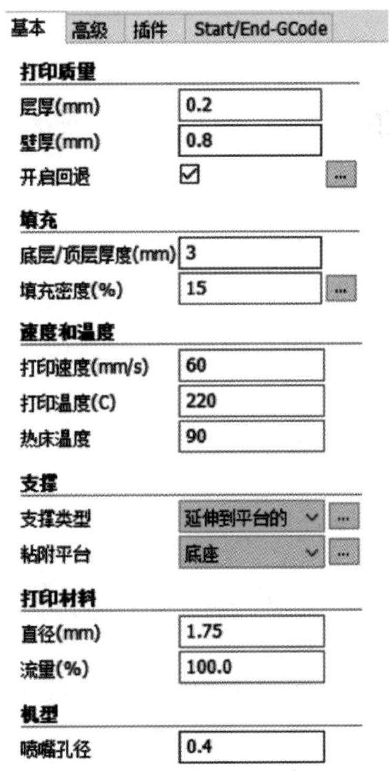

图 1-43　支撑参数设置

④打印路径生成。打印参数设置完成后，单击“确定”按钮，切片软件开始对模型进行切片处理，并估算打印时间和消耗耗材长度。如图 1-44 所示，这时，就可以开始正式打印了。

⑤保存 Gcode 文件。如图 1-45 所示，设置保存位置后点击“保存”按钮，完成笔筒的切片处理。

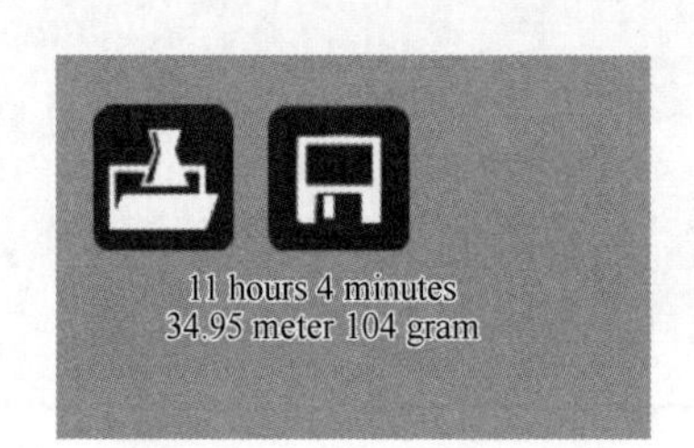

图 1-44 打印路径生成

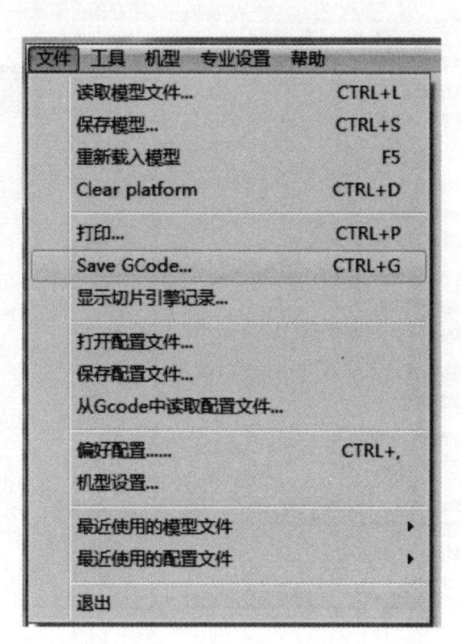

图 1-45 保存 Gcode 文件

课件：任务 1.3 增材制造设计原理

任务 1.3 增材制造主流技术

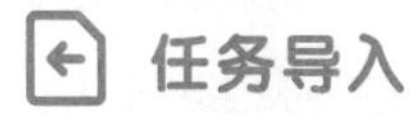

任务导入

在增材制造展会上，有形式多样、种类繁多的打印设备，引来不少观众驻足围观，各种类型和材料的 3D 打印产品琳琅满目。在参观展会时可以发现，同为工业级大尺寸增材制造设备，SLA 机型与 FDM 机型价格相差巨大，这其中的原因是什么，它们的原理有什么区别？

任务要求

（1）在学银在线或学习通平台上完成在线学习任务，学会知识点基本技能操作，完成知识构建。

（2）掌握几种主流增材制造技术的原理等。

（3）填写工作过程记录单，提交课程平台。

（4）在学银在线或学习通平台上完成拓展任务、参与话题讨论。

知识链接

1.3.1 知识点 1：增材制造技术的类型

根据成型原理的不同，增材制造技术可以分为很多种类（见表 1-2），每种成型技术的具体原理都不一样，这与所用的成型材料和固化方式有关，但核心成型方法都是根据数字模型制造出的一层物体，然后逐层叠加，直至制造出整个三维物理实体。其中，熔融沉积成型（FDM）、光固化成型（SLA）、叠层实体制造（LOM）、选择性激光烧结（SLS）、三维打印黏结成型（3DP）为主流技术。

表 1-2 增材制造技术按成型原理分类

成型原理	技术名称
高分子聚合反应	激光立体光固化成型（SLA）
	高分子打印技术
	高分子喷射技术
	数字化光照加工技术（DLP）
烧结和熔化	选择性激光烧结工艺（SLS）
	选择性激光熔化技术（SLM）
	电子束熔化技术（EBM）
黏结沉积	三维打印技术（3DP）
熔融沉积	熔融沉积造型技术（FDM）
层压制造	层压制造技术（LLM）
叠层实体制造	叠层实体制造技术（LOM）

1.3.2 知识点 2：光固化成型技术

光固化成型技术（Stereo Lithography Apparatus，SLA），又称立体光固化成型法，是最早被提出并实现商业应用的成型技术。

动画资源：光固化成型技术(SLA)

1986 年，美国 Charles W. Hull 博士在其一篇论文中提出使用激光照射光敏树脂表面，固化制作三维物体的概念，并获得美国国家专利，同年便出现了 SLA 的雏形。

1.3.2.1 SLA 技术成型原理

视频资源：光固化成型技术原理

光固化快速成型技术，基于分层制造原理，以液态光敏树脂为原料。主液槽中盛满液态光敏树脂，在计算机控制下特定波长的激光沿分层截面逐点扫描，聚焦光斑扫描处的液态树脂吸收能量，发生光聚合反应而固化，从而形成制件的一个截面薄层。一层固化完毕后，工作台下降一层高度，然后刮板将黏度较大的树脂液面刮平，使先固化好的树脂表面覆盖一层新的树脂薄层，再进行下一层的扫描固化，新固化的一层牢固地黏结在前一层上。如此依次逐层堆积，最后形成物理原型。除去支撑，进行后处理，即获得所需的实体原型。光固化成型技术的设备结构及成型原理如图1-46所示。

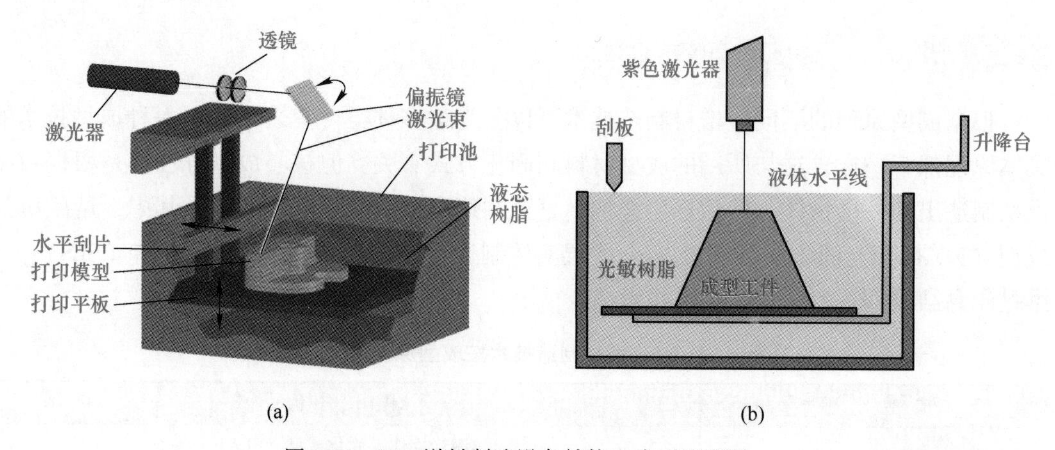

图1-46 SLA增材制造设备结构及成型原理图

(a) SLA增材制造设备结构示意图；(b) SLA成型原理图

视频资源：光固化成型技术工艺过程及成型机的操作步骤讲稿

具体的工作步骤如下：

(1) 将液态的光敏树脂材料注满打印池；

(2) 打印平板升起，直到距离液体表面一个层厚的位置时停下；

(3) 水平刮板沿固定方向移动，将液体表面刮成水平面；

(4) 激光器生成激光束，通过透镜进行聚焦后照射在偏振镜上，此时偏振镜根据切片截面路径自动产生偏移，这样光束就会持续地依照模型数据有选择性地扫描在液面，由于树脂的光敏特性，被照射到的液态树脂逐渐固化；

(5) 在固化完成后，打印平板自动降低一个固定的高度（一个层厚），水平刮板再次将液面刮平，激光再次照射固化，如此反复，直至整个模型打印完成。

1.3.2.2 SLA技术的特点

视频资源：光固化成型技术的优缺点及研究方向

SLA技术的优点如下：

(1) 光固化成型法是最早出现的快速原型制造工艺，经过了时间的检验，成熟度较高；

(2) 由CAD数字模型直接生产原型，加工速度快，生产周期短，无须切削工具与模具；

(3) 能加工结构外形复杂或使用传统手段难以成型的原型和模具；

(4) 采用CAD数字模型，更直观，降低错误修复的成本；

(5) 为试验提供试样，可对计算机仿真计算的结果进行验证和校核；

(6) 可联机操作和远程操作，便于生产自动化。

SLA技术的缺点如下：

(1) SLA系统造价昂贵，使用和维护成本过高；

(2) SLA技术设备是对液体进行操作的精密设备，对工作环境要求苛刻；

（3）成型件多为树脂类，强度、刚度耐热性有限，不利于长时间保存；

（4）预处理软件与驱动软件运算量大，与加工效果关联性太高；

（5）软件系统操作复杂，入门难度较大，使用的文件格式不为广大设计人员所熟悉。

1.3.3 知识点 3：选择性激光烧结技术

动画资源：选择性激光烧结技术(SLS)

视频资源：选择性激光烧结技术工作原理

选择性激光烧结工艺（SLS），又称选区激光烧结。该工艺最早由美国德克萨斯大学奥斯汀分校的 C. R. Dechard 博士提出，并于 1989 年获得了第一个 SLS 技术专利。1992 年，由 C. R. Dechard 博士创立的 DTM 公司推出商品化 SLS 成型机，同时开发出多种烧结材料，可直接制造蜡模、塑料、陶瓷和金属零件。该技术在新产品的研制开发、模具制造、小批量产品的生产等方面均具有广阔的应用前景，SLS 技术在短时间内得以迅速发展，已成为技术最成熟、应用最广泛的快速成型技术之一。

1.3.3.1 SLS 技术成型原理

SLS 技术成型原理如图 1-47 所示。它是以 CO_2 激光器为能源，根据原型的切片模型利用计算机控制激光束对非金属粉末、金属粉末或复合物的粉末薄层进行扫描，有选择地烧结固体粉末材料以形成零件的一个薄层。一层完成后，工作台下降一个层厚，铺粉系统铺上一层新粉，再进行下一层的烧结，层层叠加。全部烧结完成后去掉多余的粉末，再进行打磨烘干等处理便可得到最终的零件。

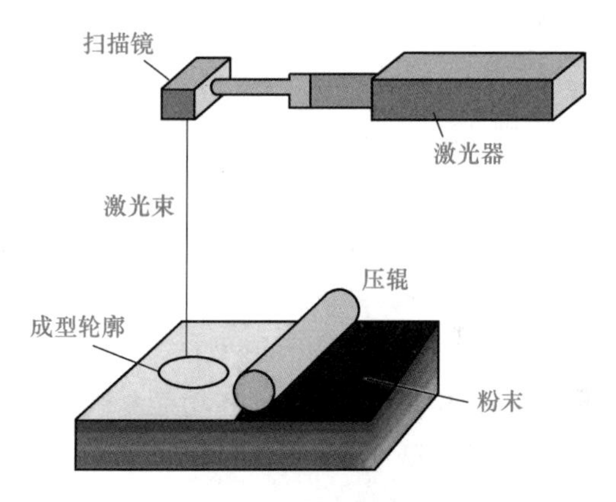

图 1-47 SLS 技术成型原理图

具体来说，其工作过程可概括为以下几个步骤（见图 1-48）：

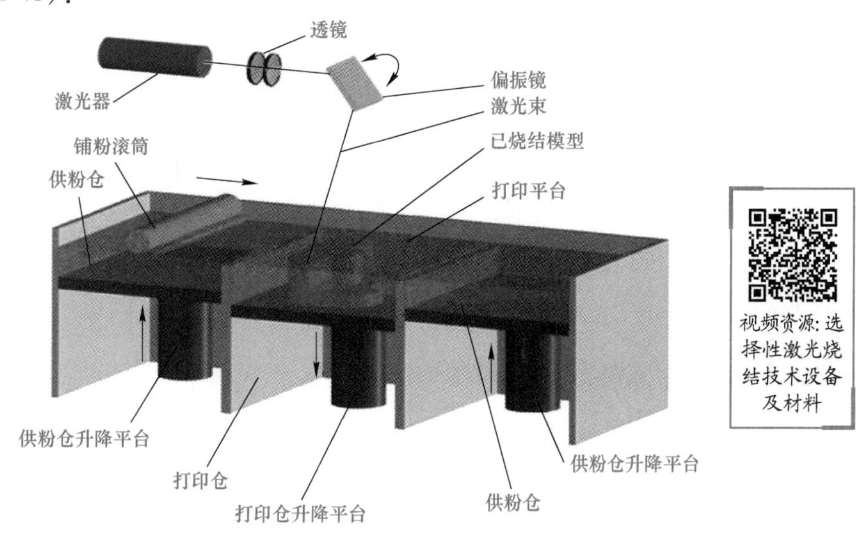

图 1-48 SLS 成型设备结构

视频资源：选择性激光烧结技术设备及材料

（1）粉末颗粒存储在左侧的供粉仓内，打印时，供粉仓升降平台向上升起，将高于打印平面的粉末通过铺粉滚筒推压至打印平板上，形成一个很薄的粉层；

（2）此时，激光束扫描系统会依据切片的二维CAD路径在粉层上选择性扫描，被扫描到的粉末颗粒会由于激光焦点的高温而烧结在一起，生成具有一定厚度的实体薄片，未扫描的区域仍然保持原来的松散粉末状；

（3）一层烧结完成后，打印平台根据切片高度下降，水平滚筒再次将粉末铺平，然后再开始新一层的烧结，此时层与层之间也同步地烧结在一起；

（4）如此反复，直至烧结完所有层面，移除并回收未被烧结的粉末，即可取出打印好的实体模型了。

1.3.3.2 SLS技术的特点

视频资源：选择性激光烧结技术的优缺点及应用领域

SLS技术的优点如下：

（1）可采用多种材料。从理论上讲，这种方法可采用加热时黏度降低的任何粉末材料，高分子材料粉末、金属粉末、陶瓷粉末、石英砂粉等都可用作烧结材料。

（2）制造工艺简单。由于未烧结的粉末可对模型的空腔和悬臂部分起支撑作用，不必像SLA和FDM工艺那样另外设计支撑结构，因此可以直接生产形状复杂的原型及部件。

（3）材料利用率高。未烧结的粉末可重复使用，无材料浪费，成本较低。

（4）成型精度依赖于所使用材料的种类、粒径、产品的几何形状及其复杂程度等，原型精度可达±1%。

（5）应用广泛。由于成型材料的多样化，可以选用不同的成型材料制作不同用途的烧结件，如制作用于结构验证和功能测试的塑料功能件、金属零件和模具、精密铸造用蜡模和砂型、砂芯等。

SLS技术的缺点如下：

（1）工作时间长。在加工之前，需要大约2 h把粉末材料加热到临近熔点，在加工之后需要5~10 h的冷却，之后才能从粉末缸里面取出原型制件。

（2）后处理较复杂。SLS技术原型制件在加工过程中，是通过加热并熔化粉末材料实现逐层的黏接，因此制件的表面呈现出颗粒状，需要进行一定的后处理。

（3）烧结过程会产生异味。高分子粉末材料在加热、熔化等过程中，一般都会产生异味。

（4）设备价格较高。为了保障工艺过程的安全性，在加工室里面充满了氮气，因而设备成本较高。

1.3.4 知识点4：熔融沉积成型技术

动画资源：熔融沉积成型技术(FDM)

熔融沉积快速成型，又称为熔丝沉积成型（Fused Deposition Modeling，FDM），是继光固化快速成型和叠层实体快速成型工艺后的另一种应用比较广泛的快速成型工艺。该技术由 Scott Crump 于 20 世纪 80 年代发明，是当前应用较为广泛的一种增材制造技术，同时也是最早开源的增材制造技术之一。在增材制造技术中，FDM 的机械结构最简单，设计最容易，制造成本、维护成本和材料成本也最低。

视频资源：熔融沉积技术定义

1.3.4.1 FDM 技术成型原理

FDM 技术成型原理如图 1-49 所示。熔融沉积是将丝状的热熔性材料加热熔化，通过带有一个微细喷嘴的喷头挤喷出来。喷头可沿着 X 轴方向移动，工作台则沿 Y 轴方向移动。如果热熔性材料的温度始终稍高于固化温度，而成型部分的温度稍低于固化温度，那么就能保证热熔性材料喷出喷嘴后，即与前一层面熔结在一起。一个层面沉积完成后，工作台按预定的增量下降一个层的厚度，再继续熔喷沉积，直至完成整个实体造型。

视频资源：熔融沉积技术工艺过程及打印材料分析

熔融沉积制造工艺的具体过程如下：将实心丝材原材料缠绕在供料辊

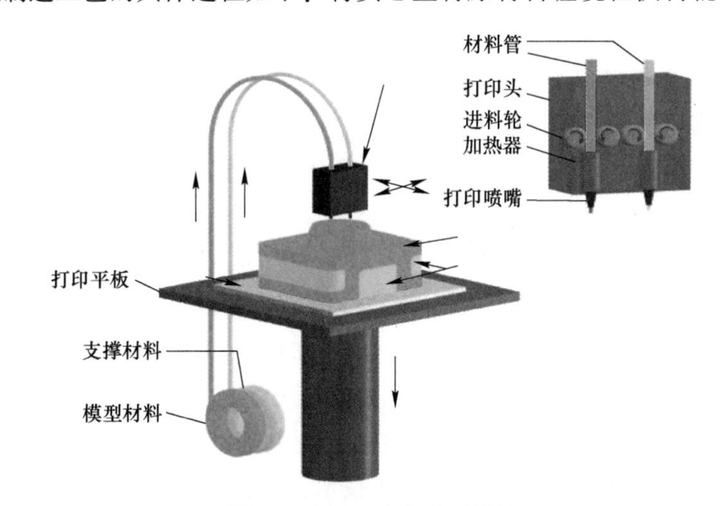

图 1-49 FDM 技术成型原理

上，由电机驱动辊子旋转，辊子和丝材之间的摩擦力使丝材向喷头的出口送进。在供料辊与喷头之间有一个导向套，导向套采用低摩擦材料制成，以便丝材能顺利、准确地由供料辊送到喷头的内腔（最大送料速度为 10～25 mm/s，推荐速度为 5～18 mm/s）。喷头的前端有电阻丝式加热器，在其作用下，丝材被加热熔融（熔模铸造蜡丝的熔融温度为 74 ℃，机加工蜡丝的熔融温度为 96 ℃，聚烯烃树脂丝为 106 ℃，聚酰胺丝为 155 ℃，ABS 塑料丝为 270 ℃），然后通过出口（内径为 0.25～1.32 mm，随材料的种类和送料速度而定），涂覆至工作台上，并在冷却后形成界面轮廓。由于受结构的限制，加热器的功率不可能太大，因此丝材一般为熔点不太高的热塑性塑料或蜡。丝材熔融沉积的层厚随喷头的运动速度（最高速度为 380 mm/s）而变化，通常层厚为 0.15～0.25 mm。

熔融沉积快速成型工艺在原型制作时需要同时制作支撑，为了节省材料成本和提高沉积效率，新型 FDM 设备采用了双喷头，如图 1-50 所示。一个喷头用于沉积模型材料，另一个喷头用于沉积支撑材料。一般来说，模型材料丝精细而且成本较高，沉积的效率也较低；而支撑材料丝较粗且成本较低，沉积的效率也较高。双喷头的优点除了沉积过程中具有较高的沉积效率和降低模型制作成本以外，还可以灵活地选择具有特殊性能的支撑材料，以便于后处理过程中支撑材料的去除，如水溶材料、低于模型材料熔点的热熔材料等。

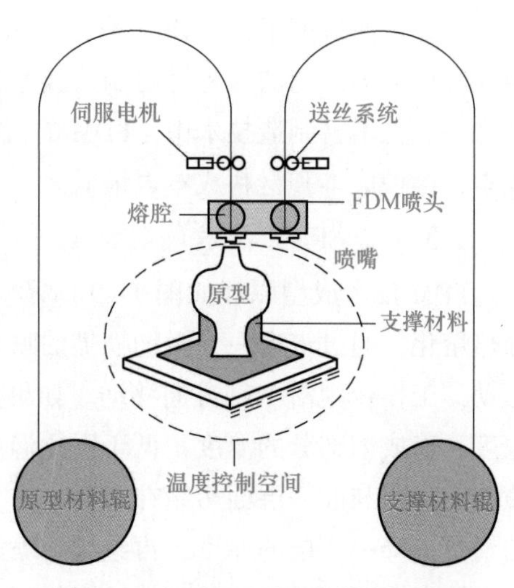

图 1-50 新型 FDM 双喷头技术原理

1.3.4.2 FDM 技术的特点

FDM 技术的优点如下：

（1）制造系统可用于办公环境，没有毒气或化学物质的污染；

（2）可快速构建瓶状或中空零件；

（3）与其他使用粉末和液态材料的工艺相比，丝材更加清洁，易于更换和保存，不会在设备中或附近形成粉末或液态污染；

视频资源：熔融沉积技术的优缺点及应用领域

（4）概念设计原型的三维打印对精度和物理化学特性要求不高，其具有明显的价格优势；

（5）可选用多种材料，如可染色的 ABS、医用 ABS、聚碳酸酯（PC）、聚苯砜（PPSF）、聚乳酸（PLA）和聚乙烯醇（PVA）等；

（6）后处理简单，仅需要几分钟到十几分钟的时间，剥离支撑后原型即可使用。

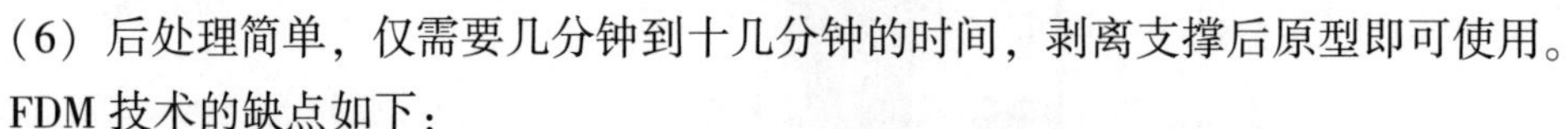

FDM 技术的缺点如下：

（1）成型精度低、打印速度慢。这是 FDM 增材制造设备的主要限制因素。

（2）控制系统智能化水平低。采用 FDM 技术的增材制造设备操作相对简单，但在成型过程中仍会出现问题，这就需要有丰富经验的技术人员操作机器，以便随时观察成型状态。因为在成型过程中出现异常时，现有系统无法进行识别，也不能自动调整；如果不去人工干预，将无法继续打印或将缺陷留在工件里的效果，这一操作上的限制影响了 FDM 增材制造设备的普及。

（3）打印材料限制性较大。目前在打印材料方面存在很多缺陷，如 FDM 用打印材料易受潮，成型过程中和成型后存在一定的收缩率等。打印材料受潮将影响熔融挤出的顺畅性，易导致喷头堵塞，不利于工件的成型；塑性材料在熔融后的凝固过程中，均存在收缩性，这会造成打印过程中工件的翘曲、脱落和打印完成后工件的变形，影响加工精度，造成材料浪费。

1.3.5 知识点 5：三维打印技术

三维打印技术（Three-Dimensional Printing，3DP）是美国麻省理工学院 Emanual Sachs 等人研制的。E. M. Sachs 于 1989 年申请了 3DP 专利，该专利是非成型材料微滴喷射成型范畴的核心专利之一。

1.3.5.1　3DP 技术成型原理

3DP 技术成型原理如图 1-51 所示。3DP 技术与 SLS 技术类似，采用粉末材料成型，如陶瓷粉末、金属粉末；不同的是材料粉末不是通过烧结连接起来的，而是通过喷头用黏结剂（如硅胶）将零件的截面“印刷”在材料粉末上面。用黏结剂黏结的零件强度较低，还需进行后处理。具体工艺过程如下：上一层黏结完毕后，成型缸下降一个距离（等于层厚 0.013~0.1 mm），供粉缸上升一高度，推出若干粉末，并被铺粉辊推到成型缸，铺平并被压实。喷头在计算机控制下，依据下一组建造截面的成型数据有选择地喷射黏结剂建造层面。铺粉辊铺粉时多余的粉末被集粉装置收集，如此周而复始地送粉、铺粉和喷射黏结剂，最终完成一个三维粉体的黏结。未被喷射黏结剂的地方为干粉，在成型过程中起支撑作用，且成型结束后比较容易去除。

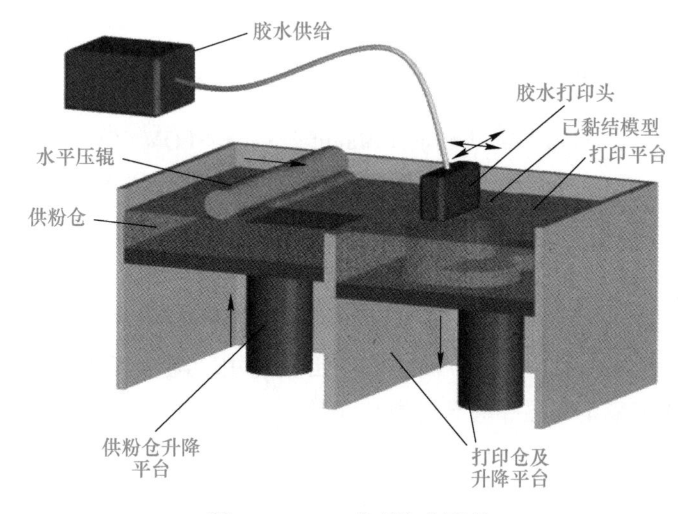

图 1-51　3DP 成型技术原理

3DP 技术的原理如下：

（1）3DP 的供料方式与 SLS 一样，供料时将粉末通过水平压辊平铺于打印平台之上；

（2）将带有颜色的胶水通过加压的方式输送到打印头中存储；

（3）接下来打印的过程就很像 2D 的喷墨打印机了，系统会根据三维模型的颜色将彩色的胶水进行混合并选择性地喷在粉末平面上，粉末遇胶水后会黏结为实体；

（4）一层黏结完成后，打印平台下降，水平压辊再次将粉末铺平，然后再开始新一层的黏结，如此反复层层打印，直至整个模型黏结完毕；

（5）打印完成后，回收未黏结的粉末，吹净模型表面的粉末，再次将模型用透明胶水浸泡，此时模型就具有了一定的强度。

1.3.5.2 3DP 技术的特点

微课资源：粉末粘接技术打印材料分析及优缺点

3DP 技术的优点如下：

（1）成型速度快，材料价格相对低廉，粉末通过黏结剂结合，无须使用激光器以及在保护气体的环境中烧结，因此适合做桌面型的快速成型设备。

（2）在黏结剂中添加颜料，可实现有渐变色的全彩色 3D 打印，可以完美体现设计者在色彩上的设计意图。

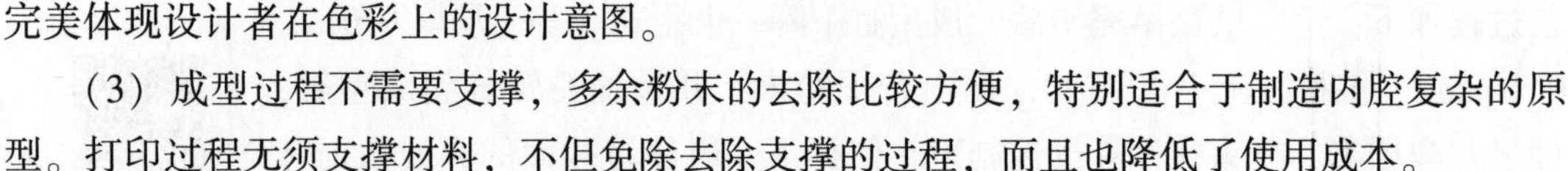

（3）成型过程不需要支撑，多余粉末的去除比较方便，特别适合于制造内腔复杂的原型。打印过程无须支撑材料，不但免除去除支撑的过程，而且也降低了使用成本。

（4）可实现大型件的打印。

3DP 技术的缺点如下：

（1）产品力学性能差，强度、韧性相对较低，只能做概念型模型，不能做功能性试验；

（2）成品表面较粗糙，精细度较差，还需要后处理工序。

1.3.6 知识点6：薄材叠层制造成型技术

动画资源：薄材叠层制造成型技术(LOM)

薄材叠层制造成型（Laminated Object Manufacturing，LOM）又称为薄形材料选择性切割。LOM 技术曾经是最成熟的快速成型制造技术之一。这种制造方法和设备自 1991 年问世以来，得到了迅速发展。由于 LOM 技术多使用纸材，成本低廉，制件精度高，而且制造出来的木质原型具有外在的美感和一些特殊的品质，因此受到了较为广泛的关注，在产品概念设计可视化、造型设计评估、装配检验、熔模铸造型芯、砂型铸造木模、快速制作母模及直接制模等方面得到了迅速应用。随着其他工艺技术的迅速发展，LOM 技术的优势越来越不明显，甚至逐渐被淘汰。

1.3.6.1 LOM 技术成型原理

微课视频：薄材叠层技术工艺原理

LOM 技术成型原理如图 1-52 所示。LOM 技术采用薄片材料，如纸、塑料薄膜等，片材表面事先涂覆上一层热熔胶，加工时，热压辊热压片材，使之与下面已成型的工件黏结；用 CO_2 激光器在刚黏结的新层上切割出零件截面轮廓和工件外框，并在截面轮廓与外框之间多余的区域内切割出上下对齐的网格；激光切割完成后，工作台带动已成型的工件下降，与带状片材（料带）分离；供料机构转动收料轴和供料轴，带动料带移动，使新层移到加工区域；工作台上升到加工平面；热压辊热压，工件的层数增加一层，高度增加一个料厚；再在新层上切割截面轮廓，如此反复直至零件的所有截面黏结、切割完成，得到分层制造的实体零件。

1.3.6.2 LOM 技术的特点

LOM 技术的优点如下：

（1）成型速度较快。由于只需要使用激光束沿物体的轮廓进行切割，无须扫描整个断

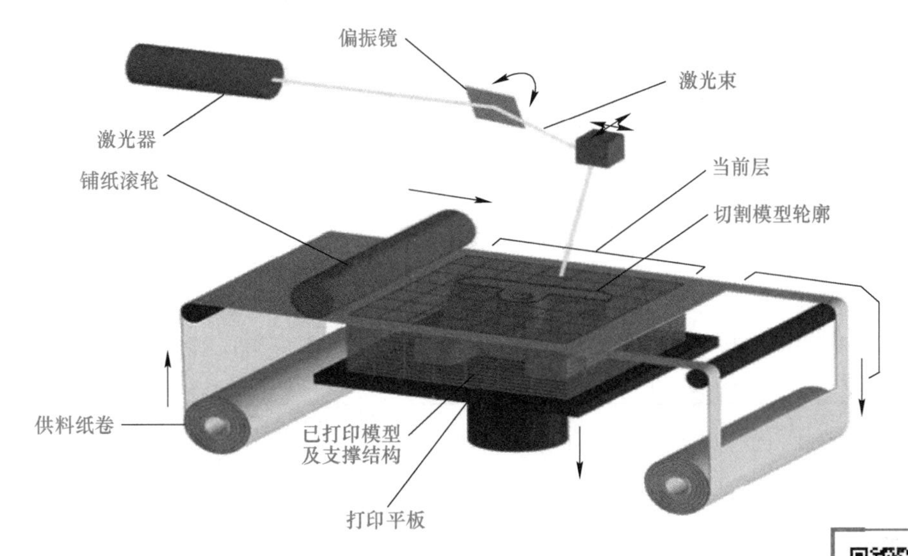

图 1-52 LOM 技术成型原理图

微课视频：薄材叠层技术打印材料分析及优缺点

面，所以成型速度很快，适合制作实心、形状简单的大中型零件。

（2）原型能承受高达 200 ℃的温度，有较高的硬度和较好的力学性能。

（3）无须设计和制作支撑结构，废料易剥离，无须后固化处理。

（4）原材料价格便宜，原型制作成本低。成型过程中，材料始终为固态，没有相变，翘曲变形小，原型精度高。

（5）成型加工容易，可进行切削加工。

（6）可制作尺寸大的原型，零件体积越大，制作效率越高。

LOM 技术的缺点如下：

（1）可实际应用的原材料种类较少，目前常用的材料主要为纸和 PVC 薄片。

（2）材料利用率低，前、后处理较费时费力，尤其是中空制件内部残余的废料很难去除。

（3）不能直接制作塑料原型。

（4）原型的抗拉强度和弹性不够好。

（5）原型易吸湿膨胀，因此，成型后应尽快进行表面防潮处理。

（6）材料浪费严重，表面质量差，原型表面有台阶纹理，难以构建形状精细、多曲面的零件。因此，成型后需要进行表面打磨。

任务实施

（1）比较几种增材制造主流技术的工艺特点。

本任务学习了增材制造的几种主流技术，每一种工艺原理都有其优缺点（见表 1-3），要根据实际情况选择合适的方法和材料进行加工。请通过查阅文献、网络查询等方法，自行设计一个表格。

表 1-3 几种增材制造技术的工艺特点

类型	成型原理	加工方式	表面质量	材 料	材料价格	优 点	缺 点
SLA	液态光敏树脂的光聚合固化成型	激光	较好	光敏树脂、生物材料	较贵	制件精度高、表面质量好、强度好、可加工透明件	成本高、速度慢、需要支撑材料、光敏树脂有一定的毒性和气味
FDM	丝状熔融材料冷却固化成型	热喷头	较差	ABS、尼龙、石蜡、低熔点合金丝等	较贵	成型材料广泛、成本低、强度尚可、可成型复杂零件	精度较低、速度慢、需要支撑材料
SLS	粉末材料的激光烧结成型	激光	中等	高分子材料、石蜡、金属、陶瓷、石膏、尼龙粉末和生物材料	中等	可加工材料丰富、强度较好、无须支撑、生产效率较高、材料利用率高	成型时间较长、工件表面较粗糙、成本高、烧结过程有异味
LOM	薄层材料黏结后激光切割成型	激光	较差	纸、塑料薄片	较低	速度快、可加工大型件、强度高、无须支撑	成型速度较低、制品残余应力大、需要加支撑结构、材料成本高能耗较高
3DP	黏结剂黏结粉末材料成型	喷射喷头	较差	尼龙粉末、陶瓷粉末、塑料粉末及复合材料粉末	中等	打印速度快、成本低、可加工多种材料、无须支撑、可制作彩色件	产品机械性能差、工件表面粗糙、精细度较差

（2）通过查阅资料，预测增材制造技术的未来发展趋势。

微课视频：
3D打印技术未来的发展

1）增材制造工艺方法的多元化发展方向。开拓并行打印、连续打印、大件打印和多材料打印的工艺方法，提升增材制造的速度效率和精度，提高成品的表面质量和力学性能，以实现直接面向产品的生产和制造。

2）增材制造材料的多元化发展方向。开发智能材料、功能梯度材料、纳米材料、均质材料、复合材料、低成本金属打印材料和生物组织打印材料等，特别是金属材料直接成型技术，有可能成为今后研究与应用的重要方向。

3）增材制造设备的小型化和通用化发展方向。随着增材制造技术的不断发展与成本的降低，增材制造设备的小型化使其走入千家万户成为可能。设备成本更低廉，操作更简便，更加适应分布化生产，满足设计与制造一体化的需求以及家庭日常应用的需求。

4）增材制造设备大型化发展方向。纵观航空航天、汽车制造以及核电制造等工业领域，对钛合金、高强钢、高温合金以及铝合金等大尺寸复杂精密构件的制造提出了更高的要求。目前，现有的金属增材制造设备成型空间难以满足大尺寸复杂精密工业产品的制造需求，在某种程度上制约了增材制造技术的应用范围，因此开发大幅面金属增材制造设备将成为一个发展方向。

5）增材制造过程的集成化、智能化和便捷化发展方向。实现 CAD、CAPP、RP 的一体化，使增材制造设备在软件功能、控制软件的无缝对接方面，实现设计者直接联网控制的远程在线制造和智能制造，因此增材制造设备的集成化、智能化、便捷化是未来增材制造技术的一个重要发展方向。

任务 1.4 增材制造材料的分类

任务导入

笔筒是生活中非常常见的学习工具，在增材制造打印企业实习的学生可以利用自己的专业知识，用增材制造设备打印一个个性化的笔筒，以方便自己平时的工作和生活。那么，你会选用什么样的材料进行打印呢？

任务要求

（1）在学银在线或学习通平台上完成在线学习任务，学会知识点基本技能操作，完成知识构建。

（2）熟悉增材制造材料区别及适用范围。

（3）填写工作过程记录单，提交课程平台。

（4）在学银在线或学习通平台上完成拓展任务、参与话题讨论。

微课视频：3D打印的材质

知识链接

1.4.1 知识点 1：增材制造材料概述

材料是增材制造技术发展的重要物质基础，增材制造技术的兴起和发展，离不开材料的发展，一种材料的出现直接决定了增材制造技术的成型工艺、设备结构、成型件的性能等。从 1988 年的立体光固化成型（SLA）工艺的出现到当今的三维打印成型，都是由于某一种新材料的出现而引起的，例如液态光敏树脂材料决定了 SLA 工艺与设备，薄层材料决定了 LOM 工艺与设备，丝状材料决定了 FDM 工艺与设备等。由于材料在物理形态、化学性能等方面存在差别，才形成了今天增材制造材料的多品种和增材制造技术的不同成型方法。

在增材制造技术的发展中，新材料是增材制造技术的重要推动力。根据材料的化学成分分类，可分为塑料材料、金属材料、陶瓷材料、复合材料、生物医用高分子材料等；根据材料的物理形状分类，可分为丝状材料、粉体材料、液体材料、薄片材料等。其中，增材制造技术中使用的材料形态多为粉末状、丝状、片层状和液体状等。

1.4.2 知识点 2：增材制造材料的性能要求

增材制造技术的兴起和发展，离不开材料的发展，不同的应用领域所用的耗材种类是不一样的，不同应用领域、不同目标要求对材料性能的要求也是不一样的。

1.4.2.1 增材制造技术对材料性能的一般要求

（1）应有利于快速、精确地成型原型零件。

（2）快速成型制件应当接近最终要求，应尽量满足对强度、刚度、耐潮湿性、热稳定性能等的要求。

（3）应有利于后处理工艺。

1.4.2.2 不同应用目标对材料性能的要求

增材制造成型件的4个应用目标：概念型零件、测试型零件、模具型零件和功能型零件。应用目标不同，对成型材料的要求也不同。

（1）概念型零件：对材料成型精度和物理化学特性要求不高，主要要求成型速度快。

（2）测试型零件：对于成型后的强度、刚度、耐温性、抗蚀性能等有一定要求，以满足测试要求。如果用于装配测试，则对成型件有一定的精度要求。

（3）模具型零件：要求材料适应具体模具制造要求，例如强度、刚度等。

（4）功能型零件：要求材料具有一定的力学性能和化学性能，使打印的成型件具有一定的工作特性，满足正常的工程使用要求。

1.4.3 知识点3：常见的增材制造材料介绍

目前，增材制造常用材料主要包括工程塑料、光敏树脂、金属材料、陶瓷材料和橡胶类材料等，除此之外，彩色石膏材料、人造骨粉、细胞生物原料，以及砂糖等食品材料也在增材制造领域得到了应用。据报告，现有的增材制造材料已经超过了200多种，但相对于现实中多种多样的产品和纷繁复杂的材料，200多种也还是非常有限的，工业级的增材制造材料更是稀少。

1.4.3.1 工程塑料

工程塑料是指被用作工业零件或外壳材料的工业用塑料，具有强度高、耐冲击性、耐热性、硬度高以及抗老化性等优点，正常变形温度可以超过90 ℃，可进行机械加工（钻孔攻螺纹）、喷漆以及电镀。工程塑料是当前应用最广泛的一类增材制造材料，常见的有丙烯腈-丁二烯-苯乙烯共聚物（ABS）、聚酰胺（PA）、聚碳酸酯（PC）、聚苯砜（PPSF）、聚醚醚酮（PEEK）等。

（1）ABS类材料。ABS类材料是目前产量最大、应用最广泛的聚合物，它将聚苯乙烯（PS）、苯乙烯-丙烯腈共聚物（SAN）、丁二烯-苯乙烯共聚物（BS）的各种性能丁二烯和苯乙烯的三元共聚物有机地统一起来，兼有韧、硬、刚的特性。ABS是丙烯腈、丁二烯和苯乙烯的三元共聚物，A代表丙烯腈，B代表丁二烯，S代表苯乙烯。

ABS具有良好的热熔性和冲击强度，是FDM最常用的打印材料。ABS一般不透明，目前主要是将ABS预制成丝或粉末化后使用。ABS的颜色种类很多，有象牙白、白色、黑色、深灰色、红色、蓝色、玫瑰红色等，它无毒、无味，有极好的冲击强度、尺寸稳定性好，电性能、耐磨性、抗化学药品性、染色性优良，ABS 的应用范围几乎涵盖所有日用品、工程用品和部分机械用品。图 1-53 所示为 ABS 塑料及 ABS 材质增材制造产品。

图 1-53　ABS 塑料及 ABS 材质增材制造产品

（2）PC 类材料。PC 算得上是一种真正意义上的热塑性材料，其具备工程塑料的所有特性：高强度、耐高温、抗冲击、抗弯曲，可以作为最终零部件使用。使用 PC 材料制作的样件，可以直接装配使用，常应用于交通工具及家电行业。PC 材料的颜色比较单一，只有白色，但其强度比 ABS 材料高出 60% 左右，具备超强的工程材料属性。图 1-54 所示为 PC 塑料。

图 1-54　PC 塑料

PC 工程塑料的三大应用领域是玻璃行业、汽车工业、电子电器工业，也应用于工业机械零件，包装、计算机等办公室设备，医疗及保健，薄膜，休闲和防护器材等。PC 材料可用作门窗玻璃，PC 层压板广泛用于银行等公共场所的防护窗、飞机舱罩、照明设备等。

（3）PLA 塑料类。PLA 是一种新型的生物降解材料，使用可再生的植物资源（如玉米）所提取的淀粉原料制成。它具有良好的生物可降解性，使用后能被自然界中的微生物完全降解，最终生成二氧化碳和水，不污染环境，是一种环保的材料。PLA 在医药领域应用也非常广泛，如用在一次性输液器械、手术缝合器械制造等。打印 PLA 材料时有棉花糖气味，不像 ABS 那样出现刺鼻的不良气味。PLA 收缩率较低，打印时能直接从固体变为液体。由于 PLA 材料的熔点比 ABS 低，流动较快，故相对而言，不易堵塞喷嘴。PLA 更加适合低端的 3D 打印机。

PLA 有多种颜色可以选择，而且还有半透明的红色、蓝色、绿色以及全透明的材料。但是 PLA 易受热受潮，因此不适合长期户外使用或在高温环境工作。加热时，从空气吸收的水分可能会变成蒸汽泡，这可能会影响某些挤出机的正常加工。图 1-55 所示为 PLA 塑料。

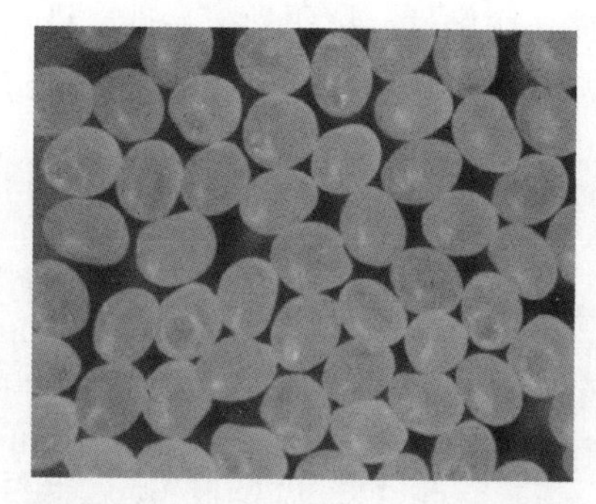

图 1-55 PLA 塑料

（4）亚克力材料。亚克力（有机玻璃）材料具有水晶般的透明度，用染料着色又有很好的展色效果。它有良好的加工性能，既可以采用热成型，也可以用机械加工的方式。它的耐磨性接近于铝材，稳定性好，能耐多种化学品腐蚀。亚克力材料有良好的适应性和喷涂性，采用适当的印刷和喷涂工艺，可赋予亚克力制品理想的表面装饰效果。图 1-56 所示为亚克力材料。

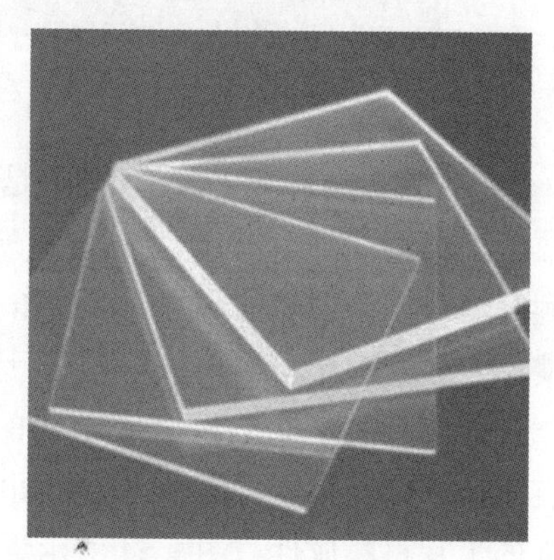

图 1-56 亚克力材料

（5）尼龙材料。聚酰胺树脂，俗称尼龙（Nylon），它是大分子族链重复单元含有酰胺基团的高聚物的总称。

尼龙材料是非金属打印材料里强度最高的材料，具有质量轻、耐热、摩擦系数小、耐磨损等特点。粉末粒径小，制作模型精度高。烧结制件不需要特殊的后处理，便可具有较高的抗拉伸强度。在颜色方面的选择没有 PLA 和 ABS 这么多，但可以通过喷漆、浸染等方式进行颜色的变化。材料热变形温度为 110 ℃。目前，打印尼龙的最佳工艺是 SLS 激光粉末烧结，主要应用于汽车、家电、电子消费品、艺术设计及工业产品等领域。图 1-57 所示为利用尼龙材料打印的产品。

1.4.3.2 光敏树脂

光固化树脂又称光敏树脂，是一种受光线照射后，能在较短的时间内迅速发生物理和化学变化，进而交联固化的低聚物。光敏树脂由两大部分组成，即光引发剂和树脂（树脂由预聚物、稀释剂及少量助剂组成）。光引发剂受到一定波长（300~400 nm）的紫外光辐射时，吸收光能，由基态变为激发态，然后再生成活性自由基，引发预聚物和活性单体进行聚合固化反应。图 1-58 所示为光敏树脂材料。

1.4.3.3 金属粉末

金属粉末是激光熔覆沉积（LESN）和直接能量沉积（DED）等增材制造工艺中用于制造优质金属部件的主要原材料，在汽车、航空航天和国防工业中都将有很广阔的应用

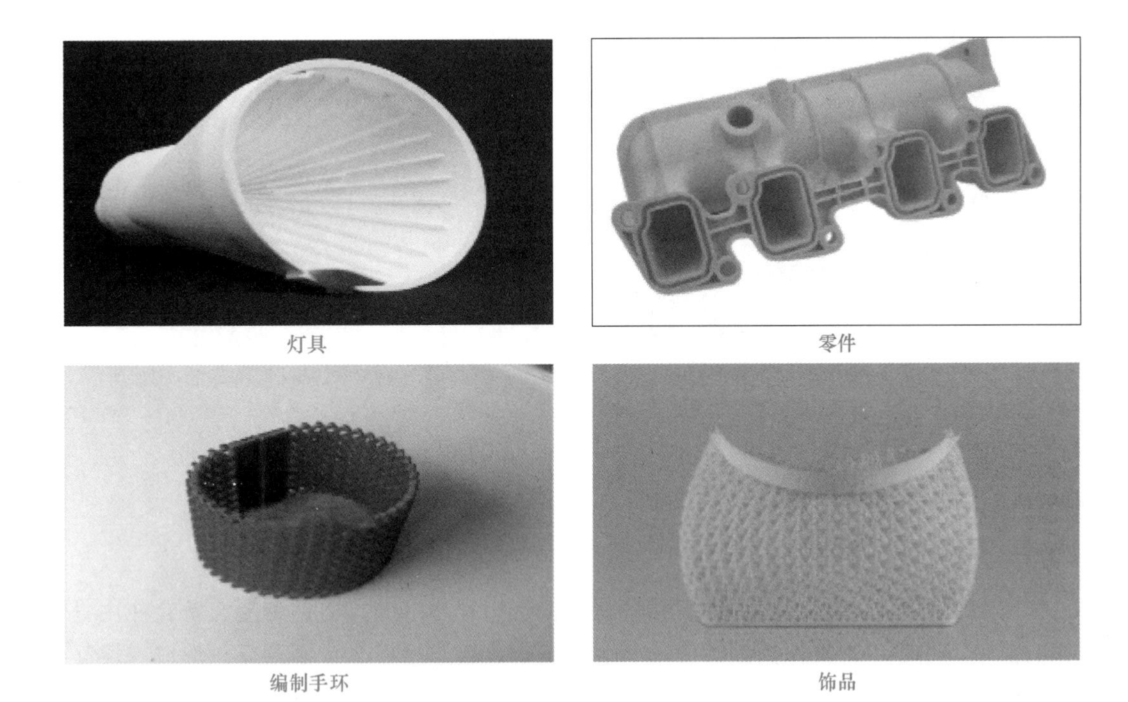

图 1-57　尼龙材料打印产品

空间。

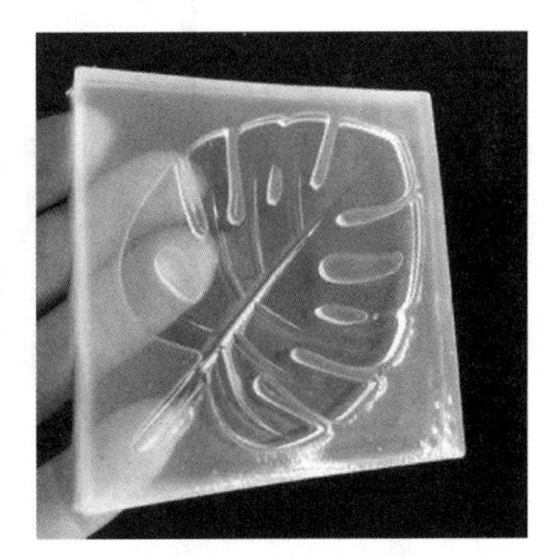

图 1-58　光敏树脂材料

用于增材制造的金属粉末一般要求纯度高、球度好、粒度分布窄、氧含量低。目前，在增材制造中使用的金属粉末材料主要是钛合金、钴铬合金、不锈钢和铝合金，此外还有贵金属粉末材料，如在打印首饰中使用的金和银。图 1-59 所示为利用金属粉末材料打印的产品。

1.4.3.4　陶瓷粉末

陶瓷材料具有高强度、高硬度、耐高温、低密度、化学稳定性好、耐腐蚀等优异特性，在航空航天、汽车、生物等行业有着广泛的应用。增材制造的陶瓷制品不透水、耐热（可达 600 ℃）、可回收、无毒，但其强度不高，可作为理想的炊具、餐具、烛台、瓷砖、花瓶艺术品等家居装饰材料。图 1-60 所示为利用陶瓷材料打印的产品。

1.4.3.5　橡胶类材料

橡胶类材料具备多种级别弹性材料的特征，这些材料具有硬度强、断裂伸长率高、抗撕裂强度高等优点，使其非常适合于有防滑或柔软表面要求的领域，增材制造的橡胶类产品主要有消费类电子产品、医疗设备以及汽车内饰、轮胎、垫片等。

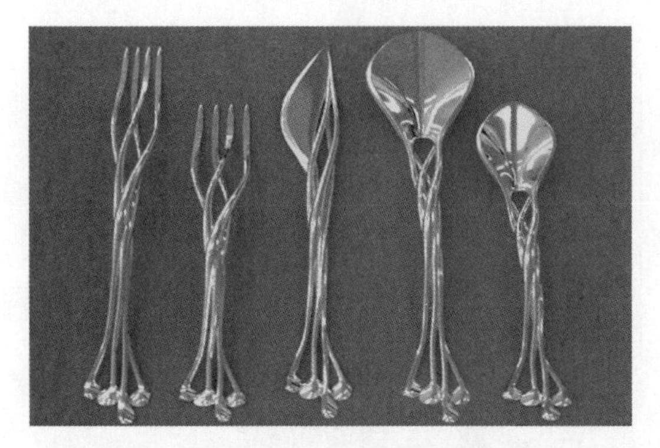

图1-59 金属粉末材料打印的产品

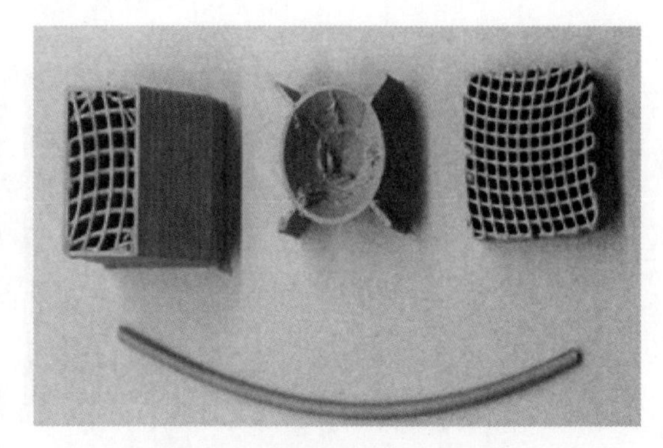

图1-60 陶瓷材料打印的产品

1.4.4 知识点4：特殊的增材制造材料

1.4.4.1 人造骨粉

利用增材制造技术，可将人造骨粉转变成精密的骨骼组织。增材制造设备会在用骨粉制作的薄膜上喷洒一种酸性药剂，使薄膜变得坚硬。这个过程会一再重复，形成一层又一层的粉质薄膜，最后形成“骨骼组织”。图1-61所示为人造骨粉打印的产品。

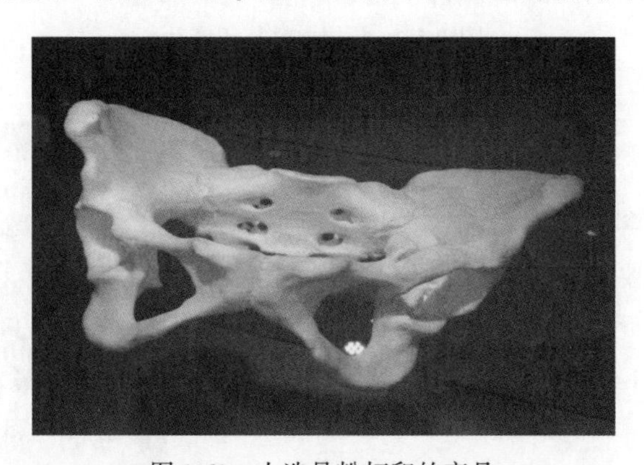

图1-61 人造骨粉打印的产品

1.4.4.2 巧克力等食品级原料

3D食物打印机，是一种可以把食物“打印”出来的机器，它使用的不是墨盒，而是将食物绞碎、混合、浓缩成浆，制作成可食用的打印材料，也被称为“食材墨水”，将它装入注射器中；材料会被加热成可成形的形状。然后，根据预编程的配方，按下开启键，机器就会用某种柱塞或空气压缩机把熔化的食材进行挤压，通过喷头将它们用层层叠加的方式“打印”出来。图1-62所示为巧克力食品级原料打印的产品。

1.4.4.3 生物细胞

通过增材制造技术将细胞作为材料层层打印在生物支架（基质）材料上，通过准确定位，形成具备生物特性的组织。图1-63所示为生物细胞。

图 1-62 巧克力食品级原料打印的产品

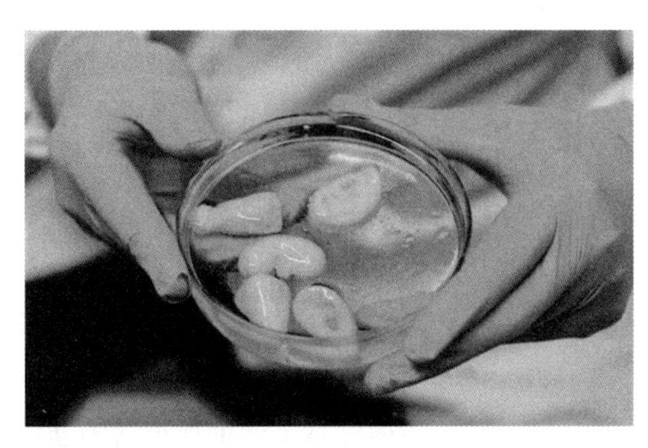

图 1-63 生物细胞

1.4.4.4 彩色打印材料

全彩砂岩制作的对象色彩感较强，增材制造出来的产品表面具有颗粒感，打印的纹路比较明显，使物品具有特殊的视觉效果。它的质地较脆，容易损坏，并且不适用于打印一些经常置于室外或极度潮湿环境中的对象。图 1-64 所示为利用彩色打印材料打印的产品。

图 1-64 彩色打印材料打印的产品

微课视频：3D打印面临的主要问题

1.4.5 知识点 5：增材制造材料未来发展趋势

微课视频：3D打印的发展方向

目前，我国增材制造原材料缺乏相关标准，国内有能力生产增材制造材料的企业较少，特别是金属材料主要依赖进口，价格高。这就造成了增材制造产品成本较高，影响了其产业化的进程。因此，当前的迫切任务之一是建立增材制造材料的相关标准，加大对增材制造材料研发和产业化的技术和资金支持，提高国内增材制造用材料的质量，从而促进我国增材制造产业的发展。因此，可以预测，增材制造技术的进步一定会促进我国制造业的发展，使我国从制造业大国成为制造业强国。

任务实施

（1）增材制造技术制造的物品用的是什么材料？

1）在电影《哈利·波特》中，可以看到各式佳肴神奇地出现在餐桌上。有了增材制造技术，使在现实中实现电影中的情节成为可能。美国宇航局 NASA 走在了该领域的前列，为研发 3D 食物打印机提供资金，从而解决了宇航员的食物问题。

2）“自拍”一词已被牛津词典评选为 2013 年度单词，诸如 Shapify 和 Cubify 这样的公司抓住了其中的商机，为自拍爱好者提供 3D 人物模型打印的服务。

3）来自英国 Albertay 大学的科学家已掌握了 3D 打印复杂土质结构的技术，以便更好地研究真菌和细菌相互之间的关系。

4）3D 技术最有价值的应用就是它能够用低成本为残疾人制造假肢，比如苏丹人 Daniel Omar 因此受益，他曾经因一场炸弹袭击变成了残疾人，Daniel 的假肢成本仅 100 美元，并且制作时间只要 6 h。

（2）笔筒是文房用具之一，是一种最为常见的置笔用具，一般呈圆筒状，材质多样，可用竹、木、瓷、漆、玉、象牙、紫砂等，是文人书案上的常设之物。在古代，笔筒以其艺术个性和较高的文化品位，受到文人墨客的青睐。笔筒大约出现在明朝中晚期，因使用方便，很快就风靡天下，至今仍盛而不衰。现代笔筒按材质可以分为塑料笔筒、木制笔筒、金属笔筒、竹制笔筒、泡沫笔筒、陶瓷笔筒等。

现在小张设计的笔筒已接近了尾声，为进一步测试该产品的性能，请帮助小张制定增材制造方案，列入表 1-4 中。

表 1-4 “狗头兽首”笔筒逆向设计过程

项目名称	项目内容
笔筒模型建立	选择：________ A. 利用 3D 建模软件构建模型 B. 基于图像构建 3D 模型 C. 利用 3D 扫描仪构建 3D 模型 D. SLS
增材制造技术	选择：________ A. SLA　　B. FDM C. SLS　　D. Polyjet
增材制造材料	选择：________ A. ABS　　B. PLA C. 金属粉末　　D. 陶瓷粉末

任务 1.5　增材制造的后期处理

任务导入

确定打印一个笔筒的想法后，小张根据自己的创意在纸上画出了草图，并选用了三维软件 SolidWorks 将自己的设计理念表达出来，再借助增材制造将笔筒创意设计转化为实物。在得到初步产品后，师傅告诉小张，要想打印出笔筒，还要对其进行必要的后期处理工序才能得到最终的产品。

任务要求

（1）在学银在线或学习通平台上完成在线学习任务，学会知识点基本技能操作，完成知识构建。

（2）掌握增材制造成型件的后期处理方法。

（3）填写工作过程记录单，提交课程平台。

（4）在学银在线或学习通平台上完成拓展任务、参与话题讨论。

知识链接

1.5.1　知识点 1：什么是后期处理

增材制造设备由于打印材料以及打印精度的不同要求，一般还需要对打印出来的作品进行简单的后期处理，如去除打印物体的支撑。如果打印精度不够，就会有很多毛边，或者出现一些多余的菱角，影响打印作品的效果，因此需要通过一系列的后期处理来完善作品，从而达到满意的效果。

微课视频：3D模型的后期处理的步骤

1.5.2　知识点 2：后期处理的步骤

对于常见的熔融堆积型的增材制造设备，一般需要以下几个步骤完成后期处理：

（1）用铲子把产品从底板上取下。

（2）用电线剪去除支撑。

（3）细部修正。在打印精度不高时，打印出来的物体在细节上可能与期望的有所偏差，需要使用工具进行一定的修正。一般使用增材制造专用笔刀进行毛刺和毛边的修正，如图 1-65 所示。

（4）抛光。一般打印出来的物体表面都不太光滑明亮，需要采用物理或化学手段进行抛光处理。

（5）上色。如果是用单色打印机打印的物品，可以通过上色来改变物品的颜色，或让物体颜色更多样化。

图 1-65 增材制造专用笔刀

其中，抛光和上色是比较有技术难度的后期处理环节，也是大部分增材制造产品需要进行的环节，因此本节重点对这两个后期处理步骤进行介绍。

微课视频：3D模型的后期处理抛光技术

1.5.3 知识点3：后处理抛光技术

当前有多种抛光处理技术，但通常使用较多的是砂纸打磨（Sanding）、珠光处理（Bead Blasting）和蒸汽平滑（Vapor Smoothing）这3种技术。

1.5.3.1 砂纸打磨

砂纸打磨可以用手工打磨或者使用砂带磨光机这样的专业设备。砂纸打磨是一种廉价且行之有效的方法，一直是增材制造零部件后期抛光最常用、使用范围最广的技术，如图1-66所示。

砂纸打磨在处理比较微小的零部件时会有问题，这是因为它是靠人手或机械的往复运动完成的。不过砂纸打磨处理起来还是比较快的，一般用FDM技术打印出来的对象往往有一圈圈的纹路，用砂纸打磨消除电视机遥控器大小的纹路只需15 min。

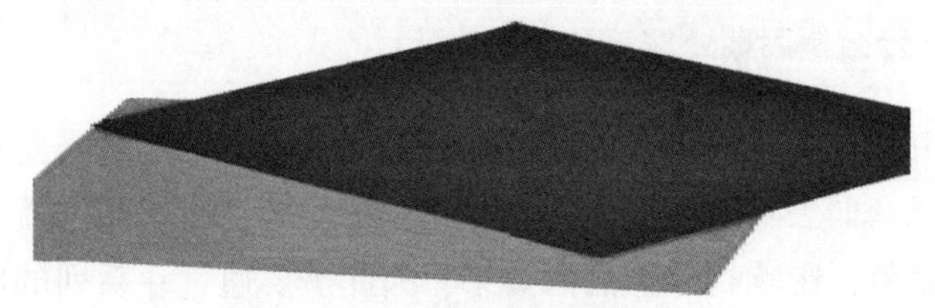

图 1-66 砂纸打磨

1.5.3.2 珠光处理

如图1-67所示，珠光处理就是操作人员手持喷嘴朝着抛光对象高速喷射介质小珠，从而达到抛光的效果。珠光处理一般比较快，5～10 min即可处理完成，处理过后产品表面光滑，有均匀的亚光效果。

图 1-67 珠光处理

珠光处理比较灵活，可用于大多数 FDM 材料。它可用于产品开发到制造的各个阶段，从原型设计到生产都能用。珠光处理喷射的介质通常是很小的塑料颗粒，一般是经过精细研磨的热塑性颗粒。这些热塑性的塑料珠比较耐用，并且能够对不同程度的磨损范围进行喷涂。小苏打也不错，它不是太硬，但是它可能比塑料珠不易清洁。

因为珠光处理一般是在一个密闭的腔室里进行的，所以它能处理的对象是有尺寸限制的，一般能够处理的最大零部件大小为 24 in×32 in×32 in（1 in≈25.4 mm），而且整个过程需要用手拿着喷嘴，一次只能处理一个，因此不能用于规模应用。

珠光处理还可以为对象零部件后续进行上漆、涂层和镀层做准备，这些涂层通常用于强度更高的高性能材料。

1.5.3.3　蒸汽平滑

蒸汽平滑（Vapor Smoothing）处理方法是：增材制造零部件被浸渍在蒸汽罐里，其底部有已经达到沸点的液体；蒸汽上升可以融化零件表面 2 μm 左右的一层，几秒内就能把它变得光滑闪亮。图 1-68 所示为蒸汽平滑抛光前后的对比。

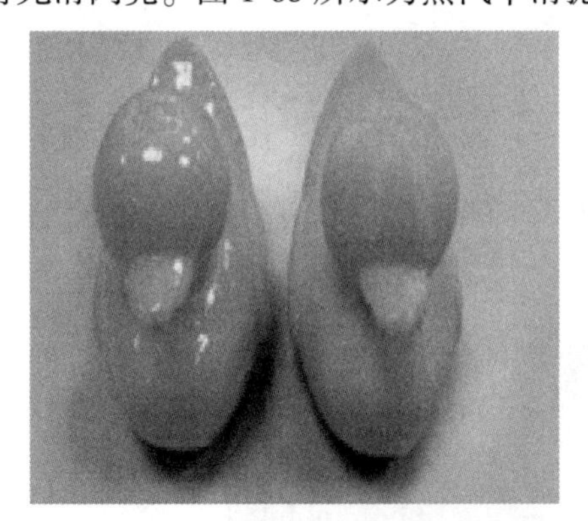
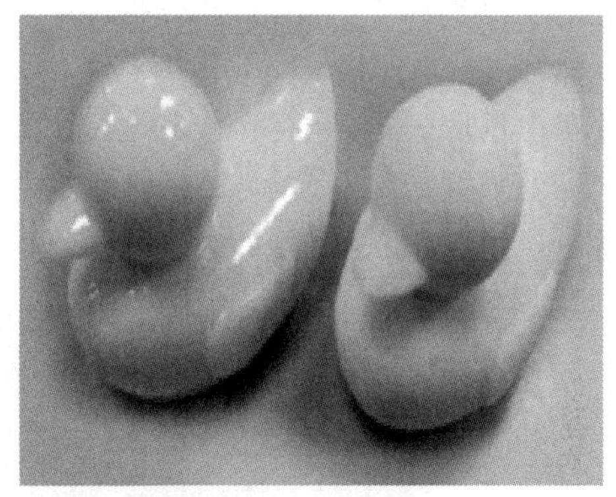

图 1-68　蒸汽平滑抛光前后的对比

蒸汽平滑技术被广泛应用于消费电子、原型制作和医疗应用，该方法不显著影响零件的精度。但是，与珠光处理相似，蒸汽平滑也有尺寸限制，最大处理零件尺寸为 3 ft×2 ft×3 ft（1 ft≈0.3048 m）。另外，蒸汽平滑适合对 ABS 和 ABS-M30 材料进行处理，这是常见的耐用热塑性塑料。

1.5.3.4　抛光机处理

目前市场上逐渐出现一些增材制造抛光机，专门针对增材制造的产品进行自动抛光处理，非常高效便捷。采用熔融沉积造型（FDM）制造的产品，无论是使用工业打印机还是个人 3D 打印机，都有一个很难避免的问题：打印出来的产品都会显示出一些层效应（Layered Effect）。传统的抛光方法都属于材料去除工艺，而增材制造抛光机采用材料转移技术，将零件表面凸出部分的材料转移到凹槽部分，对零件表面的精度影响非常小。抛光过程中不产生废料，是一种新型抛光技术，但是这种抛光机目前因为价格高、技术要求高、操作较复杂等还未被市场普遍接受。图 1-69 所示为增材制造抛光机。

图 1-69　增材制造抛光机

微课视频：
3D模型的后期处理上色处理

1.5.4　知识点 4：后处理上色处理

目前，增材制造技术已经应用在众多领域中，大部分增材制造出来的模型都是单色，这个时候若是需要更多的色彩，那么就要进行后期上色处理了。

1.5.4.1　纯手工上色

纯手工上色是一种使用得比较多的上色方法，操作比较简单，比较适合处理复杂的细节。上色需要采用交叉上色的方法，即第一层快干但还没干时再上第二层，第二层的笔刷方向和第一层垂直，易达到最好的效果。图 1-70 所示为手工上色产品。

图 1-70　手工上色产品

纯手工上色使用的颜料主要有水性漆和油性漆两大类。水性漆附着力和色彩表现都比油性漆略差一点（尤其是色泽表现上），但毒性小或无毒。为了颜料可以更流畅且色彩均匀地进行涂装，可以滴入一些同品牌的溶剂在调色皿里面进行稀释。手工上色比较考验操作人员的熟练程度，因此效果波动会比较大。

1.5.4.2　喷漆上色

喷漆上色是当前主要的上色工艺之一，因为油漆附着度较高，所以其适用范围比较广。在色彩光泽度上，受产品原镜面影响，光泽度仅次于电镀和纳米喷镀效果。图 1-71 所示为喷漆产品。

图 1-71　喷漆产品

1.5.4.3　浸染上色

浸染上色只适用于尼龙材料，造价成本高于纯手工跟喷漆，在颜色的多样性上，最终成品外观效果一般，浸染较为灰暗，光泽度低，且以单色为主；但制作时间较短，30 min 即可完成。图 1-72 所示为浸染产品。

图 1-72　浸染产品

1.5.4.4　电镀上色

电镀上色的颜色较少，但是其光泽度较高的色彩镜面和极好的外观效果都是纯手工、喷漆和浸染所达不到的。电镀局限于使用在金属和 ABS 塑料上。电镀上色的原理是利用电解液，在金属表面镀上一薄层其他金属或合金，提高耐磨性、导电性、反光性、抗腐蚀性及增进美观等作用。图 1-73 所示为电镀产品。

1.5.4.5　纳米喷镀上色

纳米喷镀上色是目前世界上最前沿的高科技喷涂技术，适用于各种材料，同一件作品可以同时采用多种颜色，不受体积和形状的影响，色彩过渡比较自然。它采用专用设备和先进的材料，应用化学原理通过直接喷涂的方式，使被涂物体表面呈现金、银、铬及各种彩色等各种镜面高光效果。图 1-74 所示为纳米喷镀产品。

图 1-73 电镀产品

图 1-74 纳米喷镀产品

任务实施

微课视频：笔筒模型的打印与后处理操作示范

（1）笔筒的后期处理。

1）在开始打印模型前，确保做好以下准备工作：

①确认材料已经安装好；

②确保喷头能够顺利出丝；

③确保平台已经调平。

确认上面工作后，就可以开始打印了，一般的桌面级打印机支持联机打印和脱机打印两种方式。

2）USB 数据线连接打印机：

①用 USB 数据线将打印机和计算机连接好；

②启动打印机，确保打印平台已调平，已完成耗材进丝操作。如图 1-75 所示，在菜单栏中执行“打印”→“连接机器”命令，在弹出的“连接机器”对话框中，在“连接模式”下拉列表框中选择“USB”选项，在“选择机器”下拉列表框中选择打印机类型，单击“连接”按钮，启动 USB 连接，并将 Gcode 文件上传至机器端。

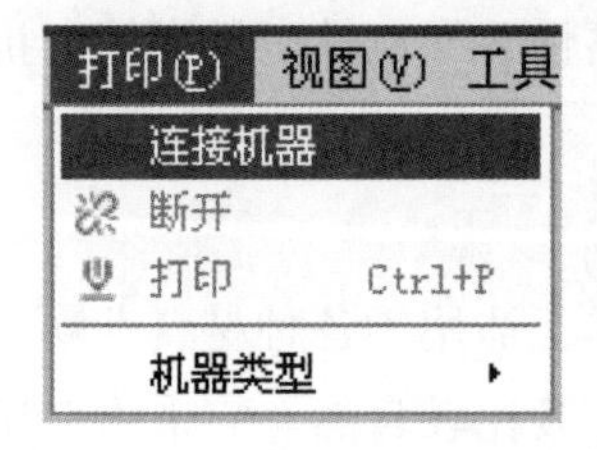

图 1-75 连接打印机

③成功将打印机与计算机连接后，在软件界面中可以看到机器处于预热状态，如

图 1-76所示，预热完成后即开始打印。

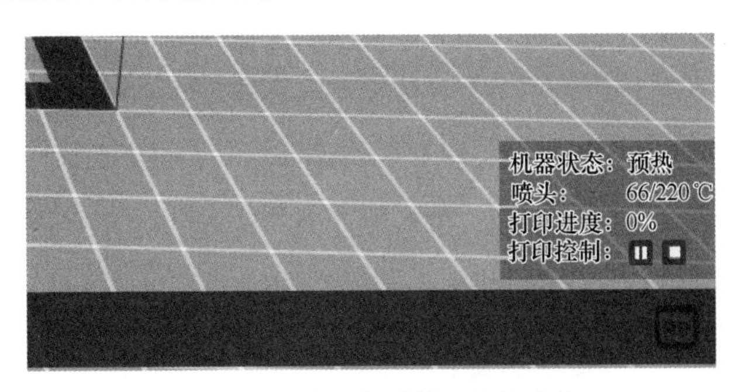

图 1-76　打印机与计算机连接成功

3）模型的拆卸。三维模型打印完成后，需要把模型从增材制造设备上拆卸下来，模型底面粘贴在打印平台上，有时十分牢固，因此需要把模型从打印平台上安全地扯下来。在移除模型时，要防止打印平台的弯曲移动，致使喷头和打印平台角度改变。有些打印平台可以从平台支架上取下来，有些打印平台和平台支架是固定在一起的。对可以取下的打印平台，要先把打印平台从打印支架上取下来，再用铲刀慢慢撬下模型；对和平台支架固定在一起的打印平台，要用铲刀从一边先撬松模型，然后慢慢将模型撬下，不能用蛮力，以防影响打印平台的水平精度。在撬动模型时，注意防止被喷头烫伤。

4）模型的修整。打印完成后，由于打印了支撑，因此需要把支撑去掉，同时在模型上存在很多拉丝和毛边，需要使用砂纸、小刀、锉等工具对模型进行修整，如图 1-77 所示。

图 1-77　模型修整

任务 1.6　提升增材制造从业人员的职业素养

任务导入

当前增材制造技术正逐渐进入人们生活的方方面面，未来人们将利用这项技术直接制造出各式各样的生活用品，彻底改变人们的生活方式。通过课堂上的学习和实践，小张逐渐喜欢上了增材制造工程师的工作，但是小张对这个专业未来的就业方向还不太了解，接下来我们将跟随小张了解增材制造从业人员的职业素养，确立自己的职业生涯规划，了解并热爱自己将要从事的增材制造职业。

任务要求

（1）在学银在线或学习通平台上完成在线学习任务，学会知识点基本技能操作，完成知识构建。

（2）了解增材制造工程技术人员职业概况及职业素养。

（3）填写工作过程记录单，提交课程平台。

（4）在学银在线或学习通平台上完成拓展任务、参与话题讨论。

知识链接

1.6.1 知识点1：增材制造工程技术人员定义

增材制造工程技术人员是指从事增材制造技术、装备、产品研发、设计并指导应用的工程技术人员。

1.6.2 知识点2：增材制造技术职业概况

微课视频：3D 打印岗位概述

2022 年 2 月，人力资源和社会保障部发布 2021 年第四季度全国招聘大于求职“最缺工”的 100 个职业排行，其中“增材制造设备操作员”赫然位列第 90 位；通过查询 2021 年度其他几个季度数据发现，第三季度位列第 98 位，而前两个季度则未出现在统计名单中。这意味着，当前 3D 打印行业的缺工问题正在凸显。

1.6.2.1 从业人员分类

根据增材制造技术和行业需求的特殊性，中国增材制造产业联盟将增材制造从业人员分为技能型人才、科研型人才和管理型人才三类，并对增材制造领域 36 家重点企业从业人员进行了调查统计。当前企业从业人员构成中，技能型人才占比 39%，科研型人才占比 43%，管理型人才占比 18%。

1.6.2.2 供给能力分析

国内增材制造人才的培养主力是高校和职业院校，培养规模较小，供给能力有限。据中国增材制造产业联盟估计，我国增材制造产业从业及科研人员规模约为 2 万人，并呈逐年增加趋势。从从业人员现状来看，除有技术经验的中高级人才短缺之外，复合型、骨干型、工程型和管理型人才供给数量也明显不足。

1.6.2.3 行业需求分析

当前，我国增材制造企业超过 500 家，人力资源咨询机构 Wanted Analytics 发布的全球增材制造行业人员招聘与雇佣趋势报告显示，近几年来市场上对增材制造相关技能人员的需求量持续上升，发布的招聘广告数量增长 18 倍。中国增材制造产业联盟对国内增材制造领域 36 家重点企业从业人员规模进行了摸底统计，从企业性质来看，人才需求主要集中在民营企业。从规模来看，从业人员规模在 100 人以上的企业人才需求旺盛，企业人才引进规模逐年增长，年均增速超过 20%。

1.6.3 知识点 3：增材制造工程技术人员职业守则

微课视频：3D 打印从业人员的职业素养

增材制造工程技术人员应具有一定的学习能力、计算能力及表达能力，具有较强的空间想象力，色觉正常，还至少应该具备以下几点：

（1）爱国敬业，践行社会主义核心价值观；

（2）恪守职责，遵守有关法律法规和行业相关标准；

（3）诚实守信，承担自身能力范围与专业领域内的工作；

（4）终身学习，不断提高自身的工程能力与业务水平；

（5）服务社会，为大众福祉、健康、安全与可持续发展提供支持；

（6）严于律己，保守国家秘密、技术秘密和商业秘密；

（7）清正廉洁，反对渎职行为和腐败行为。

任务实施

（1）通过文献检索、网络查询等方法，分析增材制造技术的产业链。

从产业链纵向角度看，增材制造技术的产业链包括上游的三维数字化建模软件、增材制造材料，中游的增材制造设备制造，以及下游的增材制造技术服务。

1）三维建模及切片分层软件。三维数字化建模软件是增材制造技术的基础，无论是直接建模，还是逆向扫描建模，都需要用到三维数字化建模软件，例如 CATIA、UG、3ds Max、AutoCAD、Maya、Creo、SolidWorks 等数字化建模软件，Geomagic Studio 等逆向扫描建模软件，Cura、X Builder、MakerBot 等切片分层软件。

2）增材制造材料。在增材制造技术领域，材料是技术的核心之一。增材制造材料可以分为高分子材料、无机材料、金属材料、生物材料四大类，每一类又都包含很多种材料类型。以 SLS（选择性激光烧结）加工模式为例，目前已经支持蜡粉、聚苯乙烯、工程塑料（ABS）、聚碳酸酯（PC）、尼龙、金属粉末、覆膜陶瓷粉末、覆膜砂、纳米材料等多种材料。

3）增材制造设备。增材制造设备若从应用的维度可划分为个人桌面级应用、工业级应用，以及建筑、食品、艺术等细分应用；若从技术的维度又可划分为 FDM（熔融沉积成型）、SLA（光固化成型）、SLS（选择性激光烧结）、SLM（选择性激光熔化）、3DP（三维打印）等多种技术路线，每种技术路线有各自的增材制造设备。

4）增材制造技术服务。增材制造技术服务包括结构造型设计、模型优化、制造成型服务、网络交易平台等多种方式和商业模式。正是由于每一个细分的应用场景都对应着相应适合的材料、设备和工艺，因此，增材制造技术的产业链实际上是一个相当庞杂的制造体系，材料种类数以百计，设备价格从几千元到几十万元不等，产业链上各个企业的生态模式也非常多样。

随着增材制造技术的不断成熟，未来即使只有10%的上述产业被替代，也将形成万亿级的增材制造市场。在不远的未来，增材制造设备将与计算机、移动通信设备一样普遍，孕育出巨大的消费市场。

（2）思考未来的增材制造技术发展方向，特别是增材制造技术可能给世界带来的变化，初步确定自己的职业目标，然后结合增材制造技术工程人员的岗位要求，编制个人求职简历。

巩固训练·创新探索

登录虚拟仿真实训平台，完成增材制造技术实施流程相关实训内容：

（1）实验预习，观看图文知识预习；

（2）设备认知；

（3）设备操作流程学习；

（4）设备操作考核。

学生工作任务单、工作过程评价表、工作过程评价标准详见附录。

增“材”增“智”

发挥智能制造支撑引领作用　推动新质生产力发展

随着新一轮科技革命和产业变革深入发展，智能制造成为全球制造业科技创新的制高点，发展智能制造也成为全球制造业变革的必然趋势，引领着全球制造业发展变革的方向。我国是制造业大国，发展智能制造成为我国建设制造强国的主攻方向。

智能制造可以有效促进产业和资源要素深度融合，推动形成以科技为引领的新质生产力，为制造业高端化、智能化、绿色化发展提供有力支撑，有效引领带动制造业智能化转型升级，推动先进制造业和现代服务业深度融合发展，有力支撑推进新型工业化高质量发展，促进数字经济和实体经济、实体经济和资源要素深度融合，不断壮大实体经济根基，支撑引领现代化产业体系建设。

引领制造业智能化转型升级

党的十八大以来，我国智能制造发展规模和水平快速提升，智能制造新业态新模式不断涌现，并逐步向多领域拓展，智能制造与制造业融合水平明显提升，制造业数字化、网络化、智能化升级转型步伐显著加快。为加快推进我国制造业发展战略变革、效率变革、动力变革，提高制造业发展水平和国际竞争力，应进一步提升智能制造与制造业融合的深度和广度，提升智能制造发展质量，推动制造业以增量带动存量，加快提升制造业全要素生产率，推动制造业高质量发展。

一是提升智能制造发展质量。加快突破工业机器人、工业互联网、工业软件、人工智能、智能装备等关键领域和核心技术，创新拓展智能制造新模式新业态，提升智能制造对制造业优化升级的科技供给能力和基础支撑能力，培育壮大高端智能装备、工业机器人、工业软件、增材制造等新兴产业。

二是提升存量创新发展水平。以智能制造赋能传统制造业，通过建设数字化车间、智能工厂、互联工厂等智能制造新模式推进传统制造产业模式、组织模式变革，通过嫁接大规模个性化定制、全生命周期管理、网络协同制造、远程运维服务、云平台等智能制造新业态促进传统制造业业态创新，推动传统制造业创新升级。

三是扩大新兴产业增量规模。加快推动高端装备制造、工业机器人、工业互联网、人工智能等智能制造重点领域与新一代信息技术、生物技术、新能源、新材料、高端装备、新能源汽车、绿色环保以及航空航天、海洋装备等战略性新兴产业进一步深度融合，推动战略性新兴产业融合集聚发展。

推进先进制造业与现代服务业深度融合发展

当前，以互联网、物联网、大数据、5G、人工智能等为基础的智能制造已渗透融入先进制造业和现代服务业产业链的各个环节。智能制造的融合集成特性能够促进跨产业深度融合，通过智能制造系统实现产业间业务关联、链条延伸、技术渗透、要素整合，有效推进先进制造业和现代服务业深度融合发展，这也是建设现代化产业体系的重要特征和重点任务。

第一，依托智能制造，有效贯通研发设计、生产制造、市场营销、售后服务等全产业链，促进科技研发、工业设计、工业软件、物流服务及金融服务等高端生产性服务业与先进制造业深度融合，培育形成服务型制造和制造型服务新模式新业态，推动构建优质高效的现代服务业新体系。

第二，强化工业互联网服务和先进制造业、医药制造和健康服务、智能网联汽车制造和服务全链条体系、集成电路制造和研发设计服务一体化、高端装备和智能服务业、新能源和节能环保绿色服务业、现代物流和制造业、金融服务和制造业、消费品工业和服务业等重点领域融合发展工作。

第三，建设先进制造业与现代服务业融合发展平台，加快建设一批两业融合发展示范区或园区，培育一批两业融合型龙头标杆企业，打造一批国际竞争力的两业融合产业集群。

推进新型工业化高质量发展

党的二十大报告提出，坚持把发展经济的着力点放在实体经济上，推进新型工业化，加快建设制造强国、质量强国、航天强国、交通强国、网络强国、数字中国。新型工业化是建设现代化产业体系和实现制造强国目标的重要路径，信息化和工业化深度融合是中国特色新型工业化道路的集中体现，智能制造作为信息技术和制造业深度融合的产物能够为信息化和工业化深度融合提供基础技术支撑，因此，大力发展智能制造是高质量推进新型工业化的重要任务。

依托智能制造加快推进信息化和工业化深度融合的新型工业化高质量发展，一是要加快工业互联网、物联网、5G、千兆光纤网络、大数据、云计算等新型基础设施建设，筑牢融合发展新基础；二是要加快原材料、装备制造、电子信息、绿色制造、安全生产等重点行业领域数字化网络化智能化转型步伐；三是通过产业链供应链数字化智能化升级，培育跨界融合新生态，加快打造形成数据驱动、软件定义、平台支撑、服务增值、智能主导的现代化产业体系。

推进数字经济和实体经济深度融合

智能制造能够实现数据资源的跨界整合，成为数字经济和实体经济深度融合发展的桥梁。近10年来，数字技术已快速融入制造业全产业链，数字技术在为制造业提供基础技术支撑的同时，也带动制造业创新升级转型，成为经济稳定增长的重要引擎。未来，要进一步提升实体经济，尤其是制造业的智能制造水平，拓展智能制造应用场景范围，加快推进数字产业化与产业数字化，实现数字技术赋能制造业与服务业创新发展。重点推进制造业数字化、网络化、智能化转型，加快制定原材料、石化、钢铁、有色、建材、传统制造等行业数字化、网络化、智能化转型路线图，深入实施制造业数字化转型发展行动、智能制造工程，完善国家智能制造标准体系，不断加快提升数字经济和实体经济融合的深度和广度，培育数字融合的新产业、新业态、新模式，打造世界级数字经济产业集群，形成新的经济增长点，夯实实体经济的根基，加快推进数字强国建设。

推进实体经济与资源要素深度融合

党的十九大报告提出，要着力加快建设实体经济、科技创新、现代金融、人力资源协同发展的产业体系；强调了发展实体经济与资源要素之间协同互动关系，智能制造从技术上能够有效促进实体经济与资源要素的协同融合，实现以科技创新引领推动产业创新，催生新产业、新模式和新动能，加快发展新质生产力。一方面，实体经济是建设现代化产业体系的支撑和着力点，制造业是实体经济的基础和建设现代化产业体系的重点，智能制造是实现制造业高质量发展的主攻方向，因此，依托智能制造推进制造业高质量发展有利于加快建设以实体经济为根基的现代化产业体系。另一方面，以互联网、大数据、5G、人工智能等为核心的新一代信息技术实现了人、机、物等要素深度融合，作为新一代信息技术和先进制造技术融合的智能制造进一步提升了人、机、物融合水平，推动产业链、创新链、人才链、资金链、信息链的深度融合，助力形成实体经济、科技创新、现代金融、人力资源、信息数据资源协同融合发展的现代化产业体系。

智能制造是制造业数字化、网络化、智能化发展的必由之路，是新时代建设制造强国、质量强国、网络强国和数字中国的基础技术支撑。要充分发挥智能制造对产业变革的支撑引领作用，强化智能制造支撑产业与要素的融合创新功能，形成新质生产力，推进制造业全方位现代化升级转型，加快培育形成产业发展新动能，加快建设形成现代化产业体系，促进构建现代化经济体系，实现我国经济高质量发展，夯实我国全面建成社会主义现代化强国的物质技术基础。

（作者：元利兴，摘自《经济参考报》）

模块 2　基于 SLA 技术制造排风扇叶轮

背景描述

排风扇是一种用于通风换气的电器，它可以将室内的污浊空气排出，同时吸入新鲜空气，改善室内的空气质量和温度。其核心部件是电动机和叶轮，电动机通过电源驱动叶轮旋转，叶轮的形状和角度决定了排风扇的风量和风压。根据叶轮的不同形式，排风扇可以分为轴流式、离心式和贯流式三种。

轴流式排风扇：叶轮的轴线与进出气口的方向平行，空气沿着轴线方向进入和排出。这种排风扇的风量大，但风压小，适用于不需要接驳长风管的场合，如厂房、仓库、车间等。

离心式排风扇：叶轮的轴线与进出气口的方向垂直，空气由平行于轴线方向进入，然后被叶轮加速并改变方向，空气沿着垂直于轴线方向排出。这种排风扇的风量小，但风压大，适用于需要接驳长风管或克服较大阻力的场合，如卫生间、厨房、地下室等。

贯流式排风扇：叶轮的轴线与进出气口的方向都垂直于墙面，空气由垂直于墙面方向进入，然后被叶轮加速并保持方向，仍然垂直于墙面方向排出。这种排风扇的特点是结构紧凑，安装简便，适用于需要在墙面上安装的场合，如商场、办公室、酒店等。

图 2-1　排风扇叶轮

国内某企业因需要成批量制造排风扇叶轮，为了增强排风扇叶轮风力，公司重新设计了排风扇叶轮，如图 2-1 所示。为了验证设计模型的可靠性，方便后续的模具开发，考虑到模具昂贵的价格，厂家想先制造一个排风扇叶轮进行风量的测试，厂商负责人联系到我们，需要我们的帮助，你能帮忙想出什么办法来解决此问题？

学习目标

模块2
教学设计

知识目标：

（1）掌握三维建模软件 NX 常用的产品造型命令；

（2）掌握增材制造数据处理流程相关知识；

（3）掌握切片软件 Magics 数据恢复、切片、支撑设计的方法；

（4）了解光固化 SLA 打印机；

（5）了解光固化SLA打印后处理的工作内容及流程。

技能目标：

（1）能够使用三维建模软件NX进行常用构件的三维模型设计；
（2）能够使用切片软件Magics对产品进行参数设置、切片；
（3）能够操作光固化SLA设备完成产品的打印成型；
（4）能够对使用SLA打印技术成型的产品进行后处理。

素质目标：

（1）依据“1+X”增材制造模型设计职业技能等级证书考核标准中的职业素养评分，培养学生恪守职责、终身学习的职业素养；
（2）培养勇于承担工作自身能力范围与专业领域内工作的职业担当；
（3）培养有效获取网络信息资源的能力，具有信息安全、信息辨别的能力；
（4）引导学生树立家国情怀，把学好专业知识、锤炼技能作为个人价值的阶段性评价标准。

颜永年：中国3D打印的十年沉寂与十年复兴

清华大学教授、江苏永年激光董事长颜永年被誉为“中国3D打印第一人”，70多岁高龄尚坚守在技术研发和产业应用第一线。日前，颜教授带领团队研发的“3.6万吨黑色金属垂直挤压机成套装备与工艺技术研发及产业化”项目喜获国家科学技术进步奖二等奖。

20世纪80年代初，太平洋西岸一个叫Chunk Hull的美国人在一个偶然的机遇下发明了3D打印技术，到80年代末，一位来自中国清华大学的科学家踏上了那片土地，将这种具有开拓意义的技术带回了中国。他以此为起点开创了国内多个第一，并为国内科研界注入了一种全新的成型理念，他在推动中国形成以五大高校为主要3D打印科研力量的格局中起着举足轻重的作用，这位科学家正是被业内称为“中国3D打印第一人”的颜永年。

“我对3D打印相当于是一见钟情，”颜永年谈起27年前在美国初识3D打印时的情景还是难掩兴奋之情，“它简直就是太吸引人了。”

1988年，颜永年时年49岁，已经有了深厚的锻压、锻造专业背景的他来到美国加州大学洛杉矶分校做访问学者，原本是去学习工程陶瓷，然而在偶然看到一个展会关于一种被称为RP的快速成型技术宣传单后，颜永年彻底改变了他今后10年的研究方向。“3D打印实质上是一种成型技术，但只有从事成型科学和材料成型的人才容易看到它的本质和价值，所以中国第一批做3D打印的专家大都是做锻压锻造出身的。”颜永年说道。

锻造需要用到模具才能将零件做出来，而模具开发是一个非常漫长的过程，如果取消了模具设计这个环节，整个制造周期会大大缩短，这就是一个很了不起的技术了，而3D

打印正是这样一种技术，它一点一点堆积材料，最后形成一个完整的结构，这样一种全新的快速成型方法激起了颜永年极大的兴趣。

1988 年底回到中国后不久，颜永年一心想钻研的这项快速成型技术得到了学校的高度重视，他也获得了带博士研究生的资格，他笑称："那时候我就相当于有'兵'了。"就这样，颜永年在清华大学成立了国内首个快速成型实验室，还建立了清华大学激光快速成型中心，颜永年带领着自己的"兵"进行快速成型方面的研究，最后这个团队甚至发展到 50 多人，是当时清华大学最大的科研团队，取得了非常多令人瞩目的成就。

十年沉寂又复兴　我们会不会重蹈覆辙?

颜永年是中国 3D 打印的见证者也是参与者，他亲历了 20 世纪末中国 3D 打印的十年兴盛，也亲见了随后十年的没落。由于各种原因，从 2000 年以后，颜永年不得不放弃 3D 打印而转向其他领域的研究。

颜永年表示，虽然我们的融资渠道和融资快捷性确实比不上发达国家，但 3D 打印不会再像十几年前那样沉寂下去，因为国家领导人重视这件事情，整个社会对产业化的认识也在不断提高。

针对高端市场，颜永年还在国内首次提出了"重型金属 3D 打印"的概念和定义。他认为 3D 打印不光能做精密的小东西，更重要的是要进入我国重型制造行业，像航母、高铁、飞机、核电站、火电站等。

2012 年，3D 打印的风潮迅速从美国刮到全球，74 岁的颜永年敏锐地嗅到这个重要的机会，当年年底，颜永年便成立了江苏永年激光成型有限公司，重新开始进行 3D 打印产业化的工作。

这一次颜永年把重点放在了激光熔覆和熔化（LaserCladding 和 Melting）成型，主攻金属 3D 打印，他希望争取做到"市场能够接受、能够跟国外竞争的产品，然后在竞争中得到提升，从市场获得资金，形成良性的循环，而不是靠大批的救济资金"。

谈到 3D 打印的未来，一心牵挂着国家工业发展的颜永年说得很实在，他说最想看到的是 3D 打印与传统技术相结合，让重型 3D 打印得到蓬勃发展，未来航空航天大部分的重型关键件都用 3D 打印来做，特别是用在核电站，如果核电站能用到 3D 打印，那就是一个成熟的标志了；此外，就是生物 3D 打印能做出真正的人体器官替代品；还有，就是希望 3D 打印普及影像数控技术和计算机，被广泛用于工业和日常生活。

任务 2.1　排风扇叶轮的建模设计

课件：任务 2.1 排风扇建模设计

任务导入

项目组成员与厂商设备负责人进行了深入交流，了解到此排风扇叶轮相关尺寸等参数，为了及时给厂家制造出排风扇叶轮进行风量测试，拟通过工业级光固化 3D 打印机制造排风扇叶轮，进行排风扇叶轮的替换。为完成排风扇叶轮的制造工作，需要做哪些工作呢？

任务要求

（1）按图纸要求，完成建模任务。

（2）掌握NX草图绘制功能。

（3）掌握拉伸、旋转、阵列等工具的操作。

知识链接

2.1.1 知识点1：NX概述

NX是由SIEMENS公司推出的一种交互式计算机辅助设计、计算机辅助制造与计算机辅助工程（CAD/CAM/CAE）高度集成的软件系统。它为用户提供了一套全面的产品工程解决方案，功能涵盖设计、建模、装配、模拟分析、加工制造和产品生命周期管理等方面，广泛应用于机械、模具、汽车、家电、航空航天等领域。

2.1.2 知识点2：NX界面组成

启动NX软件进入欢迎界面，如图2-2所示。单击“新建”按钮，系统弹出“新建”对话框，可见NX具有建模、仿真、设计等众多功能（见图2-3（a））；选择模型，输入文件名称，点击“确定”按钮进入建模环境（见图2-3（b））。建模界面包括标题栏、菜单栏、图形区、资源工具条等部分。

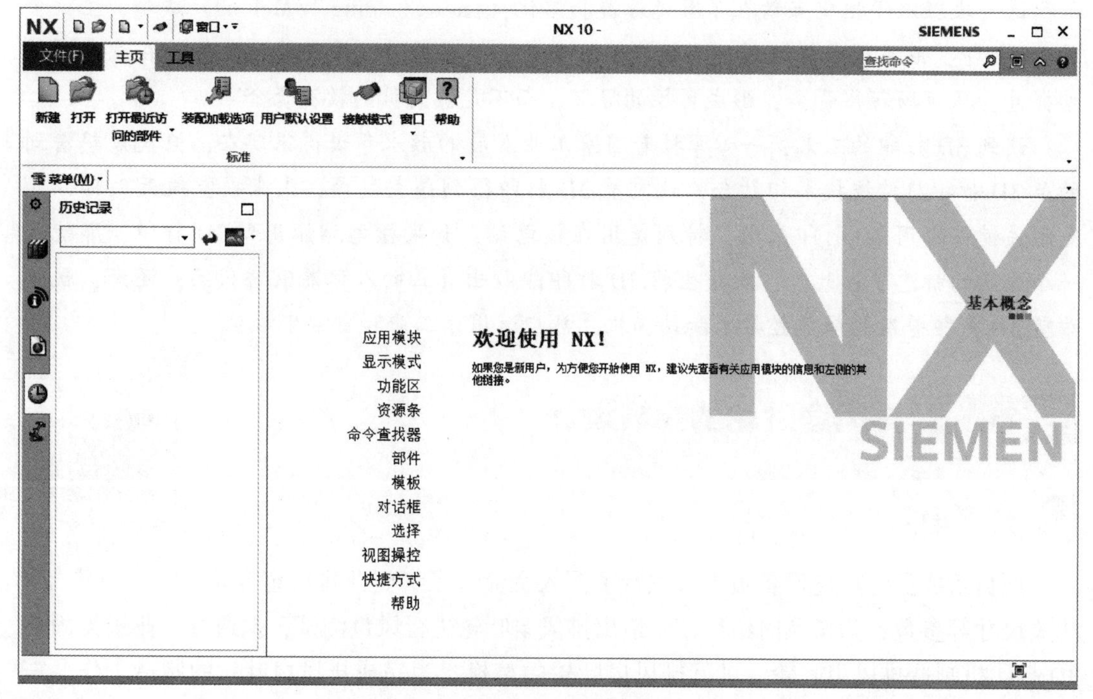

图2-2 NX欢迎界面

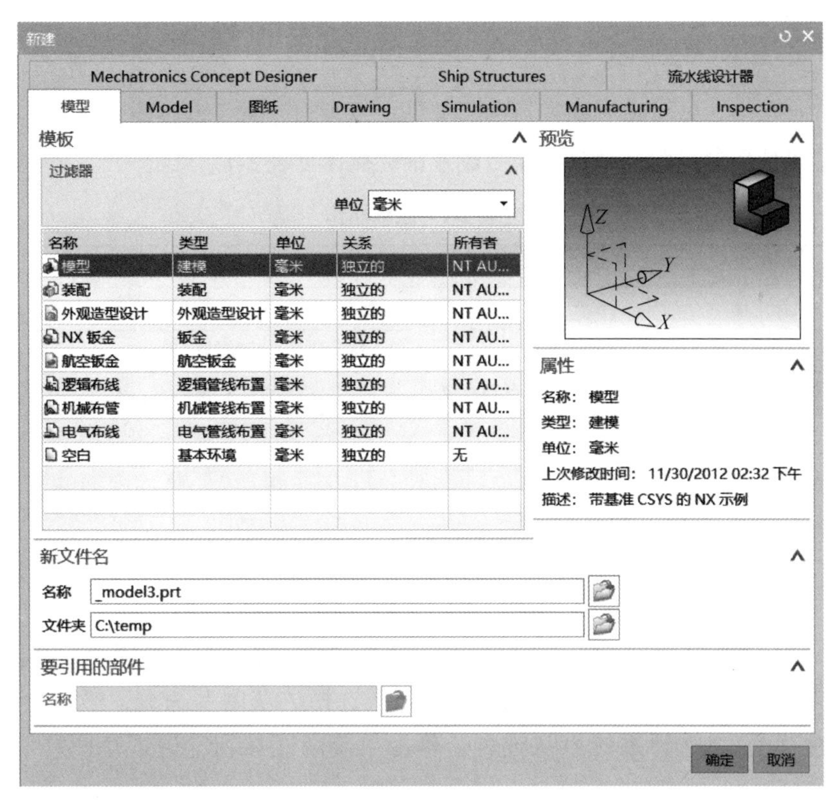

(a)

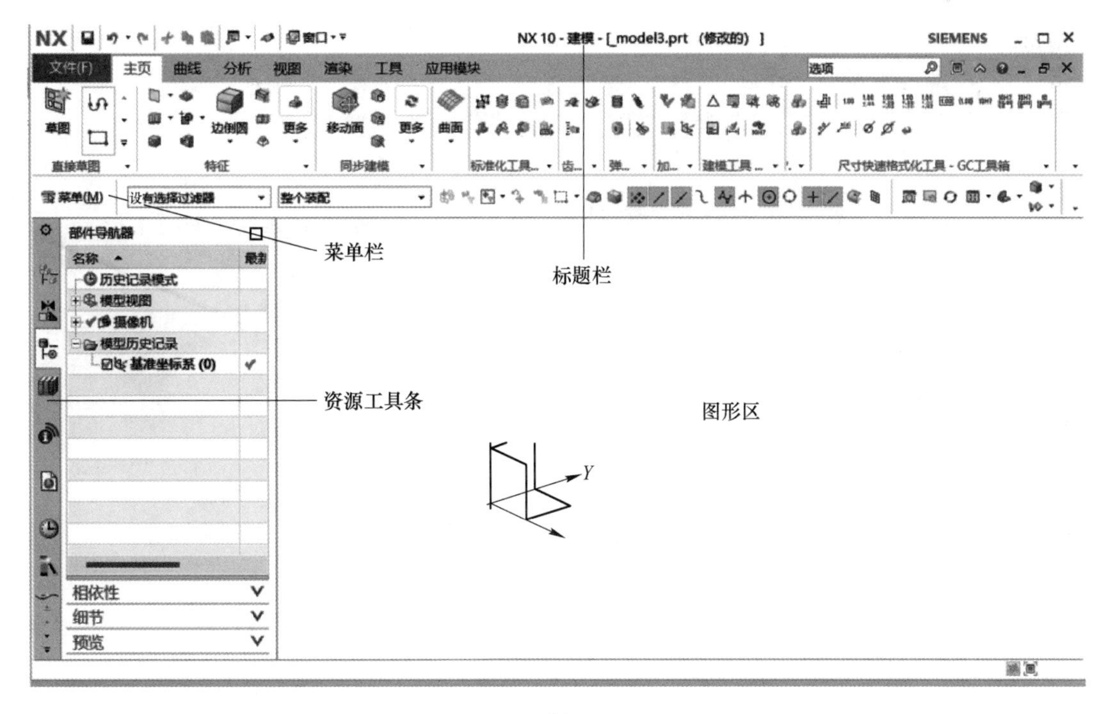

(b)

图 2-3 “新建”对话框与 NX 建模界面

（a）“新建”对话框；（b）NX 建模界面

2.1.3 知识点 3：鼠标操作

在设计过程中，经常需要调整模型的大小、位置和方向，可以使用模型工具栏中的快捷图标，也可使用鼠标配合键盘操作完成。鼠标操作见表 2-1。

表 2-1 鼠标操作

鼠标操作	用　　途
Shift+鼠标中键	移动鼠标，可上下、左右移动模型
鼠标中键	移动鼠标，可旋转模型
滚动鼠标中键+滚轮	可缩放模型：向前滚，模型变大；向后滚，模型缩小形式

2.1.4 知识点 4：草图

2.1.4.1 草图的进入与退出

在 NX 10.0 建模环境下进入草图环境，常用有以下两种方法。

方法一：依次单击“菜单”→“插入”→“草图”或“在任务环境中绘制草图”。

方法二：在功能区的“直接草图”工具条上选择“草图”命令，激活命令后，系统弹出“创建草图”，选择系统默认设置，单击“确定”按钮，进入草图环境，如图 2-4 所示。

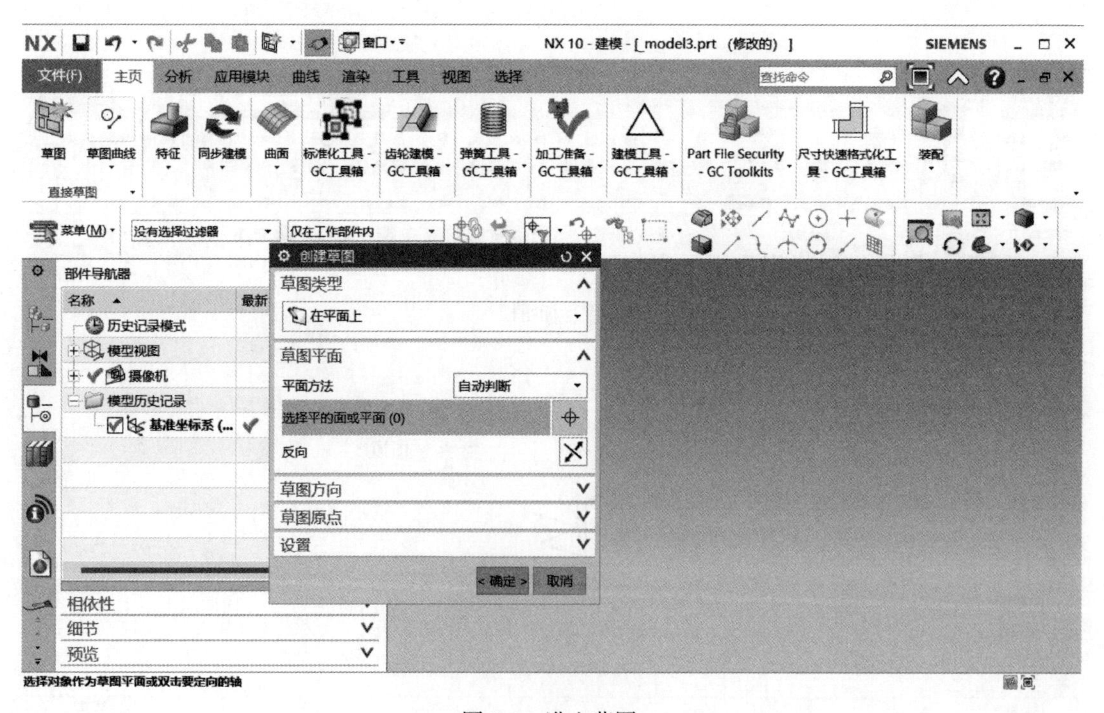

图 2-4 进入草图

在草图环境下，点击“完成草图”命令，即可退出草图。

2.1.4.2　草图几何对象的绘制

草图中，基本绘图命令包括直线、矩形、圆、圆弧及轮廓线等，见表 2-2。

表 2-2　草图绘图命令说明

命令	工具图标	快捷键	作　用
轮廓		Z	以线串模式创建一系列相连的直线或圆弧
直线		L	绘制单条线段
圆弧		A	通过三点或通过指定其中心和端点创建圆弧
圆		O	通过三点或通过指定其中心和直径创建圆
倒圆角		F	在两条或三条曲线之间创建圆角
倒斜角			在两条草图直线或圆弧之间创建斜角过渡
矩形		R	可以使用对角点、三点方式绘制矩形
多边形		P	以中心、内切圆半径或外接圆半径绘制多边形
艺术样条		C	通过拖放定义点或极点并在定义点指派斜率或曲率约束，动态创建和编辑样条
点			创建草图点
椭圆			绘制椭圆
二次曲线			绘制二次曲线

2.1.4.3　草图几何对象的编辑

草图基本的编辑命令包括快速修剪、延伸和镜像等，见表 2-3。

表 2-3　草图编辑命令

命令	工具图标	快捷键	作　用
快速修剪		T	以任一方向将草图修剪至最近的交点或选定的边
快速延伸		E	将曲线延伸至另一邻近曲线或选定的边界
制作拐角			延伸或修剪曲线，用于创建拐角

续表 2-3

命令	工具图标	快捷键	作　用
偏置曲线			偏置位于草图平面上的曲线链
阵列曲线			阵列位于草图平面上的曲线链
镜像曲线			创建位于草图平面上曲线链的镜像
现有曲线			将现有的共面曲线和点添加到草图中
交点			在曲线和草图平面之间创建一个交点
相交曲线			在面和草图平面之间创建相交曲线
投影曲线			沿草图平面的法向将曲线、边或点（草图外部）投影到草图上

2.1.4.4　草图几何约束

几何约束用于定义草图对象之间的方位或形状关系，选择“几何约束”工具按钮，或快捷键C，系统弹出“几何约束”对话框，如图2-5所示。约束类型有重合、点在曲线上、相切、平行、垂直、水平、竖直、中点、共线、同心、等长、等半径，共12种。

2.1.4.5　草图尺寸标注及编辑

（1）添加尺寸约束。尺寸约束用数字约束草图对象的形状大小和位置，可以通过修改尺寸值驱动图形发生变化。NX 10.0对草图尺寸标注做了比较大的调整，尺寸形式都可以在“快速标注”对话框中改变“方法”下拉列表选项进行标注。单击“快速尺寸”工具按钮或按下快捷键D，系统弹出“快速尺寸”对话框，如图2-6所示。

添加尺寸约束，虽然草图中尺寸的类型有很多，但标注方法基本相同，一般分为三步：激活“快速尺寸”对话框，在“方法”列表中选择合适的标注方法；选择被标注尺寸的对象；放置尺寸，并修改尺寸值。

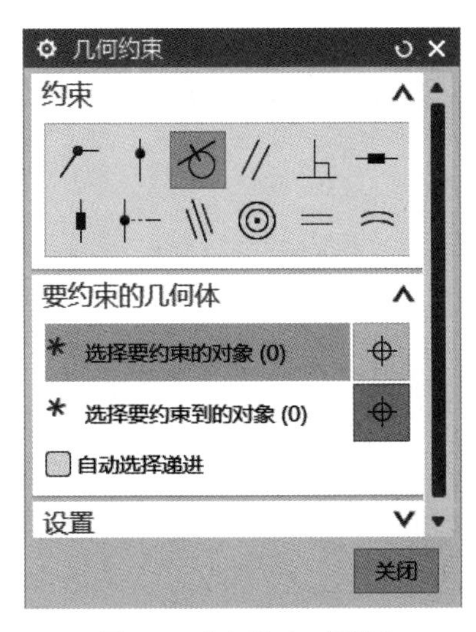

图 2-5 几何约束对话框

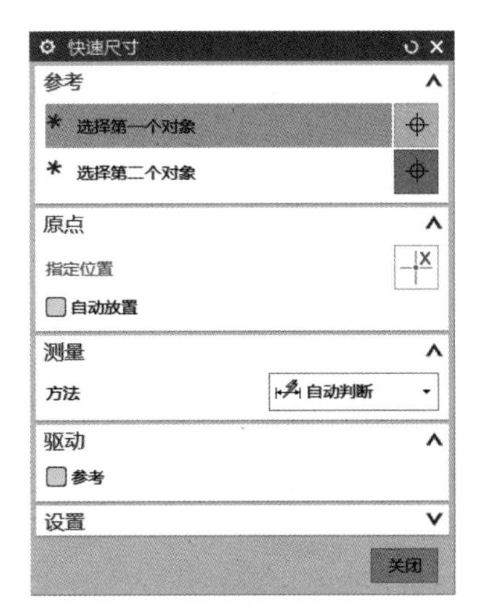

图 2-6 快速尺寸对话框

(2) 尺寸编辑。草图中的尺寸编辑选择要编辑的尺寸后，选择光标右上角“编辑尺寸”工具按钮，也可以直接双击要编辑的尺寸，系统弹出对话框，在对话框中修改尺寸值就可以了。

2.1.5 知识点 5：拉伸特征

拉伸特征是线串沿指定方向运动所形成的特征。

单击“特征”工具栏“拉伸”工具按钮，单击键盘快捷键 X 或选择菜单项“插入”→“设计特征”→“拉伸”，激活“拉伸”对话框，如图 2-7 所示。

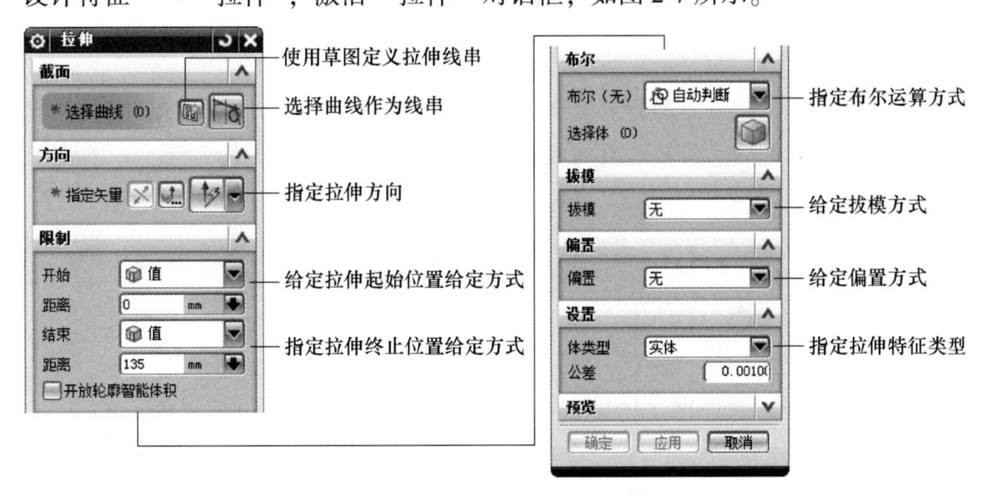

图 2-7 “拉伸”对话框

2.1.6 知识点 6：旋转特征

旋转特征是一个截面轮廓绕指定轴线旋转一定角度所形成的特征。在“特征”工具栏单击“旋转”按钮，或者选择菜单项“插入”→“设计特征”→“旋转”，系统弹出“旋转”对话框，如图 2-8 所示。旋转各参数含义如图 2-9 所示。通过旋转可以生成旋转曲面、旋转实体和薄壳旋转对象。

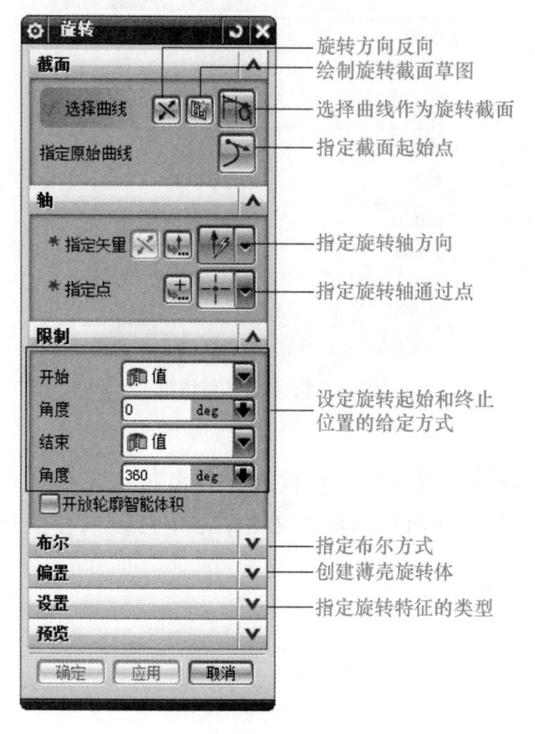

图 2-8 “旋转”对话框

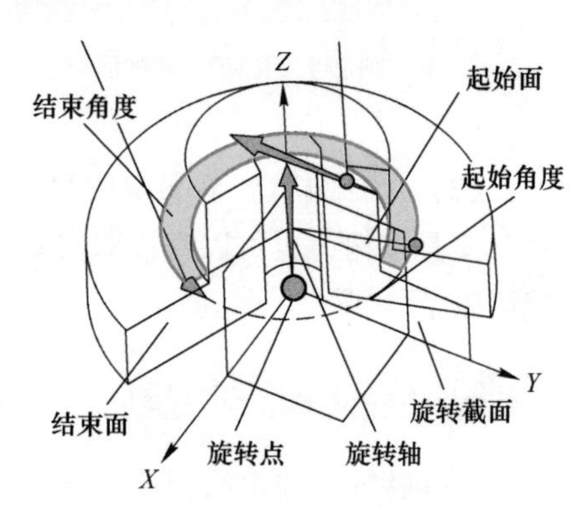

图 2-9 “旋转”示意图

2.1.7 知识点 7：阵列特征

创建阵列特征是指将选定特征按照给定的规律进行规律分布，可以创建线性、圆形、多边形、螺旋形、沿曲线、常规、参考等形式的阵列，见表 2-4。

表 2-4 “阵列特征”阵列类型

阵列形式	线性阵列	圆形阵列	多边形阵列
图形			
阵列形式	螺旋线阵列	沿曲线阵列	空间螺旋线阵列
图形			

可以通过选择菜单“插入”→“关联复制”→阵列，或者选择“特征”工具栏“阵列特征”工具按钮激活阵列命令，如图 2-10 所示。

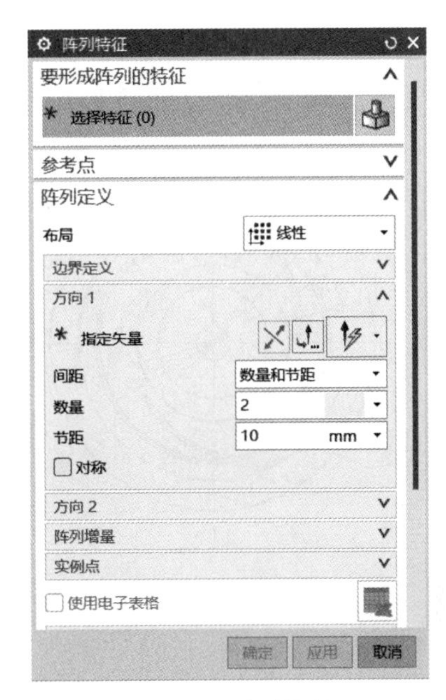

图 2-10　阵列特征

2.1.8 知识点 8：布尔运算

布尔运算是对两个及两个以上独立的实体特征进行求和、求差、求交，从而产生一新的实体。进入建模环境后，激活布尔运算命令的常用方法有如下两种。

方法一：依次单击“菜单”→“插入”→“组合”→“合并”/“减去”/“相交”。

方法二：在功能区的“特征”命令组上单击“布尔运算组合”右侧的“打开”下拉菜单，选择“合并”/“求差”/“相交”。

激活“布尔运算”的三种命令，系统分别弹出其对话框，如图 2-11 所示。其中，“目标”是指基体，“工具”是指进行操作的体。

(a)

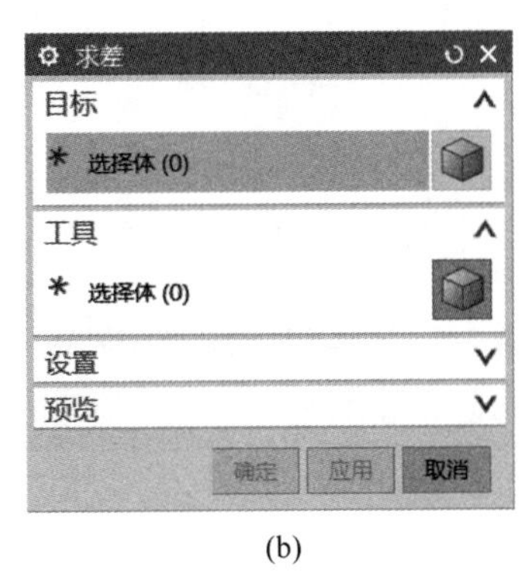

(b)

(c)

图 2-11　布尔运算对话框

(a) 合并；(b) 求差；(c) 求交

任务实施

（1）排风扇叶轮模型结构分析。欲 3D 打印如图 2-12 所示的排风扇叶轮之前，首先需要用三维建模软件 NX 10.0 把排风扇叶轮的三维模型创建出来，如图 2-13 所示。

排风扇叶轮建模思路分析：排风扇叶轮的建模主要用到草图绘制、旋转、拉伸、阵列等命名，建模思路见表 2-5。

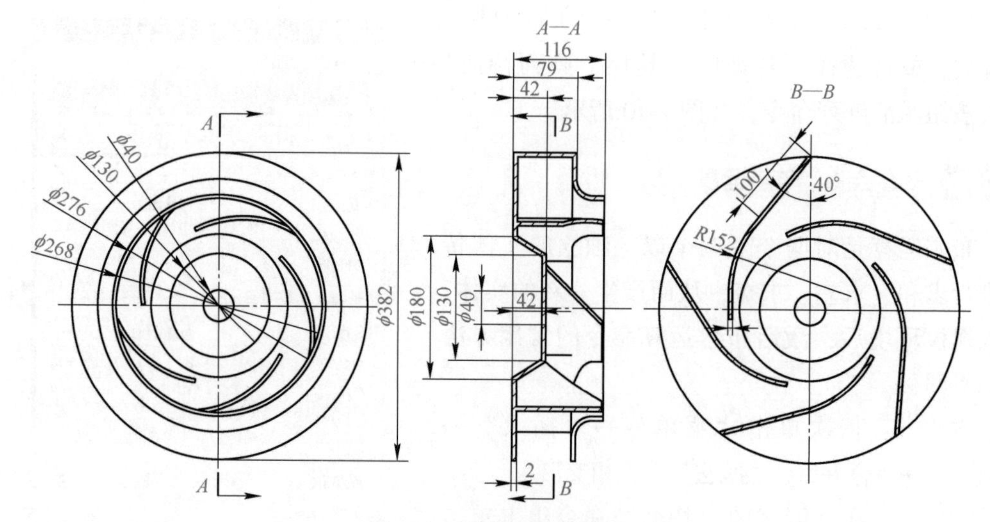

图 2-12 排风扇叶轮图纸

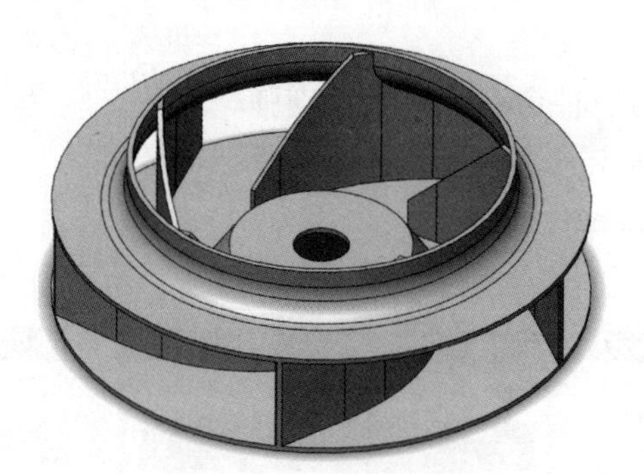

图 2-13 排风扇叶轮

表 2-5 排风扇叶轮的建模思路

图 形	步 骤
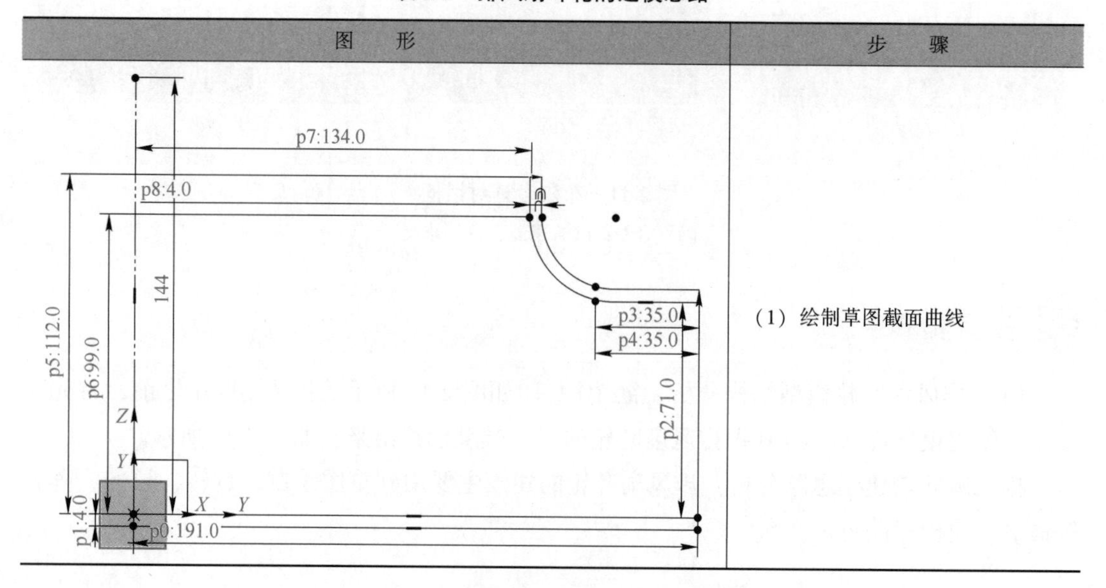	（1）绘制草图截面曲线

续表 2-5

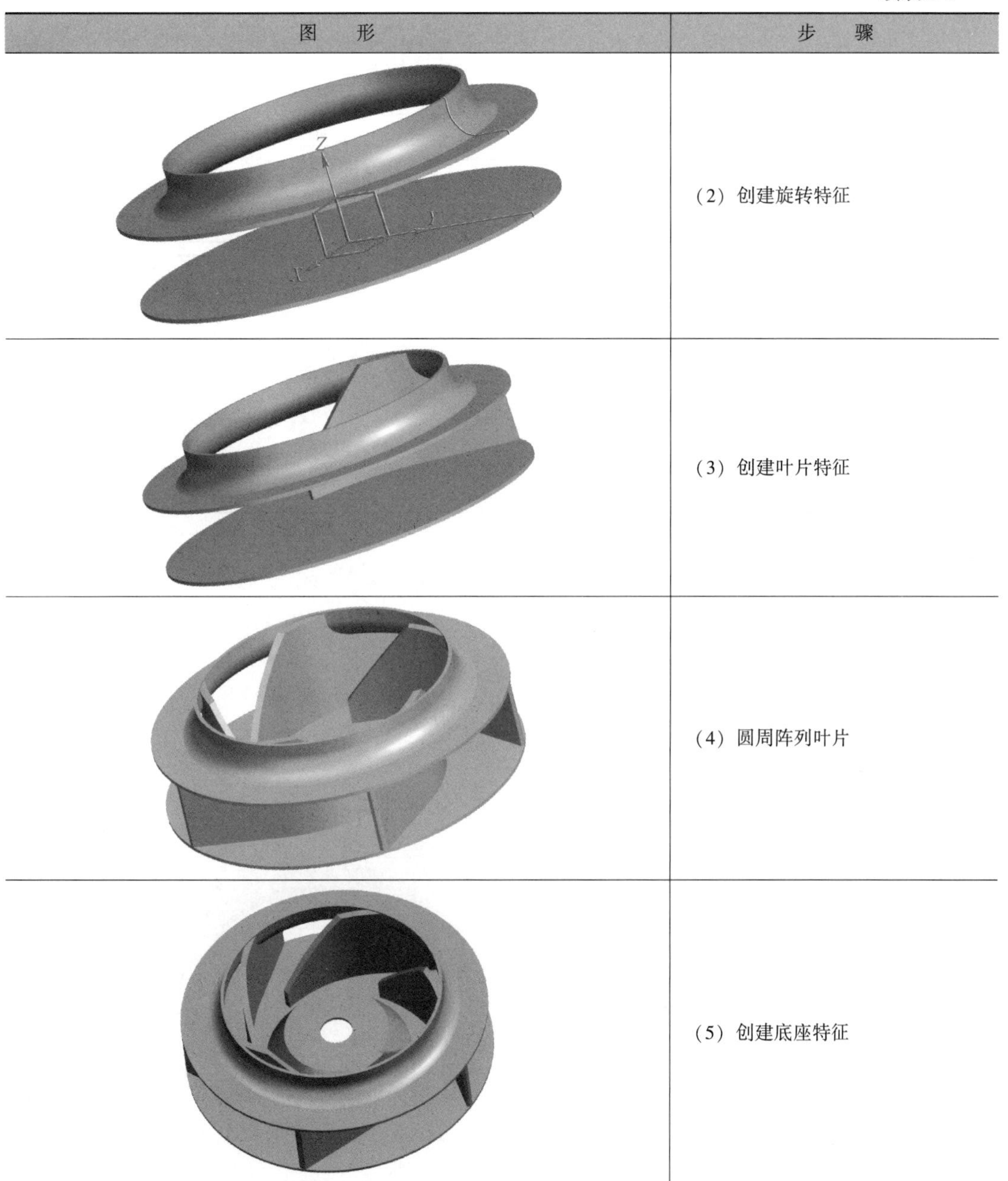

图　形	步　骤
	（2）创建旋转特征
	（3）创建叶片特征
	（4）圆周阵列叶片
	（5）创建底座特征

（2）排风扇叶轮的建模设计过程如下。

1）单击菜单栏中的“插入”按钮，选择在任务环境中绘制草图，选择默认坐标系的 *XZ* 平面绘制草图，单击“确定”进入草图绘制，按图 2-14 所示绘制草图，完成后退出草图。

2）单击造型栏中的“旋转”按钮，“截面”选择画好的草图；旋转轴选择 *Z* 轴，“起始角度”为 0°，“结束角度”为 360°，单击“确定”完成造型，如图 2-15 所示。

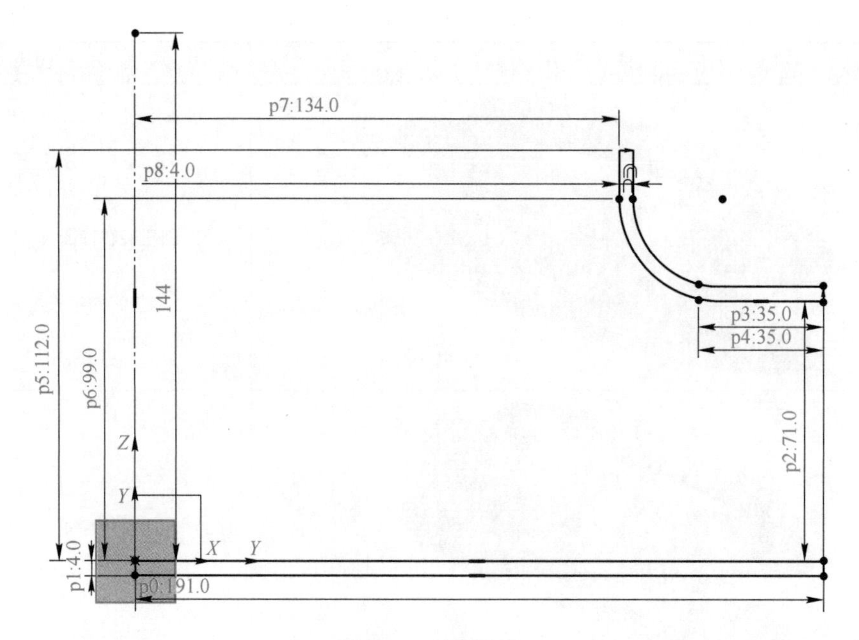

图 2-14 绘制草图

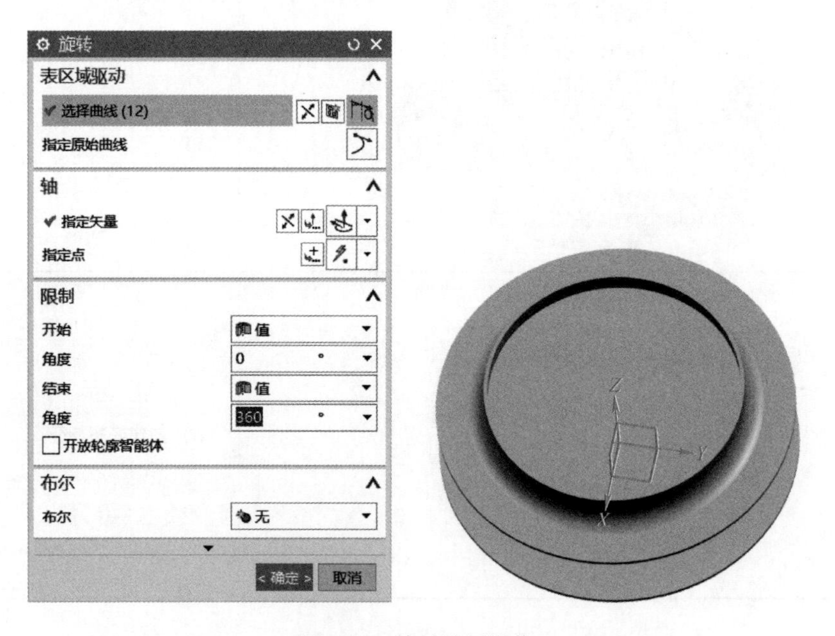

图 2-15 旋转特征操作

3）单击标题栏中的“插入”按钮，选择在任务环境中绘制草图，选择 *XY* 平面为草图平面，单击“确定”进入草图，按图 2-16 所示绘制草图，完成后退出草图。

4）单击造型栏中的“拉伸”按钮；“截面”选择画好的草图；设定距离为 110 mm，单击“确定”完成造型，如图 2-17 所示。

5）单击菜单栏中的“插入”按钮，选择在任务环境中绘制草图，选择 *XZ* 平面为草图平面，单击“确定”进入草图。按图 2-18 所示绘制草图，完成后退出草图。

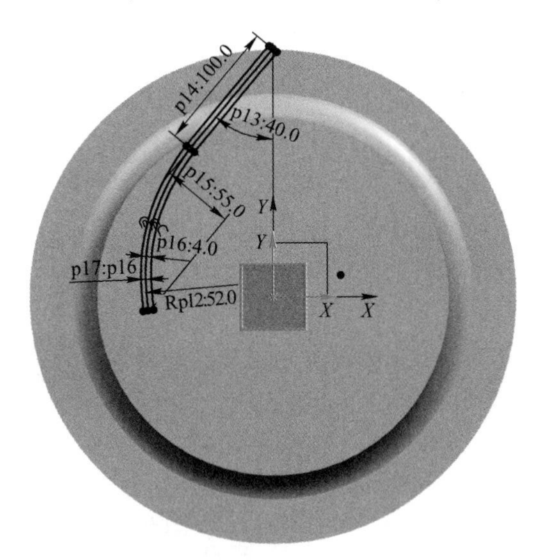

图 2-16　绘制草图

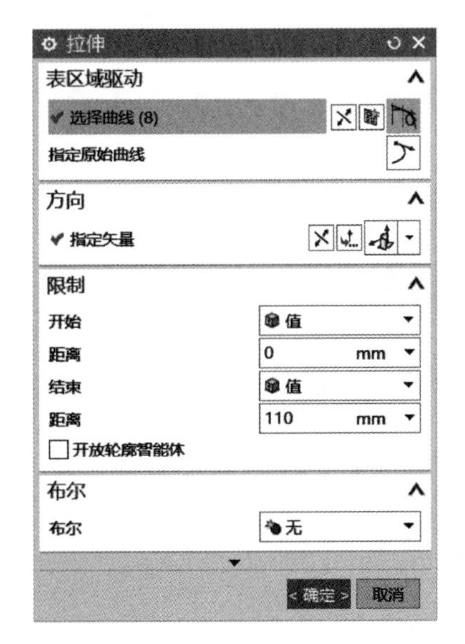

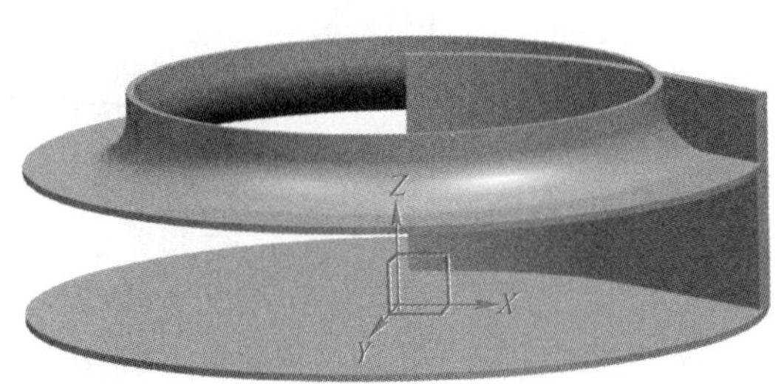

图 2-17　对草图进行拉伸

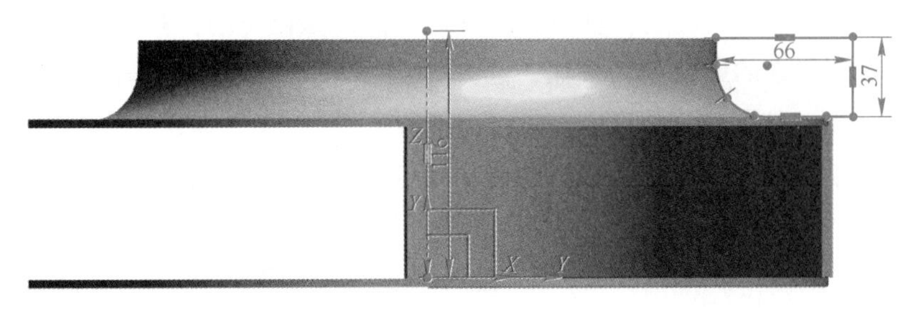

图 2-18　绘制草图

6）单击造型栏中的“旋转”按钮，选择“布尔求差”，选择画好的草图，“限制”设定角度为360°，单击“确定”完成造型，如图2-19所示。

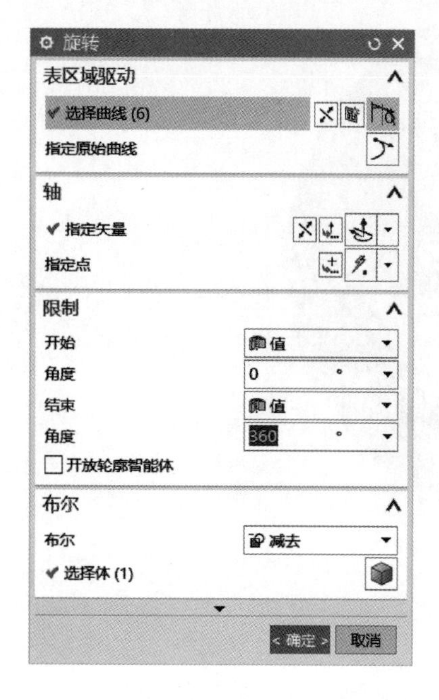

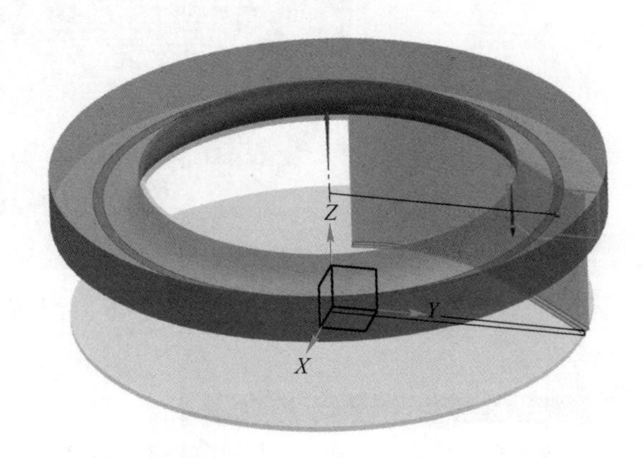

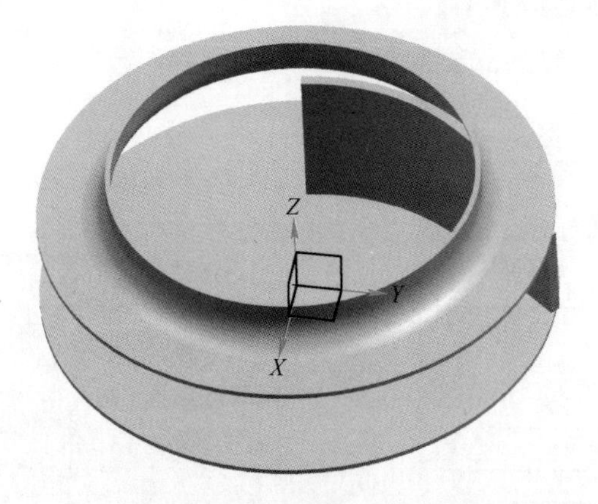

图2-19　创建连接凸台

7）单击菜单栏中的“插入”按钮，选择在任务环境中绘制草图，选择默认坐标系的 *XZ* 平面绘制草图，单击“确定”草图。按图2-20所示绘制草图，完成后退出草图。

8）单击造型栏中的“拉伸”按钮，选择“布尔求差”，设定距离为-100 mm，单击“确定”完成造型，如图2-21所示。

9）单击菜单栏的“插入”按钮，选择在任务环境中绘制草图，选择 *XZ* 平面为草图平面，单击“确定”进入草图，按图2-22所示绘制草图。

10）单击造型栏中的“旋转”按钮，选择“布尔求差”，“轮廓”选择画好的草图，设定角度为360°，单击“确定”完成造型，如图2-23所示。

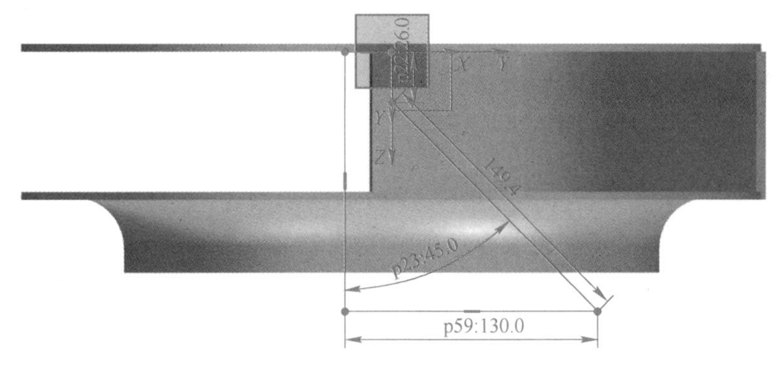

图 2-20　绘制草图

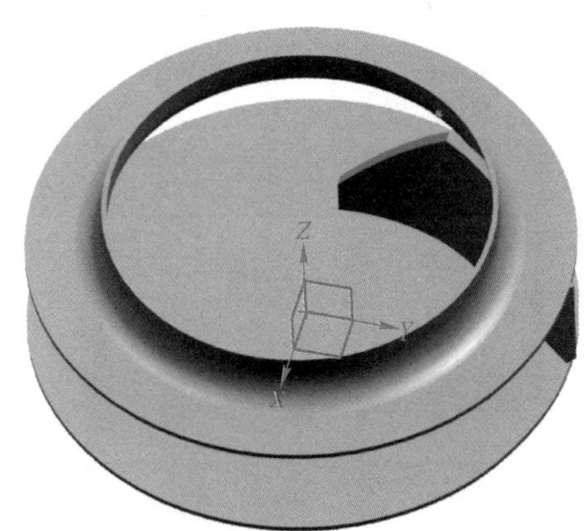

图 2-21　拉伸求差操作

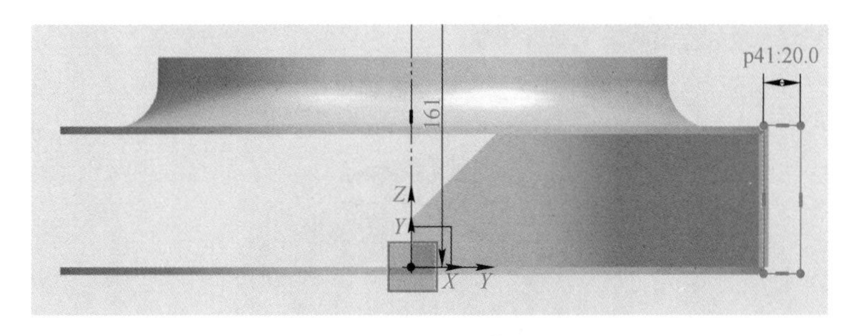

图 2-22　绘制草图

11）单击造型栏中的“阵列特征”按钮，选择建立的实体，矢量选择 Z 轴，旋转点选择原点；使用数量和节距，数量为 5，节距角为 72°，如图 2-24 所示，阵列完成后，如图 2-25 所示。

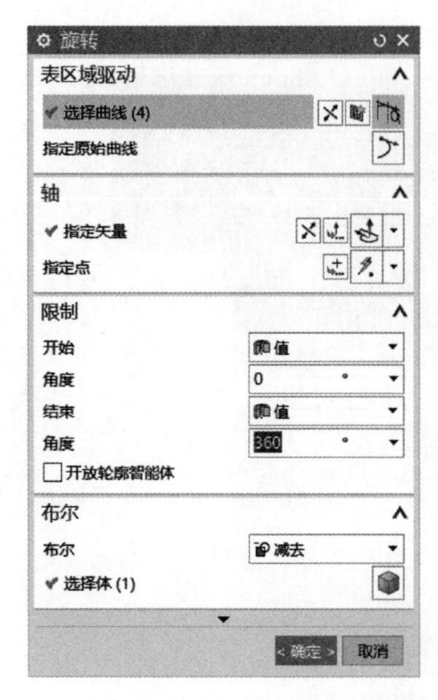

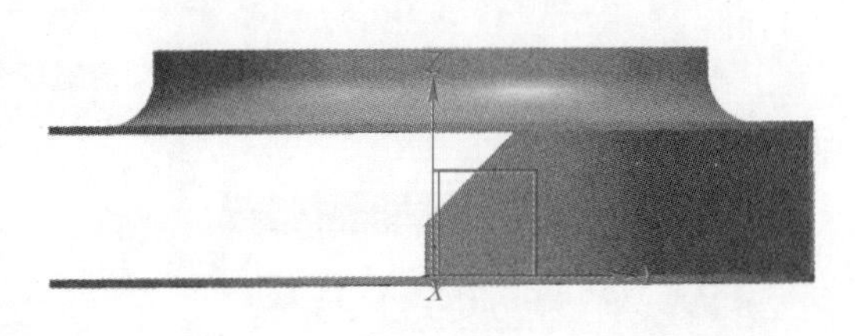

图 2-23 草图旋转操作

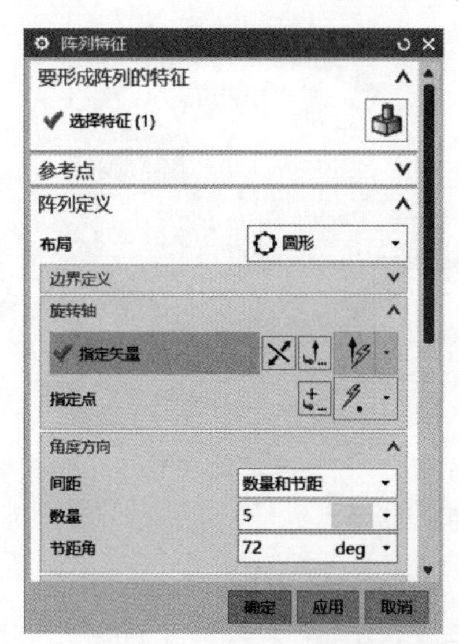

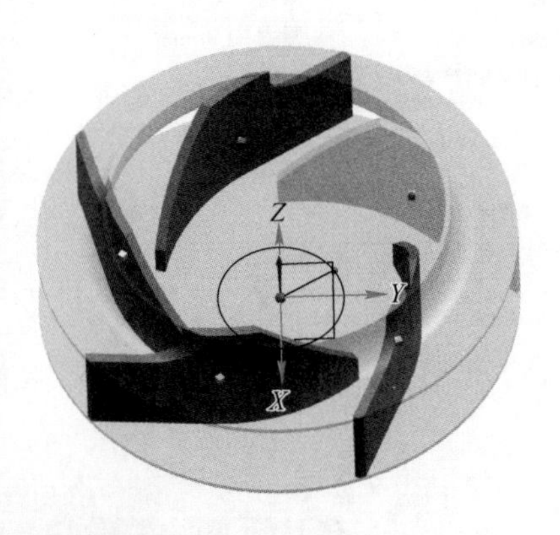

图 2-24 圆周阵列操作

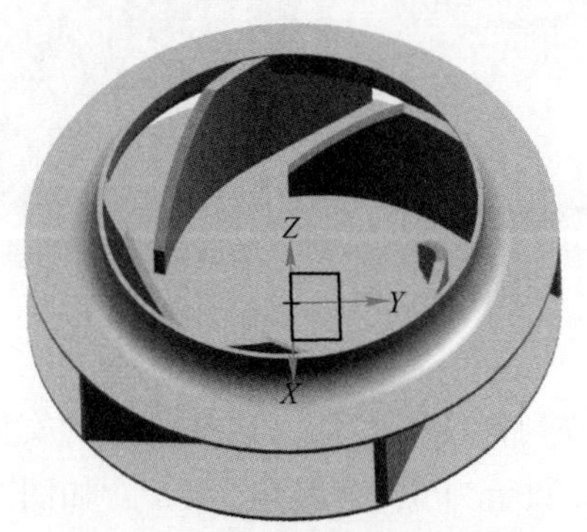

图 2-25 圆周阵列操作后的图形

12）单击菜单栏的“插入”按钮，选择在任务环境中绘制草图，选择 *XZ* 平面为草图平面，单击“确定”进入草图，按图 2-26 所示绘制草图。

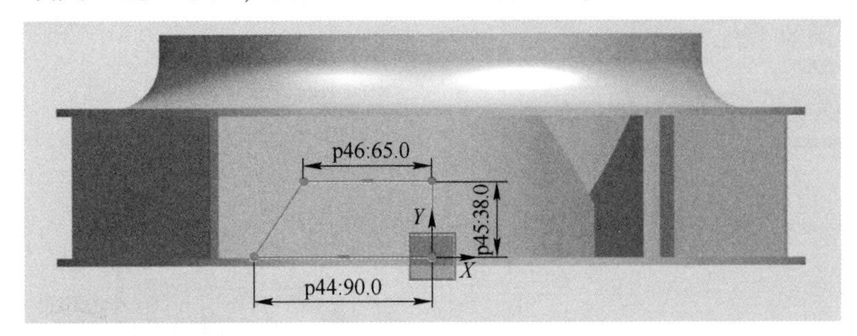

图 2-26 绘制草图

13）单击造型栏中的“旋转”按钮，选择“布尔求和”，“轮廓”选择画好的草图，设定角度为 360°，单击“确定”完成造型，如图 2-27 所示。

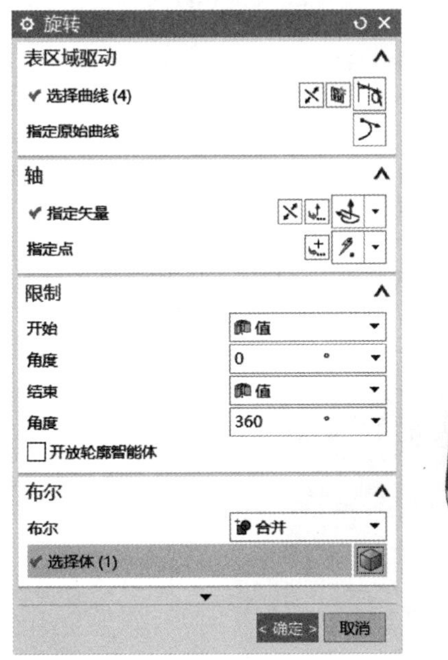

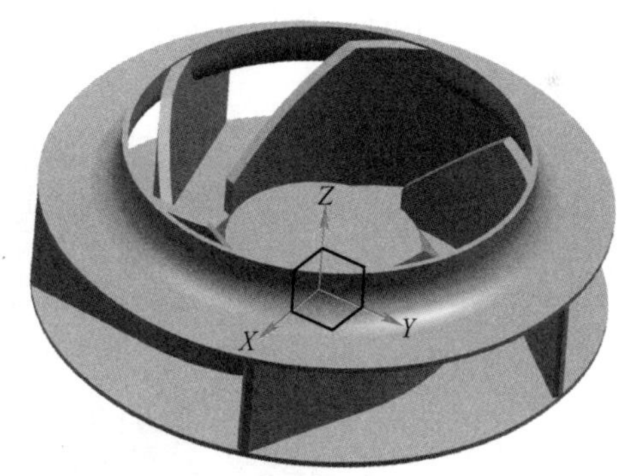

图 2-27 草图旋转操作

14）单击标题栏中的“插入”按钮，选择在任务环境中绘制草图，选择的 *XY* 平面绘制草图，单击“确定”进入草图绘制，按图 2-28 所示绘制草图，完成后退出草图。

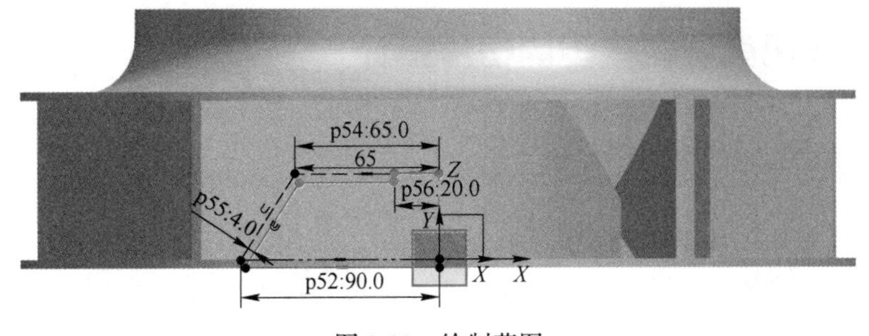

图 2-28 绘制草图

15）单击标题栏中的“旋转”按钮，选择“布尔求差”，设定角度为 360°，单击“确定”完成造型，如图 2-29 所示。

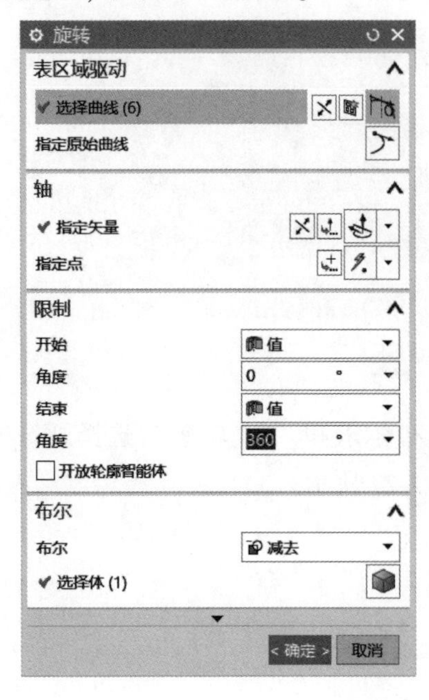

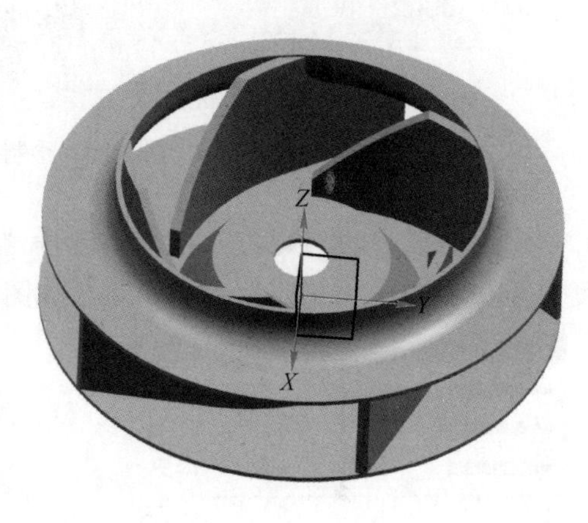

图 2-29 草图旋转操作

16）单击造型栏中的“合并”按钮，选择全部实体为目标，单击“确定”完成造型，如图 2-30 所示。

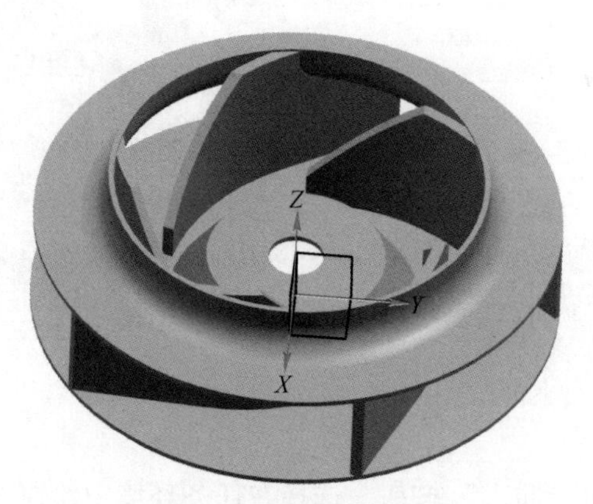

图 2-30 对模型进行合并

任务 2.2 排风扇叶轮模型的切片设计

课件：任务 2.2 排风扇叶轮模型的切片设计

任务导入

项目组成员根据厂商提供的排风扇叶轮的图纸，使用三维建模软件 NX 完成了叶轮的三维模型。为完成排风扇叶轮的打印工作，需将模型转换为增材制造的标准格式 STL 图形文件，选择与打印机匹配的切片软件，完成打印前的模型切片设计。

任务要求

（1）在学银在线或学习通平台上完成在线学习任务，学会知识点基本技能操作，完成知识构建。

（2）将模型文件转换为 STL 格式文件。

（3）使用 Magics 软件完成排风扇模型的切片设计。

知识链接

2.2.1 知识点 1：切片软件概述

3D 切片软件可以将三维模型按照层厚设置并沿 *Z* 方向分层，以得到打印机能够识别的代码，供 3D 打印设备使用。不同的增材制造设备有着不同的硬件限制，因此需要使用不同的 3D 切片软件。基于这个原因，许多 3D 切片软件都会支持不同类型的设备，包括 Makerbot、Ultimaker、Prusa 等常见的品牌。另外，一些 3D 切片软件也支持自定义的 3D 打印机设置。

大部分 3D 切片软件都支持 STL 文件格式，这是一种基本的 3D 文件格式。成型零件的精度取决于生成 STL 文件的公差选择，如在 Pro/E 中，可选择弦高作公差，弦高越小，则精度越高，但相应 STL 文件越大，公差选择不要小于 0.01 mm。目前，具有 STL 接口的三维 CAD 软件主要有 NX、Pro/E、AutoCAD、SolidWorks、MasterCam、Solidedge、CATIA 等。

切片软件通常会提供 3D 切片结果的预览功能，用户可以在预览界面中查看切片后的模型，有些 3D 切片软件还提供了模型修剪、编辑和重新定位的功能。

2.2.2 知识点 2：Magics 软件介绍

Magics 是比利时 Materialise 公司推出的产品，也是目前全球用户基础最多的 3D 打印预处理软件，具有完备的数据处理功能。除包含了基础软件拥有的所有功能之外，它还可以对模型进行晶格结构设计、纹理设计、打印工艺设计并能够生成报告，支持几乎所有的工业 3D 打印工艺，并内置上百种 3D 打印机型号。

Magics 经过近几年的更新，推出了一些更加强大的功能，如支撑转移，用户可以自动将支撑结构转移到相似的部件，在更改设计时无须重新创建支撑，从而加快了数据处理速度。作为软件平台，Magics 支持多种插件，e-stage 智能支撑和金属打印仿真模块的推出，对光敏树脂和金属 3D 打印的高效生产、降低失败率提供了重要帮助。

2.2.3 知识点 3：Magics 的主要功能

Magics 的主要功能有：

（1）模型修复和修改。Magics 可以检测和修复 3D 模型中的几何缺陷和错误，例如非连通曲面、孔洞、壁厚问题等。它还提供了强大的修复工具，可以对模型进行切割、镜像、分割和组合等操作。

（2）支撑结构生成。Magics可以根据用户定义的参数，自动生成支撑结构来支持3D打印过程中的复杂几何形状和悬空部分，这有助于提高打印成功率和打印质量。

（3）布局和优化。Magics具有自动布局和优化工具，可以最大程度地利用3D打印机的建造空间，提高生产效率。用户可以调整模型的位置、旋转角度和缩放比例，以达到最佳的打印结果。

（4）文件准备和转换。Magics可以将3D模型转换为特定的文件格式，以便与不同的3D打印机兼容。它支持广泛的文件格式，例如STL、AMF、3MF等，并提供了可定制的导出选项。

（5）模型分析和测量。Magics具备强大的模型分析和测量工具，可以评估模型的壁厚、表面粗糙度、尺寸精度等关键参数，这有助于验证设计的可制造性和优化打印参数。

总的来说，Magics是一款功能全面、专业可靠的3D打印软件，可以帮助用户更好地处理和优化3D模型，以实现高质量的3D打印结果。它在各个行业中被广泛使用，包括汽车、医疗、航空航天、工业制造等，帮助用户提高生产效率并实现创新设计。

2.2.4 知识点4：Magics软件操作方法

2.2.4.1 打印零件的导入及摆放

将STL格式的模型导入Magics软件中进行切片，首先创建打印机适配的打印平台（打印平台文件设备厂商提供），随后导入STL文件到打印平台。

（1）Magics平台添加方法。

1）将平台文件如“RS4500.mmcf”复制到Magics安装目录下MachineLibrary文件夹里面；打开Magics软件，点击“机器平台”→“机器库”后弹出下面对话框（以RS4500平台为例），如图2-31所示。

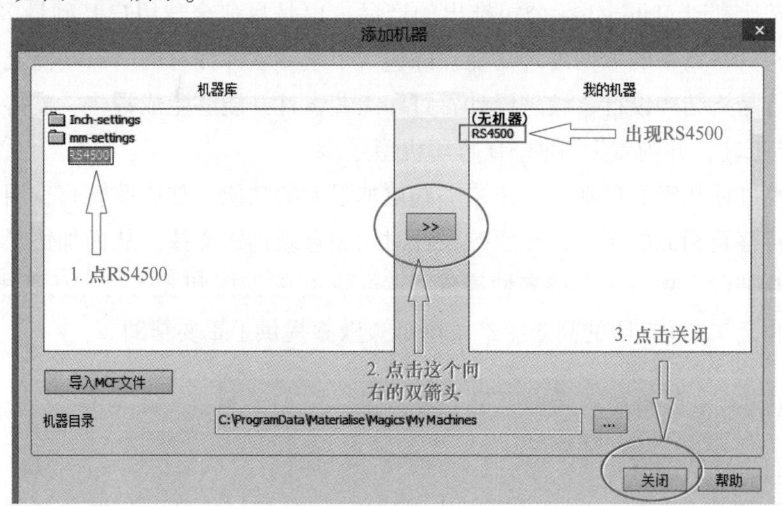

图2-31 添加平台

2）关闭后会弹出对话框，按对话框进行操作，如图 2-32 所示。

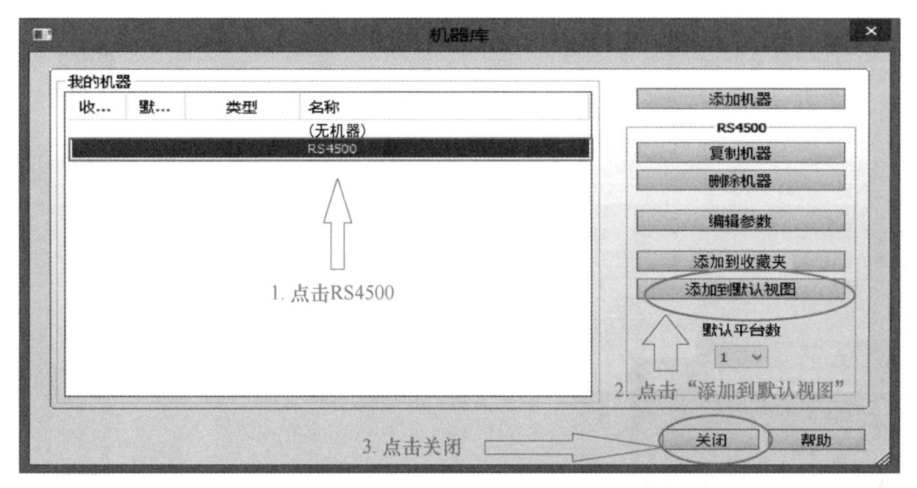

图 2-32 添加平台过程

3）关掉 Magics 软件，然后重新打开 Magics 软件即可，如图 2-33 所示。

图 2-33 平台添加成功

（2）导入 STL。Magics 导入 STL 文件后，可以修复文件，操作过程如图 2-34 和图2-35 所示。

零件错误的类型主要有：反向量反向、错误边界、洞、多重面片、重叠壳体、未修剪的三角面片。拿到有错误的零件，首先对其反向量的修复，再利用缝合功能修复缝隙，然后修复杂点壳体。一个零件是一个完整的壳体，不会存在两个或两个以上的壳体。如果在以上的错误都修复完成时还有错误，就只能进行手动修复了。

（3）零件的摆放及支撑添加。将零件摆放到合适位置，并考虑打印时间和打印质量，选择一个优于打印的角度。通过选择适当的摆放角度，可以最小化或优化需要添加的支撑结构数量和位置。

Magics 提供了支撑结构生成工具，可以根据模型的几何特征和打印要求自动生成支撑结构。通过调整支撑结构参数，可以平衡打印质量和支撑结构的易移除性。支撑的作用如图 2-36 所示。

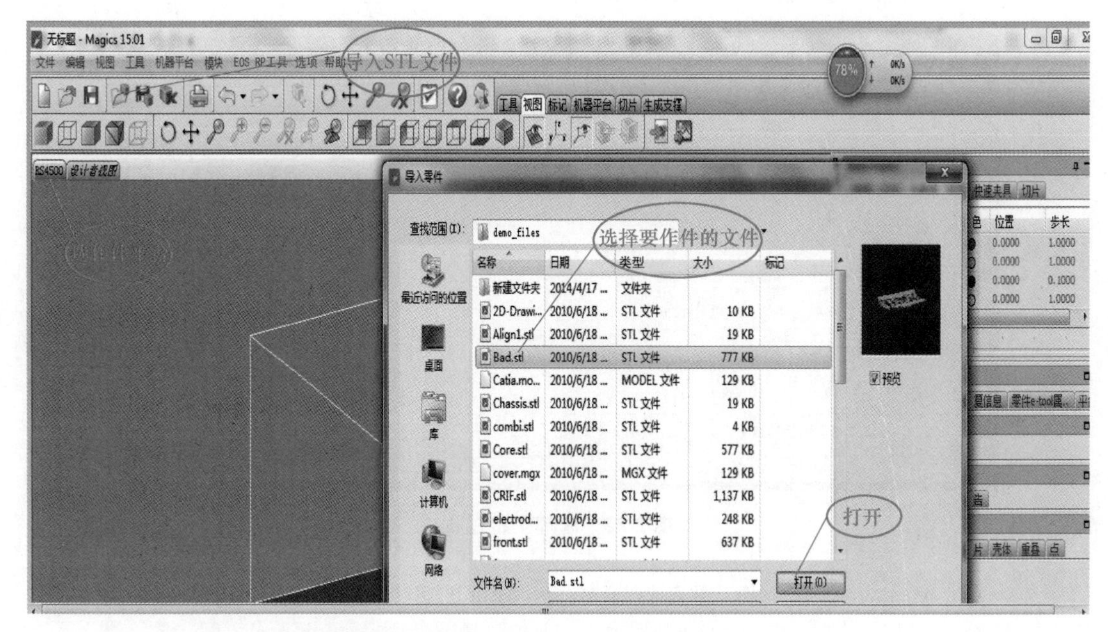

图 2-34 Magics 导入 STL 文件

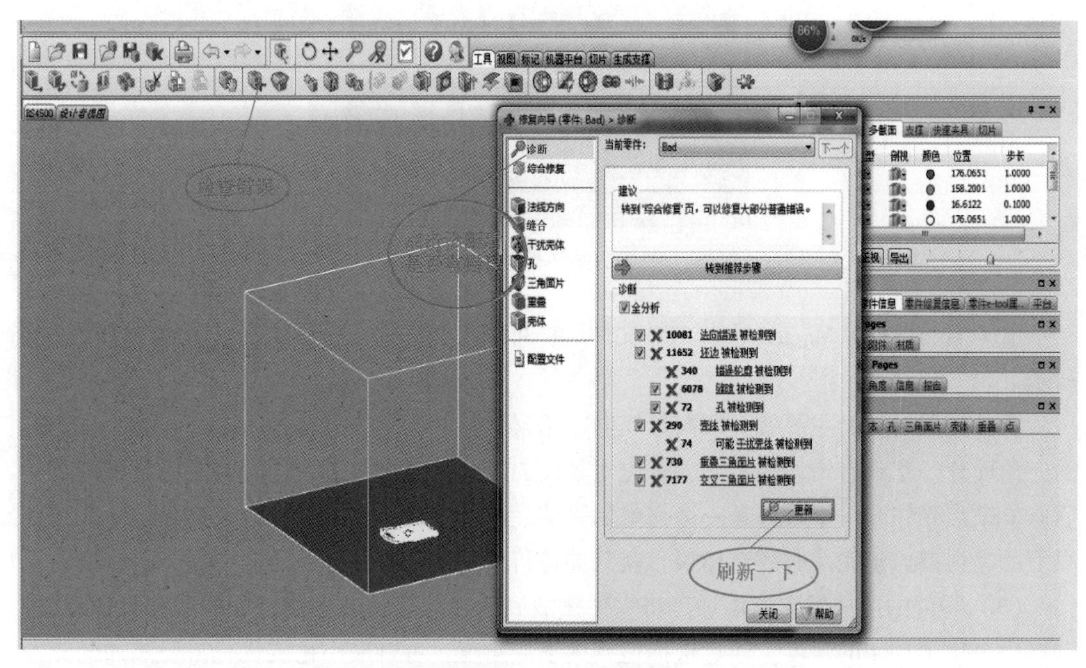

图 2-35 Magics 修复数据文件

2.2.4.2 打印参数设置

选择合适的打印参数，包括层厚、激光扫描速度、激光功率等参数，这些设置将影响打印过程中每一层的厚度和打印性能。根据选择的打印设备和材料，以及所需的打印质量

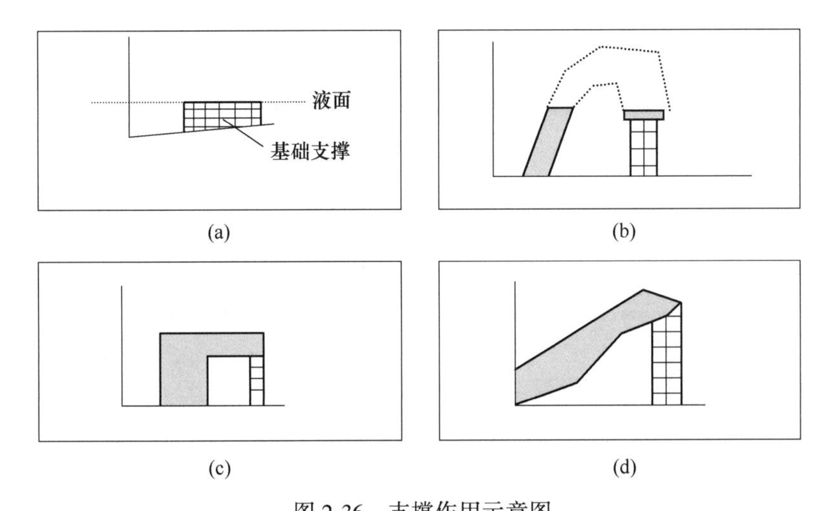

图 2-36　支撑作用示意图

（a）基础支撑；（b）悬空部分的依托；（c）约束悬臂部分；（d）支撑和加固

和速度，调整这些参数以获得最佳的切片结果。打印参数主要功能如下：

（1）层厚是指每个打印层的厚度，它是 SLA 3D 打印中的一个重要参数。较小的层厚可以提供更高的打印精度和更细腻的打印细节，这是因为较小的层厚可以更好地还原模型的曲线、边缘和细节特征，从而产生更精确的打印结果；较大的层厚可以加快打印速度，这是因为每个层次的打印时间更短。相比之下，较小的层厚需要更多的层次来完成打印，打印时间会相应增加；较小的层厚可以提供更平滑和细腻的打印表面，打印层之间的过渡更加平滑。相反，较大的层厚可能会导致打印表面出现层间可见的阶梯效应，表面质量相对较粗糙。较小的层厚可以减少对支撑结构的需求，层间的高度差较小，这有助于简化支撑结构的设计和移除过程，并减少对打印物表面的影响。

（2）激光扫描速度是扫描激光的打印速度。较低的激光扫描速度可以提供更平滑的打印表面，激光束停留的时间较长，有更多的时间进行光固化和平滑打印层。较高的激光扫描速度可能导致表面粗糙度增加或细节模糊。需要注意的是，选择适当的激光扫描速度需要综合考虑打印时间、打印精度和表面质量之间的平衡。较高的速度可以提高打印效率，但可能会影响打印质量，因此，根据打印需求和实际情况选择合适的激光扫描速度是重要的。

（3）激光功率是指激光束的强度，它影响树脂的固化速度。较高的激光功率可以适当提高打印速度，但可能导致打印物的细节模糊或表面质量下降，较低的激光功率可以提供更精细的打印细节和更好的表面质量。过高的激光功率会导致打印物件过热，可能会导致失真、收缩或产生内部应力。因此，需要在激光功率和打印速度之间取得平衡，以确保打印物件的质量和稳定性。

（4）曝光时间是指每个层次中激光照射树脂的时间。较长的曝光时间可以确保树脂完全固化，但可能导致打印时间延长；较短的曝光时间可以减少打印时间，但可能会影响打印物的质量。因此，选择合适的曝光时间可以平衡打印时间和打印质量之间的关系。

任务实施

（1）排风扇叶轮 STL 格式文件的生成。NX 软件输出 STL 文件用于模型的切片，点击

“文件”→“导出”→STL文件，如图2-37所示。

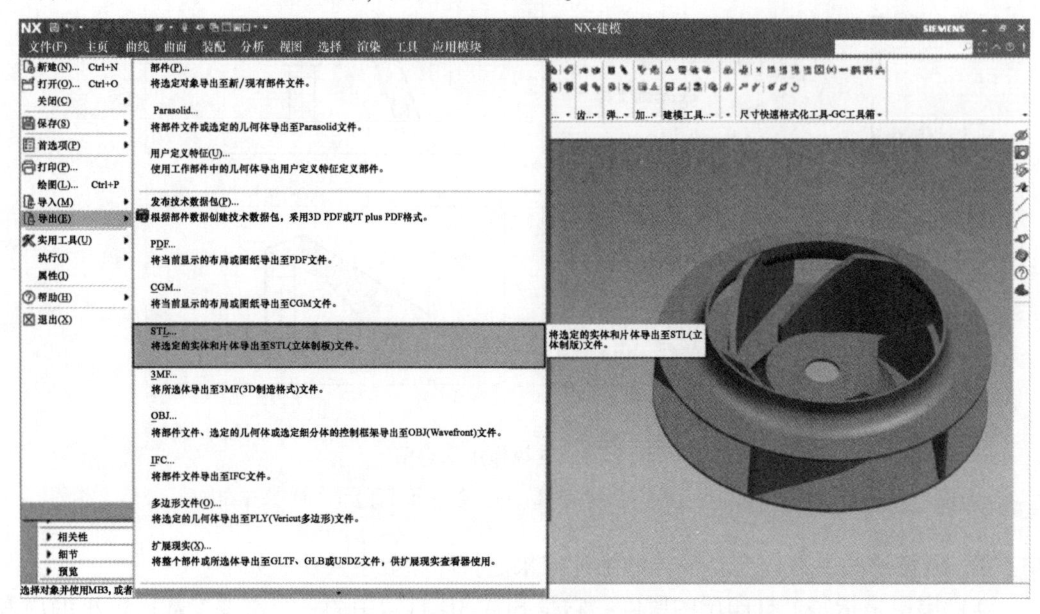

图2-37 STL文件导出

（2）排风扇叶轮STL文件的切片设计。

1）设置加工新平台。将STL格式的模型导入Magics软件中进行切片，需创建打印机适配的打印平台（打印平台文件设备厂商提供），这里设置RS600（1）打印平台，切片平台设置如图2-38所示。

图2-38 切片平台设置

2）导入 STL 文件。选择设置好的平台，如图 2-39 所示；随后导入 STL 文件到打印平台，导入过程如图 2-40 所示。

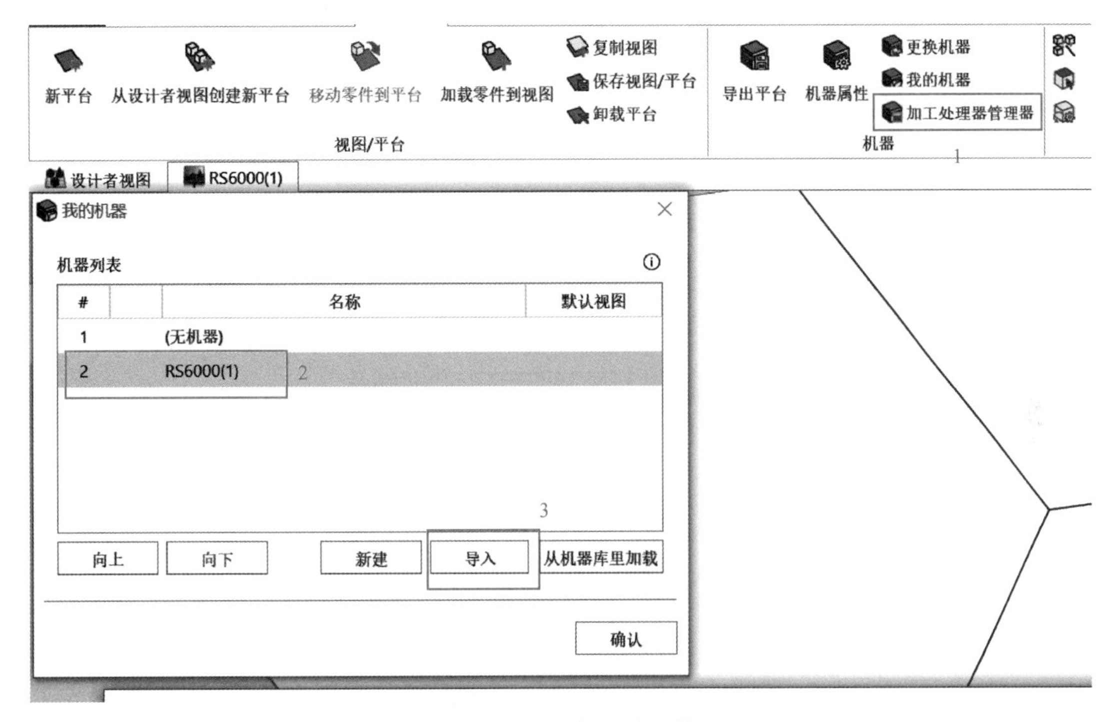

图 2-39　导入加工处理器

3）打印零件的摆放。通过选择合适的摆放角度，可以减少支撑结构的需求，从而减少后续的支撑移除和表面处理工作。注意：零件无论如何摆放，在 Z 轴方向上，零件的下表面一定要距离制作平台 6 mm（6 mm 空间是加支撑的空间）。为了防止在制作刮板运动时与零件接触面积较大，阻力增大，造成零件的制作失败，零件的摆放一般与 X 轴呈 45°夹角。另外，为了使得制作零件的效率提高，尽可能地将零件的角度与 Z 轴方向呈 45°夹角。叶片模型摆放如图 2-41 所示位置。

4）支撑的添加。Magics 中的智能支撑也叫作 e-stage，点击生成“e-stage Support”，等待即可生成支撑结构，这里的 e-stage 参数为联泰 Lite800 适配的参数（参数设置厂商提供）。使用 e-stage 支撑主要是因为确保在 3D 打印过程中复杂、悬空或悬臂的部分能够成功打印并保持稳定。e-stage 参数设置过程如图 2-42 所示，支撑生成过程如图 2-43 所示。

5）切片参数设置。点击“切片”→“切片所选”，激活“切片属性”对话框，选择合适的切片参数，如图 2-44 所示，使用 Magics 的切片功能生成切片文件。切片文件将包含模型中每一层的打印路径和相关信息，选择合适的打印参数，包括层厚、光斑补偿等参数，这些设置将影响打印过程中每一层的厚度和打印性能。根据选择的打印设备和材料，以及所需的打印质量和速度，调整这些参数以获得最佳的切片结果。

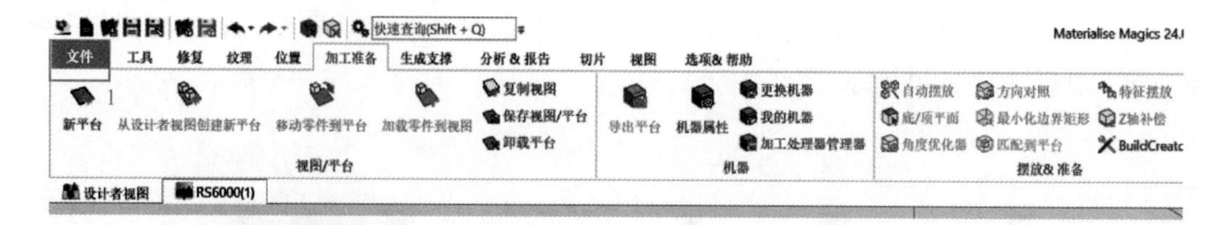

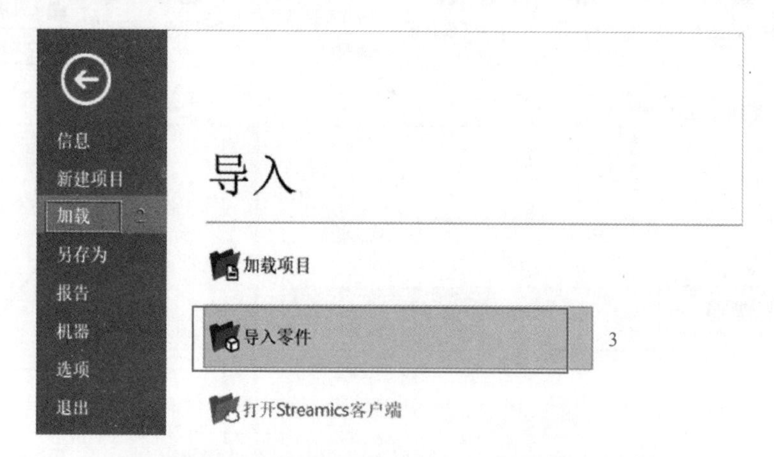

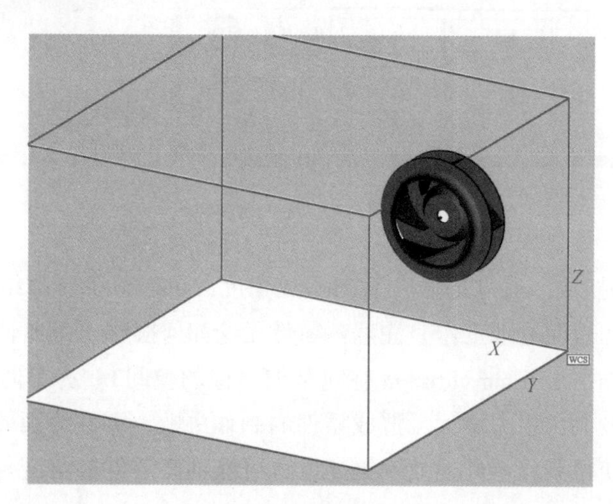

图 2-40 模型导入设置

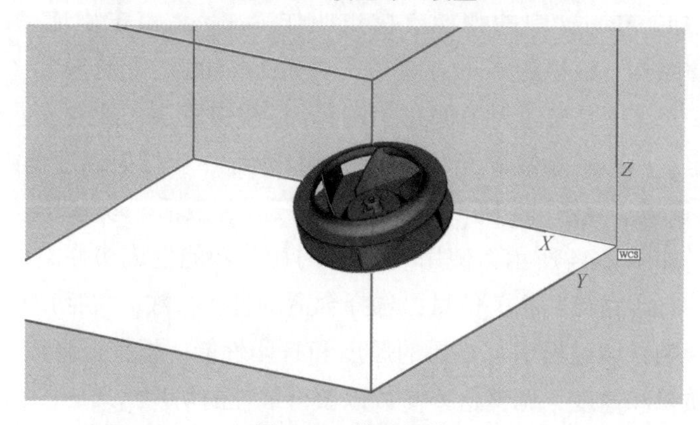

图 2-41 模型摆放

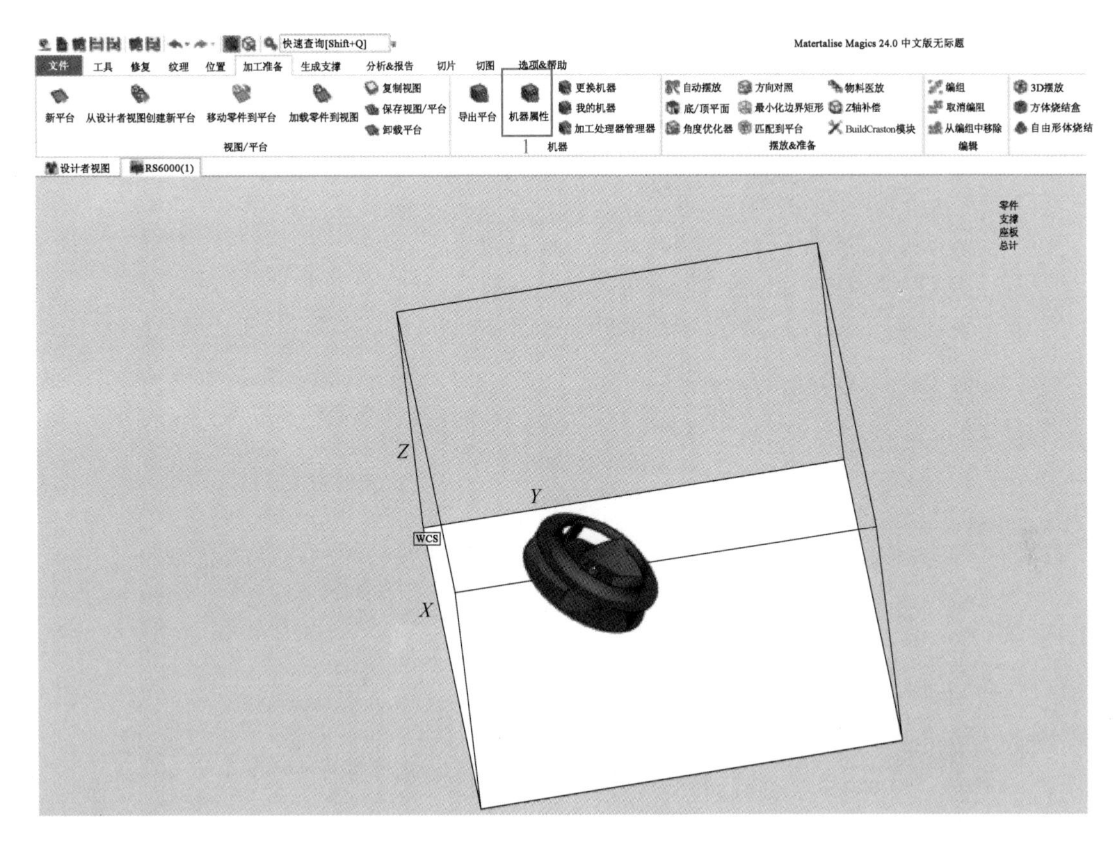
快速查询[Shift+Q]
Matertalise Magics 24.0 中文版无标题
文件
工具
修复
纹理
位置
加工准备
生成支撑
分析&报告
切片
切图
选项&帮助
新平台
从设计者视图创建新平台
移动零件到平台
加载零件到视图
复制视图
保存视图/平台
卸载平台
视图/平台
导出平台
机器属性
更换机器
我的机器
加工处理器管理器
机器
自动摆放
方向对照
物料医放
底/顶平面
最小化边界矩形
Z轴补偿
角度优化器
匹配到平台
BuildCraston模块
摆放&准备
编组
取消编阻
从编组中移除
编辑
3D摆放
方体烧结盒
自由形体烧结
1
设计者视图
RS6000(1)
零件
支撑
座板
总计
Z
Y
WCS
X

机器属性：R56000(1)
通用信息
零件摆放
默认零件
Z轴补偿
加工时间估算
成本估算
支撑生成模式
零件支撑参数
Materialise e-Stage支撑...
2
导出平台
导出切片
后处理切片
Materialise e-Stage导出
BuildCreator模块
参数文件
2324
新建
编辑
3
使用非支撑区域
切片厚度
0.050
mm
保存修改到：
当前操作平台
所有激活平台
机器库
应用
确认
关闭

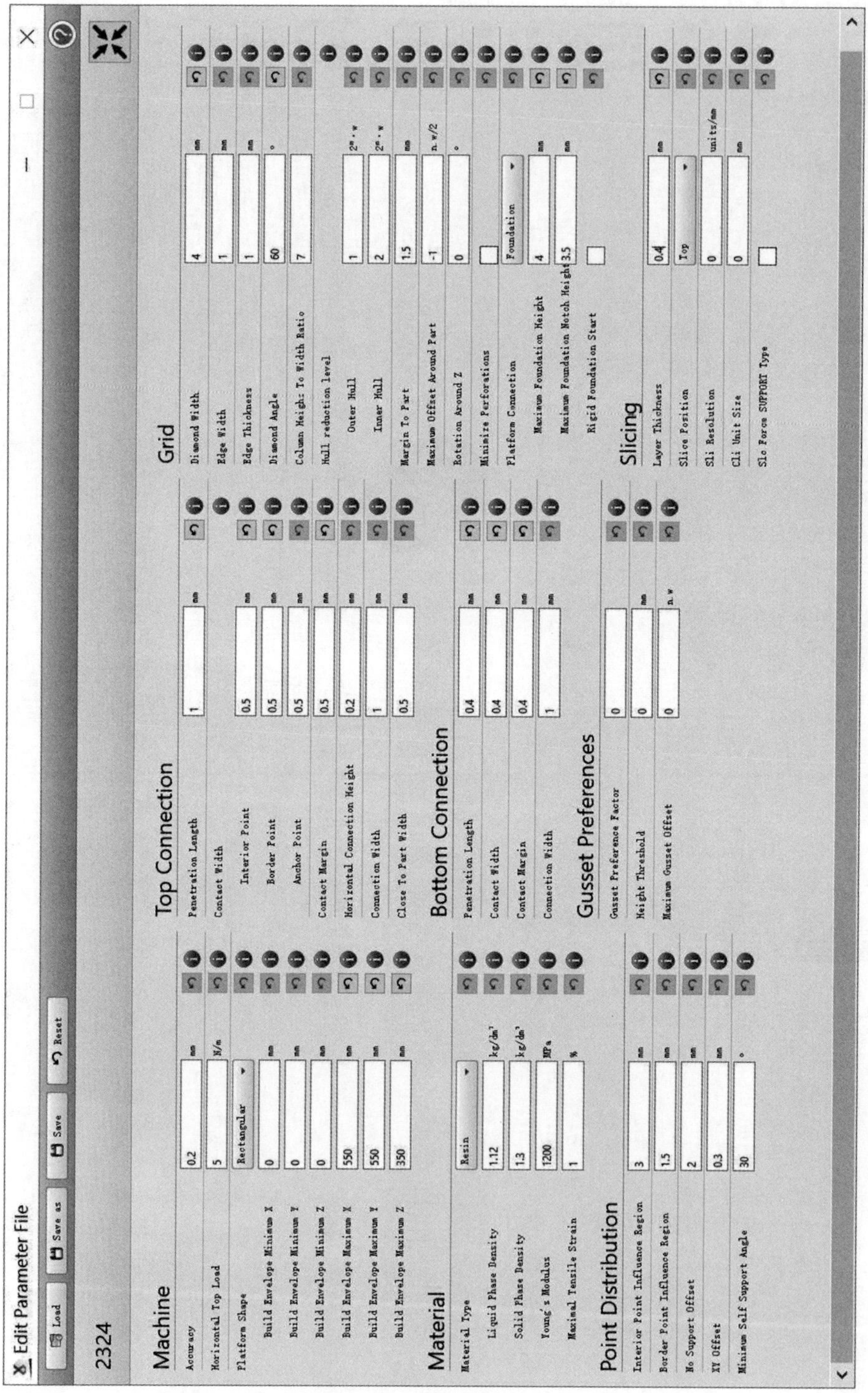

图 2-42 e-stage 参数设置

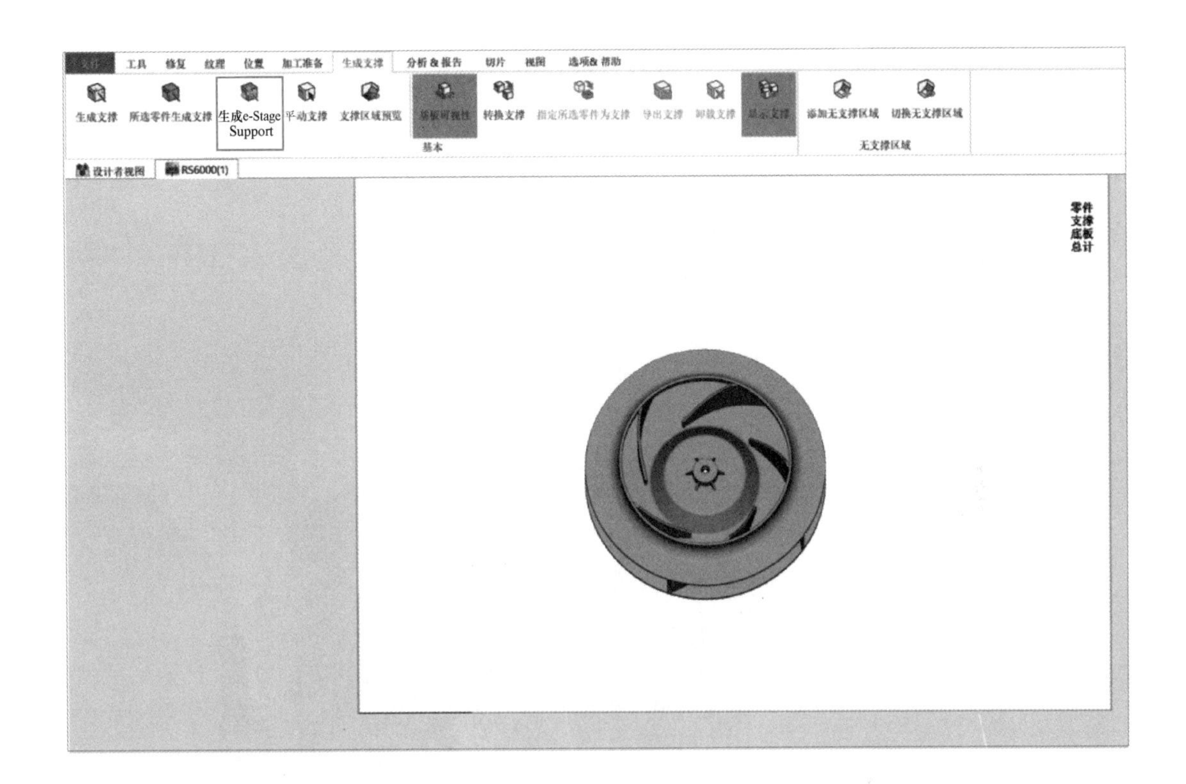

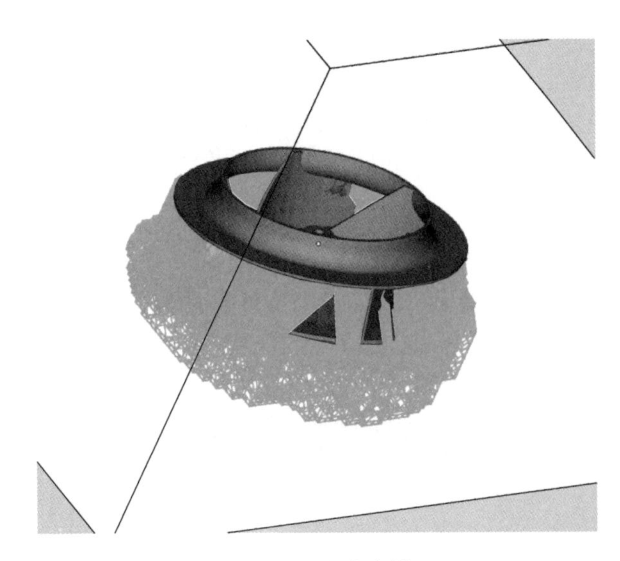

图 2-43　生成支撑

①零件切层厚度范围：0.05~0.15 mm（一般使用0.1 mm层厚，如果对表面光洁度有要求可以用0.08 mm或者0.09 mm层厚）。

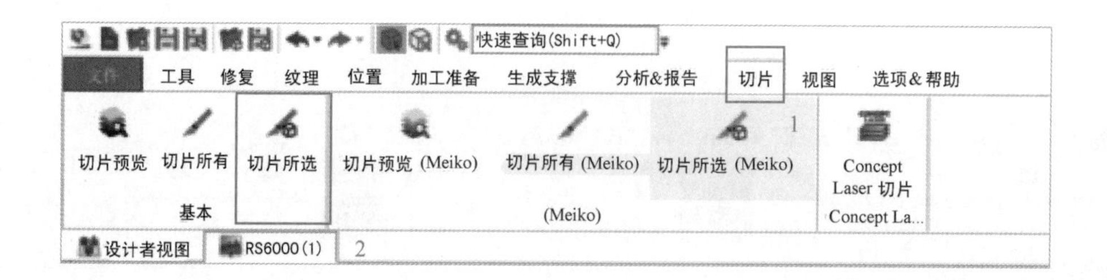

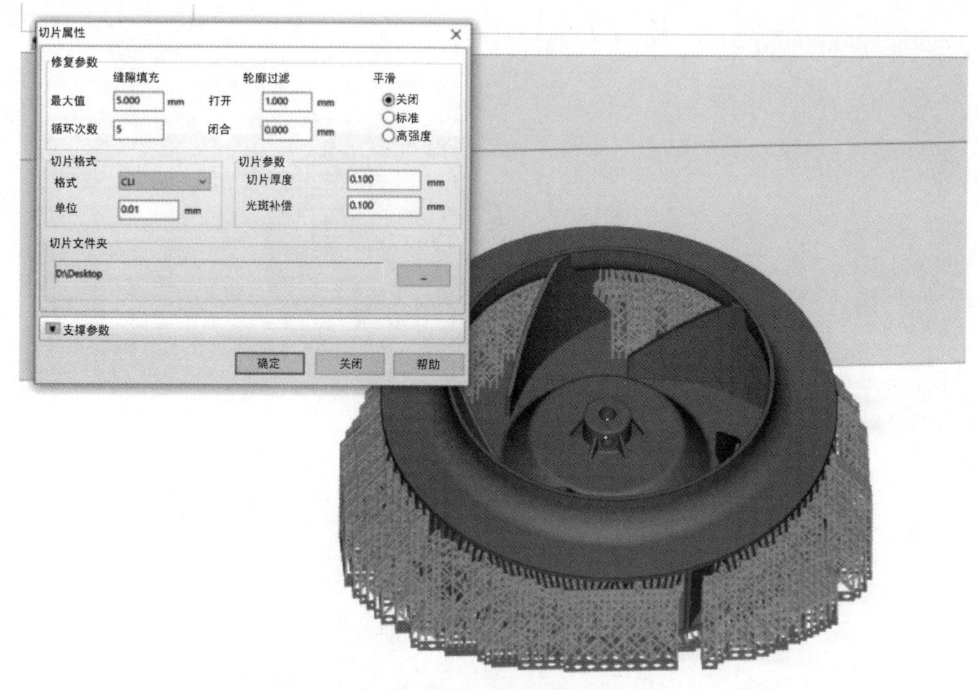

图2-44 切片操作

②切层时一定要把支撑的切层菜单勾选上，否则输出切层时没有零件的切层文件。

③切层时要注意零件本体的层厚和相应支撑的层厚一定要一致，否则将会出现输出错误。

④光斑补偿（一般为0.06 mm）。

6）切片文件的输出。切片完成后，保存的文件格式为cli格式，此格式的文件可以导入SLA成型机执行打印。

课件：任务2.3 排风扇叶轮的打印与后处理

任务2.3 排风扇叶轮模型的打印及后处理

任务导入

完成了排风扇叶轮的切片设计，下面需要到3D打印设备上打印模型，要顺利地打印出该模型并能使用该模型做风量测试，需要做哪些工作？

任务要求

（1）在学银在线或学习通平台上完成在线学习任务，学会知识点基本技能操作，完成知识构建。

（2）登录虚拟仿真实训平台进行虚拟打印。

（3）选择国产主流 SLA 打印设备进行产品打印。

（4）填写工作过程记录单，提交课程平台。

（5）在学银在线或学习通平台上完成拓展任务、参与话题讨论。

（6）根据任务实施情况，分组制作展示 PPT，进行小组展示。

知识链接

微课视频：光固化成型技术原理

微课视频：光固化成型技术的优缺点及研究方向

2.3.1 知识点 1：光固化成型增材制造设备简介

2.3.1.1　SLA 打印机设备外观

SLA 即光固化快速成型，也常被称为立体光刻成型，通常简称为 SLA。SLA 技术已成为目前世界上研究最深入、技术最成熟、应用最广泛的一种 3D 打印工艺方法，我国在 20 世纪 90 年代初开始对 SLA 快速成型进行研究。本任务采用的上海联泰生产的 RS 系列激光快速成型机已是国内较为成熟的商品，如图 2-45 所示。

2.3.1.2　SLA 打印机结构介绍

SLA 打印机主要由机械主体、光学系统、控制系统三部分组成，如图 2-46 所示。

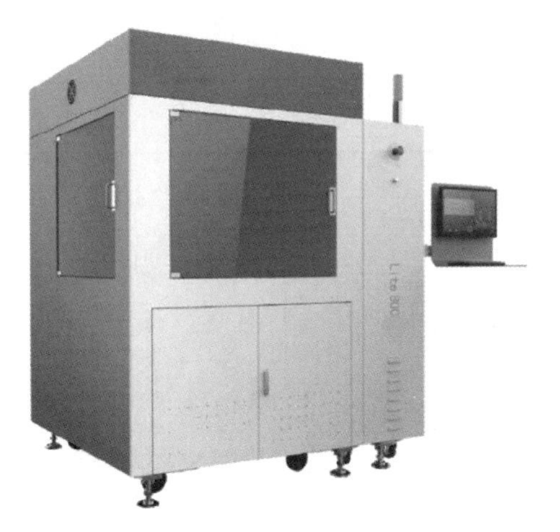

图 2-45　SLA 成型机设备外观

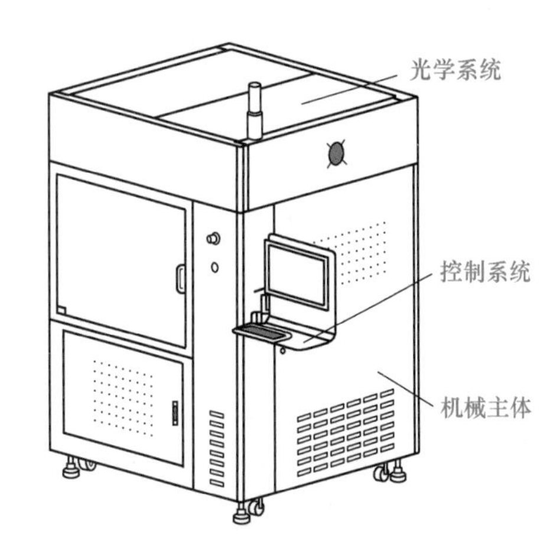

图 2-46　SLA 打印机结构

（1）机械主体。机械主体部分主要由机架、Z 轴升降系统、光学系统、树脂槽系统、涂覆系统、液位调节系统部分构成，如图 2-47 所示。表 2-6 是打印机各组成部分及功能。

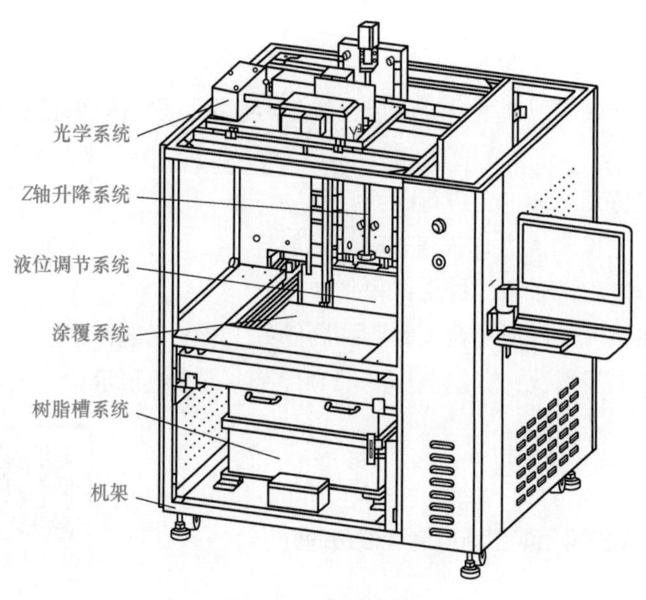

图 2-47 机械主体

表 2-6 打印机各组成部分及功能

序号	名称	功能介绍
1	Z 轴升降系统	Z 轴升降系统是 3D 打印机中很重要的一个组成部分，Z 轴的行走精度决定着成型零件层厚的均匀性和准确性，因此 Z 轴的行走精度直接决定着成型零件的精度
2	树脂槽系统	树脂槽采用不锈钢焊接而成，正面和两侧有保温层，并内置有铸铝加热板。树脂槽主要作用是盛放设备工作时所需要的树脂，并提供适宜的温度
3	涂覆系统	涂覆系统的作用是在已固化的一层上面覆盖一层一定厚度的树脂薄层，以便继续固化过程，AME R 设备采用吸附式涂覆机构
4	液位调节系统	液位调节的作用是控制液位的稳定，液位稳定的作用有：一是保证激光到液面的距离不变，始终处于焦平面上；二是保证每一层涂覆的树脂层厚一致

（2）光学系统。光学系统的示意图如图 2-48 所示。

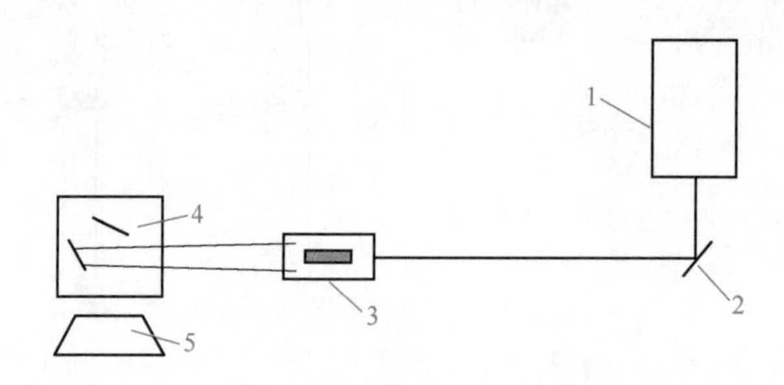

图 2-48 光学系统示意图

1—激光器；2—反射镜；3—聚焦组件；4—振镜扫描系统；5—场镜

（3）控制系统。控制系统由工控机、PLC、激光扫描控制系统、伺服电机驱动模块、温度控制系统构成，如图 2-49 所示。

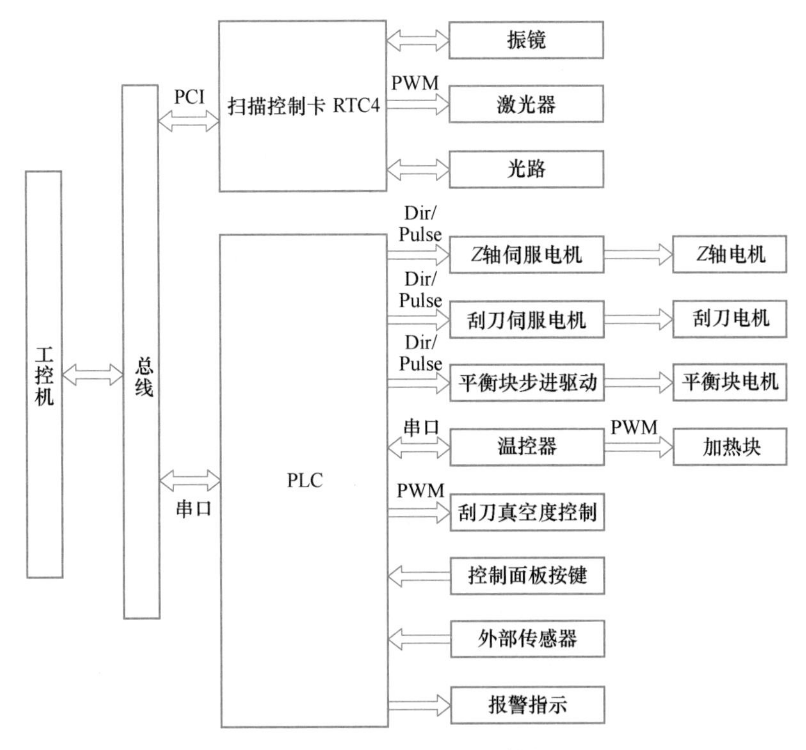

图 2-49 控制系统基本结构

2.3.2 知识点 2：光固化设备操作安全

2.3.2.1 特别注意事项

以下事项需特别关注，否则可能对人体造成伤害，以及对成型工件造成破坏：

（1）工作过程中，严禁将头或者身体其他部位伸进工作区间；

（2）工作过程中，严禁向上直视从振镜出来的激光；

（3）工作过程中，禁止推动、冲击或者用力倚靠设备；

（4）工作过程中，禁止敲打、撞击设备，使设备振动或者移动；

（5）禁止在设备导轨上放置任何物品；

（6）禁止在设备内部和顶部放置任何物品；

（7）禁止打开光路，调节光路的元器件；

（8）禁止更改电气盘上线路及接线；

（9）如出现紧急情况，请立即按下急停按钮；

（10）严禁分解或者与树脂发生化学反应的物质溅入设备的树脂槽中，包括水、酒精或者其他树脂等；

（11）严禁用设备外的激光等其他光束长时间照射设备中的树脂。

2.3.2.2 电气注意事项

电气注意事项主要有：

（1）确保设备供电系统安全接地；
（2）确保设备控制系统安全接地；
（3）禁止打开电气柜门，专业人员除外；
（4）确保所有外部电缆均用绝缘材料保护起来；
（5）保证设备房间环境整洁，不要放置其他杂物；
（6）不要让设备电缆通过有水或者有油的地方；
（7）注意人身用电安全；
（8）确保设备机架安全接地；
（9）严禁使用有缺陷或者破损的电缆。

微课视频：光固化成型技术工艺过程及成型机的操作步骤讲稿

2.3.3 知识点3：SLA打印机操作过程

光固化设备操作过程包括设备的开机过程、激光器的开机过程、加料操作、加工零件操作过程、停机取件、关机过程。

2.3.3.1 设备开机步骤

（1）机器通电方法：确认“急停开关”处于释放状态，转动钥匙开关，总电源上电，面板上的电源指示灯亮，计算机自检启动。

（2）打开工控软件，点击“加热”功能，打开温控器，加热器开始加热。

（3）点击“振镜”功能，打开振镜。

（4）点击“激光”功能，打开激光电源。

（5）按下“照明”按钮，打开成型室照明灯。

2.3.3.2 激光器开机过程

（1）按亮设备面板“激光”开关按钮。

（2）扭动控制箱钥匙至“ON”处。

（3）按下“SHI-ON”键，相应灯亮。

（4）按下“QS-ON”键，相应灯亮。

（5）按下“DIODE”键，相应灯亮。

（6）按“CURRENT”上面的“+”调整到10.5 A的额定电流。注意：看显示屏右下角显示是LOC还是REM，若显示REM，则按“LOC/REM”键使其变为“LOC”。

2.3.3.3 加料操作

（1）判断是否需要加料：初始时工作平台回零，调节到设定的液位位置，再去判断平衡块的位置，如果比较接近下限位，就需要添加树脂，接近上限位表示树脂加多了。

（2）加料：工作平台回零位，并移至5 mm位置，液位平衡块回零位，往主槽中缓缓倒入适量树脂，听到蜂鸣声提示后停止。

（3）工作平台回零位：添加完树脂后，Z轴回零位。

2.3.3.4 加工零件操作步骤

在正常开机后，依下列步骤加工：

（1）启动 RSCON。

（2）工况确认。

1）测量并记录激光功率，确认激光功率是否正常。

2）确认是否要添加树脂，如果是，则执行加料操作。

3）确认树脂温度是否达到适宜温度（一般设定为 30 ℃，具体视使用的树脂来定），如果没有适宜温度，则要等待。

4）确认树脂液位平衡系统运转正常。

5）确认工作平台位置已回零并处于与液面平齐的位置，如果没有，则要在 RSCON 的控制面板内调整工作平台位置。注意：工作平台可略高于液面（0.5 mm 以内），但不能低于液面。

（3）根据加工层厚和激光功率设置工艺参数，保存参数，使新工艺参数生效。

（4）导入加工文件，进行加工模拟。

（5）开始加工，加工前确保系统初始化或者达到准备状态。

（6）每隔一定时间（如 15 min）观察加工过程，若有异常，可随时暂停或退出，排除故障或修改工艺参数后重新开始加工或者继续制作。

2.3.3.5 停机取件与后处理

（1）零件完成后，计算机会给出提示信息，记录屏幕上显示的加工时间。

（2）点击“制作完成”，*Z* 轴会上升到之前设定好的高度。

（3）等待 10~15 min，让液态树脂从零件中充分流出。

（4）用铲刀将零件铲起，小心从成型室取出，放入专用清理容器（注意防止树脂滴到导轨和衣物上），关闭成型室门。

2.3.3.6 关机步骤

关闭激光器，关闭“照明”“加热”“激光”“振镜”，退出“RSCON”，关闭计算机，按下急停开关，关闭所有电源。

2.3.4 知识点 4：SLA 打印后处理流程介绍

后处理质量要求为美观、干净、表面无划痕、不黏手。其操作流程如下：

（1）原型出机前，先看图纸或数据，确定清洗工件的整体结构和支撑面结构。

（2）原型出机后，及时去除能确定结构的大部分支撑或全部支撑。清洗前，严禁紫外光照射。

（3）把去除支撑的原型放入清洗槽内用专用溶剂清洗。对于薄壁件，只能用干净溶剂快速清洗一次，时间不能超过 2 min。注意：应洗干净，不留死角，并立即吹干。

（4）第一次可用循环溶剂清洗，第二次则用干净的溶剂清洗。清洗完毕后，局部未清洗干净的部位使用蘸溶剂棉纱擦拭干净。

（5）清洗时注意小结构。对圆柱内、深孔、小夹槽及其他不易清洗的小结构内树脂，要细致清洗到位。

（6）清洗时，要小心细致，可用棉纱、毛刷、牙签等其他辅助工具清洗。

（7）清洗结束时，要立即用风枪吹掉原型表面溶剂。注意：避免温度过高使零件变形，吹干后零件表面应不黏手。

（8）对吹干表面溶剂的原型，可在日光、紫外线烘箱内进行 10~20 min 二次光固化。对强度要求高时，固化时间可达 2 h。

（9）原型清洗结束后，注意原型摆放，以防止变形。

任务实施

本次打印排风扇叶轮采用上海联泰 SLA 成型机，型号为 Lite800，材料选择光敏树脂。打印过程如下：

（1）设备启动。

1）开机检查。开机检查是模型打印前十分重要的预准备工作，包括刮刀的清理、平台上是否有残留的打印碎屑。

2）启动光固化 SLA 打印机，打开工控机上的 RSCON 软件和激光串口连接软件，打开 RSCON 软件中的加热、激光器、振镜功能，如图 2-50 所示。

图 2-50 打印机软件控制界面

（2）添加光敏树脂材料。添加光敏树脂材料前，软件的右下角出现“树脂过少”的报警提示（见图 2-51），先删掉报警提示，然后按下面步骤添加材料。

1）按次序分别点击刮刀回零位，*Z* 轴回零位，液位回零位，如图 2-52 所示。

2）归零位后，打开前门会发现工作平台脱离液面。打开材料桶盖子，缓慢倒入材料，一直加到树脂液面高度与网板基本齐平即可，最后盖上材料桶盖子。添加完后，若材料溅到刮刀或盖板上请擦拭干净，保持室内卫生，如图 2-53 所示。

图 2-51 树脂过少报警提示

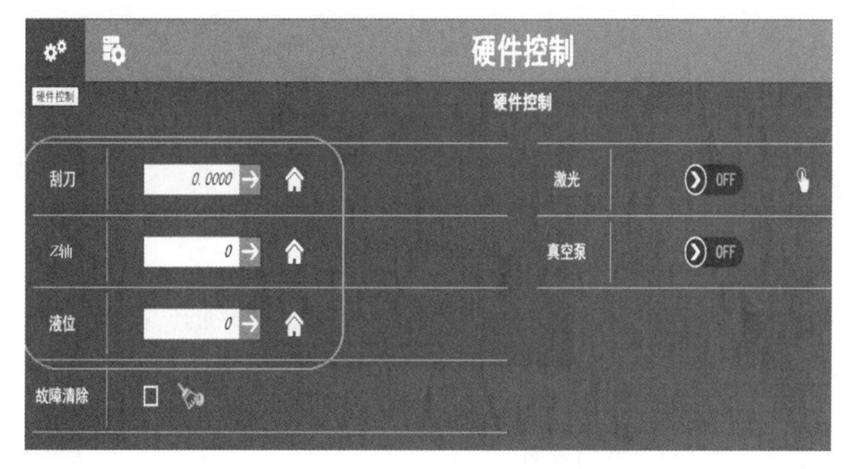

图 2-52 参数归零位

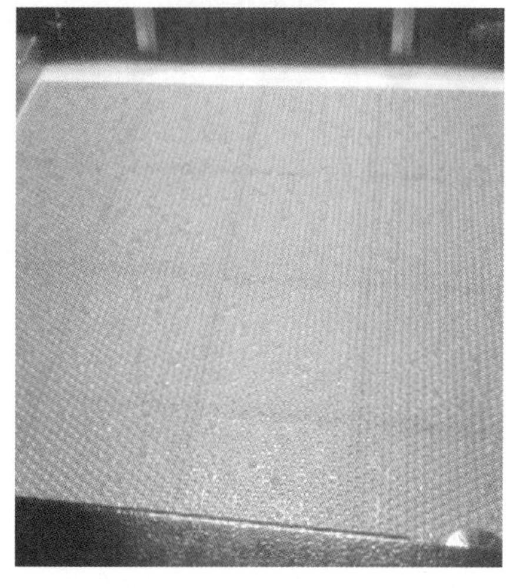

图 2-53 添加光敏树脂

（3）导入切片模型。将切片完成的模型导入设备自带的打印操作软件 RSCON 软件中，推动进度条可以查看每一层截面情况，如图 2-54 所示。

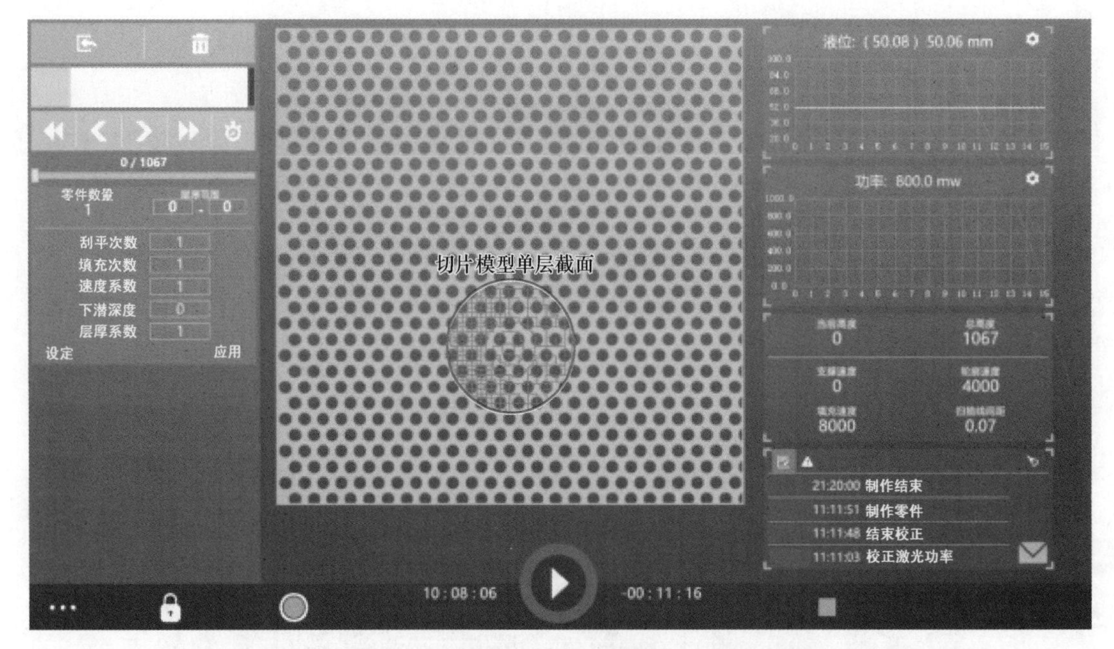

图 2-54　导入模型

（4）开始打印。点击“准备”按钮后，设备会自动调整配重块（见图 2-55），使得光敏树脂溶液到达打印所需位置，液位调整完成后，设备开始打印。刚开始时，应注意 3D 打印机是否将第一层成功打印到打印台面上。如果出现打印失败等情况，应果断取消打印。图 2-56 是显示打印剩余时间界面。

图 2-55　调整液位

经过逐层打印后，模型成型结束，打印基板自动上升，模型与支撑打印完毕，如图 2-57所示。

（5）打印后处理。

1）拆除支撑。将模型与支撑从基板上取下，使用钳子等工具分离模型与支撑，如图 2-58 所示。

2）清洗零件表面残余树脂。分离支撑后，需要对模型进行清洗，使用乙醇清洗模型表面树脂残留，建议使用 95%纯度以上的乙醇，如图 2-59 所示。

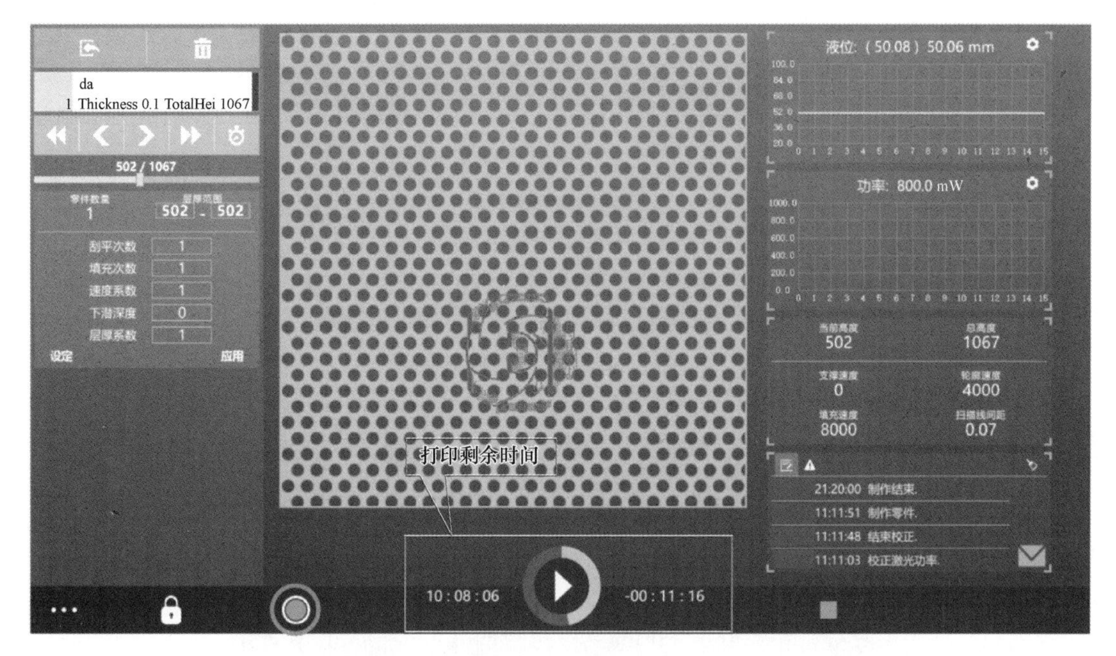

图 2-56　打印剩余时间

图 2-57　模型与支撑

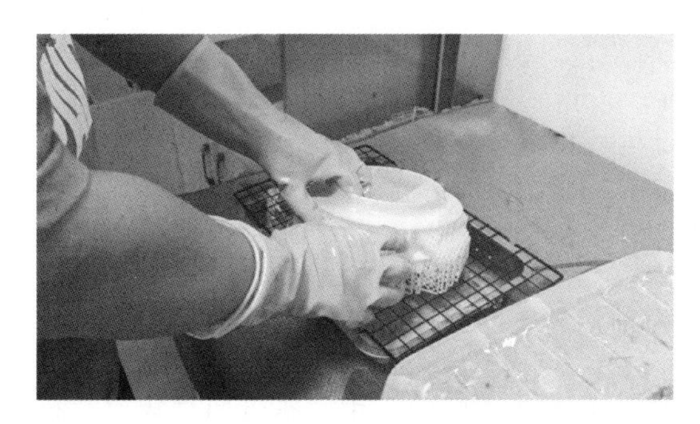

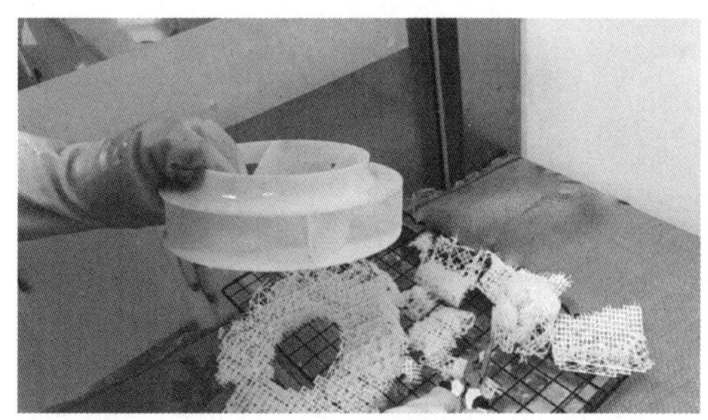

图 2-58　拆除支撑

3）打印试样固化。清洗完毕后，需要对模型进行固化处理，把清理好的模型进行简单擦拭后放在固化箱中进行固化，固化时间根据模型体积大小而定，如图 2-60 所示。固化完成后，打印和后处理过程全部完成，自此任务完成，可以把该模型拿去做风量测试了。

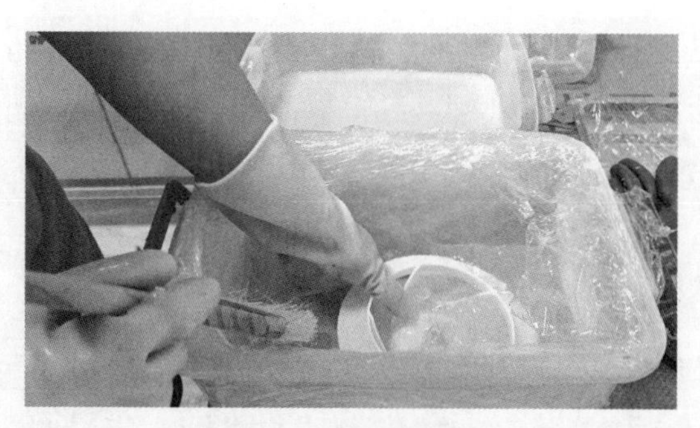

图 2-59 清洗表面树脂

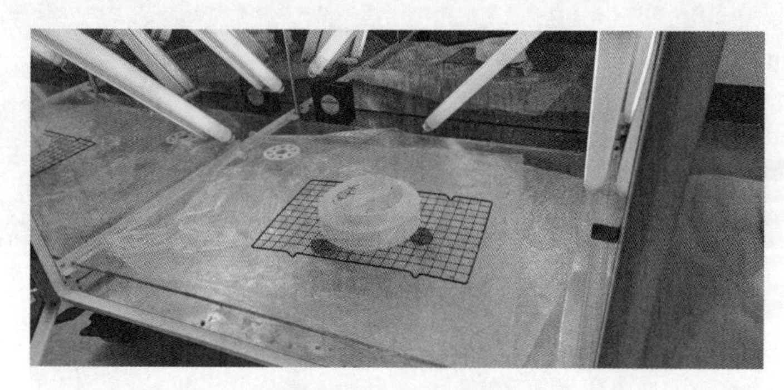

图 2-60 二次固化

巩固训练·创新探索

登录虚拟仿真实训平台，完成 SLA 打印机相关实训内容：

（1）实验预习，观看图文知识预习；

（2）设备认知；

（3）设备操作流程学习；

（4）设备操作考核。

学生工作任务单、学生工作任务页、工作过程评价表详见附录。

增“材”增“智”

2023 年十大科技前沿趋势

2023 年，是全面贯彻落实党的二十大精神的开局之年。党的二十大报告明确提出，科技是第一生产力、人才是第一资源、创新是第一动力。“当今世界，谁牵住了科技创新这个‘牛鼻子’，谁走好了科技创新这步先手棋，谁就能占领先机、赢得优势。”只有瞄准世界科技前沿，抓住大趋势，坚持科技创新和制度创新“双轮驱动”，才能下好“先手棋”，抢占未来经济科技发展先机。基于此，《科技智囊》编辑部综合国内外研究成果，整理出 2023 年十大科技前沿趋势。

（1）生成式AI：人工智能的未来。生成式AI（Generative AI或AIGC），是利用人工智能技术，基于现有文本、音频文件或图像，自动生成新内容的生产方式。AIGC被认为是继专业生产内容（PGC）、用户生产内容（UGC）之后具有颠覆性意义的内容创作方式，目前主要应用在文字、图像、视频、音频、游戏以及虚拟人等领域。

（2）可控核聚变：无限清洁能源。可控核聚变俗称“人造太阳”，是因为太阳的原理就是核聚变反应。核聚变是两个轻原子核聚合，生成新的更重原子核的过程，其反应释放的能量巨大，且不排放二氧化碳，与核裂变相比，它既不产生核废料，辐射也极少，因此被称为人类的终极能源。在可控核聚变领域，中国走在世界前列。

（3）3D打印：先进制造的加速器。3D打印（3DP）是快速成型技术的一种，又称增材制造，是一种以数字模型文件为基础，运用粉末状金属或塑料等可黏合材料，通过逐层打印的方式来构造物体的技术。随着3D打印技术的不断进步，未来超高精度打印技术可应用于精密电子器件、医疗器械、微流控、微机械等众多领域，助力我国先进制造业的发展。

（4）元宇宙：人类未来的虚拟世界。元宇宙（Metaverse）是人类运用数字技术构建的可与现实世界交互的虚拟世界。元宇宙集成了一大批现有技术，包括5G、云计算、人工智能、虚拟现实、区块链、数字货币、物联网、人机交互等。

（5）新能源：未来经济发展的重要引擎。新能源又称非常规能源，是指传统能源之外的各种能源形式，如太阳能、地热能、风能、海洋能、生物质能和核聚变能等。在新科技革命、全球气候变化、绿色低碳背景下，国际能源体系发生了深刻变化，在可预见的几十年内新能源方向都是大趋势，也是影响人类命运共同体的趋势产业。

（6）量子技术：商业化应用进程加速。来自法国、美国和奥地利的3位科学家，通过光子纠缠实验，确定贝尔不等式在量子世界中不成立，并开创了量子信息这一学科。量子通信、量子计算都属于量子信息科学应用。量子通信主要研究量子密码、量子隐形传态、远距离量子通信的技术等；量子计算主要研究量子计算机和适合于量子计算机的量子算法。

（7）6G技术：数字经济领域科技制高点。6G即第六代移动通信标准，也被称为第六代移动通信技术。6G的传输能力可能比5G提升100倍，网络延迟也可能从毫秒级降到微秒级。6G通信能力将是5G的10倍以上，5G向6G的发展是从万物互联向“万物智联，数字孪生”的一个过程。6G将推动沉浸感更强的全息视频，实现物理世界、虚拟世界、人的世界3个世界的联动。

（8）数字化办公：迎来井喷式增长。数字化办公是通过网络技术打破物理空间束缚，把企业经营活动中不可缺少的一些信息，诸如财务、生产、协作等环节打通，实现信息共享、工作协同，从而在某种程度上达到线下办公的效果。数字协作技术的进一步成熟，使办公协同体验有了质的突破。

（9）AR技术：将塑造未来世界。AR，即Augmented Reality，增强现实，AR通过多媒体、三维建模、实时跟踪、智能交互、传感等技术，将计算机生成的文字、图像、三维模型等虚拟信息进行模拟仿真，应用到真实世界，使两种信息互为融合，从而实现对真实世界的“增强”。

（10）高性能计算：被忽视的算力皇冠。高性能计算（High Performance Computing，HPC）是指从体系结构、并行算法和软件开发等方面研究开发高性能计算机的技术。高性能计算被公认为继理论科学和实验科学之后，人类认识世界、改造世界的第三大科学研究方法。高性能计算能利用超级计算机和并行处理技术，快速完成耗时较长的任务或同时完成多个任务。

随着我国“新基建”部署的持续推进，越来越多的高校科研实验室、企业和研究所将面临更旺盛的高性能计算服务的需求。为了满足于此爆发式的增长需求，政府将持续加大超算资源的建设和生态系统的联通，为计算资源和计算服务的互联互通提供坚实的基础。如“东数西算”工程是我国从国家战略、技术发展、能源政策等多方面出发，启动的一项世纪工程，通过全国一体化的数据中心布局建设，扩大算力设施规模，提高算力使用效率，实现全国算力规模化、集约化，基于此，未来我国超级计算产业有望进一步发展。

（来源：《科技智囊》2023 年 1 期）

模块 3　基于 SLS 技术制造行星齿轮

背景描述

行星齿轮作为一种广泛应用于机械传动系统中的装置，其发明为机械工程领域带来了革命性的变革。行星齿轮由太阳轮、行星轮和环形轮组成（见图 3-1），通过它们之间的互相咬合和转动，实现了高效的传动功能。

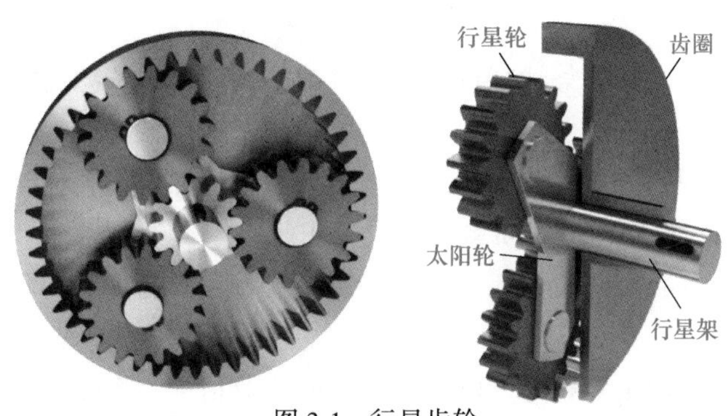

图 3-1　行星齿轮

行星齿轮的原理是利用多个齿轮的组合，通过它们之间的咬合和转动实现功率传递。在行星齿轮系统中，太阳轮固定在中心，行星轮绕太阳轮旋转，并且同时绕自身中心旋转，环形轮则连接行星轮并固定在外部。这种设计使得行星齿轮系统具有更高的传动比和更稳定的传动效果，适用于需要大功率输出和紧凑结构的机械设备。

行星齿轮在各个领域都有着广泛的应用。在汽车工业领域，行星齿轮被广泛应用于汽车变速器和差速器中，提高了汽车的性能和驾驶舒适性。在航空航天领域，行星齿轮被用于飞机发动机和导航系统中，确保了飞行器的正常运行和操控。行星齿轮也被应用于工业机械设备、电动工具、家用电器等各种领域，为现代工业生产提供了可靠的动力传递解决方案。

国内某企业想要设计一款非标准的齿轮，具有以下特点：应具有两种传动比，输出轴与输入轴保持平行，存在绕自己轴线转动的齿轮和绕其他齿轮轴线转动的齿轮。需要近期做出并进行调试，通过做出模具进行铸造的时间太长且价格昂贵，企业设备负责人联系我们，需要我们的帮助，你能帮忙想出什么办法来解决齿轮问题吗？

学习目标

知识目标：

（1）掌握三维建模软件 NX 常用的产品造型、虚拟装配工具；

（2）掌握切片软件Bulidstar的支撑设计、编辑、验证和工艺优化等工具；

（3）了解选择性激光熔融设备的外部结构及功能；

（4）了解选择性激光熔融设备清粉及后处理的工作内容。

技能目标：

（1）能够使用三维建模软件NX进行简单机械产品、构件的三维模型设计和虚拟装配设计；

（2）能够使用切片软件Bulidstar对产品进行参数设置、切片；

（3）能够操作选择性激光熔融设备完成产品的金属打印成型；

（4）能够对打印的金属产品进行后期处理。

素质目标：

（1）具备通过网络、图书等途径进行信息查询、搜集所需资源的能力；

（2）具备绿色、安全生产及新技术应用的能力；

（3）具有决策、规划能力，能够从工作岗位获取新的知识，胜任工作岗位，并在一定目标下，负责、踏实、稳定、注重质量地完成工作任务；

（4）具有合作精神、团队协作能力和管理协调能力，具备优良的职业道德修养，能遵守职业道德规范；

（5）具有精益求精的工匠精神，献身制造业的敬业精神，积极进取、求变创新和超越自我的奋斗精神。

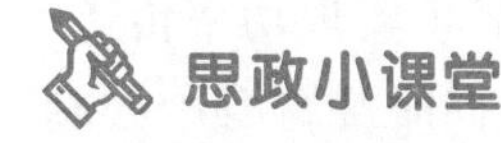

王华明：永远瞄准国家重大需求和科技发展方向

“希望全国科技工作者弘扬优良传统，坚定创新自信，着力攻克关键核心技术，促进产学研深度融合，勇于攀登科技高峰。”习近平总书记的嘱托让中国工程院院士、北京航空航天大学教授王华明更加坚定了信心。作为给总书记写信的25位科技工作者之一，王华明带领团队二十年如一日科研攻关，瞄准国家重大装备发展需求和材料制造学科发展方向，深钻细研、后来居上，使我国成为全球唯一掌握高性能大型关键金属构件激光增材制造技术并实现应用的国家。

钛合金等高性能大型关键金属构件制造技术，是航空航天等高端重大装备制造业的基础和核心技术。采用传统铸锻技术制造，不仅需要配套齐全的材料冶金和铸锻成型等重工业基础设施，制造周期长、成本高，而且受铸锭冶金和锻造成型的原理性制约，大型关键金属构件制造能力和材料性能水平，几乎逼近了天花板。例如，采用当今世界最大的8万吨锻造机锻造钛合金零件，其最大尺寸也不超过5 m^2。如何突破高性能复杂合金大型关键构件几何尺寸和材料性能的天花板，是公认的世界性难题。

2000年，王华明和科研团队进入该领域，另辟蹊径攻关钛合金、超高强度钢等高性能金属大型关键构件激光增材制造技术，也就是通常所说的“金属 3D 打印”技术。这种方法通过计算机控制，用激光将合金粉末熔化，并跟随激光有规则地逐点逐线逐层游走移动，“像盖房子一样”逐层堆积，直接“生长”出大型金属构件。增材制造过程中激光瞬间将金属熔融，随后快速冷却凝固结晶，这样一层一层地熔化凝固堆积，就能打印出质地致密、晶体细小、成分均匀的大型金属构件。性能高、成本低、周期短是团队追求的目标。

起初，团队只有王华明和张凌云，后来又有 6 名研究生陆续加入并成长为团队核心骨干。2003 年加入团队的张述泉回忆：“那时候做出一个 A4 纸大小的次承力构件，我们都高兴得不得了。”但高性能大型关键金属结构件要求得更高：零件尺寸越大，内部热应力越高，打印过程越容易变形或开裂；凝固结晶及冷却过程控制不好会导致冶金缺陷。面对世界性难题，团队开展了一次次攻关。

试验一开始，20 多天不能停，24 h 都要有人盯着。针对某飞机大型钛合金关键构件的需求，团队产学研紧密结合奋战 3 年多。工艺难度极大，要求严格，最后好不容易花了 10 多天打印出来，但零件内应力太高忽然开裂，只能寻找原因从头再来……颠覆性的成果绝非一蹴而就，王华明说：“解决重大问题不是靠一天两天，不能想着报奖、发论文，必须静下心来，刻苦钻研。”

做“顶天立地”的学问，怀赤子之心、无私奉献的信念精神，专注忘我、集中力量、各尽其能，小小的团队迸发出巨大的能量。张凌云申报国家奖主动要求不署名；张述泉全身心投入关键核心技术突破，把博士论文答辩时间推迟了近 5 年；另一位团队成员刘栋多次以“没有时间、以后再说吧”为由推辞人才头衔和职称申报……类似的例子团队里每个人都可以讲出一大堆。外面的企业高薪挖人，大家也不为所动。

作为团队带头人，王华明说，选择研究方向，既要“先进”，要瞄准和洞悉世界科技发展方向；更要“有用”，要服务国家重大需求，做出实际贡献。20 多年来，王华明多次承担国家重大项目和攻关任务，每一次攻关的成果都应用于国家重大装备研制生产，现实的紧迫需求让团队一次次实现突破，走出了一条产学研结合的自主创新之路。“我们的自主创新道路，最大优势就是我国社会主义制度能够集中力量办大事，这是我们成就事业的重要法宝。”王华明深有感触。

“总书记的殷切希望，更使我清晰地认识到作为一名新时代科技工作者所肩负的责任和使命。制造业是强国之基，在今后的工作过程中，我们要更加紧密地瞄准航空航天等重大装备的战略需求，取得创新性引领性的新突破。”王华明说。

如今，高性能大型关键金属构件激光增材制造技术成果在我国重大装备上的工程应用已呈遍地开花之势。王华明团队在不断创新突破的路上已经走了很远，但他对团队的要求一直没变：“永远瞄准国家重大需求和科技发展方向，产学研紧密结合，做出实实在在的有用成果。”

任务 3.1 行星齿轮建模设计

课件：任务 3.1 行星齿轮建模设计

任务导入

项目组成员与厂家设备负责人进行了深入交流，了解到此齿轮相关尺寸要求等参数。由于三维设计软件NX的GC工具箱可以快捷、高效地设计齿轮，且具备强大的产品设计模块，因此选用了该软件进行行星齿轮的建模设计及虚拟装配。

任务要求

（1）在学银在线或学习通平台上完成在线学习任务，学会知识点基本技能操作，完成知识构建。

（2）使用三维设计软件NX进行行星齿轮的建模设计和虚拟装配设计，并导出STL格式。

（3）填写工作过程记录单，提交课程平台。

（4）在学银在线或学习通平台上完成拓展任务、参与话题讨论。

知识链接

3.1.1 知识点1：NX GC工具箱

NX GC工具箱提供了一系列工具，用于帮助用户提升模型质量、提高设计效率，内容覆盖了GC数据规范、齿轮建模、（制图）工具、注释工具和尺寸工具等。

（1）GC DCS数据规范。GC数据规范包括模型质量检查工具、属性工具和标准化工具，如图3-2所示。

（2）制图工具。工具箱提供的制图工具，包括替换模板、图纸拼接、明细表输出，如图3-3所示。

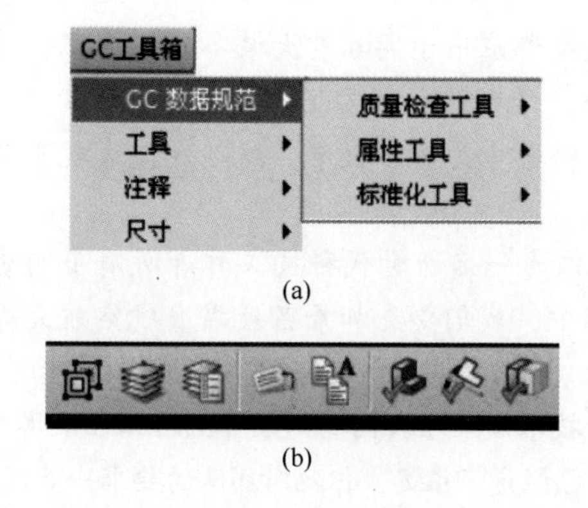

图3-2　GC DCS数据规范菜单和工具条

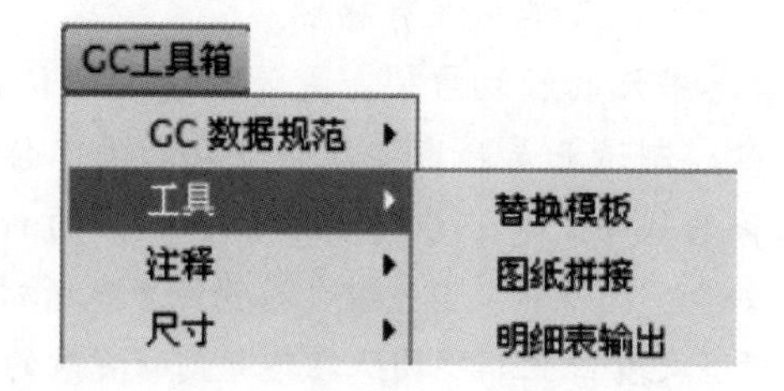

图3-3　制图工具菜单

（3）注释工具。工具箱提供的注释工具，包括必检符号、方向箭头、孔规格标注符号、栅格线、点坐标标注、点坐标更新、技术要求库，如图3-4所示。

（4）尺寸工具。工具箱提供的尺寸工具，包括尺寸快速格式、对称尺寸标注、尺寸线下标注、尺寸排序和尺寸查询，如图3-5所示。

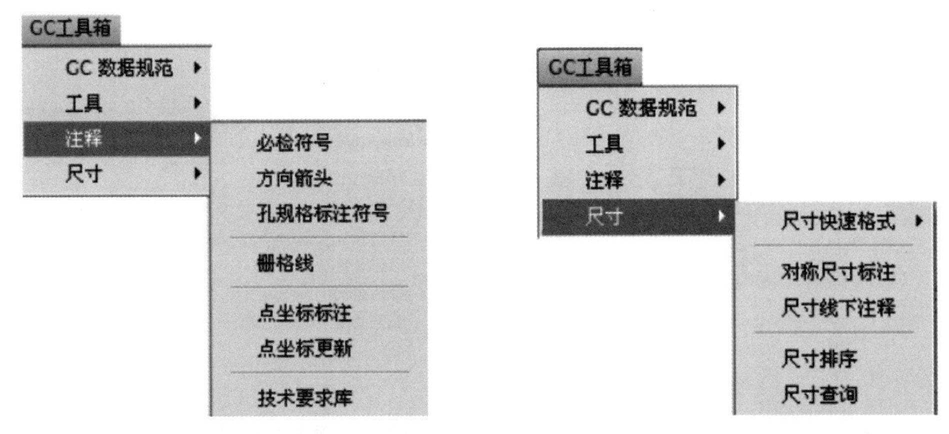

图 3-4　注释工具菜单　　　　图 3-5　尺寸工具菜单

（5）齿轮建模工具。工具箱提供的齿轮建模工具，为用户提供了生成以下类型的齿轮：柱齿轮、锥齿轮、格林森锥齿轮、奥林康锥齿轮、格林森准双曲线齿轮、奥林康准双曲线齿轮、显示齿轮，如图 3-6 所示。

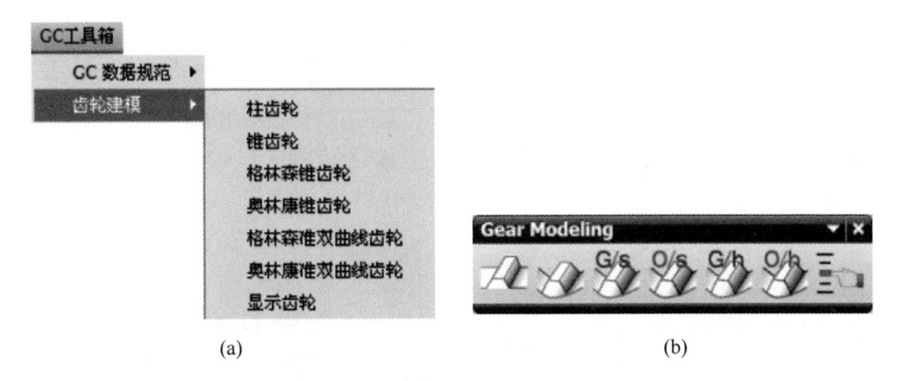

(a)　　　　(b)

图 3-6　齿轮建模菜单及工具条

（a）齿轮建模菜单；（b）齿轮建模工具条

3.1.2　知识点 2：创建圆柱形齿轮

3.1.2.1　创建零件模型

打开 NX 软件，菜单“文件”→“新建”，创建 1 个模型文件。

3.1.2.2　创建圆柱齿轮

（1）齿轮建模工具栏上单击“圆柱齿轮”建模，或选择圆柱齿轮从菜单建模，显示“渐开线圆柱齿轮建模”对话框，如图 3-7 所示。

（2）“渐开线圆柱齿轮建模”对话框中，选择“创建齿轮作为齿轮建模操作的类型”，然后选择“确定”，显示“渐开线圆柱齿轮类型”对话框，如图 3-8 所示。

（3）在渐开线圆柱齿轮类型对话框中选择“直齿轮”“外啮合齿”“滚齿”加工，然后单击“确定”，显示“渐开线圆柱齿轮类型”对话框，如图3-9所示。

（4）选择“标准齿轮”或“变位齿轮”标签，为齿轮指定参数值，如图3-10所示。

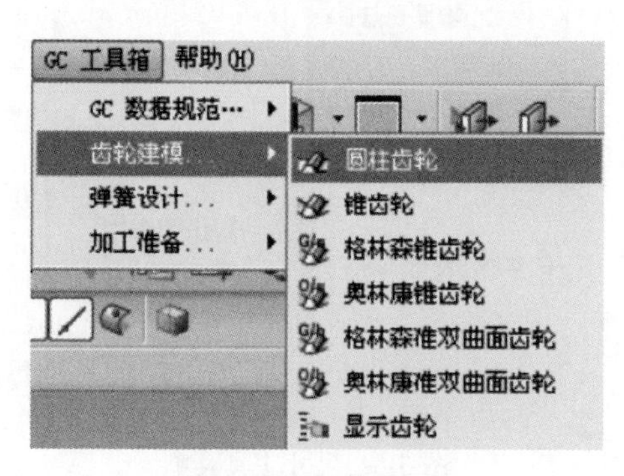

图3-7　齿轮建模菜单

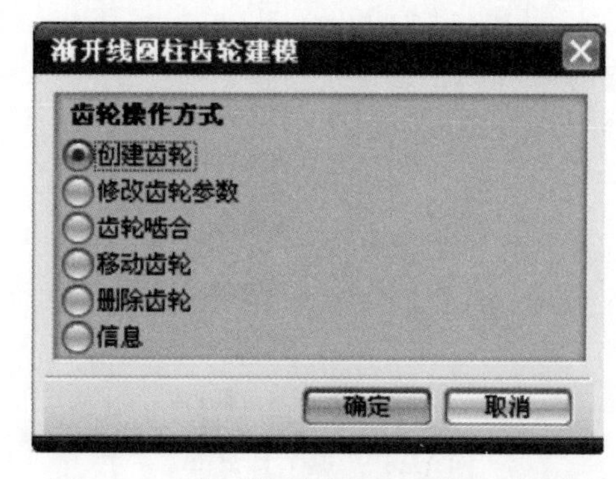

图3-8　“渐开线圆柱齿轮建模”对话框

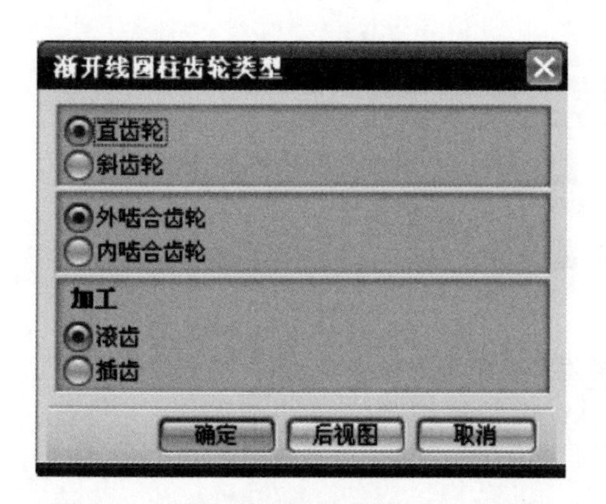

图3-9　“渐开线圆柱齿轮类型”对话框

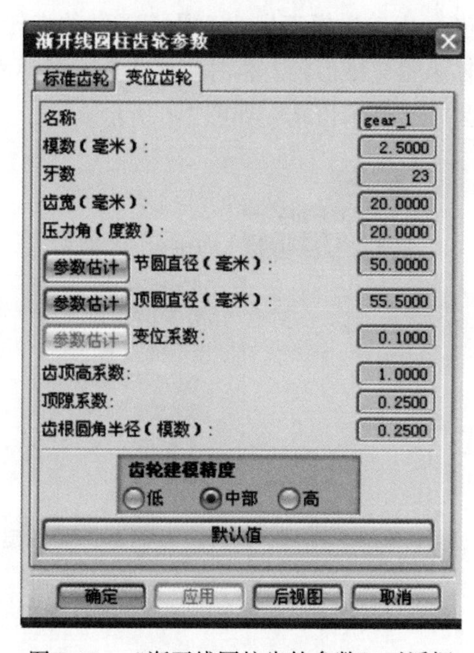

图3-10　“渐开线圆柱齿轮参数”对话框

3.1.3 知识点3：孔特征

使用孔命令可在部件或装配中添加以下类型的孔特征：

（1）简单孔；

（2）沉头孔或埋头孔；

（3）锥孔；

（4）钻形孔；

（5）螺钉间隙孔（简单孔、沉头孔或埋头孔类型）；

（6）螺纹孔。

根据孔类型，可以为孔指定定制大小，或根据标准钻和螺钉间隙选择孔尺寸和拟合，如图 3-11 所示。可以在平面或非平面上创建孔，或穿过多个实体作为单个特征来创建孔。在指定孔中心的位置之前，可以看到孔的动态预览，如图 3-12 所示。

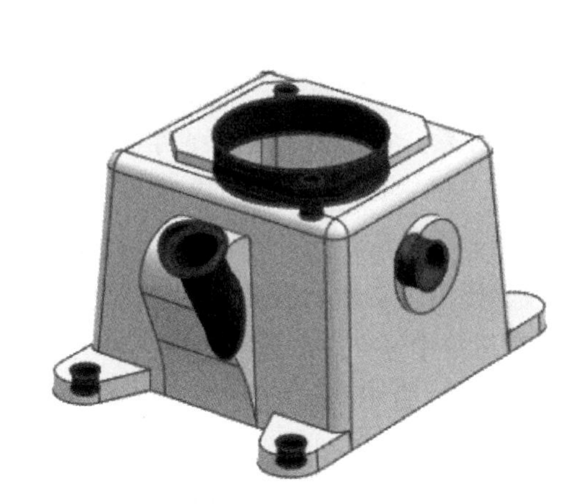

图 3-11 孔类型示例

图 3-12 “孔”的特征对话框

3.1.4 知识点 4：凸台特征

凸台实际上就是在一个已有的平面上创建一个圆柱体。

“凸台”对话框中，需要选择凸台放置的平面，这个平面可以是实体面也可以是基准面。如果是实体面，圆柱体的高度方向确定；如果是基准面，能修改高度方向，图 3-13 中“反侧”按钮就会高亮显示，可以利用这个功能修改凸台的方向。

凸台创建的圆柱体是直接与放置实体求和的，因此放置在基准面上的时候，必须要有一个实体在基准面附近，与圆柱体有交集，才能完成凸台创建；否则，将无法完成。

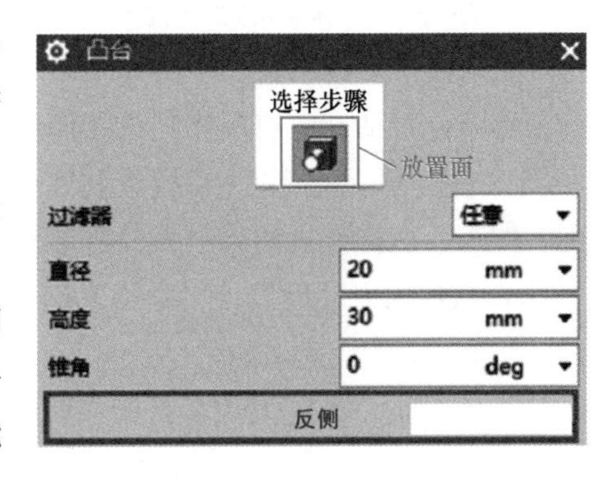

图 3-13 “凸台”特征对话框

直径和高度参数则需要根据实际尺寸进行设置；锥角是指圆柱面与放置面垂直之间夹角，可以有正负之分，正值表示圆柱向内收缩、负值表示向外扩展。

3.1.5 知识点5：定位操作

在NX中有很多地方要用到定位这一操作，特别是特征设计中的凸台、腔体、垫块、键槽等。定位操作的目的，是要将创建的几何体能准确地按照所给数值放置到生成的面上。在NX里面的定位方式有水平、竖直、垂直、平行、点落在点上、点落在线上等，如图3-14所示。

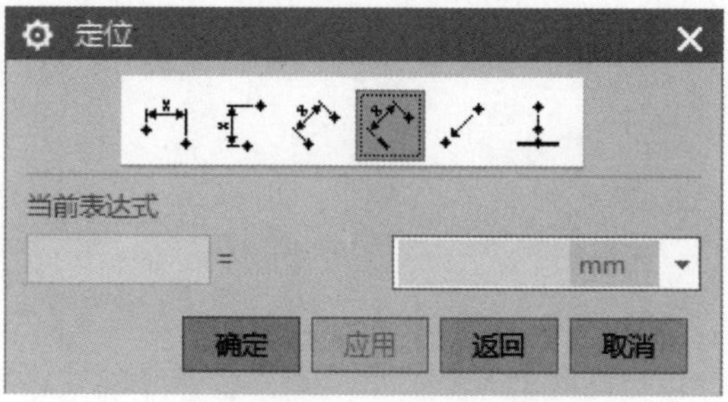

定位
当前表达式
= mm
确定 应用 返回 取消

图3-14 “定位”操作对话框

3.1.6 知识点6：NX虚拟装配

NX装配过程是在装配中建立部件之间的链接关系，它是通过关联条件在部件间建立约束关系，进而确定部件在产品中的位置，形成产品的整体机构。在NX装配过程，部件的几何体是被装配引用，而不是复制到装配中。因此，无论在何处编辑部件和如何编辑部件，其装配部件需保持关联性。如果某部件修改，则引用它的装配部件将自动更新。

NX装配中用到的术语很多，下面介绍在装配过程中经常用到的一些术语。

（1）装配部件，是指由零件和子装配构成的部件。在NX中可以向任何一个prt文件中添加部件构成装配，因此，任何一个prt文件都可以作为装配部件。在NX装配学习中，零件和部件不必严格区分。需要注意的是，当存储一个装配时，各部件的实际几何数据并不是存储在装配部件文件中，而存储在相应的部件或零件文件中。

（2）子装配，是指在高一级装配中被用作组件的装配，子装配也拥有自己的组件。它是一个相对的概念，任何一个装配部件可以在更高级装配中用作子装配。

（3）组件部件，是指装配中的组件指向的部件文件或零件，即装配部件连接到部件主模型的指针实体。

（4）组件，是指按特定位置和方向使用在装配中的部件。组件可以是由其他较低级别的组件组成的子装配，装配中的每个组件仅包含一个指向其主几何体的指针。在修改组件的几何体时，对话框中使用相同主几何体的所有其他组件将自动更新。

（5）主模型，是指供NX模块共同引用的部件模型。同一主模型，可同时被工程图、装配、加工、机构分析和有限元分析等模块引用，当主模型修改时相关应用自动更新。

（6）从底向上装配设计，是指先创建部件几何模型，再组合成子装配，最后生成装配部件的装配方法。

（7）自顶向下装配设计，是指在装配级中创建与其他部件相关的部件模型，是在装配部件的顶级向下产生子装配和部件（即零件）的装配方法。

（8）混合装配设计，是指将自顶向下装配和自底向上装配结合在一起的装配方法。例如，先创建几个主要部件模型，再将其装配在一起，然后在装配中设计其他部件，即为混合装配。在实际设计中，可根据需要在两种模式下切换。

3.1.7 知识点 7：进入装配模式

在装配前需先切换至装配模式，切换装配模式有两种方法：

（1）直接新建装配；

（2）在打开的部件中新建装配。

在打开的模型文件环境即建模环境条件下，在“工作”窗口中的主菜单工具栏单击图标，并在下拉菜单中选择“装配”命令，系统自动切换到装配模式。

3.1.8 知识点 8：装配工具条

在装配模式下，在“视图”窗口会出现“装配”工具条，如图 3-15 所示。

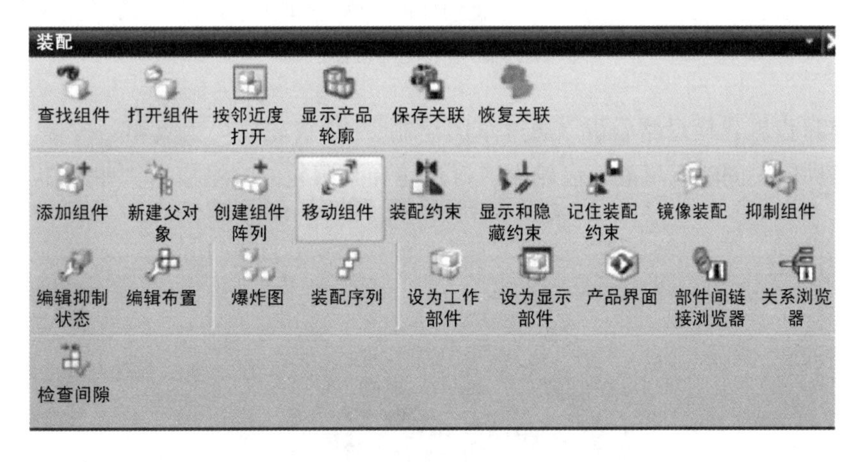

图 3-15 “装配”工具条

3.1.9 知识点 9：装配导航器

装配导航器是一种装配结构的图形显示界面，又被称为装配树。在装配树形结构中，每个组件作为一个节点显示。它能清楚反映装配中各个组件的装配关系，而且能让用户快速便捷选取和操作各个部件。例如，用户可以在“装配导航器”中改变显示部件和工作部件、隐藏和显示组件，如图 3-16 所示。

任务实施

（1）行星齿轮结构分析。简单行星齿轮结构包括一个太阳轮、若干个行星齿轮和一个齿轮圈，其中行星齿轮由行星架的固定轴支承，允许行星轮在支承轴上转动，如图 3-17 所示。行星齿轮和相邻的太阳轮、齿圈总是处于常啮合状态，通常都采用斜齿轮以提高工作的平稳性。

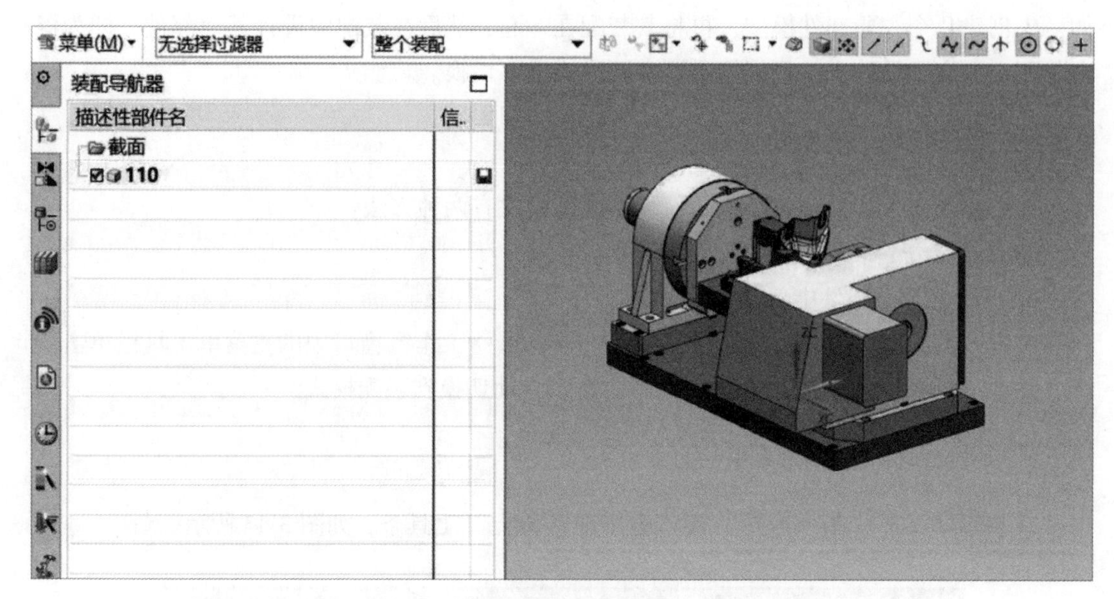

图 3-16 装配导航器

（2）行星齿轮建模思路分析。通过草图绘制、GC 齿轮建模工具箱、拉伸、阵列、布尔运算等工具依次创建行星架、齿轮圈、行星轮和太阳轮的三维模型，如图 3-17～图 3-19 所示。

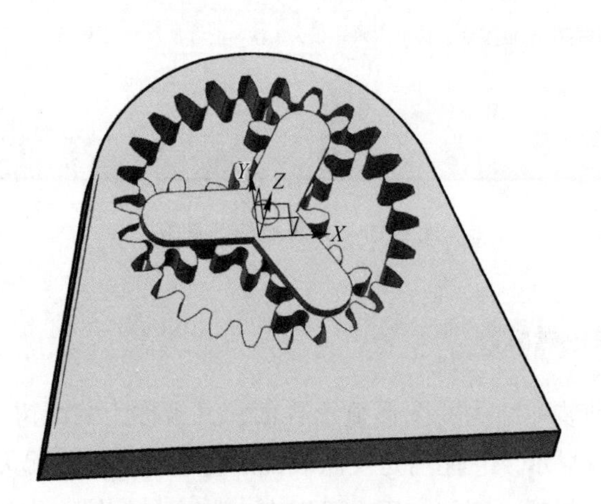

图 3-17 行星齿轮

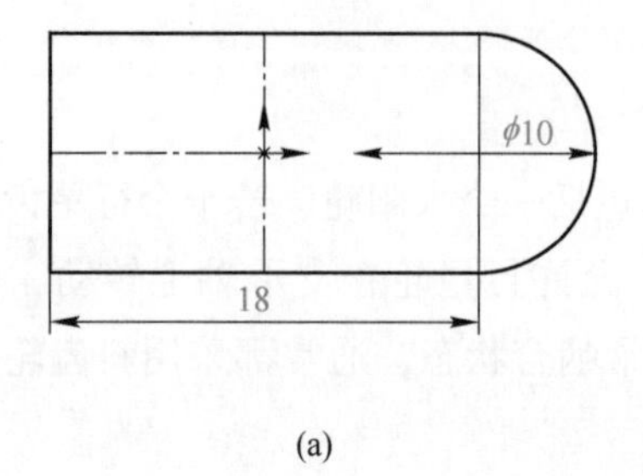

(a)

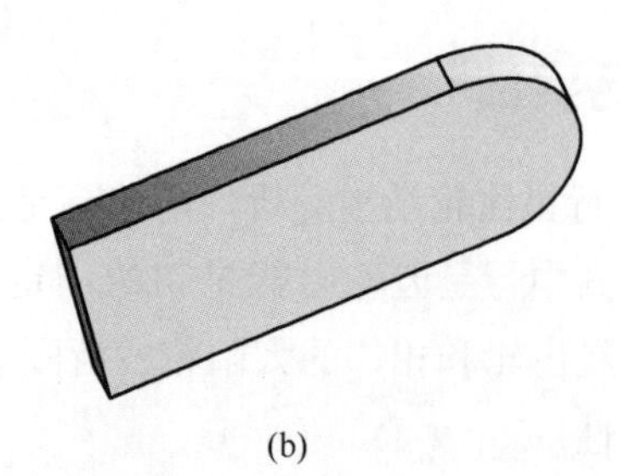

(b)

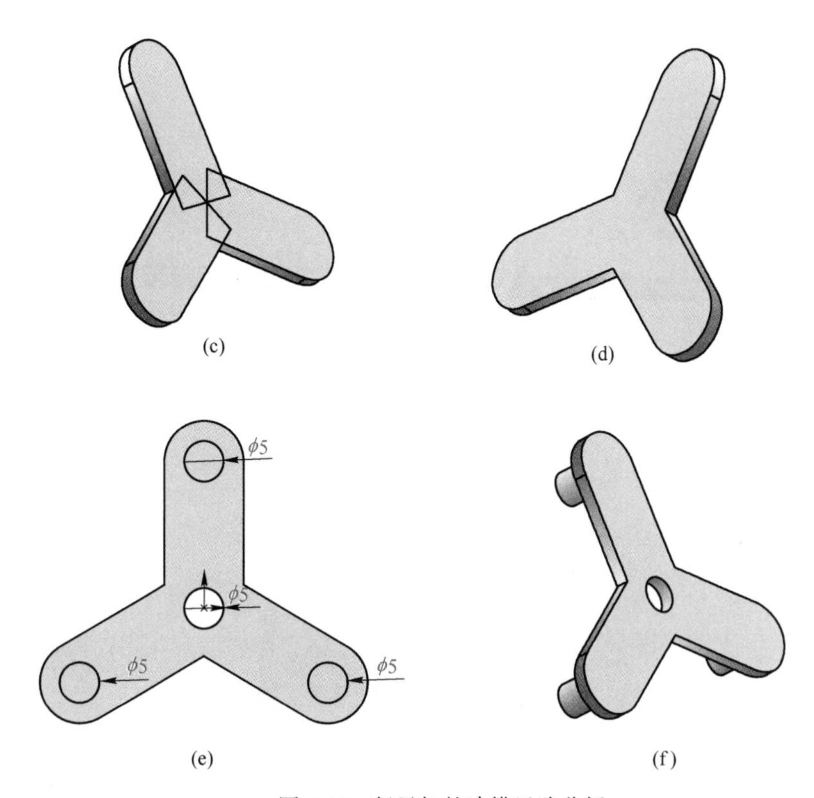

图 3-18　行星架的建模思路分析

（a）绘制草图截面曲线；（b）创建拉伸特征；（c）创建阵列特征；
（d）布尔运算，求和；（e）创建孔特征、凸台特征；（f）隐藏草图、基准等

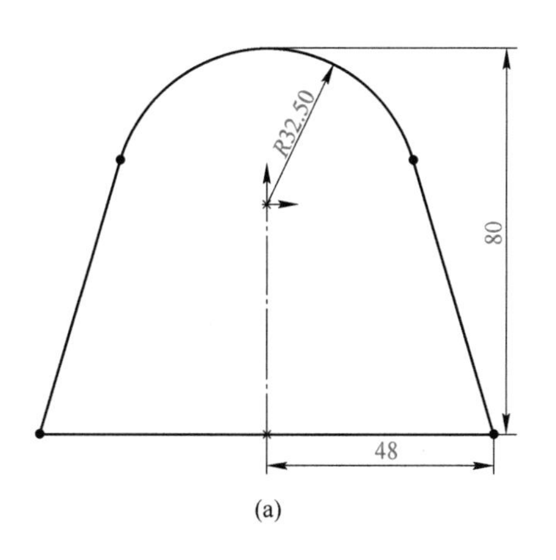

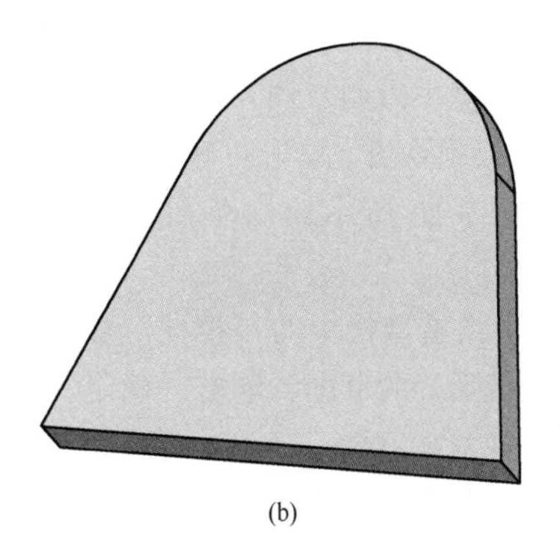

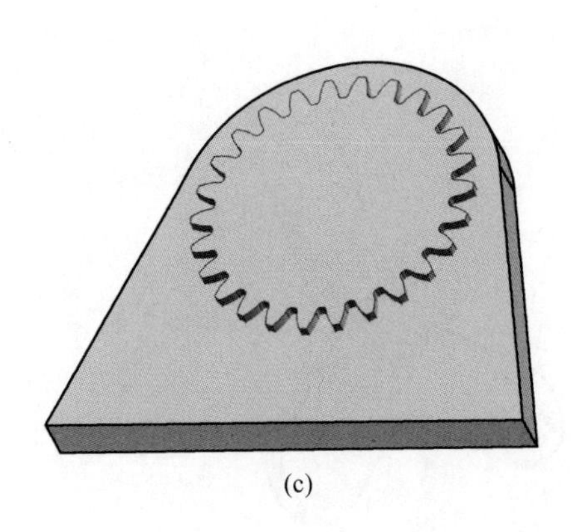

(c)

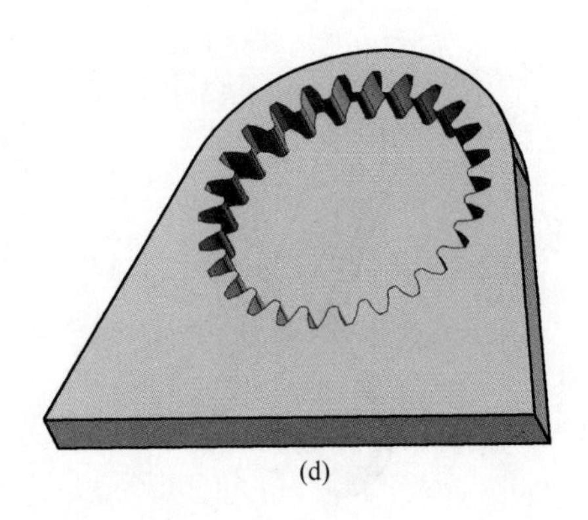

(d)

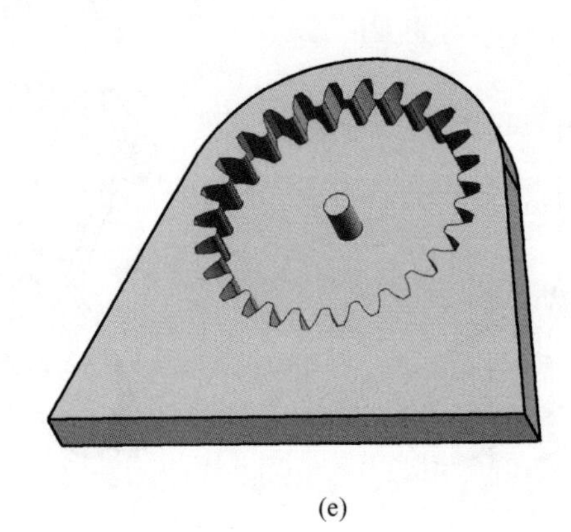

(e)

图 3-19 齿轮圈的建模思路分析

（a）绘制草图截面曲线；（b）创建拉伸特征（拉伸厚度为 9 mm）；（c）创建 26 mm×2 mm 齿轮特征；（d）创建布尔求差特征（切除厚度为 8 mm）；（e）创建中心轴凸台特征

（3）行星齿轮的建模设计过程。

1）行星架建模过程如下：

①单击标题栏中的“插入”按钮，选择在任务环境中绘制草图，选择默认坐标系的 *XZ* 平面绘制草图，单击“确定”进入草图绘制，按图 3-20 所示绘制草图，完成后退出草图。

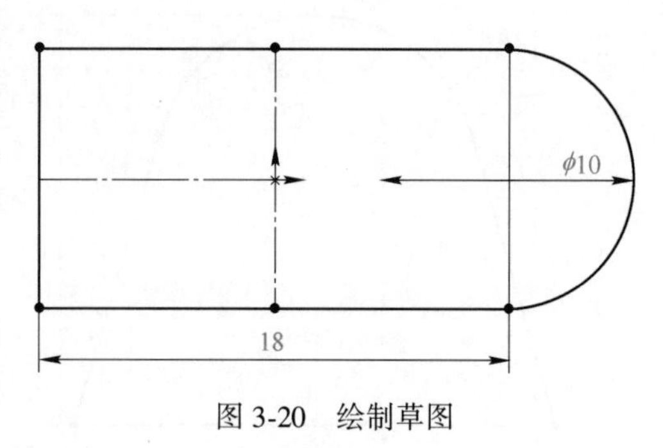

图 3-20 绘制草图

②单击造型栏中的“拉伸”按钮，“截面”选择画好的草图，单击“确定”完成造型，如图 3-21 所示。

③单击造型栏中的“阵列特征”按钮，布局选择圆形，矢量选择 *Z* 轴，旋转点选择原点。使用数量和节距数量为 3，节距角为 120°，如图 3-22 所示。

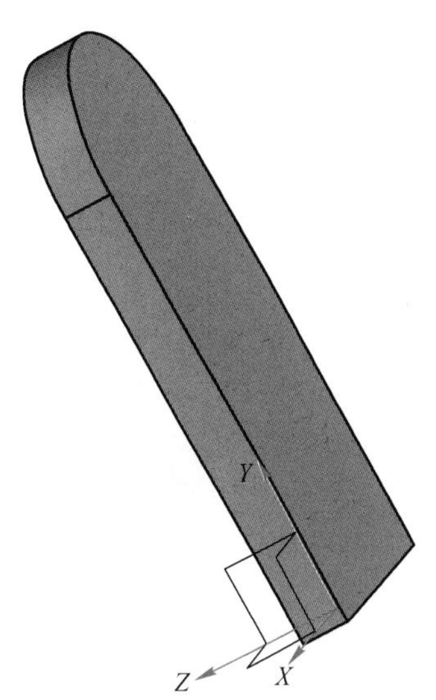

图 3-21　“拉伸”特征操作

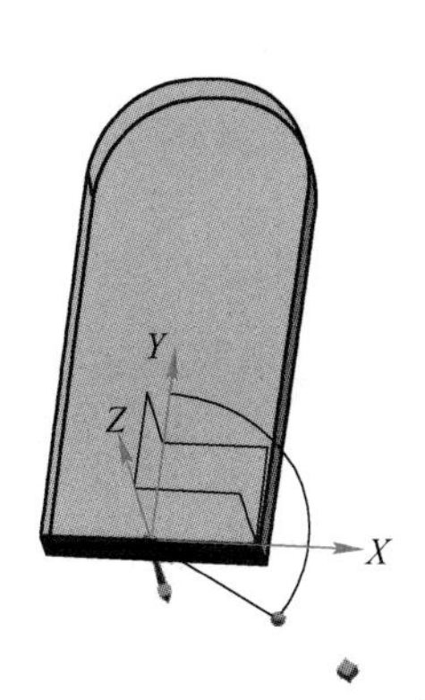

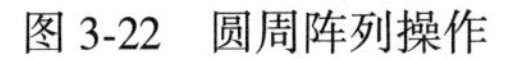

图 3-22　圆周阵列操作

④单击造型栏中的“合并”按钮，选择3个体并使用布尔求和。在原点处使用拉伸功能，绘制直径5 mm的圆并对三脚架进行求差，单击“确定”完成造型，如图3-23所示。

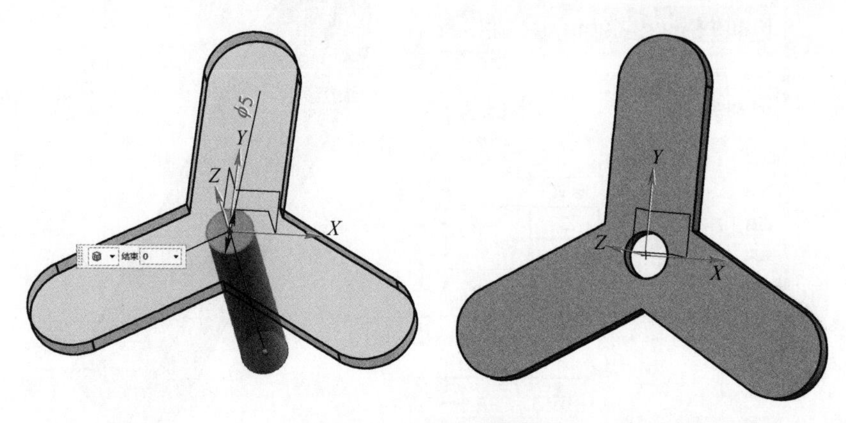

图3-23 布尔求差操作

⑤单击标题栏中的“拉伸”按钮，在三脚架的3处位置分别绘制直径5 mm的圆并拉伸6 mm，单击“确定”完成造型，如图3-24所示。

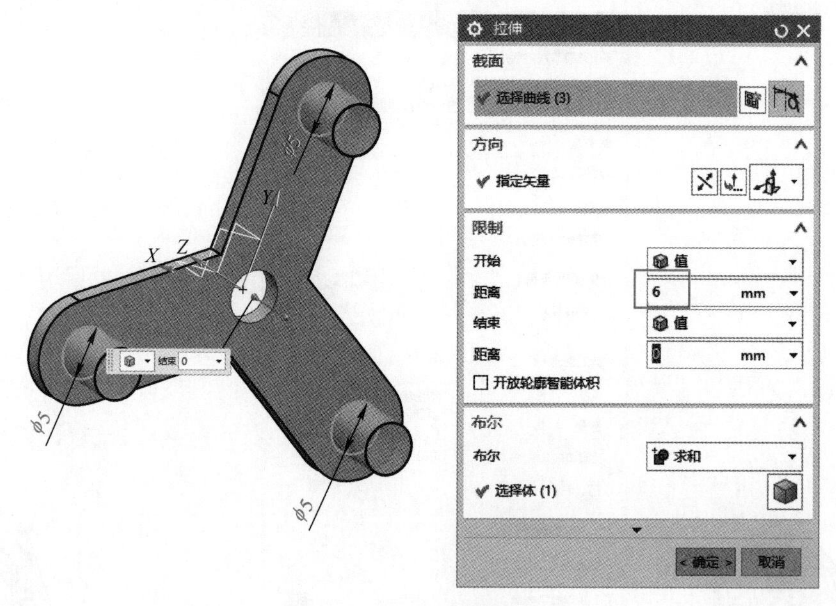

图3-24 拉伸求和操作

2）齿轮圈建模过程如下：

①单击标题栏中的“插入”按钮，选择在任务环境中绘制草图，选择默认坐标系的*XZ*平面绘制草图，单击“确定”草图。按图3-25所示绘制草图，完成后退出草图。

②单击造型栏中的“拉伸”按钮，选择画好的草图，单击“确定”完成造型，如图3-26所示。

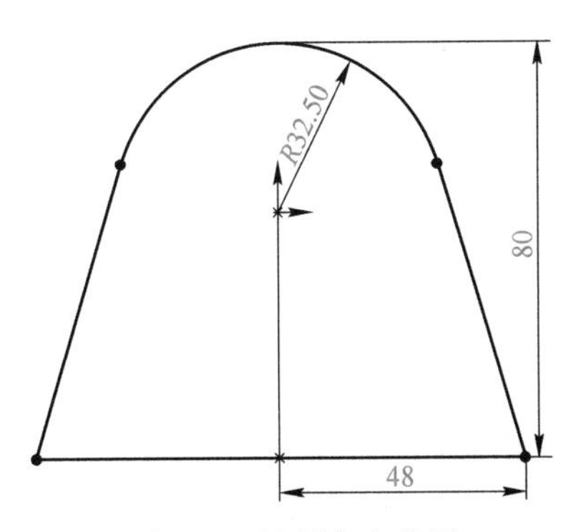

图 3-25　绘制底座草图

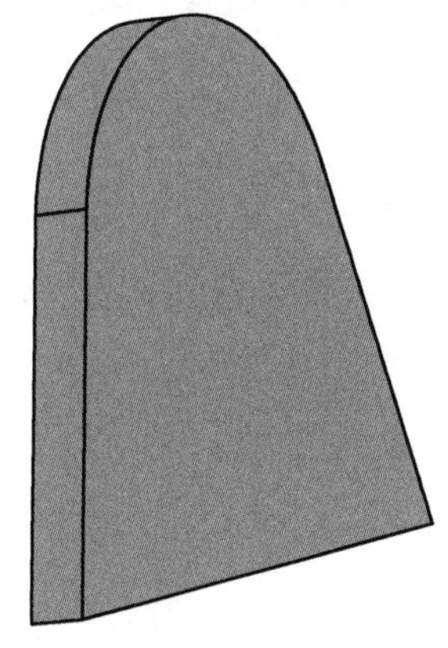

图 3-26　拉伸操作

③使用“柱齿轮”建模，在原点处绘制齿轮，“模数”设置为 2 mm，“牙数”设置为 26，“齿宽”设置为 8 mm，“压力角”设置为 20°，单击“确定”完成造型，如图 3-27 所示。

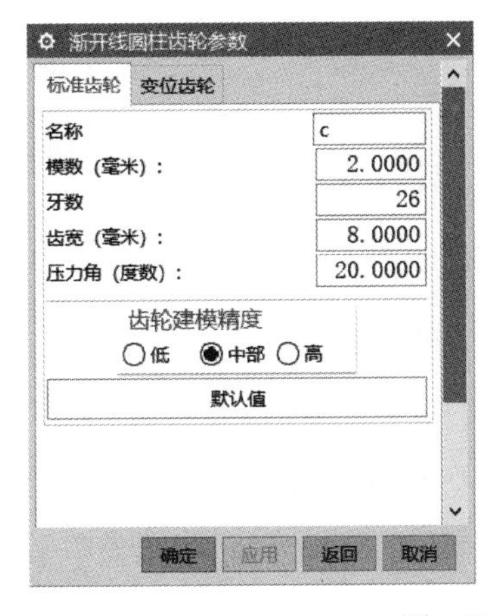

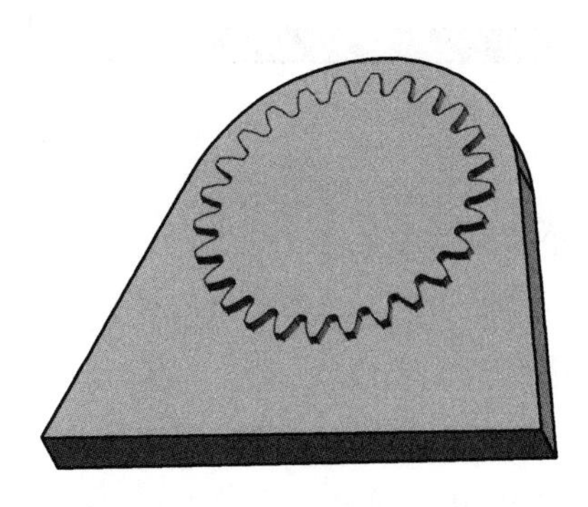

图 3-27　创建齿轮

④使用“布尔求差”命令，目标为底座，工具为圆柱齿轮，单击“确定”完成造型，如图3-28所示。

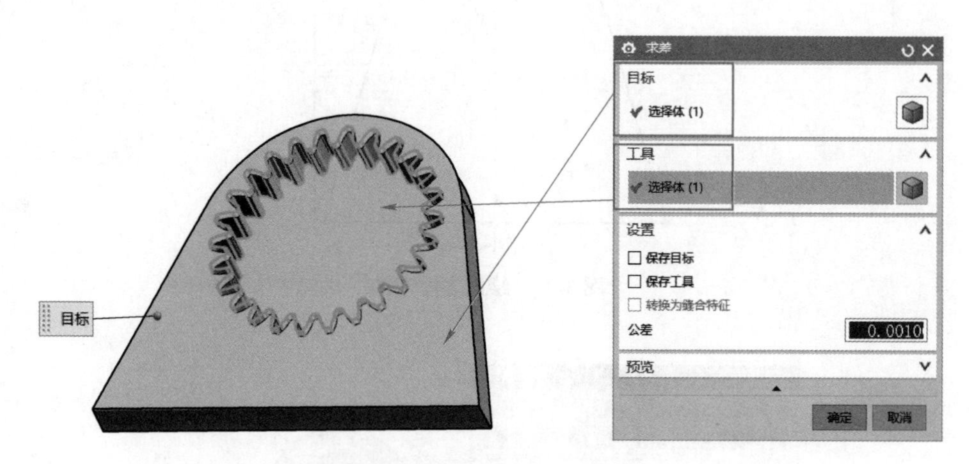

图3-28 布尔求差操作

⑤在原点处绘制直径5 mm、高10 mm的圆柱。单击造型栏中的“拉伸”按钮，选择“布尔求和”，选择画好的草图，单击“确定”完成造型，如图3-29所示。

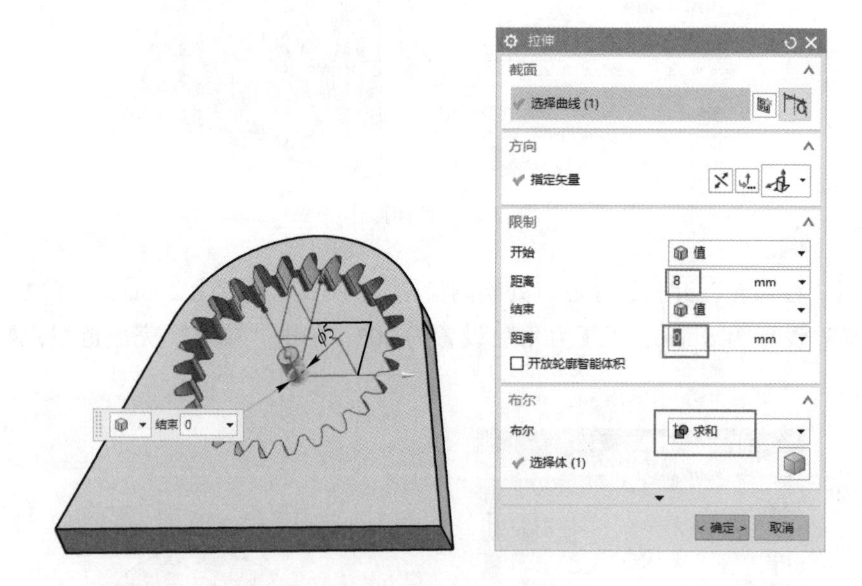

图3-29 拉伸求和操作

3）行星轮建模过程如下：

①单击“主页”按钮，选择“齿轮建模”→“GC工具箱中的柱齿轮建模进行齿轮的绘制”，依次选择“创建齿轮”→“直齿轮”→“外啮合齿轮”→“滚齿”，然后设定齿轮参数，齿轮名称的“模数”设置为2 mm，“牙数”设置为8，“齿宽”设置为10 mm，“压力角”设置为20°，如图3-30所示。

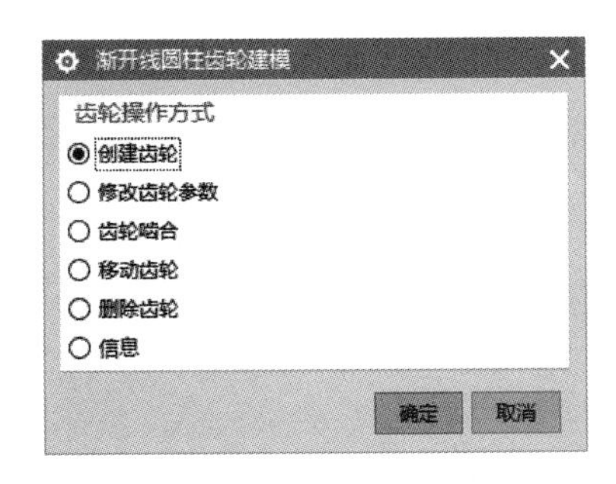

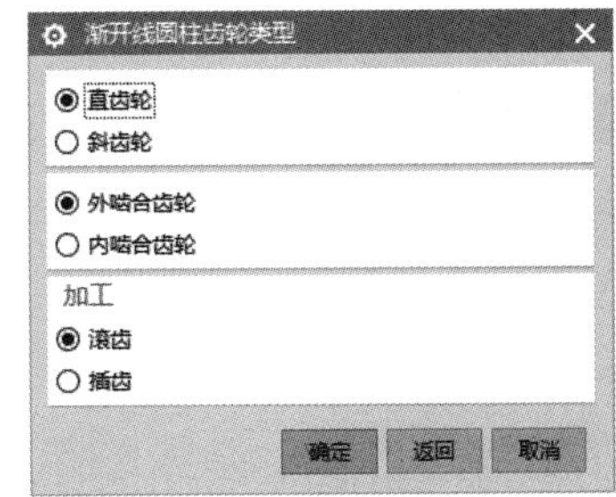

图 3-30　设定齿轮参数

②设定齿轮参数后，选择齿轮坐标位置，矢量选择 Z 轴，坐标选择原点，点击“确定”生成齿轮，如图 3-31 所示。

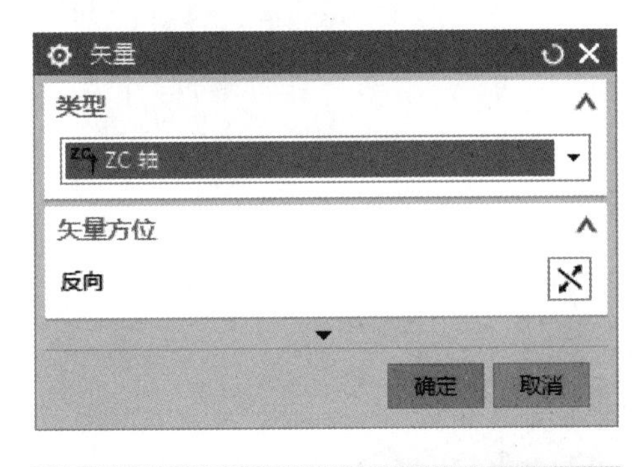

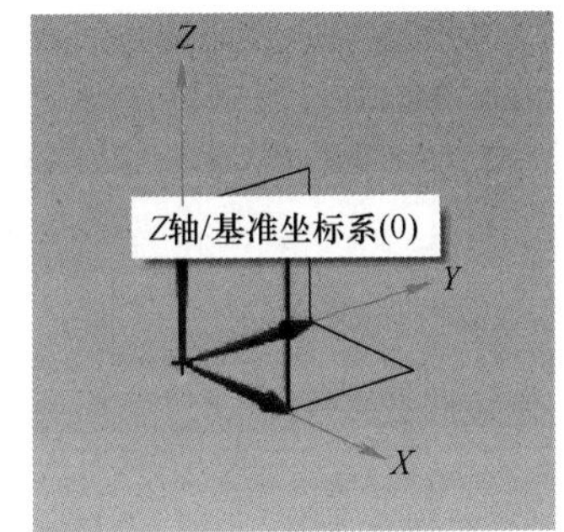

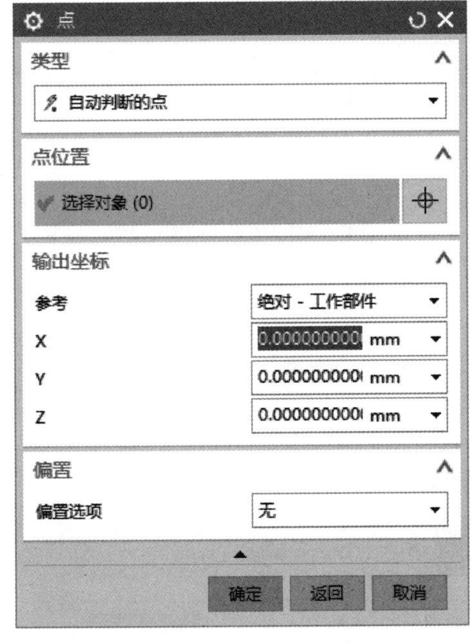

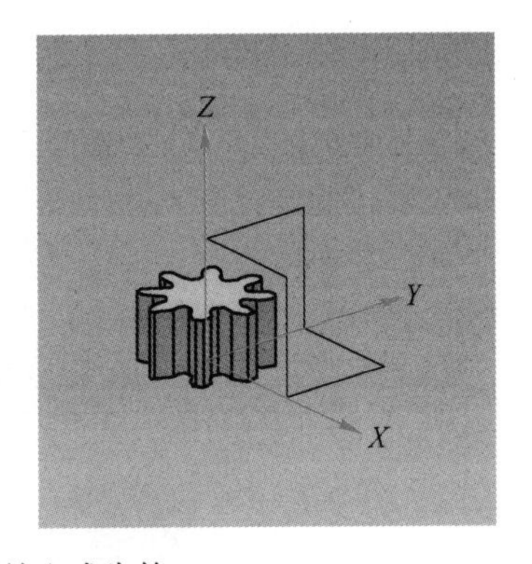

图 3-31　设定齿轮坐标并生成齿轮

③绘制齿轮中心孔，选择“拉伸”命令，点击“绘制截面”，选择上平面，在上表面草图上绘制直径为 5 mm 的圆，绘制后点击完成将圆柱控制点向下拖动，选择“求差”确

定后得到所需齿轮，如图3-32所示。

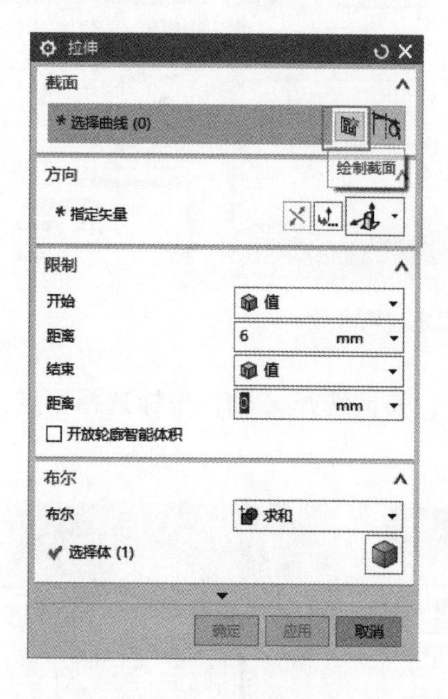

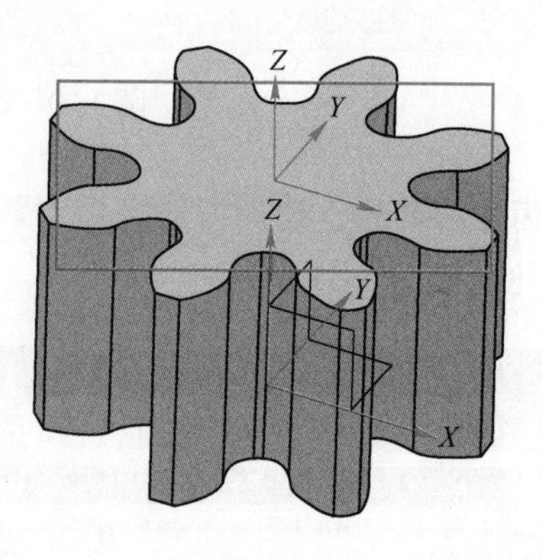

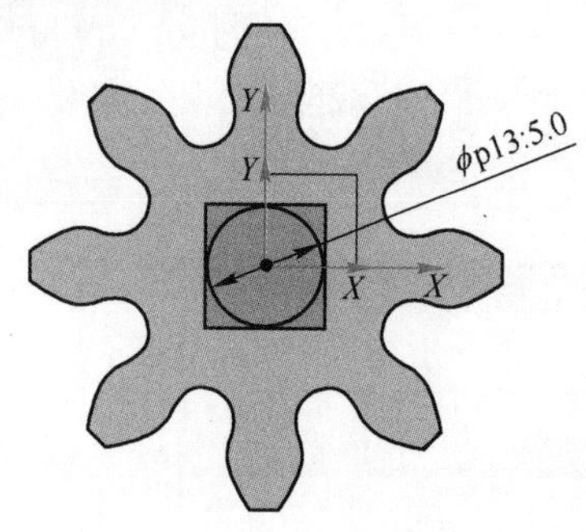

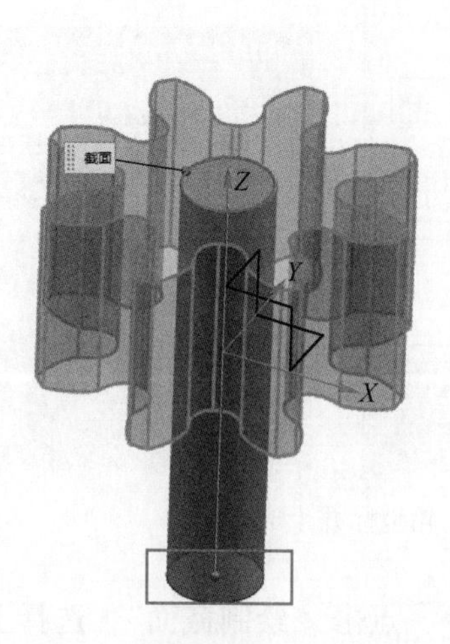

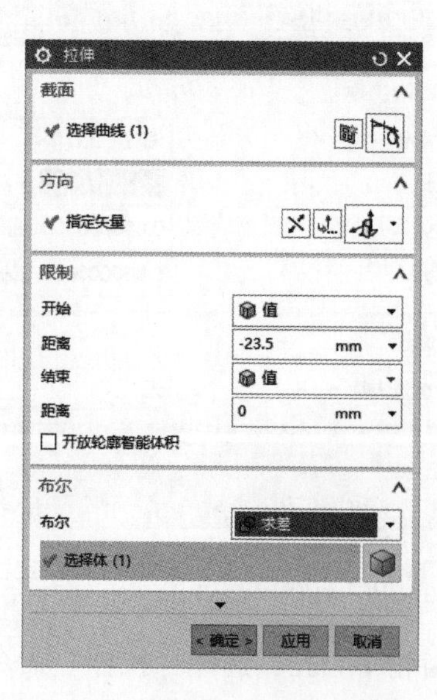

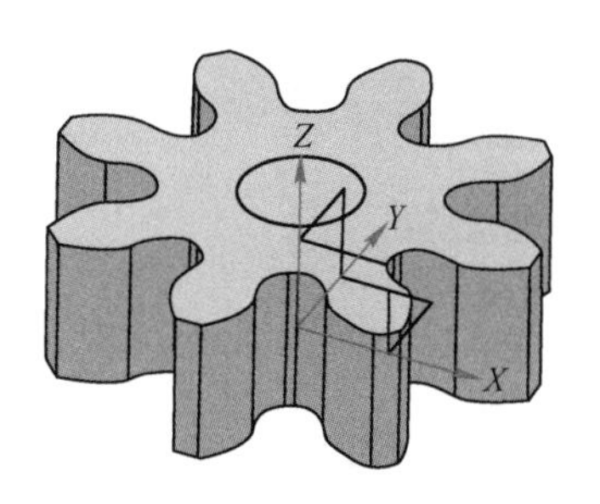

图 3-32　绘制齿轮中心孔

4）太阳轮的建模过程如下：行星齿轮机构的中心是太阳轮，太阳轮的建模方法和行星轮一样，只需将“齿数”设置改为 10，模型如图 3-33 所示。

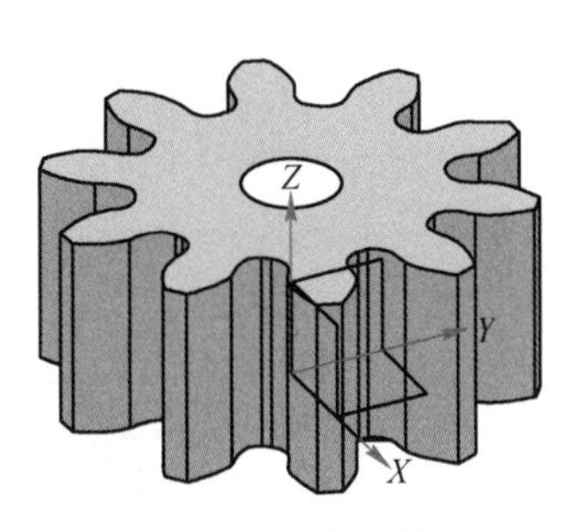

图 3-33　太阳轮

5）行星齿轮装配过程如下：

①新建装配文件“行星齿轮装配”，如图 3-34 所示。

②添加部件底座，点击“装配”→“添加”，选择前面创建的齿轮圈，放置选择“绝对原点”，点击“确定”，如图 3-35 所示。

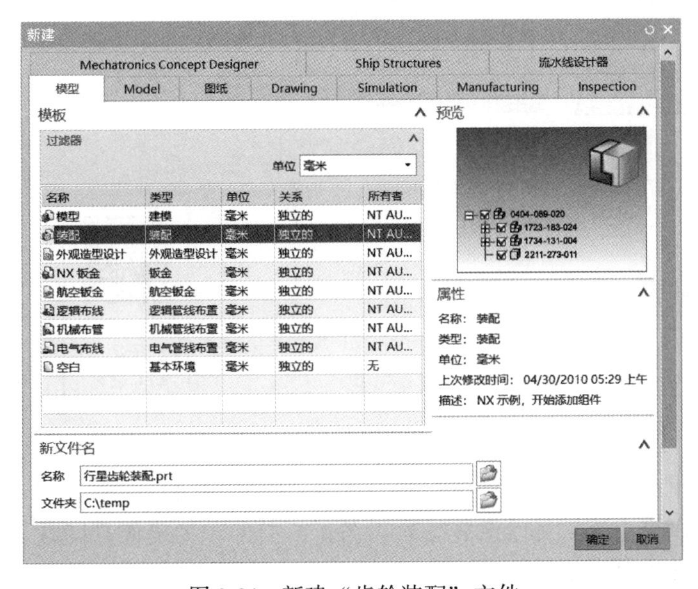

图 3-34　新建“齿轮装配”文件

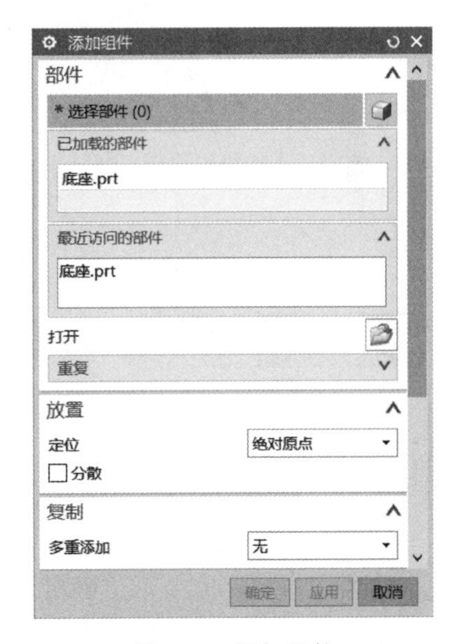

图 3-35　添加组件

③添加太阳轮。“放置”定位选择“通过约束”，约束类型选择同心，装配如图 3-36 所示。

④依次添加行星轮和行星架，“放置”定位选择“通过约束”，如图 3-37 所示。

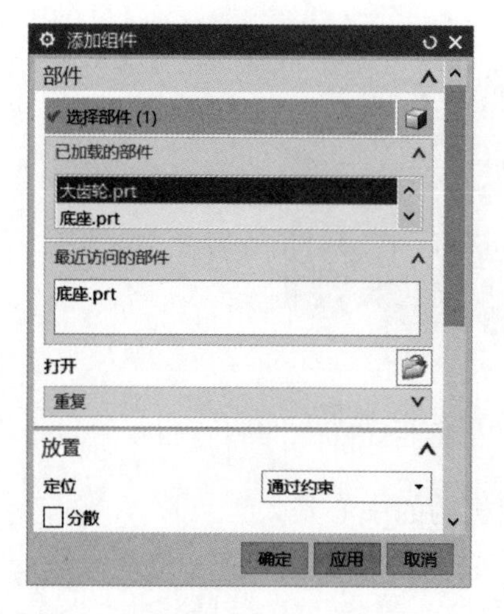

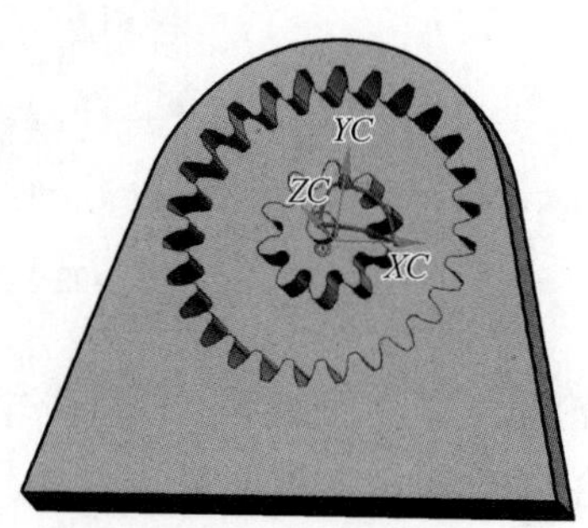

图 3-36 添加太阳轮

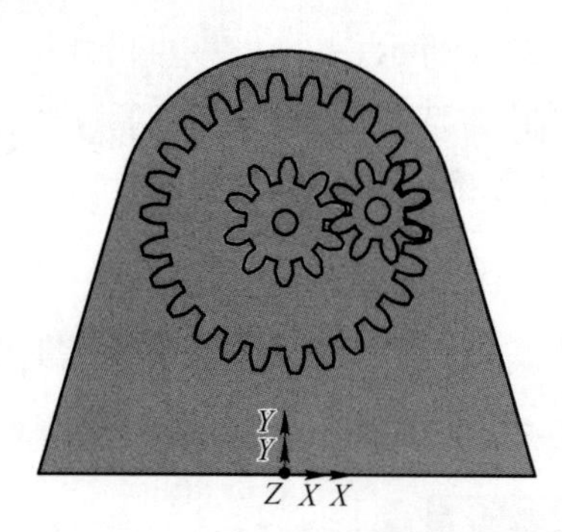

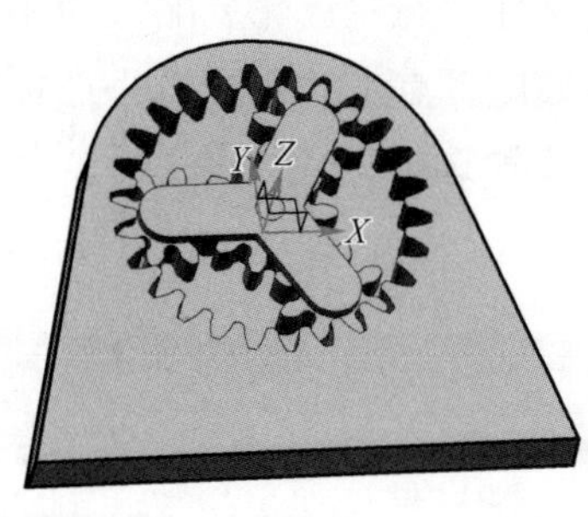

图 3-37 添加小齿轮和三脚架

任务 3.2 行星齿轮切片设计

课件：任务3.2 行星齿轮切片设计

任务导入

项目组成员将修改完善后的行星齿轮模型交给厂家负责人，并进一步沟通打印制造相关事宜。根据厂家要求，确定选用国产主流选择性激光熔融设备进行打印。为确保打印效果，选择我国自主研发的多功能构建准备包 BuildStar 进行切片设计。

任务要求

(1) 在学银在线或学习通平台上完成在线学习任务，学会知识点基本技能操作，完成知识构建。

(2) 使用多功能构建准备包 BuildStar 进行行星齿轮的切片设计。

(3) 填写工作过程记录单，提交课程平台。

（4）在学银在线或学习通平台上完成拓展任务、参与话题讨论。

知识链接

3.2.1 知识点 1：多功能构建准备包 BuildStar

BuildStar 是一款灵活的（通用的）建造排包软件，可让用户在华曙的增材制造系统上准备建造包。BuildStar 提供一系列主要功能，可以在一个建造包中排入多个工件。建造包创建后，BuildStar 还提供一系列工具和模块优化打印过程。

3.2.2 知识点 2：BuildStar 的主要优势

BuildStar 的主要优势有：

（1）完善的支撑设计模块；

（2）完全兼容 STL 格式；

（3）灵活的编辑和验证功能；

（4）多激光分配、扫描策略；

（5）大工件导入，小工件一键排包；

（6）标签功能，加密功能，权限管理，仿真功能。

3.2.3 知识点 3：BuildStar 的主要特点

BuildStar 的主要特点有：

（1）STL 排包。与行业标准 STL 文件格式完全兼容，BuildStar 可以直接读取 CAD 软件保存的 STL 格式文件；同时可自主调节工作区视图方位或移动工件，随心所欲地旋转或调节工件比例，从而充分利用缸体空间，提高打印效率，友好的人机交互界面更加方便操作。

（2）完善的支撑设计模块。为金属制件提供椎体支撑、十字支撑、网格支撑和块状支撑等丰富的支撑类型，支持自动、手动修改，同时可以在工件调整过程中实时显示需支撑区域，可以方便地选择最优的摆放位置。

（3）灵活的编辑和验证功能。3D 建模文件导入 BuildStar 软件中后，根据需要修改和操作文件，以创建最佳数据包，BuildStar 提供旋转、缩放、排列等多种基本工具。当放置好工件后，系统将对建造包内的工件进行碰撞检查、尺寸补偿和校准等功能，可提前告知用户预计建造时间和所需粉末量，预判加工风险，从而提高制件的质量和成品率，精确的材料估算和时间估算功能为生产管理提供可靠的依据。

（4）工艺优化。灵活的逐层和逐线扫描预览功能，能使制件在加工前精确分析，切片软件具有多种扫描策略供选择，例如棋盘扫描、条形扫描、上下表面分区扫描、上下表面轮廓扫描等，能够预测到有较大风险的区域，同时给出提升打印质量的方法，还能准确地测算扫描时间和材料需求量，保证烧结效率的同时，提升烧结质量，充分平衡制件在烧结过程中的内应力。

3.2.4 知识点4：BuildStar软件操作方法

（1）点击“BuildStar”图标，进入软件控制界面。

（2）选择“首页”→“改变材料”选项，确定建造所用的材料，如图3-38所示。

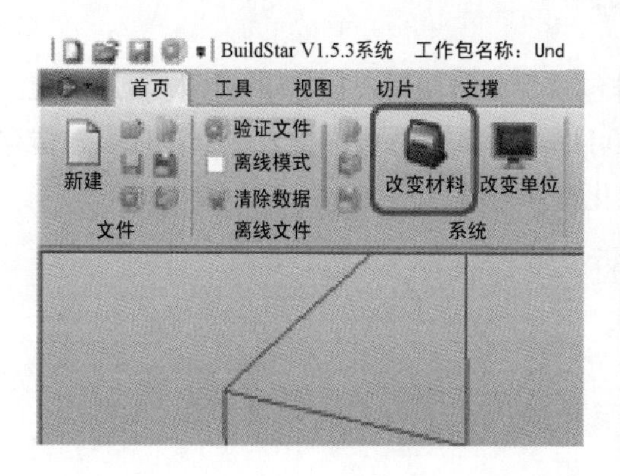

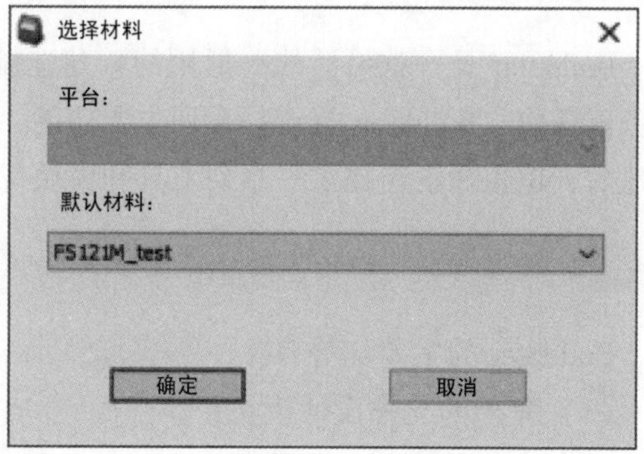

图3-38 选择材料

（3）软件右侧“导入工件”任务栏（见图3-39），将所需建造的STL文件双击添加到软件建造区内，该建造区代表成型缸体的大小，零件大小不能超过立方体外围虚线。用鼠标配合窗口的几个视角左键拖动零件进行排列摆放，确保零件与零件之间的间距必须不小于2 mm。

（4）点击“首页”→“建造参数/工件参数”，设置并检查建造参数和工件参数，设置完毕后点击“应用”。

（5）设置完成后，检查零件间是否有碰撞，过程如下：

1）点击“工具”→“碰撞检查”选项；

2）点击“碰撞检查”图标，等待碰撞检查结果；

3）若存在碰撞，碰撞信息显示在右侧界面，根据提示信息重新排布零件的位置；

4）若无碰撞，点击“验证”，将零件包整体保存为.bpf格式的文件。

（6）保存完毕后，进行切片操作：

1）单击“切片”按钮；

2）点击“开始”图标，模拟整个建造过程并计算建造时间、建造高度及粉末需求量；

3）点击“终止”按钮，结束预览。

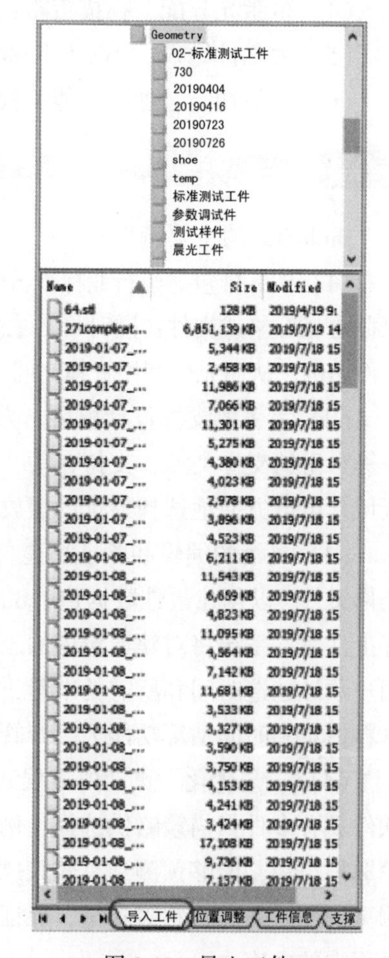

图3-39 导入工件

任务实施

（1）STL 格式文件的生成。NX 软件输出 STL 文件用于模型的切片及打印，如图 3-40 所示。

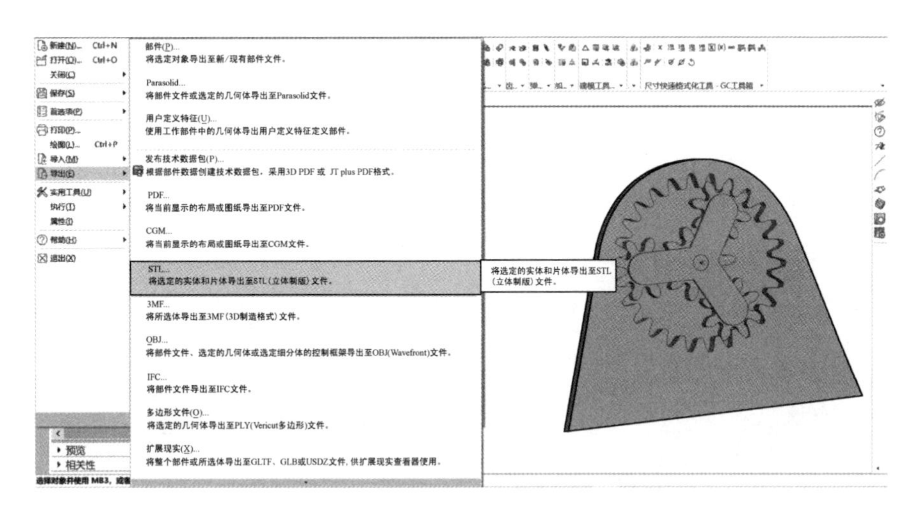

图 3-40　STL 文件导出

（2）载入模型。将 STL 文件导入金属打印机设备的切片软件 BuildStar，调整摆放方位通常遵循以下基本原则：一是考虑模型表面精度；二是考虑模型强度；三是考虑支撑材料的添加；四是考虑成型所需要的时间。考虑模型强度，摆放方位调整好后，如果需要同时制作多个模型，还需要对调整好方位的模型进行复制或者导入不同的模型对其进行摆放方位调整并排列。具体操作步骤如下：

1）将 STL 模型文件存放到设备存放模型指定路径，并为其命名，如图 3-41 所示。

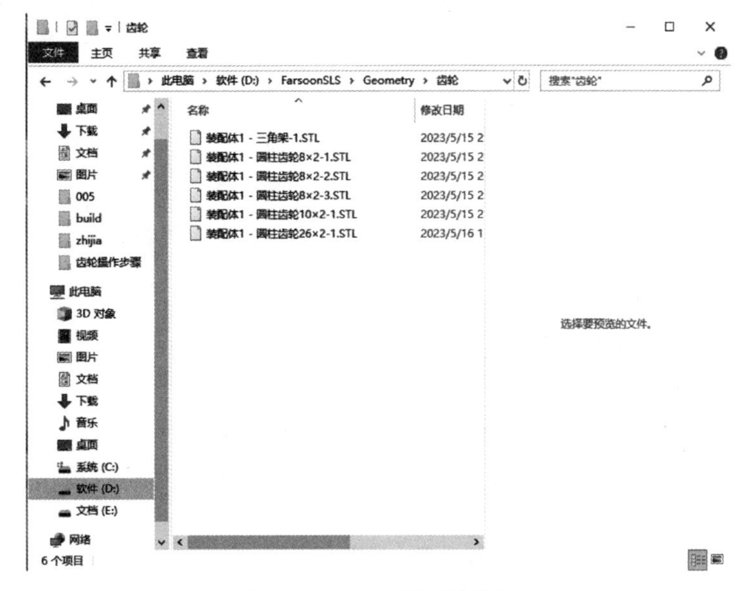

图 3-41　STL 文件存放路径

2）打开 BuildStar 建模软件，在右侧找到步骤（1）中导入的模型，双击将其导入 BuildStar 操作界面，如图 3-42 所示。

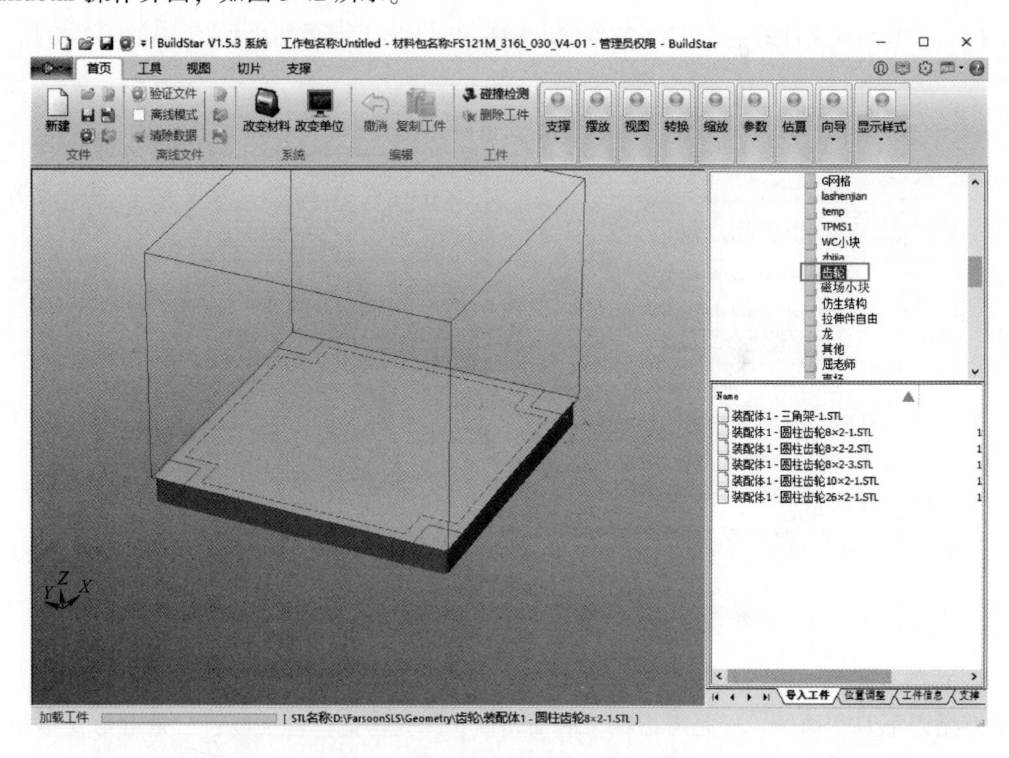

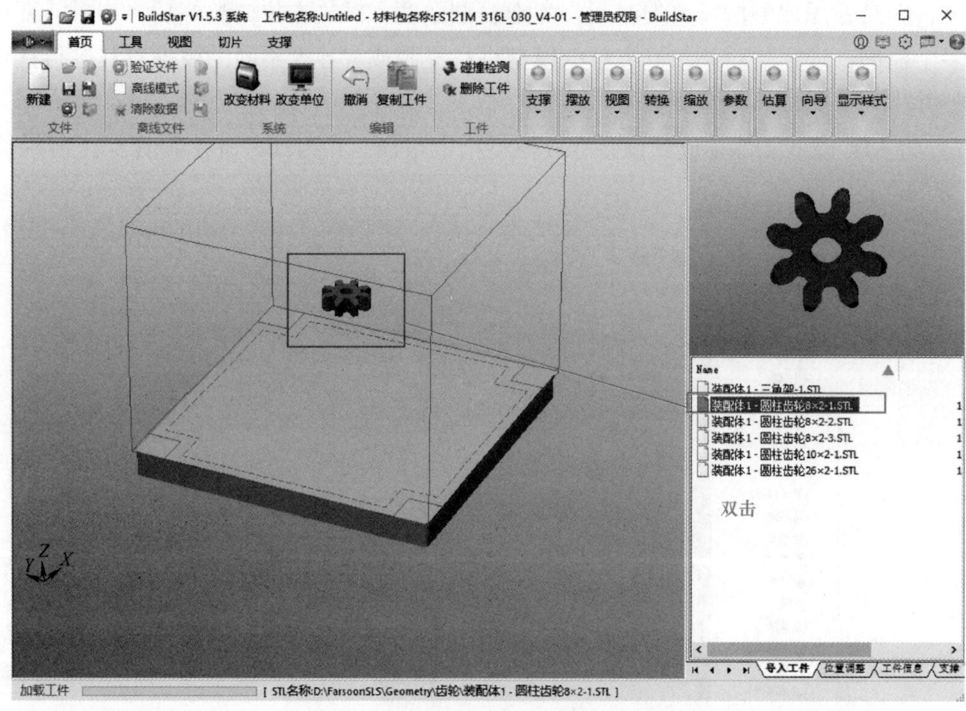

图 3-42 模型的导入

（3）模型摆放。点击“位置调整”按钮，对导入的模型进行位置调整和摆放，注意模型之间不要出现重叠，如图 3-43 和图 3-44 所示。

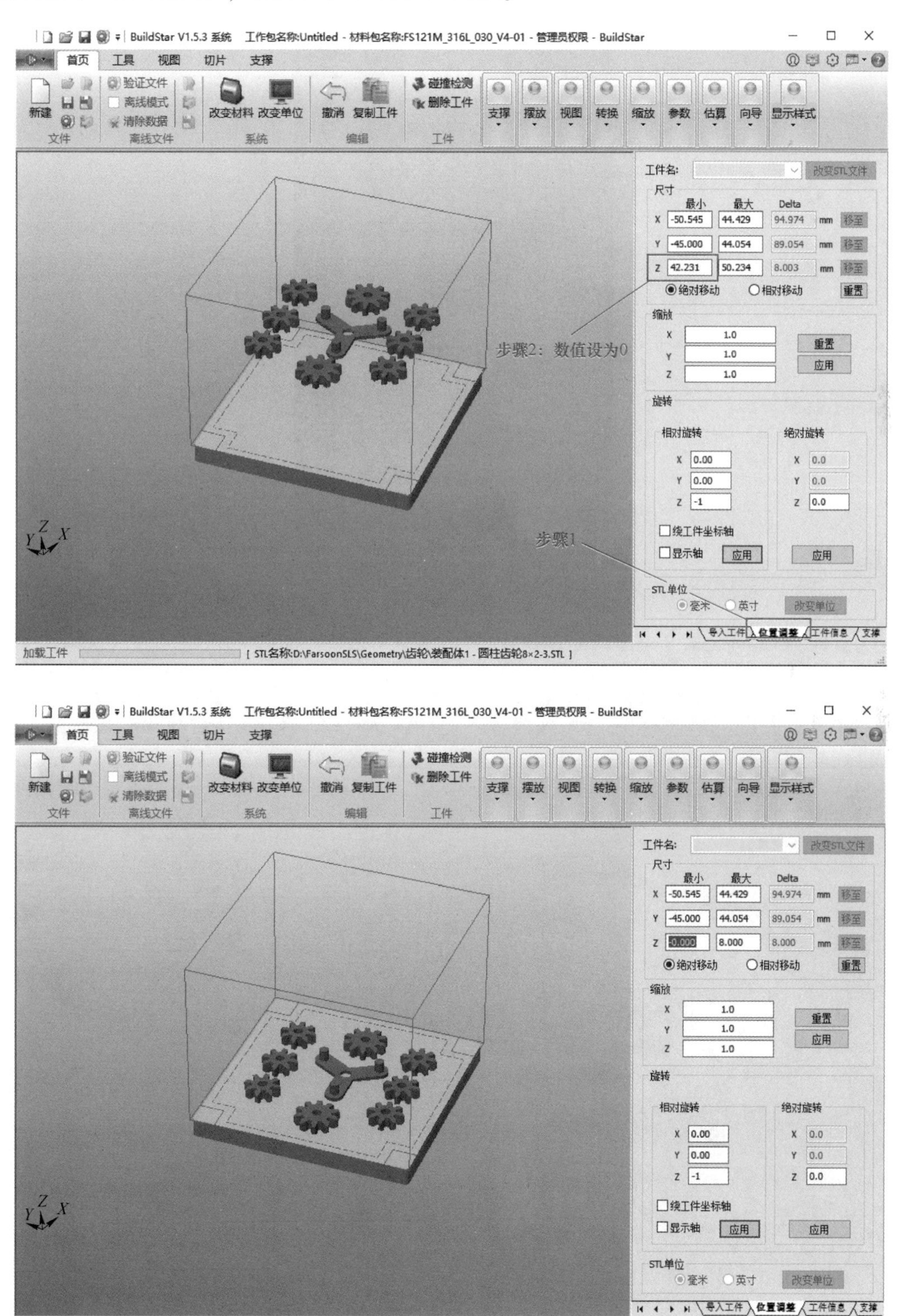

图 3-43 模型的位置调整

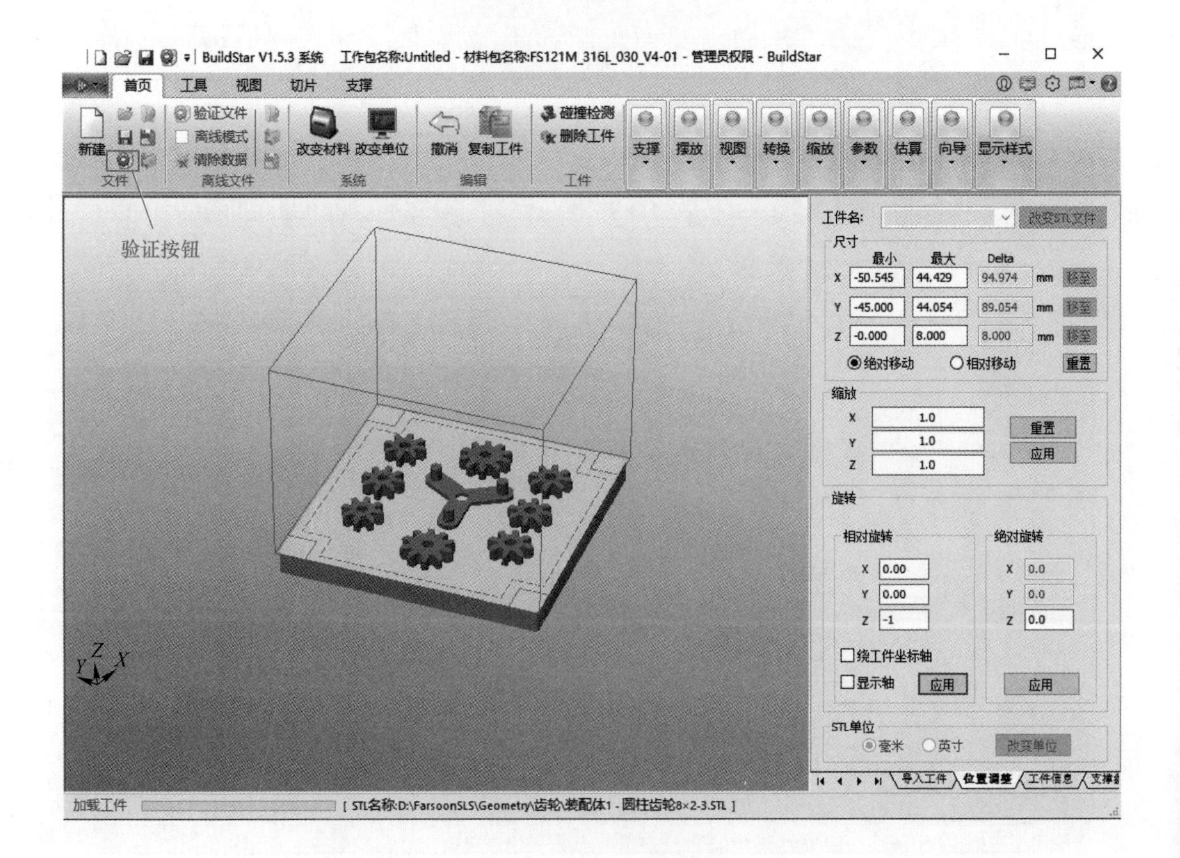

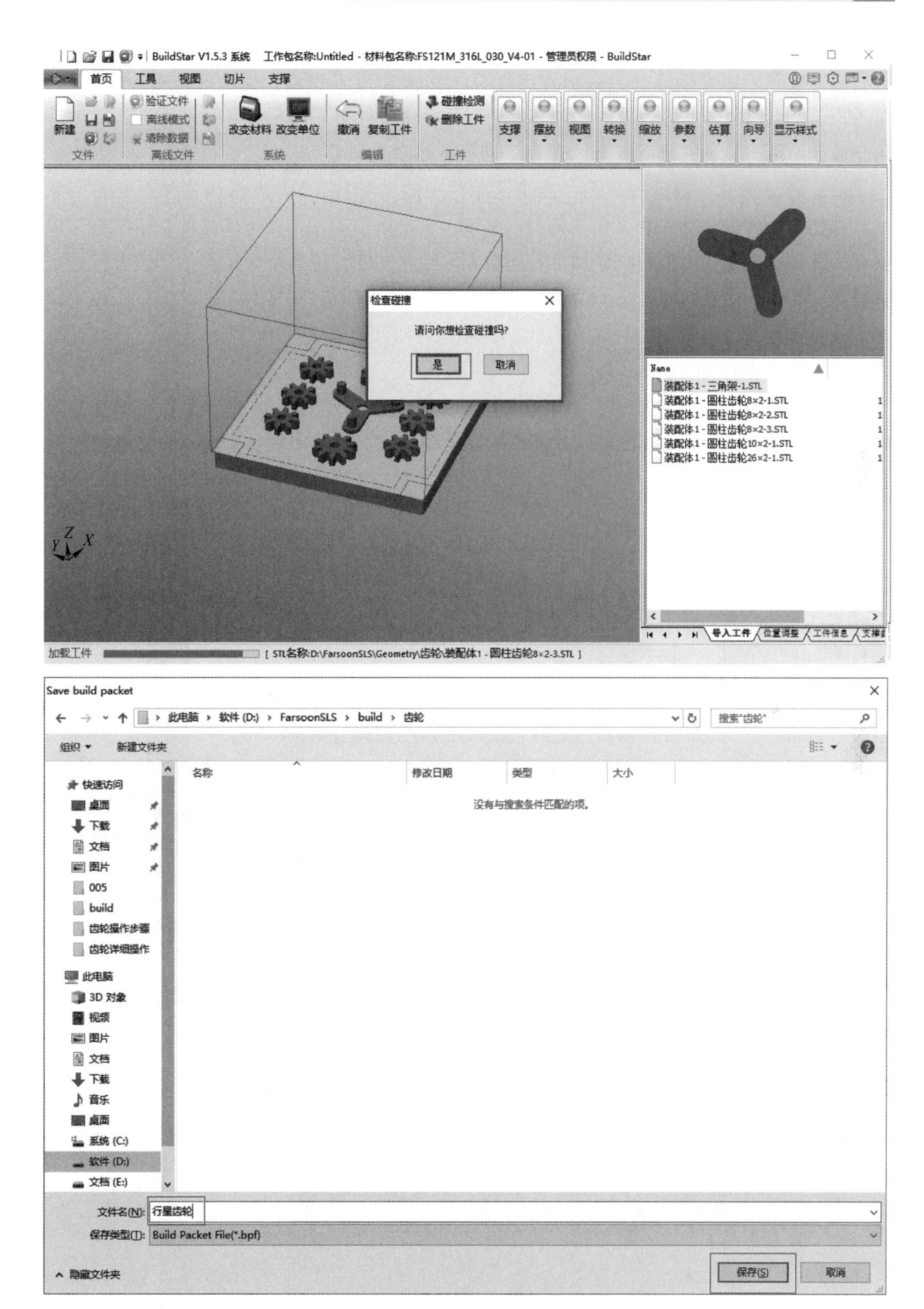

图 3-44　模型碰撞验证与工作包保存

（4）模型验证。在切片之前需要对模型进行验证，点击“验证”按钮，对当前模型进行碰撞检测。如无碰撞，会自动弹出保存工作包并命名界面；如出现碰撞干涉现象，BuildStar会出现警告，警告原因多为零件相互重叠或零件Z轴坐标为负数所引起，修改后重新验证即可，验证完成后点击“保存”即可，如图3-44所示。

（5）模型切片。验证完成后，点击菜单栏中的“切片”，并点击该菜单下方的“切片”按钮，切片完成后，会显示所需材料高度，这个数值通常是模型高度的2倍左右，以便在后续实际操作中为供粉缸添加定量的粉末。除此以外，还显示了所需活塞位置，这与材料高度所表达的是同一含义。值得注意的是，给出的打印时间是一个估计值，实际打印过程中还要考虑充入氮气的时间，因此，实际打印时间要略长于切片中给出的打印时间。切片过程如图3-45所示。

最后，点击“终止”按钮，结束切片，并点击位于菜单栏上方的“保存”按钮，至此，BuildStar中的全部操作已经完成，点击右上角的“×”关闭软件，切片数据自动保存在设备中，如图3-46所示。

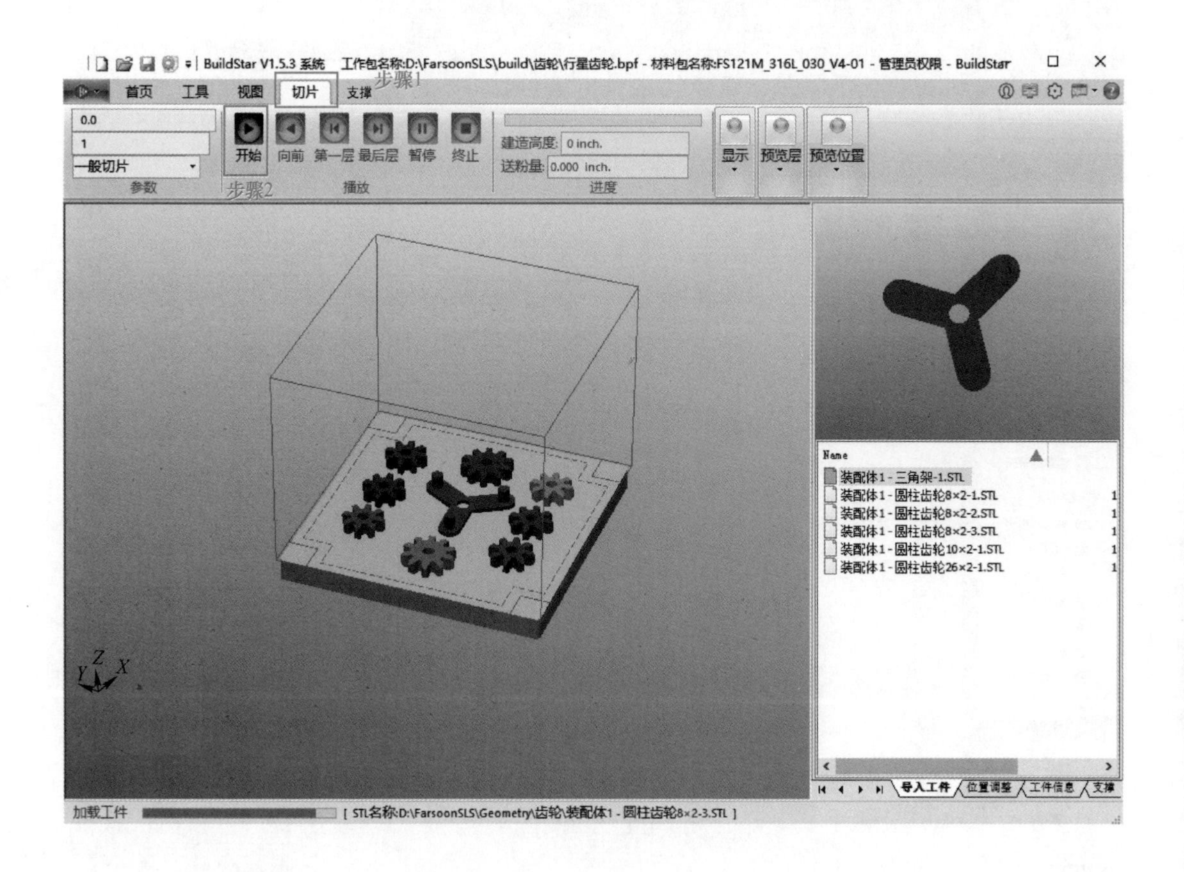

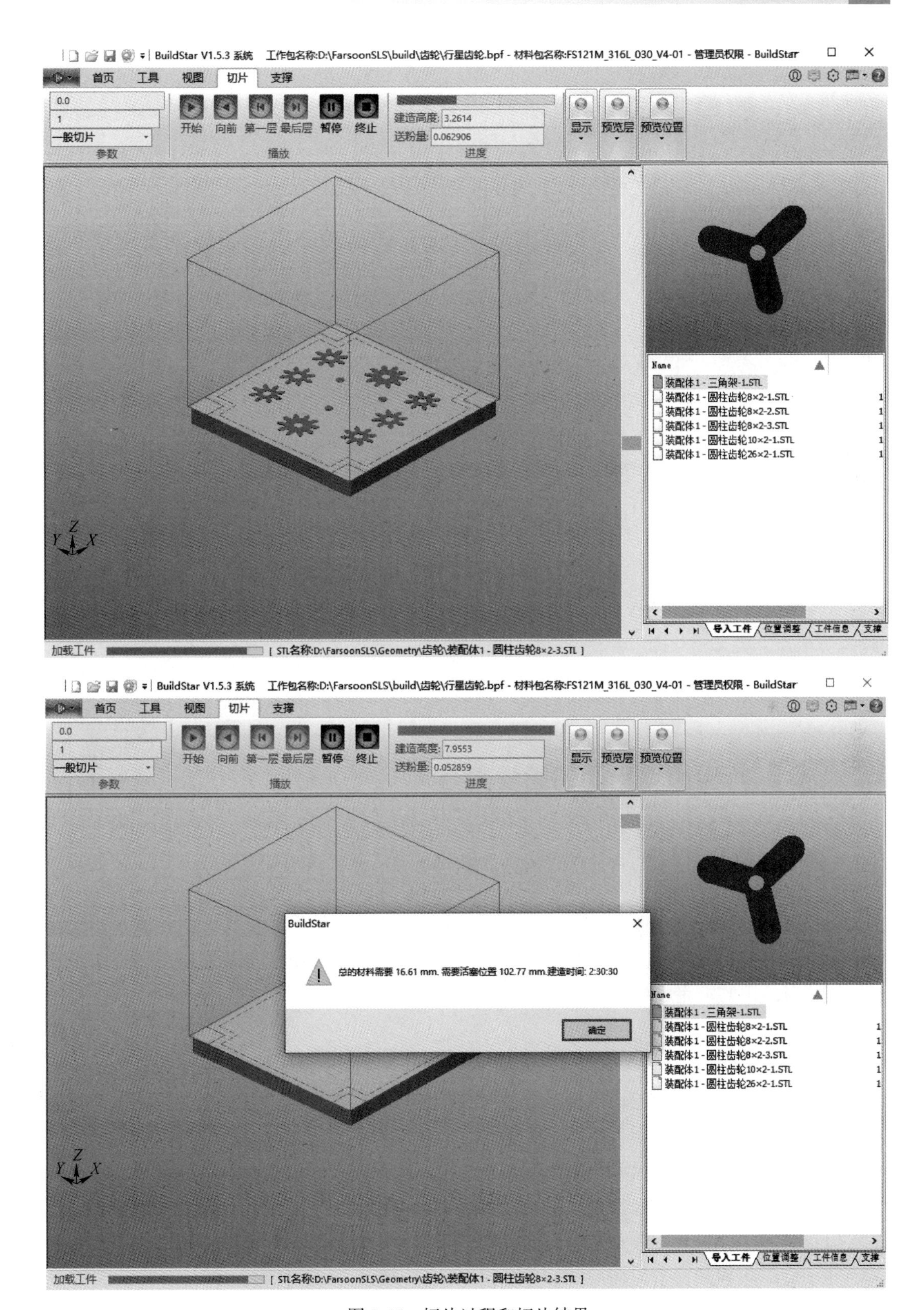

图 3-45 切片过程和切片结果

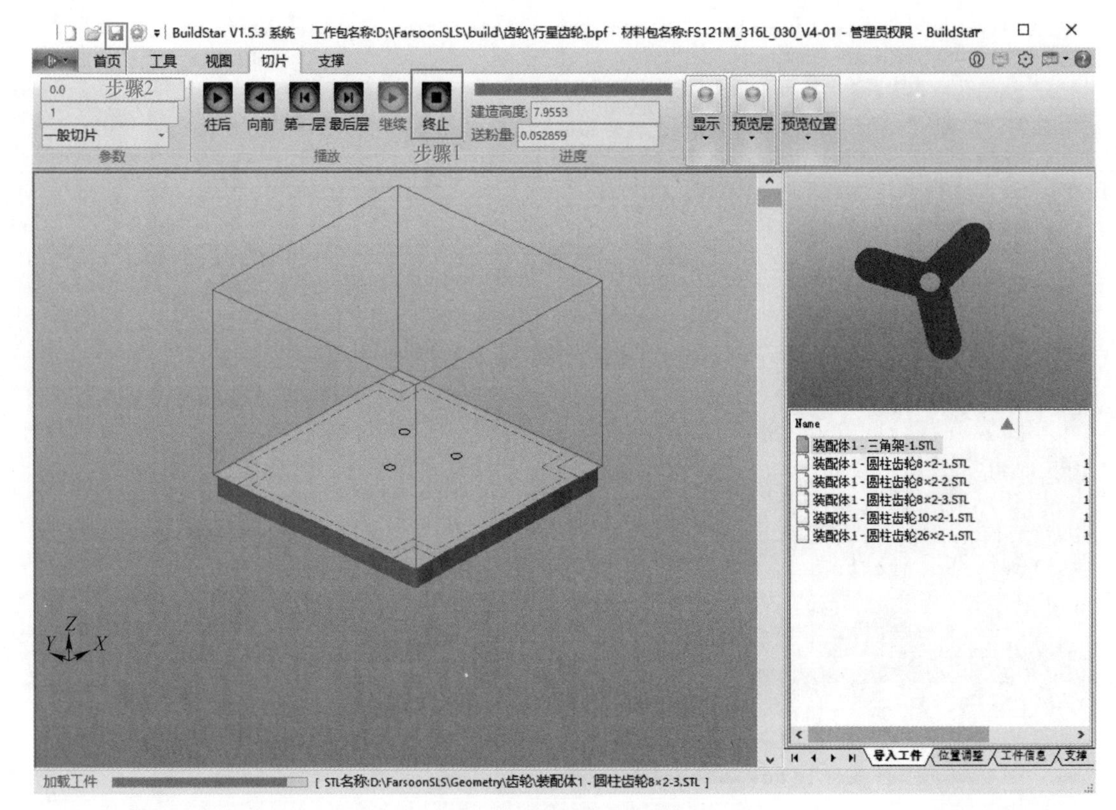

图 3-46 结束切片并保存

任务 3.3 行星齿轮打印与后处理

课件：任务 3.3 行星齿轮打印与后处理

任务导入

项目组成员将修改完善后的行星齿轮模型与切片方案交给厂家负责人，并进一步沟通打印制造相关事宜。根据厂家要求，确定选用国产主流选择性激光熔融设备进行打印，并要按照厂家使用要求完成打磨、抛光等后处理工作。

任务要求

（1）在学银在线或学习通平台上完成在线学习任务，学会知识点基本技能操作，完成知识构建。

（2）登录“虚拟仿真实训平台”进行虚拟打印。

（3）选择国产主流选择性激光熔融设备进行产品打印。

（4）填写工作过程记录单，提交课程平台。

（5）在学银在线或学习通平台上完成拓展任务、参与话题讨论。

（6）根据任务实施情况，分组制作展示 PPT。

知识链接

3.3.1 知识点 1：选择性激光熔融设备简介

（1）设备外观，FS121M 设备外观如图 3-47 所示。

（2）设备内部结构如图 3-48 和表 3-1 所示。

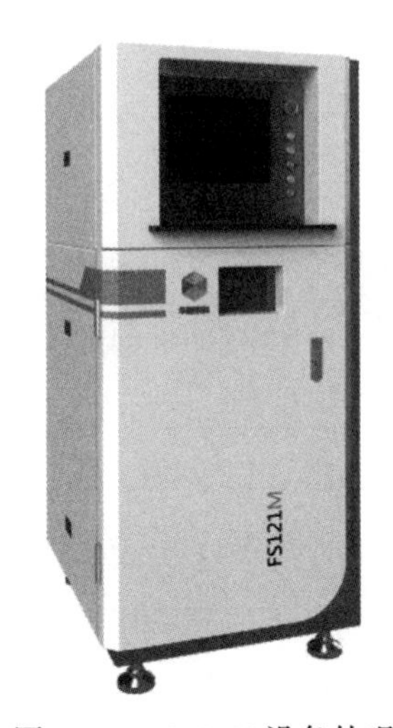

图 3-47　FS121M 设备外观

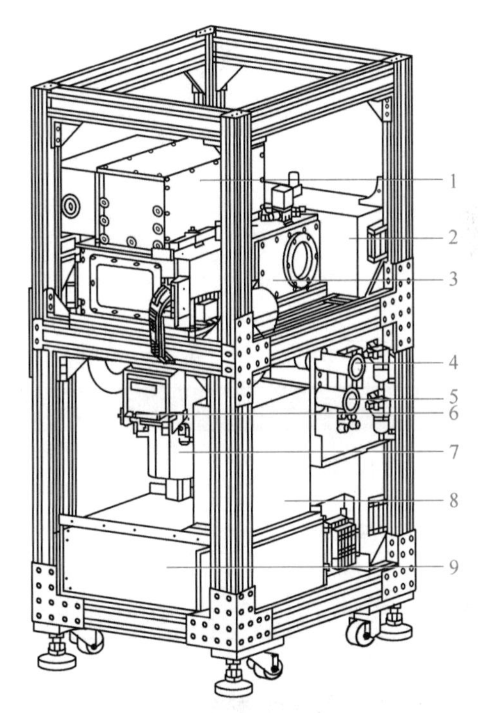

图 3-48　设备内部结构

1—振镜系统；2—电器柜；3—工作腔；
4—出气管路；5—进气管路；6—溢粉箱；
7—缸体；8—主机箱；9—激光系统

表 3-1　设备内部结构名称及简介

指示序号	名称	简　介
1	振镜系统	即光路控制系统，用于控制激光束完成截面图形的扫描
2	电器柜	强电电源供应及弱电信号控制柜
3	工作腔	包括腔体、铺粉装置、监控系统、观察窗等
4	出气管路	烟尘排出设备，进入循环过滤系统
5	进气管路	经循环过滤系统过滤后的洁净气体进入设备
6	溢粉箱	收集铺粉过程中溢出的多余粉末，回收再利用
7	缸体	包括供粉缸和成型缸
8	主机箱	放置用户控制系统主机的箱体
9	激光系统	激光器即光束发生器，用于提供熔融粉末材料的高能激光束

（3）工作腔结构如图3-49和表3-2所示。

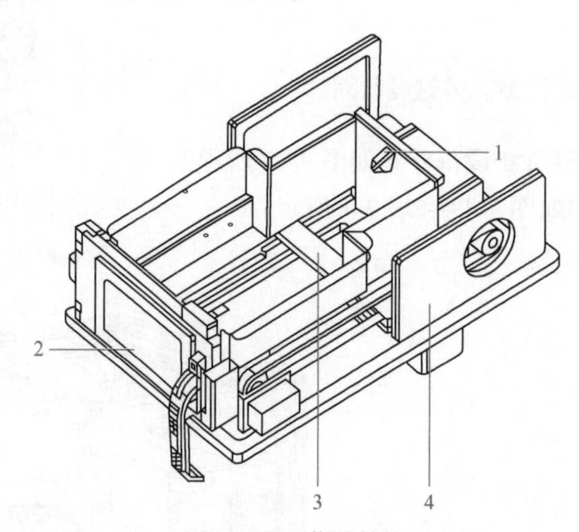

图3-49 工作腔结构

1—监控系统；2—观察窗；3—铺粉装置；4—腔体

表3-2 工作腔结构名称及作用

指示序号	名称	作　用
1	监控系统	将工作腔内的建造状况实时反馈至用户控制系统进行实时放大监控，可选择性地实现远程监控功能
2	观察窗	用于观察工作腔内的建造状况
3	铺粉装置	粉末铺平装置
4	腔体	工作腔的外部机械结构

3.3.2 知识点2：选择性激光熔融设备操作安全

3.3.2.1 机械安全

设备的外防护门通过铰链活动连接，关闭防护门时手不要接近铰链位置以防夹伤，“注意夹手”标识，如图3-50所示。

图3-50 注意夹手标识

（1）开启和关闭设备外防护门时请双手操作，机器运行时禁止防护门处于半开半闭状态。

（2）当设备的外防护门打开时，当心碰到头和其他部位。

（3）设备表面有凸起部件，注意防止刮伤或者碰撞造成人身伤害。

（4）设备工作腔中铺粉刮刀为运动部件，在启动铺粉刮刀时（手动、自动），必须关闭工作腔前门，保证无异物在工作腔铺粉平面上。

（5）金属粉末质量较重，装载粉末时，注意防止脱手洒落，或刮到手部或碰到头部。

（6）建造基板为金属制造，具有一定的质量，更换基板时必须双手操作，防止基板脱手，砸伤人体或与设备发生碰撞。

3.3.2.2 电气安全

设备中所有强弱电都有专业带锁式电器柜，当操作设备时，请遵循以下原则：

（1）设备必须接地；

（2）严禁非专业人员打开电器柜，只有专业的电气维护人员才能打开进行维护操作；

（3）检修电气线路时，请关闭设备电源，严禁带电操作，并且做好电气作业安全保护措施，防止触电；

（4）严禁操作人员直接接触有“触电警示”标识的地方，“触电警示”标识如图 3-51 所示；

（5）设备上的电气线路严禁做任何未经本公司同意的整改；

（6）遵守机电设备的使用常识和安全防护措施；

（7）请确保用电安全，如不允许漏电、电压符合要求等。

图 3-51 防触电标识

3.3.2.3 粉末使用安全

粉末材料在正常操作中是安全的。但金属粉末材料一般都是易燃易爆物，具有很高的活性，在非惰性环境下可能会被静电点燃；吸入一定量的粉末可能会引起人体呼吸道过敏，注意佩戴全套个人防护用品，如图 3-52 所示。

图 3-52 佩戴个人防护用品

处理粉末时，请佩戴好有效的防尘口罩、防护眼镜、防静电手环、防静电手套，穿戴好整套防静电服，禁止皮肤与粉末直接接触。

存放粉末过程中，房间湿度如果过大会导致粉末吸潮，严重影响建造成型质量。因此，在对粉末的相关操作过程中应该遵循以下原则：

（1）确保设备使用房间和金属粉末存放房间保持良好的干燥通风环境；

（2）原库存料存放房间环境温度为 1~40 ℃，湿度小于 40%；

（3）金属粉末操作房间环境温度为（25±3）℃，湿度小于 75%；

（4）洒落地面的金属粉末要及时清扫干净，防止人踩在上面打滑摔跤；

（5）在粉末使用区域附近禁止吸烟，并严禁有静电及明火产生；

（6）在配制粉末和筛选粉末等接触粉末的过程中，必须佩戴有效的防尘口罩、防护眼镜、防静电手环、防静电手套，穿戴好整套防静电服；

（7）金属粉末存放区域严禁放置易燃易爆的危险品；

（8）盛装金属粉末的容器，当不使用时需要保持容器紧闭，并在容器内放置干燥剂；

（9）建议放置一块抗静电的防滑垫；

（10）必须配制一个全接地的可用于金属粉末的防爆吸尘器，用于清理使用过程中残留金属粉末；

（11）使用前请查询材料的 MSDs（材料安全数据表），将其打印出来便于及时查阅，严格遵循 MSDS 上的所有条件。

3.3.3 知识点 3：选择性激光熔融设备操作过程

选择性激光熔融设备正常建造工作过程由建造前准备工作、手动操作程序、自定建造和清粉及后处理组成。

（1）建造前准备工作：包括烧结前检查确认、开启设备、更换成型缸烧结基板、建立工作包、建造原料配制、建造前清理。

1）更换建造基板。建造基板的作用是在建造过程中作为成型件的底部支撑，防止成型件在建造过程中发生偏移或翘曲变形。基板材料与建造材料成分相同，通过真空吸盘或螺钉固定于成型缸活塞板上，每次建造前需更换合格基板。

2）建立工作包。系统共有以下 4 个操作软件：

①BuildStar 软件用于构建加工数据包；

②MakeStar M 软件用于控制设备所有动作；

③SafeExitSystem 软件用于安全退出 MakeStar M 控制软件；

④CameraPlayer 软件用于查看并操作监控系统视频文件。

（2）手动操作程序：包括进入软件、调整成型缸活塞位置、装粉、粉末铺平、手动充惰性气体。

（3）自动建造：包括运行自动建造、监测建造过程（如有需要，可进行建造参数在线修改、工件参数在线修改、工件在线删除、其他在线操作及监控系统）。

（4）清粉及后处理：包括清粉前准备、移出粉包、清粉及粉末处理。

3.3.4 知识点 4：选择性激光熔融设备的循环过滤系统

建造过程中，设备工作腔内会产生烟尘，这些烟尘散落或附着在工作平面和激光窗口镜上，严重影响打印质量。

为了避免这一现象，设备配置了单独的循环过滤系统，包括工业循环过滤机和循环气路，能有效地将建造过程中产生的烟尘收集，同时将过滤后的洁净气体重新送回工作腔中。

循环过滤系统的设计既消除了烟尘对建造的影响，又避免了惰性气体的浪费，节约了成本。

循环过滤机如图 3-53 所示。

（1）循环过滤机结构，如图 3-54 所示。

（2）循环过滤机控制面板：由解锁按钮、运行指示和故障报警等组成。

1）UNLOCK：解锁按钮，按下此按钮，循环过滤机侧门安全锁打开，此时可打开侧门（此功能视情况选配）；

2）FAN ON：运行指示，当循环过滤机正常工作时，运行指示灯亮；

3）ALARM：故障报警，当循环过滤机出现故障或需更换滤芯时，故障指示灯亮，蜂鸣器响。

图 3-53　循环过滤机

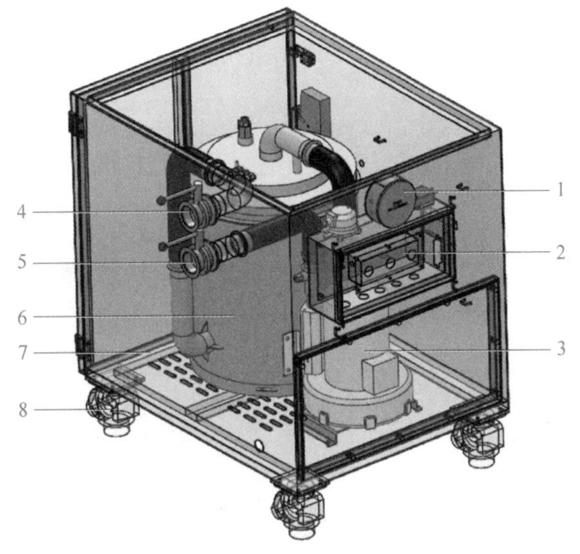

图 3-54　循环过滤机结构

1—压差表；2—电控箱；3—风机；4—进风口；5—排风口；6—滤芯过滤单元；7—箱体；8—脚轮

（3）循环过滤机日常操作安全注意事项：

1）参加接线与检查人员必须是具有相应能力的专业人员；

2）操作人员须穿戴好防静电服、防护眼镜、防静电手环、防静电手套等操作设备；

3）确保电源线布置在不被踩踏及挤压处，电线如有破损现象请立即处理或更换；

4）在检修及清理前，切记先切断电源；

5）请勿在潮湿或湿手情况下进行电源接线操作；

6）不可在机器运行时随意攀爬、站立或放置重物；

7）工作前应将脚轮调至固定支撑状态，移动时可调至脚轮状态；

8）更换建造材料前，需更换滤芯；

9）长时间不使用机器时，请关闭设备电源，并将设备清理干净，如果机器长期不用，却与电源相接，绝缘性能降低会导致电击、漏电或火灾事故；

10）循环过滤机内的废粉废渣属于易燃易爆物，操作过程中应避免接触明火或易燃易爆物。

任务实施

进入 MakeStar 软件进行打印过程的操作，模型打印前需要进行充氮、成型缸和供粉缸工作位置的调节、溢粉缸的清理等。打印原理为：供粉缸上升一定的高度（层厚），刮刀将升起的粉末刮至成型缸的基板上，激光按照切片路径进行选择性扫描打印。单层打印完成后，成型缸下降一定高度（层厚），供粉缸上升一定高度（层厚），刮刀将粉末刮至基板上，进行第二层的打印。依次类推，循环往复，完成整体模型的打印。具体操作步骤如下：

（1）打印前处理。打开MakeStar软件，点击菜单栏中的“机器”，然后依次点击“手动”“准备”和“运动”按钮，最后点亮操作面板上的“SYSTEM ON”按钮。至此，可以对成型缸和供粉缸的运动进行操作，如图3-55所示。

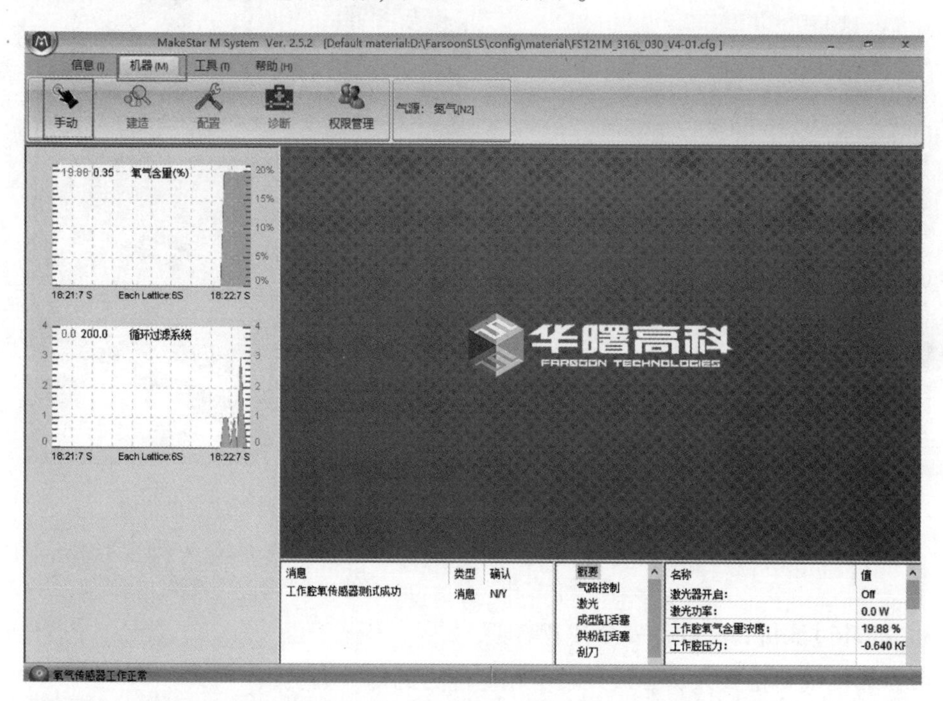

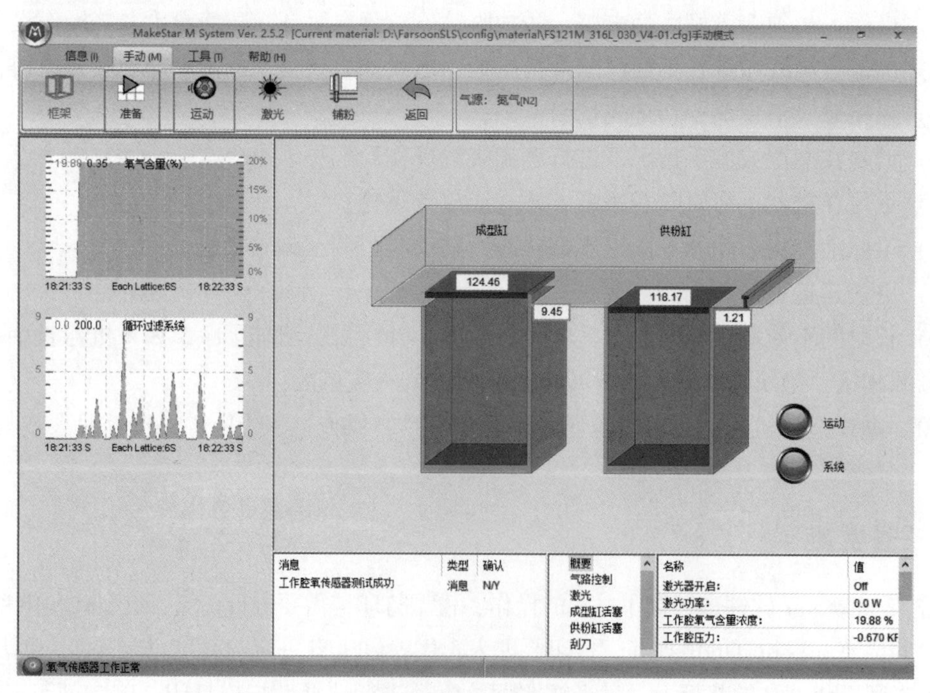

图3-55 系统运动激活

点击成型缸中的“上极限”或“清洁位置”按钮，实现成型缸的上升，然后将基板放入成型缸中，并用螺丝完成紧固连接，如图 3-56 所示。

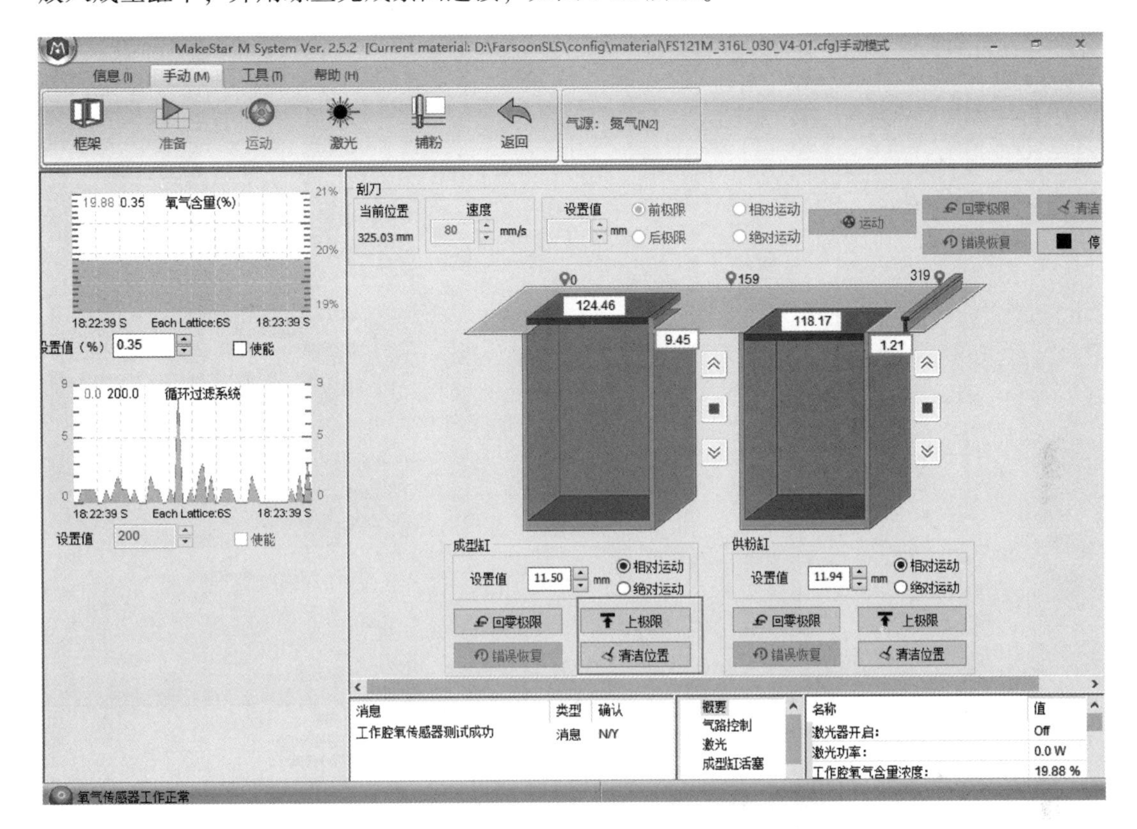

图 3-56　成型缸位置调整和基板的安装

然后点击成型缸中的“回零极限”按钮，在成型缸下降至基板与机器水平的位置时，及时点击“停止”按钮，如图 3-57 所示。

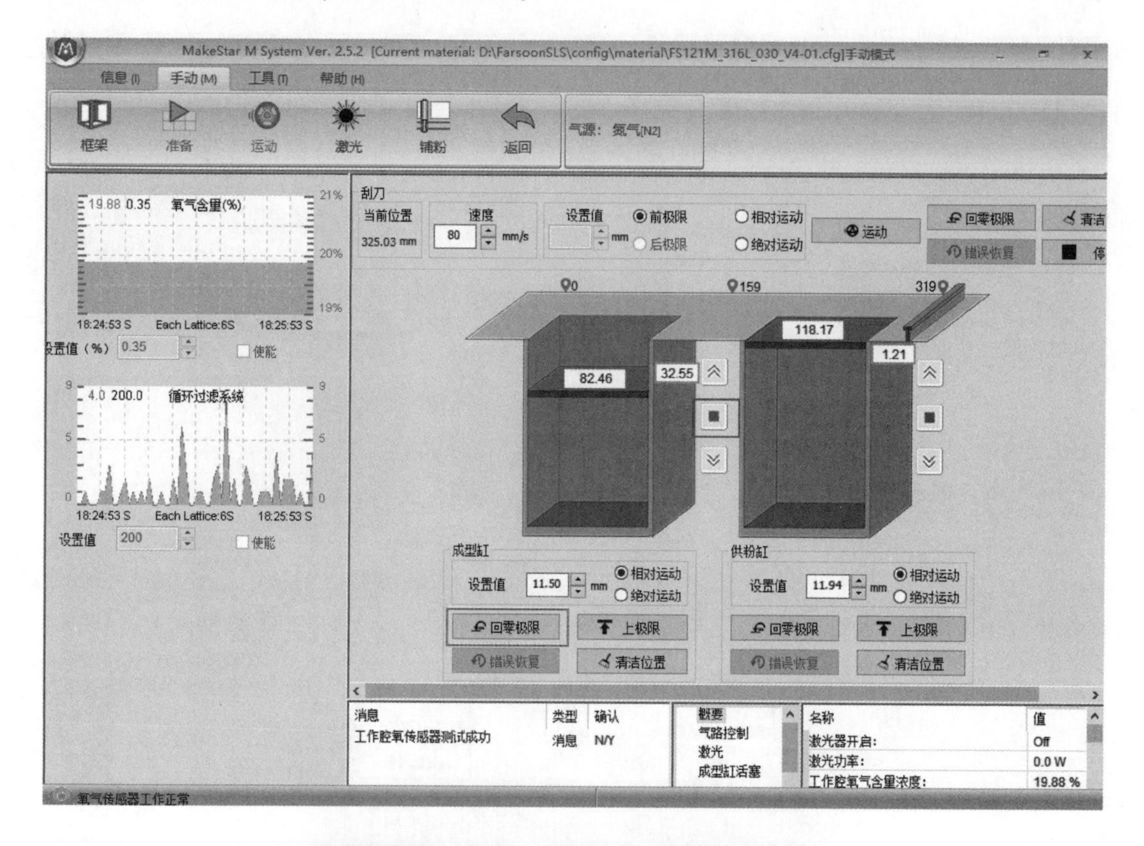

图 3-57　调整打印基板位置

点击供粉缸中的“回零极限”按钮，将供粉缸下降至指定高度，数值要大于切片结果中给出的所需材料高度，然后手动将粉末添加至供粉缸中，如图 3-58 所示。

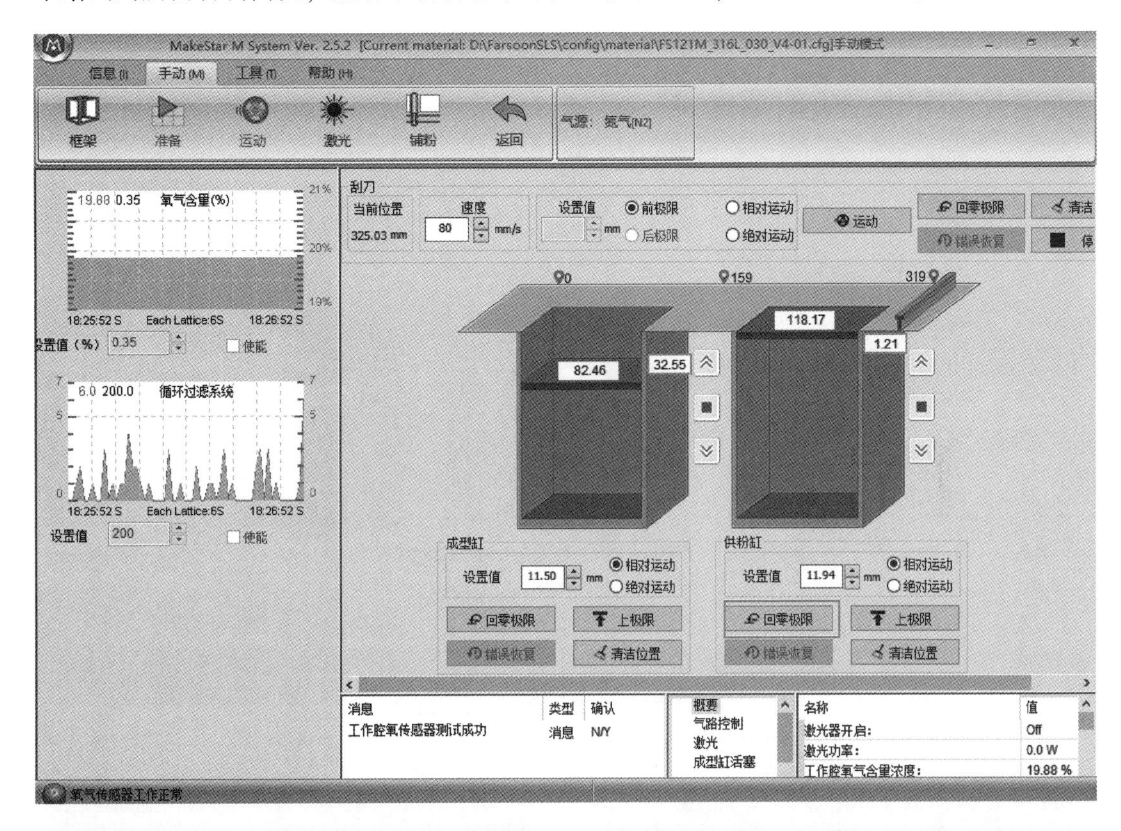

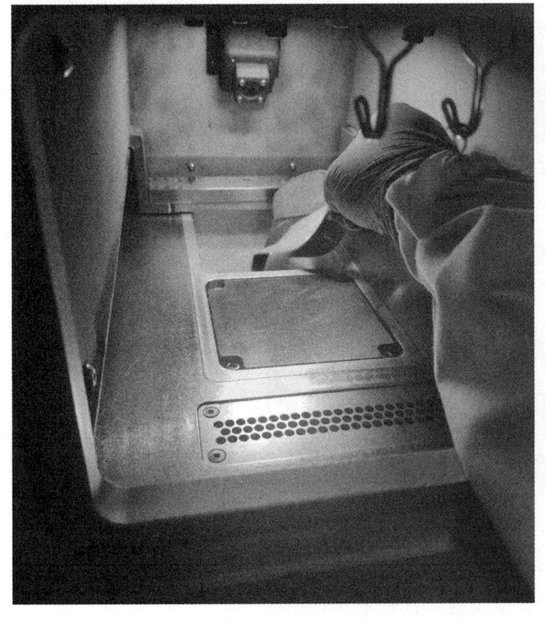

图 3-58　添加粉末材料

添加完成后，点击“回零极限”按钮，使用刮刀将粉末刮至基板上，将粉末材料的高度与成型基板保持平行，如图 3-59 所示。

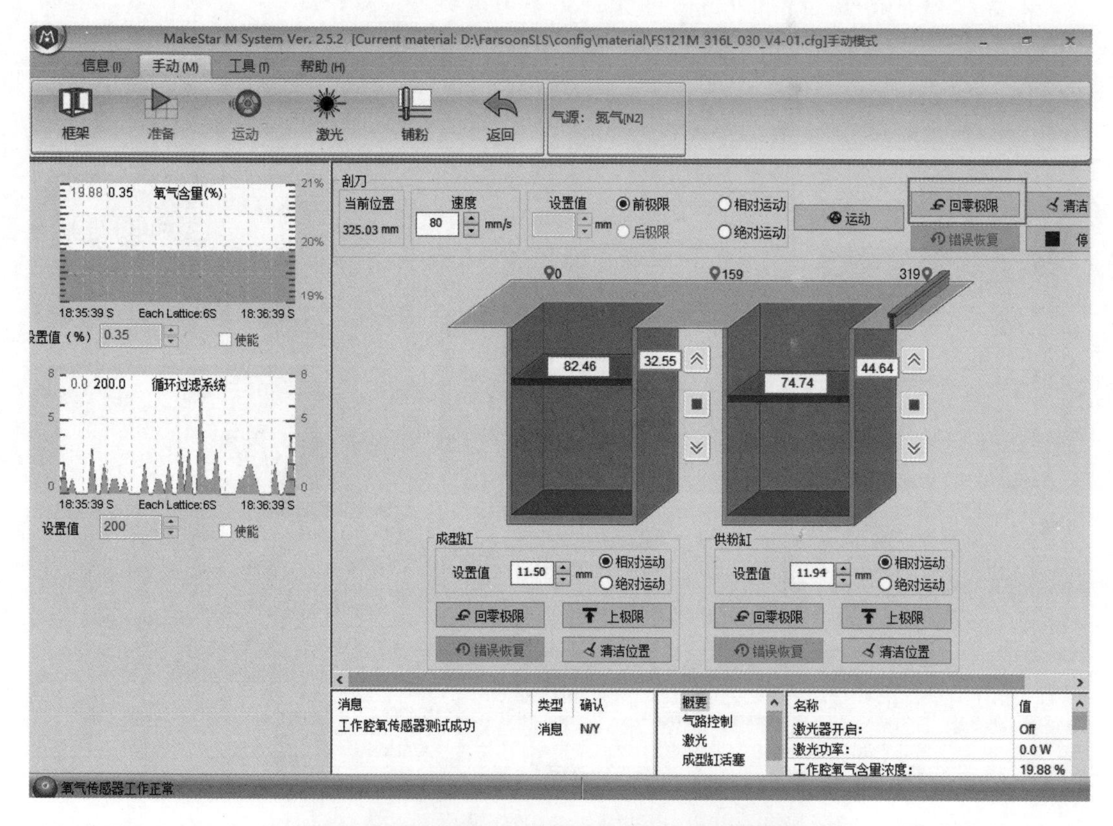

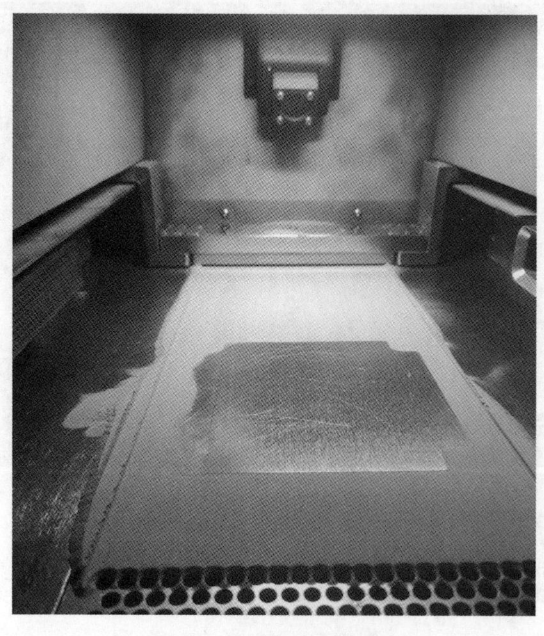

图 3-59　铺平粉末材料

（2）导入模型。点击“返回”按钮，点击菜单栏中的“机器”按钮，点击“建造”按钮，点击“导入”按钮，选择 BuildStar 操作中保存的切片工作包，点击“确定”完成导入，如图 3-60 所示。

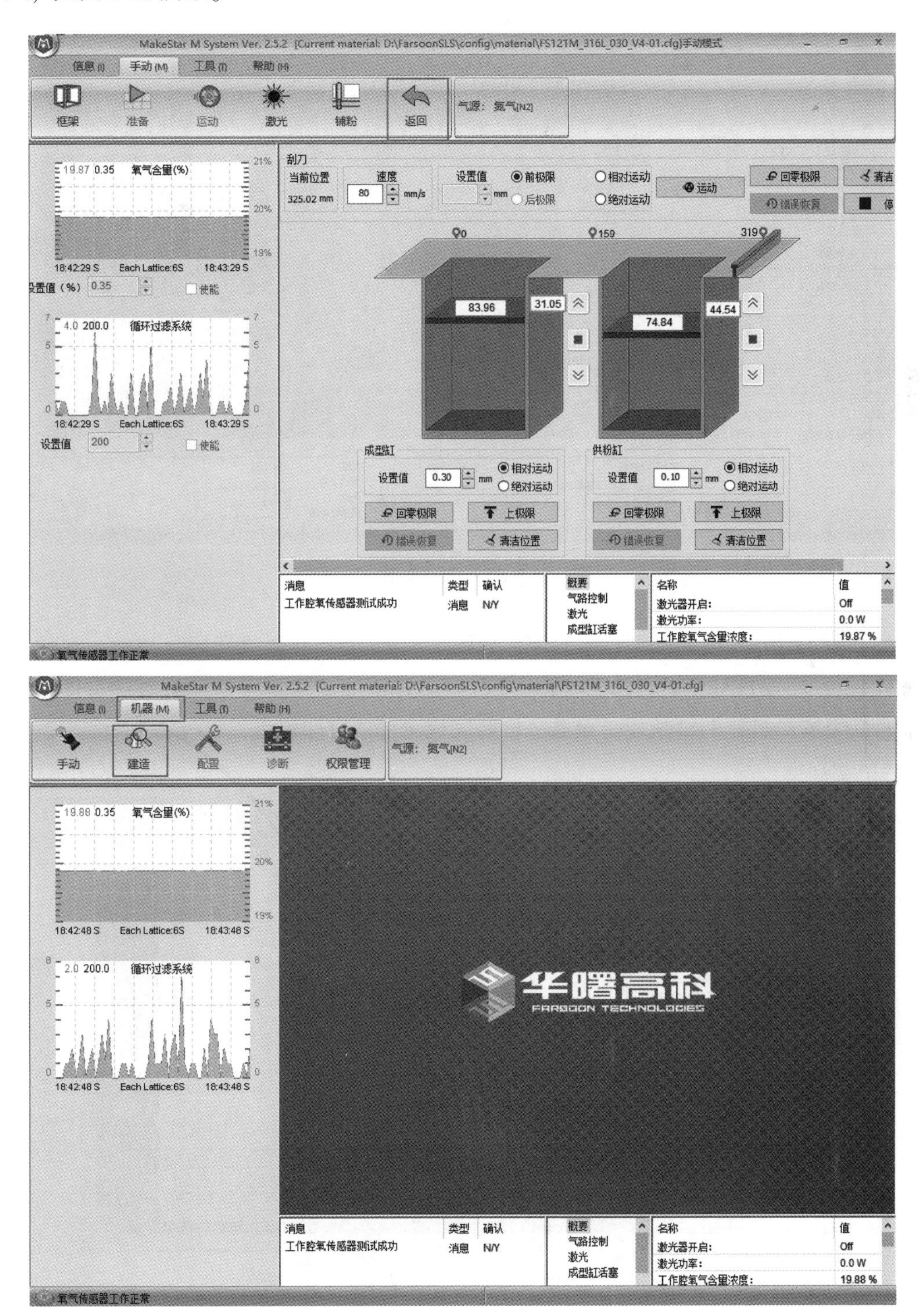

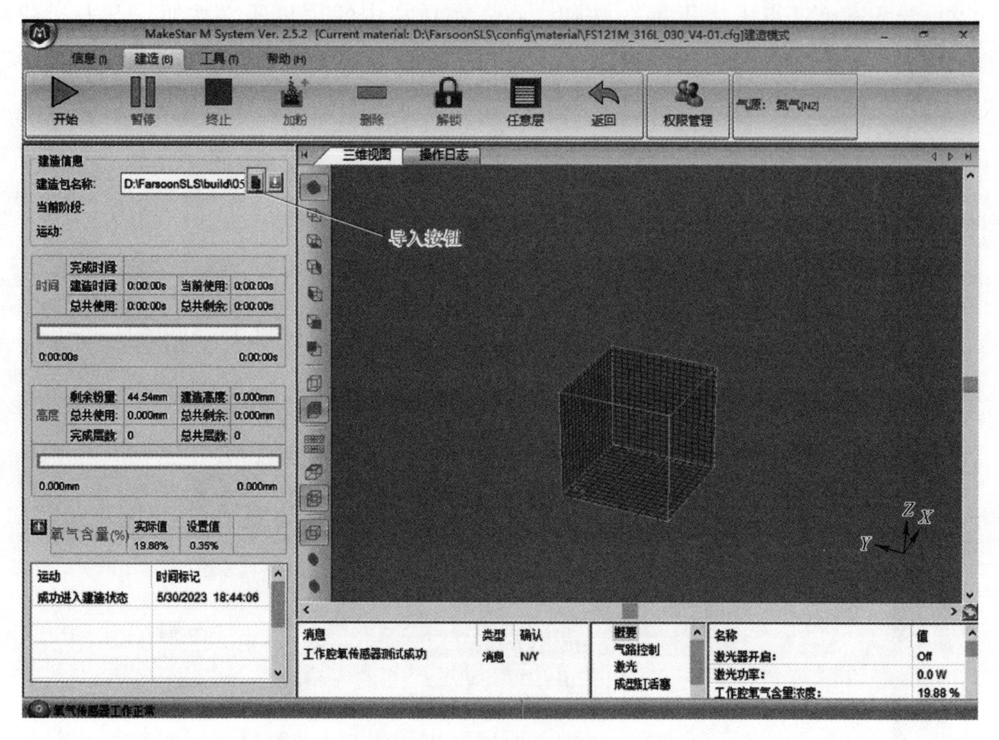

图 3-60 导入模型

（3）打印处理。导入模型打印文件，如图 3-61 所示。点击“开始”按钮，并按下操作面板上的“SYSTEM ON”按钮，等待氧气含量降至 0.35%以下，即可开始打印，操作步骤及打印过程如图 3-62 所示。至此，已经完成全部的打印流程。

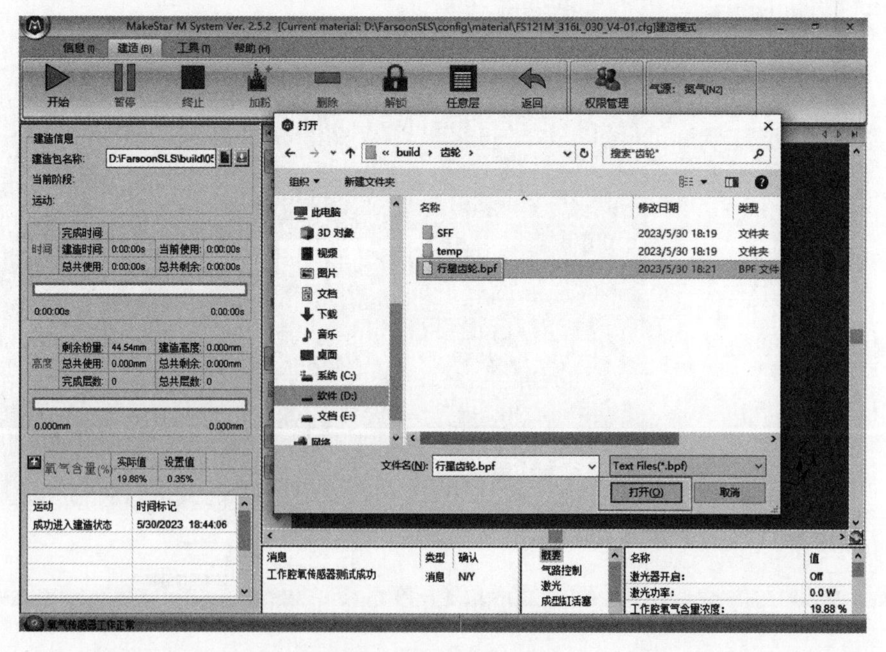

图 3-61 导入模型打印

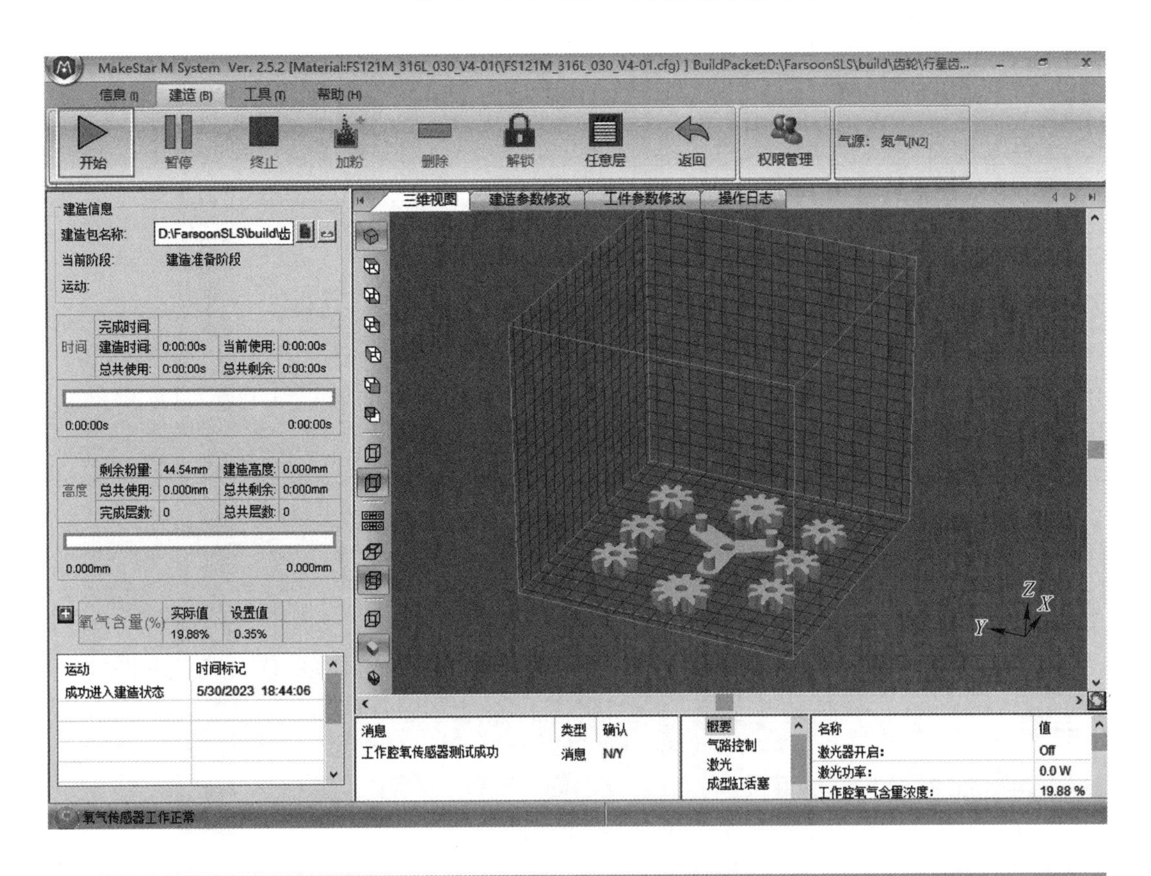
MakeStar M System Ver. 2.5.2 [Material:FS121M_316L_030_V4-01(\FS121M_316L_030_V4-01.cfg)] BuildPacket:D:\FarsoonSLS\build\齿轮\行星齿...
信息 (I)
建造 (B)
工具 (T)
帮助 (H)
开始
暂停
终止
加粉
删除
解锁
任意层
返回
权限管理
气源：氮气[N2]
建造信息
建造包名称:
D:\FarsoonSLS\build\齿
当前阶段:
建造准备阶段
运动:
完成时间:
时间
建造时间:
0:00:00s
当前使用:
0:00:00s
总共使用:
0:00:00s
总共剩余:
0:00:00s
0:00:00s
0:00:00s
剩余粉量:
44.54mm
建造高度:
0.000mm
高度
总共使用:
0.000mm
总共剩余:
0.000mm
完成层数:
0
总共层数:
0
0.000mm
0.000mm
氧气含量(%)
实际值
设置值
19.88%
0.35%
运动
时间标记
成功进入建造状态
5/30/2023 18:44:06
三维视图
建造参数修改
工件参数修改
操作日志
消息
类型
确认
工作腔氧传感器测试成功
消息
N/Y
概要
气路控制
激光
成型缸活塞
名称
值
激光器开启:
Off
激光功率:
0.0 W
工作腔氧气含量浓度:
19.88 %
氧气传感器工作正常

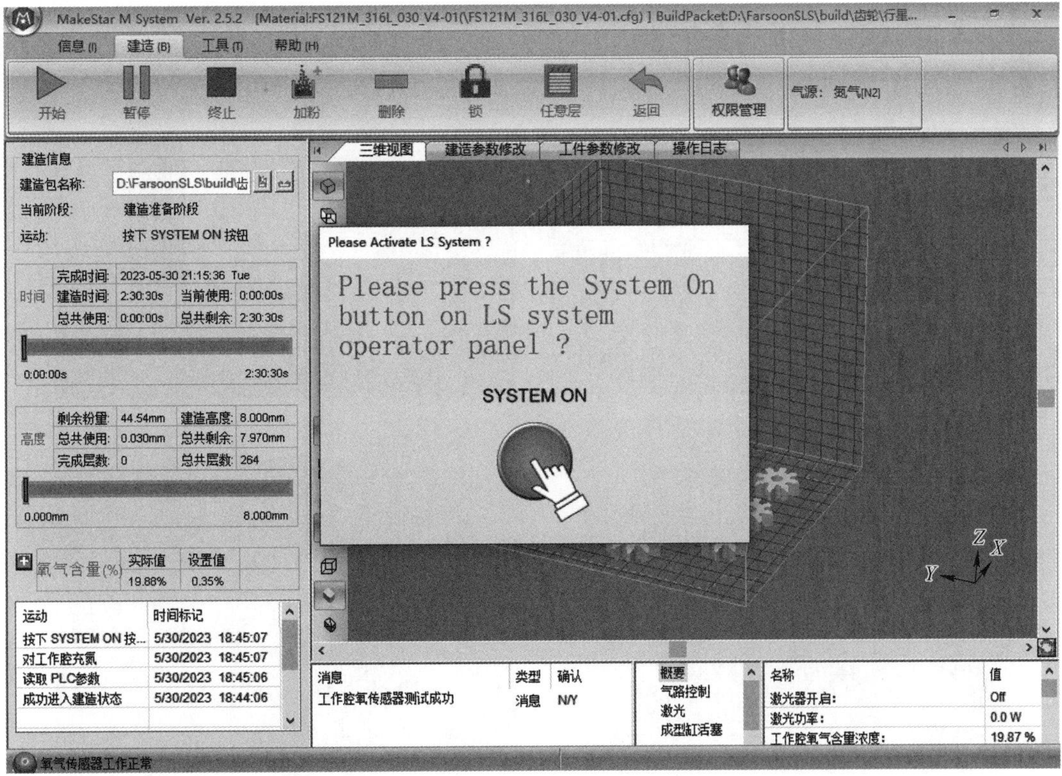
MakeStar M System Ver. 2.5.2 [Material:FS121M_316L_030_V4-01(\FS121M_316L_030_V4-01.cfg)] BuildPacket:D:\FarsoonSLS\build\齿轮\行星...
信息 (I)
建造 (B)
工具 (T)
帮助 (H)
开始
暂停
终止
加粉
删除
锁
任意层
返回
权限管理
气源：氮气[N2]
建造信息
建造包名称:
D:\FarsoonSLS\build\齿
当前阶段:
建造准备阶段
运动:
按下 SYSTEM ON 按钮
完成时间:
2023-05-30 21:15:36 Tue
时间
建造时间:
2:30:30s
当前使用:
0:00:00s
总共使用:
0:00:00s
总共剩余:
2:30:30s
0:00:00s
2:30:30s
剩余粉量:
44.54mm
建造高度:
8.000mm
高度
总共使用:
0.030mm
总共剩余:
7.970mm
完成层数:
0
总共层数:
264
0.000mm
8.000mm
氧气含量(%)
实际值
设置值
19.88%
0.35%
运动
时间标记
按下 SYSTEM ON 按...
5/30/2023 18:45:07
对工作腔充氮
5/30/2023 18:45:07
读取 PLC参数
5/30/2023 18:45:06
成功进入建造状态
5/30/2023 18:44:06
三维视图
建造参数修改
工件参数修改
操作日志
Please Activate LS System ?
Please press the System On button on LS system operator panel ?
SYSTEM ON
消息
类型
确认
工作腔氧传感器测试成功
消息
N/Y
概要
气路控制
激光
成型缸活塞
名称
值
激光器开启:
Off
激光功率:
0.0 W
工作腔氧气含量浓度:
19.87 %
氧气传感器工作正常

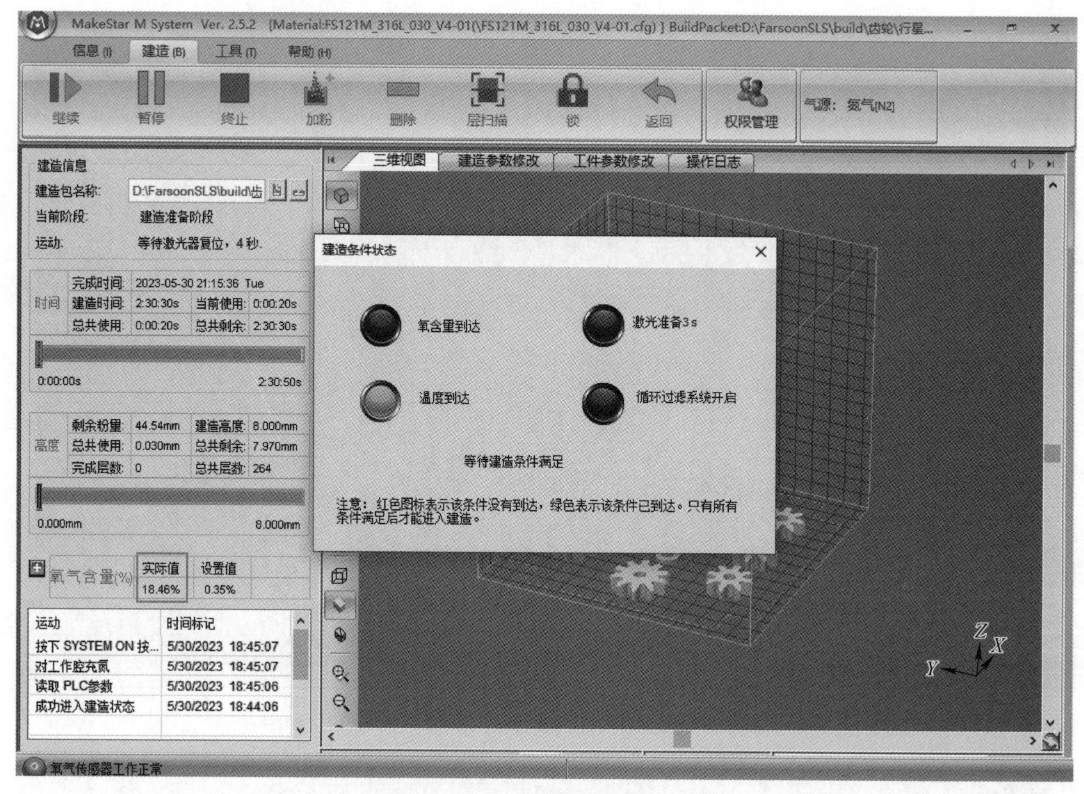

图 3-62 开始打印

（4）后处理过程。打印完成后将打印实体从打印腔体取出，然后使用线切割实现样件与基板的分离，如图 3-63 所示。

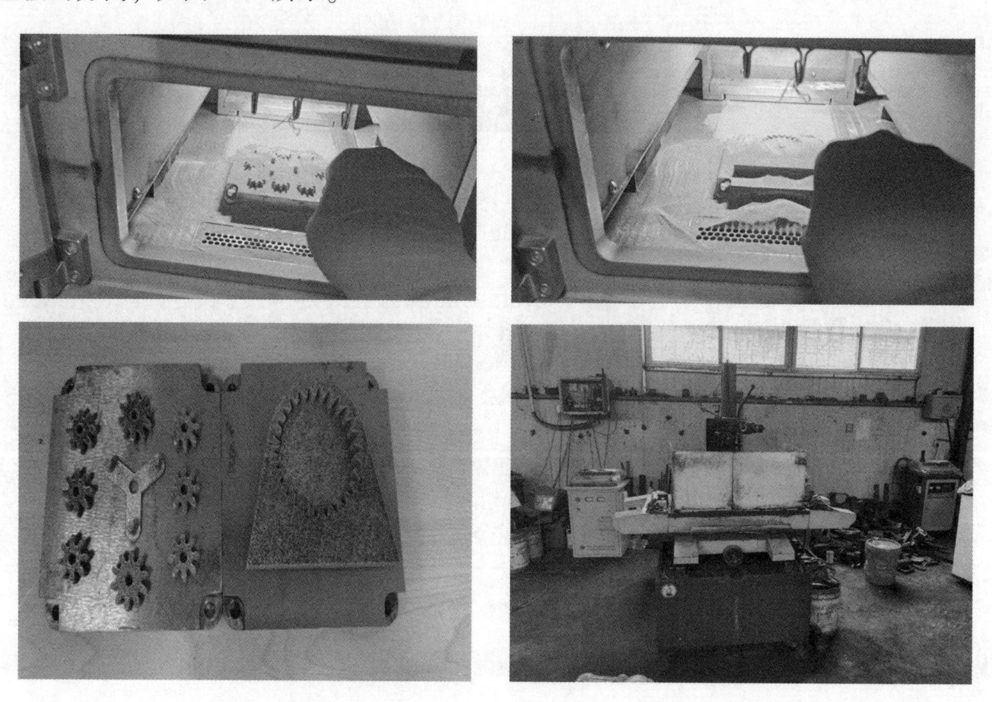

图 3-63 打印后处理

巩固训练·创新探索

登录“虚拟仿真实训平台”，完成选择性激光熔融打印机相关实训以下内容：

（1）实验预习，观看图文知识预习；

（2）设备认知；

（3）设备操作流程学习；

（4）设备操作考核。

学生工作任务单、学生工作任务页、工作过程评价表详见附录。

增“材”增“智”

增材制造成为建设制造强国新动力

党的二十大报告中明确指出，建设现代化产业体系，坚持把发展经济的着力点放在实体经济上，推进新型工业化，加快建设制造强国、质量强国、航天强国、交通强国、网络强国、数字中国。增材制造（又称 3D 打印）作为“深入实施制造强国战略”的主攻方向，加快建设质量强国、航天强国、数字中国的重要手段，已成为我国制造业领域的亮眼“名片”，对推动我国制造业高端化智能化绿色化发展、促进实体经济和数字经济高质量融合、提升产业链供应链韧性和安全水平起到了巨大作用。

十年跨越式发展成就显著

党的十八大以来，我国增材制造产业取得了历史性成就，发生了历史性变革。

整体实现从技术化向产业化发展的蜕变。十年来，我国增材制造技术及产品逐步实现产业化，涌现出一大批具备强大竞争力的骨干企业。产业规模方面，从 2012 年的不足 10 亿元扩大到 2021 年的 265 亿元，年复合增长率超过 35%。企业数量方面，全产业链相关企业超过 1000 家，铂力特、先临三维、华曙高科等以增材制造为主营业务的上市公司涌现，数量从 2013 年的 1 家增长至 2022 年的 22 家（含新三板），规模过亿元的企业数量由 2012 年的 3 家增至 2022 年的 42 家。

装备实现从进口为主到国产化替代的转变。十年来，我国增材制造一批重点工艺装备和核心器件实现国产替代，批量化供应能力和成本竞争优势显著。我国在高精度桌面级光固化增材制造装备、多材料熔融沉积增材制造装备持续保持领跑并畅销海外，米级多激光器激光选区熔化装备、多电子枪电子束熔化装备、大幅面砂型增材制造装备等自主开发装备相关核心指标达到国际先进水平。

应用实现从原型制造向直接制造的质变。十年来，增材制造技术的应用实现由快速制造原型样件逐步向直接制造最终产品质变。在航空航天领域，新一代战机、国产大飞机、新型火箭发动机、火星探测器等重点装备的关键核心零部件大量应用增材制造技术，解决复杂结构零件的成型问题，实现产品结构轻量化。在医疗领域，髋臼杯、脊柱椎间融合器等14款增材制造医疗植入物获得国家药品监督管理局认证。在铸造领域，宁夏回族自治区银川市建成世界首个万吨级铸造3D打印工厂，提升产品制造效率，实现对传统铸造的替代。

产业格局实现从零散分布到重点聚集的演变。十年来，我国华南、华中、西北等地区部分省市依靠自身良好的经济发展优势、区位条件和工业基础，通过有效汇聚产业资源，实现了增材制造产业从零散状、碎片化到成链条、聚集化发展的演变。

多管齐下增强产业核心竞争力

十年跨越式发展所取得的成绩充分说明，只有多管齐下，才能增强产业核心竞争力。

加强顶层设计是我国增材制造发展的重要支撑。《中华人民共和国国民经济和社会发展第十四个五年规划和二〇三五年远景目标纲要》《“十四五”智能制造发展规划》等多个国家规划明确支持增材制造产业发展。《增材制造产业发展行动计划（2017—2020年）》《国家增材制造产业发展推进计划（2015—2016年）》等行业规划持续推进我国增材制造产业快速可持续发展。《增材制造标准领航行动计划（2020—2022年）》《首台（套）重大技术装备推广应用指导目录》《“十四五”医疗产业装备发展规划》等从产业生态、供给、应用等多个方面作出相应规划布局。

具备完整工业体系是我国增材制造发展的坚实基础。我国拥有世界上最完备的现代工业体系，截至2021年末，我国工业增材制造装备安装量市场占比10.60%，成为仅次于美国的全球第二大市场，完整的工业体系提高了我国增材制造装备的供给能力，提升了我国增材制造发展的稳健性和抵抗不可预知风险的能力。

拥有丰富应用场景是我国增材制造发展的不竭动力。我国制造业门类齐全、产业基础坚实，为增材制造提供了广泛的应用场景。船舶领域，我国造船三大指标保持领先，国际市场份额连续12年位居世界第一。汽车领域，我国汽车保有量从2012年的1.2亿辆增长到目前的3.1亿辆；自2015年起，我国新能源汽车产销量连续7年稳居世界第一。新兴产业领域，电池、半导体等战略性新兴产业结构不断优化，产业规模不断壮大。

重视产业生态塑造是我国增材制造发展的有力保障。十年来，我国逐步建立起较为完善的增材制造产业生态体系。在行业组织建设方面，中国增材制造产业联盟、增材制造国家创新中心、全国增材制造标准化技术委员会等国家级组织机构成立，有力支撑增材制造产业发展。在产业服务方面，中国增材制造产业年会、产业展览会、全国增材制造技术高峰论坛等活动纷纷开展，《中国增材制造产业年鉴》《中国增材制造产业典型应用案例集》等争相发布，全力服务产业发展，提高增材制造认知度。在标准建设方面，已发布增材制造技术相关国家标准共计30余项，各级标准体系逐步建立，促进增材制造产业的标准化发展。在人才培养方面，哈尔滨工业大学、北京科技大学等开设增材制造工程本科专业的高等院校超过70所，100余所职业技术学院开设增材制造相关课程或专业方向，加大专业人才培养力度。

奋力谱写制造强国建设新篇章

展望未来，增材制造作为我国制造业智能化、数字化、绿色化转型的主旋律之一，将持续加快我国制造业从转型到创新驱动发展速度，不断提升我国制造业国际影响力，加速推进我国从“制造大国”向“制造强国”转变，奋力谱写制造强国建设新篇章。

增材制造作为工业母机产业链的重要组成部分，随着技术不断成熟、生产成本不断降低、产业配套能力不断增强，未来必将成为与减材制造、等材制造并列的三大工业领域的主流制造工艺之一，形成“三分天下有其一”的新格局。

过去十年，我国增材制造产业规模逐年高速增长。未来，增材制造将不断向制造业各领域的细分方向、社会生活的多个方面深入发展。考虑到我国经济发展的良好预期、超大的市场规模以及对增材制造应用的强烈需求，按照25%的复合增长率估算，我国增材制造产业规模有望在2027年左右突破千亿元。

目前，得益于我国完备的工业体系以及齐全的产业链，增材制造一直保持着强劲的发展势头。未来，高质量激光器、电子束枪、扫描振镜等核心部件将实现全部国产化；各型大尺寸、多激光的高效增材制造装备稳定性将不断提高；生物医药与医疗器械、大型高性能复杂构件、空间增材制造等新型前沿技术装备将持续拓展创新。增材制造技术装备全面向低成本、高可靠性、高性能、高智能化发展，供给能力将得到全面提升。

增材制造与数字化技术、激光技术、机械加工技术等多技术的结合，将对生产模式、生活方式，乃至产业链价值结构产生深刻影响，在提升产业链、供应链韧性和安全方面发挥重要作用，为我国制造业的发展创造更多可能。未来，增材制造技术将广泛应用于制造业各领域智能车间、智能工厂、智慧供应链中，有效推动现代制造业的培育壮大以及传统制造业的转型升级，重塑我国制造业崭新面貌。

同时，一批增材制造企业、品牌与产品将引领全球产业发展。如2021年西安铂力特选区激光熔融装备产量为293台，已超国际巨头德国易欧司公司，位居全球首位。清研智束研发出全球首台多电子束枪粉末床熔融装备。未来，一批具有代表性的中国企业将积极带动增材制造全产业链共同发展，一批国际知名的中国品牌持续增强我国增材制造在全球的影响力，众多技术性能领先的中国产品为全球增材制造产业高质量发展贡献硬核力量。

（摘自《学习强国》）

模块 4　基于 WJP 技术制造手机支架

背景描述

手机支架是一种用于固定手机的小工具，具有方便携带、舒适使用等特点，因此广受用户喜爱。目前市场上的手机支架种类繁多，可以从价格、质量、使用效果等方面选择一款好的手机支架。

手机支架的材质影响产品的质量和使用寿命，常见的手机支架材质有金属、塑料、硅胶、木材等。金属材质的手机支架质量高，使用寿命长，但价格相对较高；塑料材质的手机支架价格较低，但使用寿命也较短；硅胶材质的手机支架防滑性好，但承重能力较弱；木材材质的手机支架质感好，但防滑性较差。

调节角度是手机支架的重要功能之一，不同的使用场景需要不同的角度调节，如观看视频、拍照、打游戏等。在购买手机支架时，建议选择可以调节角度的支架，并且要考虑角度调节的灵活性和方便性。

手机支架使用时应具有一定的舒适性。一款好的手机支架应符合人体工学设计，不仅能够稳定固定手机，还能够提供舒适的使用体验，减少使用过程中的手部压力。

国内某公司接到加工订单，要求生产多彩手机支架 2 件（见图 4-1），交货期 3 天。该公司生产工程师接到工作任务后，根据任务单要求和客户需求，针对 SLS 和 SLA 打印机上色通常需要经过喷涂色剂或者移印等方式进行后加工的问题，经过反复对比各种工艺，设计师决定利用 WJP 技术实现工件的有效生产。

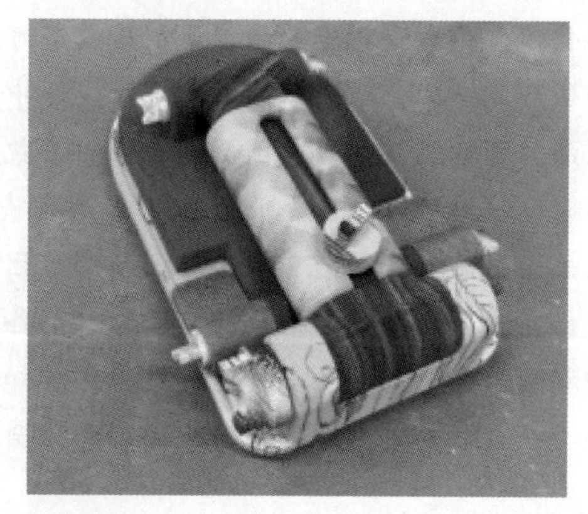

图 4-1　手机支架

学习目标

知识目标：

（1）掌握 SolidWorks 软件建模和装配设计常用命令；

（2）掌握 Materialise Magics 软件的切片及打印设置；

（3）掌握 Sailner3D 切片软件的支撑设计、编辑、验证和工艺优化等工具；

（4）了解什么是 WJP 技术；

（5）了解 Sailner 打印机的工作原理及使用。

技能目标：

（1）能够使用 SolidWorks 软件进行简单机械产品的三维模型设计和虚拟装配设计；

（2）能够使用切片软件 Sailner3D 对产品进行参数设置、切片；

（3）能够操作 Sailner 打印机完成产品的打印成型；

（4）能够对打印的产品进行后期处理。

素质目标：

（1）具备绿色、安全生产及新技术应用的能力；

（2）具有终身学习、不断提高自身的工程能力与业务水平的能力；

（3）具有合作精神、团队协作能力和管理协调能力，能恪守职责，遵守有关法律法规和行业相关标准；

（4）具有脚踏实地、善于学习、锐意钻研的精神，能忠诚敬业、甘于奉献。

思政小课堂

钳工出身的3D“智造”大师

20多年前，覃懋华刚开始工作时，手里握的是锉刀、錾子、榔头。他没想到，自己有一天会成为一名和现代化技术打交道的“智造”大师、“广西劳动模范”“2020年全国先进工作者”“全国劳动模范”……如今，覃懋华致力于3D快速制造领域，不断攻克各项技术难关。

覃懋华高中就读于广西柳州高级技工学校模具钳工专业。1999年，他毕业后被分配到玉柴公司，成为一名模具钳工。虽然掌握了基础知识，但他的实践经验不足，上岗后连装配和零件图纸都看得比较吃力。为了快速上手，他每天跟着车间技术员，在旁边仔细观察如何画图；半年后，他不仅学会了看图和制图，而且能够熟练完成各项任务，逐渐学会了独家绝活“三精一法”：具有国际标准的精密测量、精密测试、精确钻孔，对每一种零件都有一套理想的加工方法。

在3D打印技术“东风”的吹拂下，不少制造企业纷纷涉足3D打印领域。玉柴公司提出运用 3D 快速制造技术助推生产效率，引入 3D 激光成型机。当时在整个行业中，这是一项全新的挑战，几乎没有成功的经验可以借鉴。于是，覃懋华一头扎进这一领域，开始放手尝试。面对这台宝贵的机器，覃懋华带领班组成员从机器说明书看起，看不懂的地方就去问厂家技术人员，逐渐了解了设备的使用性能。真正将 3D 设备投入使用时，又是困难重重。当时，激光成型设备在输送粉料时不稳定，导致最终成型的零件表面十分粗糙。为了弥补这一缺陷，覃懋华与成员一起，设计了滚动压平装置，保障了粉料表面的平整度。一次次尝试，终于在三四个月后利用 3D 打印技术制造出了 MG100 柴油机机体，在国内占据了领先地位。为了更加快速和精准地制造零件，覃懋华与同事大量查阅 3D 技术的资料，反复试验研究，于 2012 年成功掌握了 3D 减材制造技术。原本做一套模具需要花费几个月，成本是几百万元，现在只需要五六万元就能在 10 多天内完成。

几年时间内，覃懋华团队利用先进设备，开发出发动机缸盖、气道等不同型号和类别的铸件 300 多件，为企业节省模具开发等费用约 4000 万元。

课件：任务 4.1 手机支架建模设计

任务 4.1 手机支架建模设计

任务导入

项目组成员与厂家设备负责人进行了深入交流，了解到手机支架各个零部件的相关尺寸及加工要求等。由于三维设计软件 SolidWorks 具有强大的产品设计功能，因此采用该软件完成手机支架的建模设计。

任务要求

（1）在学银在线或学习通平台上完成在线学习任务，学会知识点基本技能操作，完成知识构建。

（2）使用三维设计软件 SolidWorks 软件进行手机支架的建模设计，并导出 STL 格式。

（3）填写工作过程记录单，提交课程平台。

（4）在学银在线或学习通平台上完成拓展任务，参与话题讨论。

知识链接

4.1.1 知识点 1：如何启动 SolidWorks 软件

启动 SolidWorks 软件可通过下列两种基本方式：

（1）双击桌面上的 SolidWorks 图标“ ”；

（2）单击“开始”→“所有程序”→“SolidWorks 2020”，软件启动后的初始界面，如图 4-2 所示。

4.1.2 知识点 2：进入 SolidWorks 主界面

单击图 4-3 所示的“新建”按钮，出现“新建 SOLIDWORKS 文件”对话框，单击

“零件”，再单击“确定”按钮，或者双击“零件”图标进入图 4-4 所示主界面。

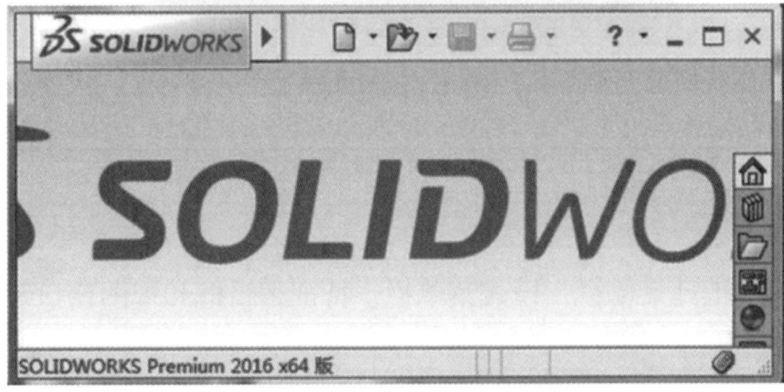

图 4-2　启动 SolidWorks 软件及其初始界面

图 4-3　初始界面

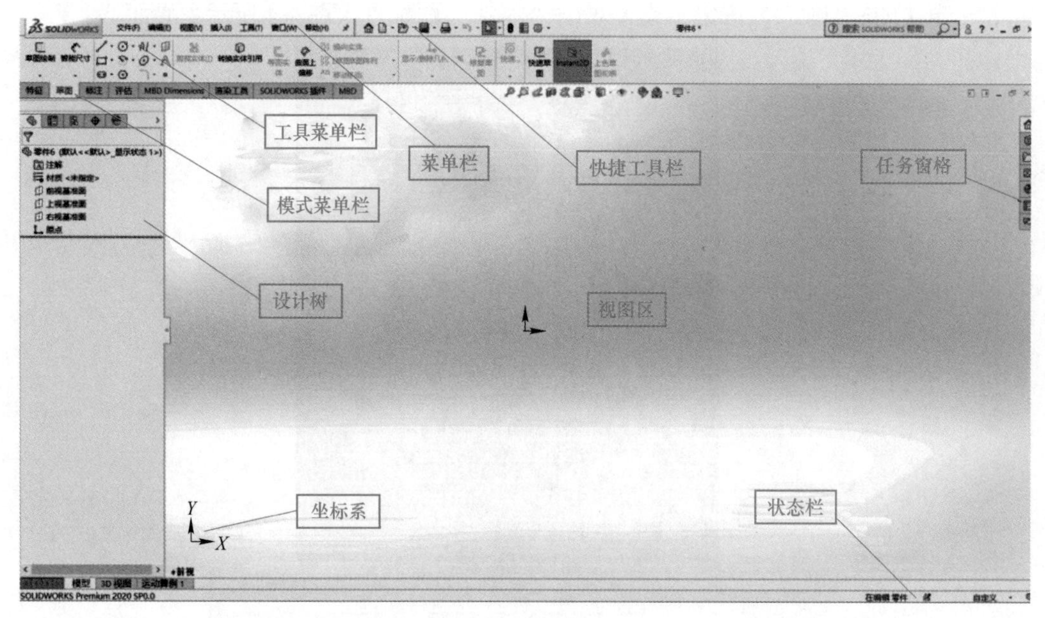

图 4-4 主界面

4.1.3 知识点 3：零件界面

零件界面主要包括工具菜单栏、模式菜单栏、特征编辑框和视图窗口等，如图 4-5 所示。

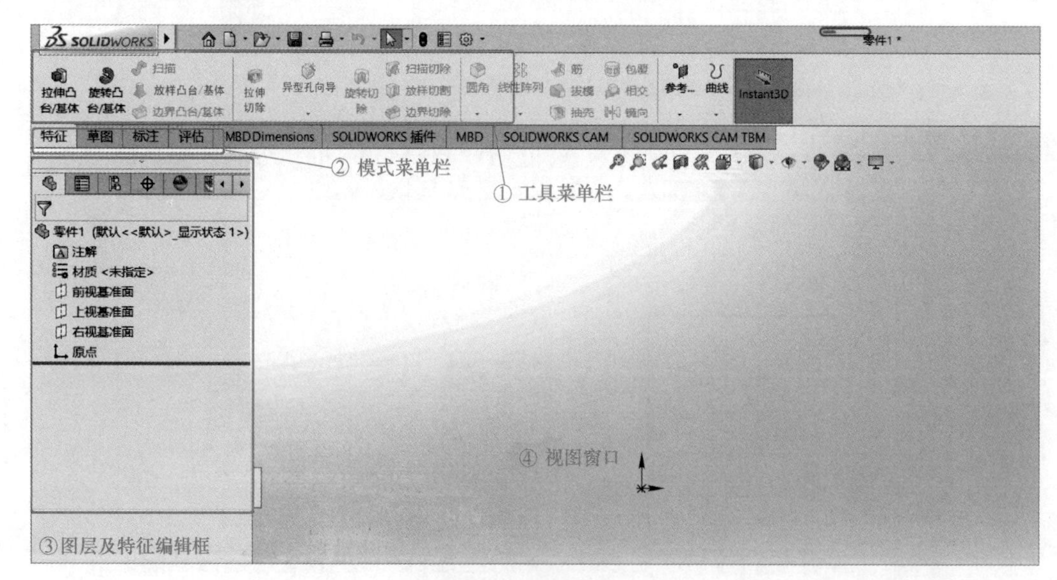

图 4-5 零件界面

（1）工具菜单栏。显示对应模式下的编辑工具，如特征编辑工具（拉伸、切除、旋转成型、阵列等）、草图编辑工具（如多边形、曲线等）。

（2）模式菜单栏。编辑模式的开启，主要使用特征、草图、标注等模式。

（3）特征编辑框，用于特征编辑及部分参数显示。

（4）视图窗口，用于模型特征显示，与其他建模软件类似，可多角度切换视图，如图 4-5 所示。

4.1.4 知识点 4：鼠标基本操作

在设计过程中，经常需要调整模型的大小、位置和方向，可以使用模型工具栏中的快捷图标，也可使用鼠标配合键盘操作完成。鼠标操作见表 4-1。

表 4-1 鼠标基本操作

序号	鼠标操作	用　途
1	Ctrl +鼠标中键	可上下、左右移动模型
2	鼠标中键	可旋转模型
3	滚动鼠标中键滚轮	可缩放模型：向前滚，模型变大；向后滚，模型缩小

4.1.5 知识点 5：草图

使用 SolidWorks 软件进行设计是由绘制草图开始的，在草图基础上生成特征模型，进而生成零件等，因此，草图绘制在 SolidWorks 中占重要地位，是使用该软件的基础。一个完整的草图包括几何形状、几何关系和尺寸标注等信息，草图绘制是 SolidWorks 三维建模的基础。

4.1.5.1 如何进入草图环境

进入草图工作环境有以下三种方法。

（1）方法一：基于系统基准面直接进入草图绘制界面。

1）新建或打开一个零件后，选择“草图绘制”命令，打开编辑草图界面。

2）在如图 4-6 所示工作窗口中的系统基准面（上视基准面、前视基准面和右视基准面）中选择其中一个基准面，然后进入草图绘制界面。

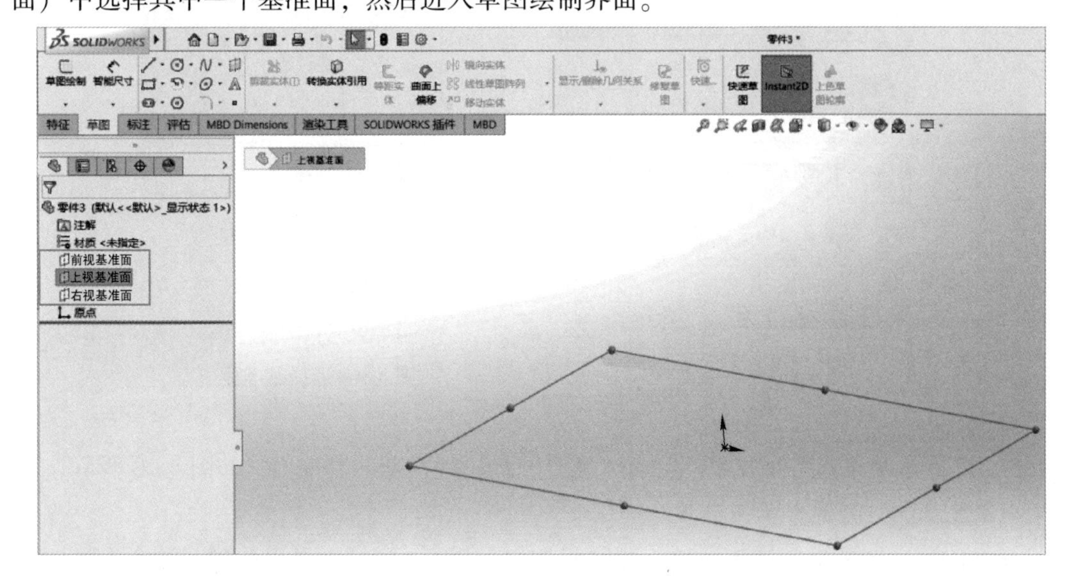

图 4-6 基于系统基准面

（2）方法二：基于所创建的某些特征表面进入草图绘制界面。选择所要生成草图的特征表面，鼠标左键选择该表面，如图 4-7 所示，系统将自动进入草图绘制界面。

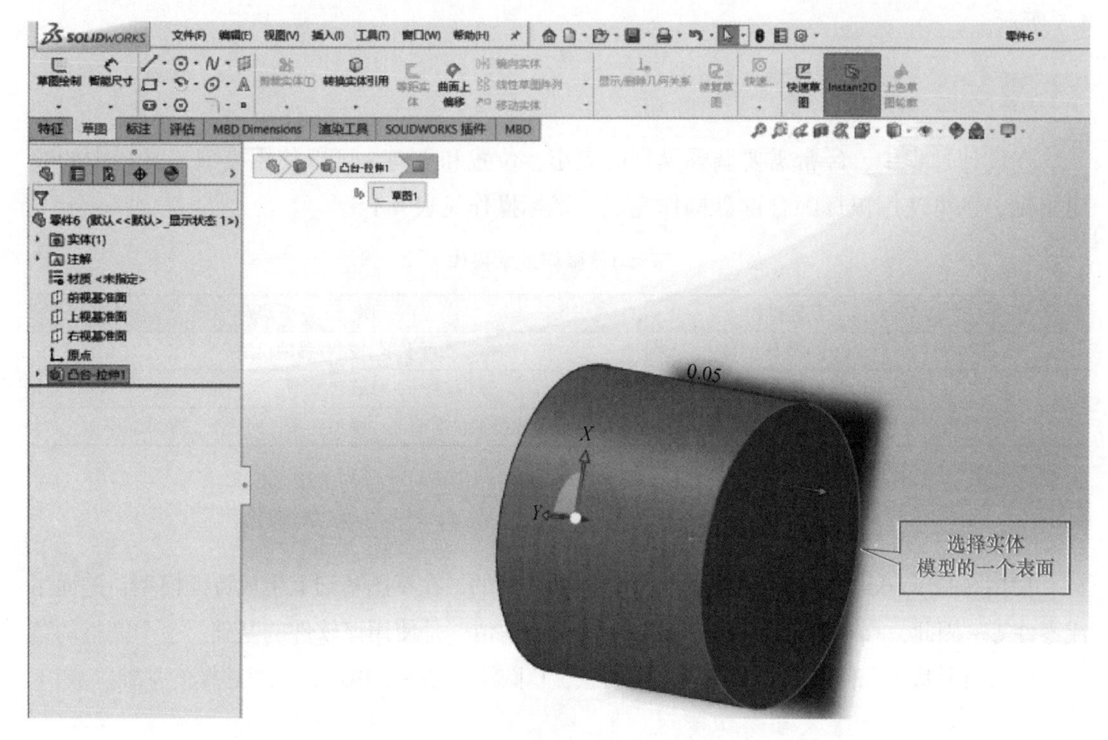

图 4-7 选择实体表面

（3）方法三：创建一个新的基准面。

1）进入“特征”模式工具栏，如图 4-8 所示。

2）打开“参考几何体”列表，选择“基准面”工具，如图 4-9 所示。

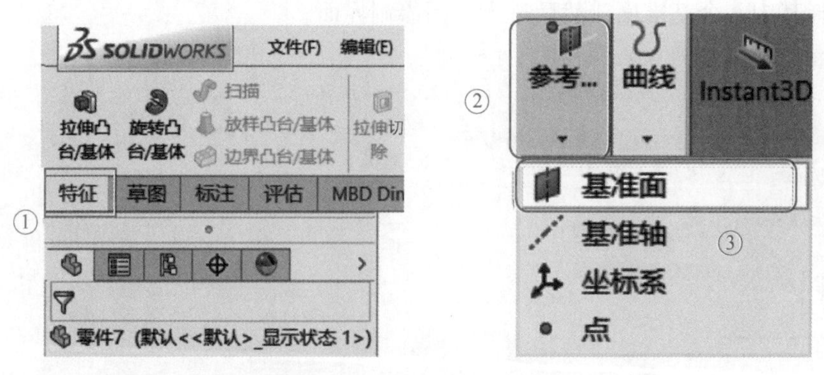

图 4-8 特征工具栏

图 4-9 选择基准面

3）设置参考和基准面参数，勾选“确定”即可建立新的基准面，如图 4-10 所示。

4.1.5.2 如何退出草图环境

在草图设计环境中，单击“退出草图”图标“⮐”，就可以退出草图；或者在草图设

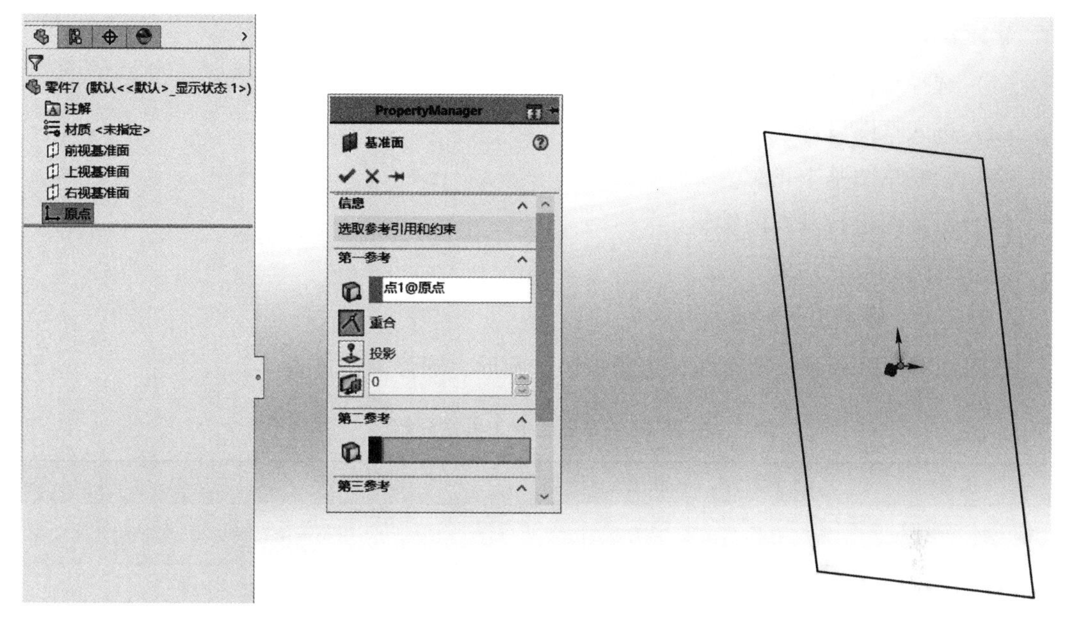

图 4-10　设置参考和基准面参数

计环境中，选择下拉菜单“插入”→“退出草图”，系统也可以退出草图设计环境。

4.1.5.3　如何编辑草图

双击图 4-11 所示的视图区草绘曲线，即可进入草图绘制界面，对草图进行编辑。

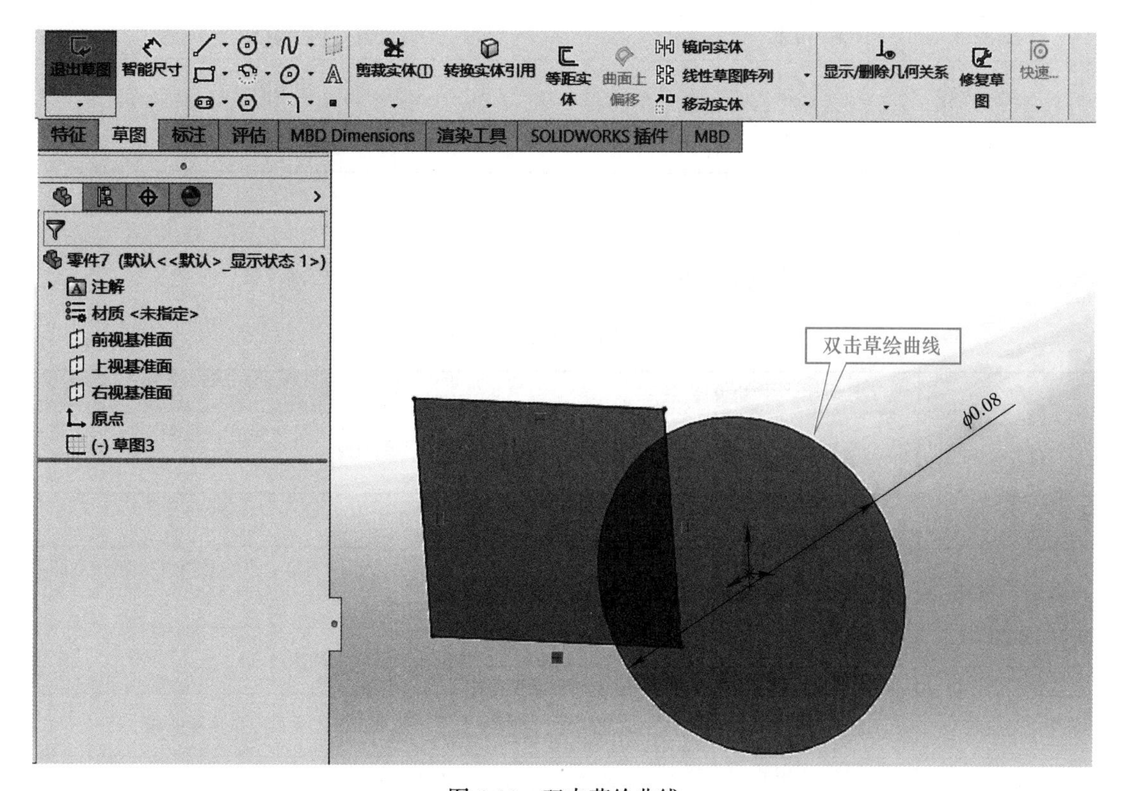

图 4-11　双击草绘曲线

4.1.5.4 草图绘制基本步骤

(1) 选择绘制草图的平面。

(2) 进入草图设计环境。

(3) 绘制草图基本轮廓。

(4) 对草图进行基本的编辑。

(5) 几何和尺寸约束。

4.1.5.5 草图几何对象绘制

草图基本绘图命令包括直线、边角矩形、圆形、圆弧等，见表4-2。

表4-2 草图绘制工具栏介绍

命令	工具图标	快捷键	作 用
直 线		L	绘制一条直线
圆形			绘制一个圆
边角矩形			绘制一个矩形
圆心/起/终点圆弧			绘制中心点圆弧
样条曲线			绘制样条曲线
椭圆			绘制完整椭圆
直槽口			绘制一个直槽口
多边形			绘制一个多边形
圆角			将两个草图实体相交处的边角圆角化，以创建一条切线弧

4.1.5.6 草图几何对象编辑

草图基本编辑命令包括裁剪实体、延伸实体和镜像实体等，见表4-3。

表4-3 草图常用编辑命令介绍

命令	工具图标	快捷键	作 用
裁剪实体		T	剪裁或延伸草图实体以使之与其他实体重合，或删除一个草图实体
延伸实体			延伸草图实体以相遇另一草图实体
转换实体引用			将所选边线和草图实体转换为相同实体，方法是将其投影到草图平面或面上
侧影实体			将实体和零部件的侧影轮廓转换为草图线段
交叉曲线			沿基准面、实体及曲面实体的交叉点生成一条草图曲线
等距实体			通过指定距离偏移一个或多个草图实体

续表 4-3

命令	工具图标	快捷键	作　用
镜像实体			关于中心线或平面参考镜像所选实体
线性草图阵列			添加草图实体的线性阵列
移动实体			移动草图实体和注解

4.1.5.7 草图尺寸标注及编辑

绘制二维草图必不可少的就是尺寸标注，可以先画草图，再进行尺寸标注来改变图形的长度、宽度或角度。其中，最重要、最便捷、最常用的就是智能尺寸标注，如图 4-12 所示。智能尺寸标注是多种标注方式的集合，用户可以根据所选标注对象的不同，标注不同的尺寸形式及进行尺寸编辑，如图 4-13 所示。

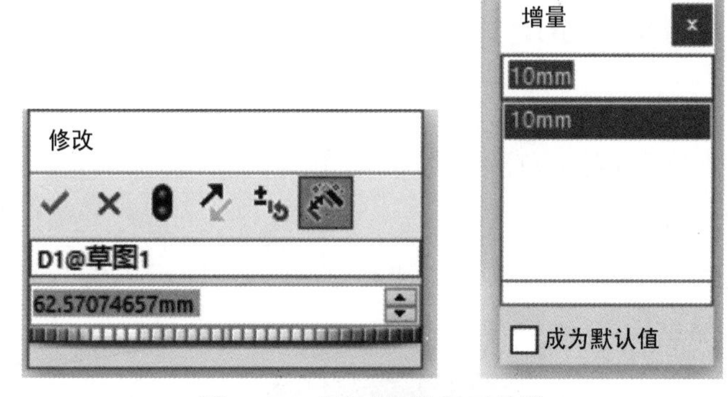

图 4-12　“尺寸标注”工具栏

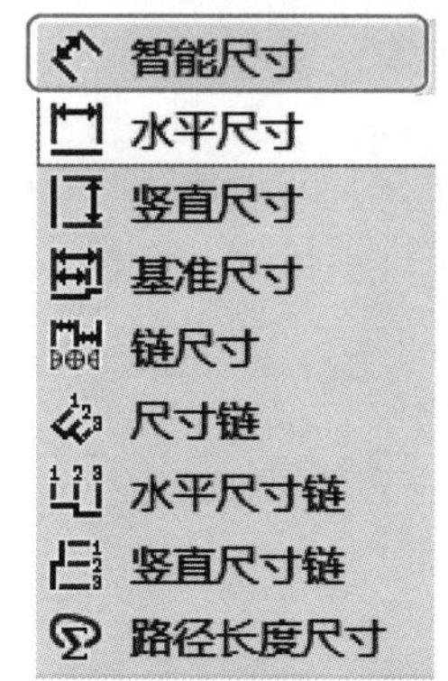

图 4-13　“修改”属性管理器和“增量”属性管理器

4.1.5.8 草图添加几何关系

利用“添加几何关系”工具可以在草图实体之间或草图实体与基准面、基准轴、边线或顶点之间生成几何关系，几何关系有水平、竖直、共线、垂直、平行、相等、全等、相切、同心、曲线长度相等。点击工具栏“添加几何关系”图标，弹出如图 4-14 所示的对话框。

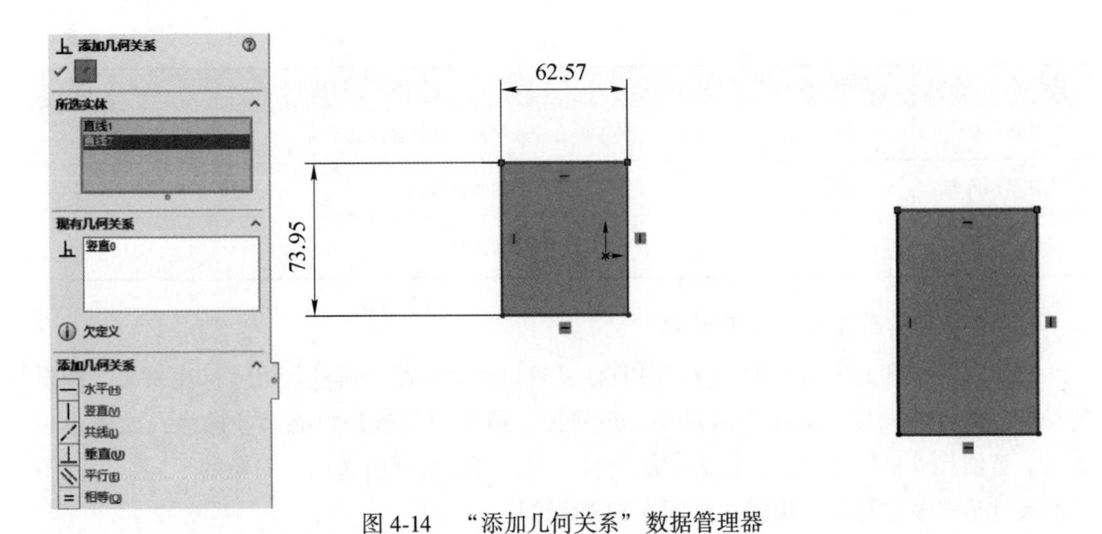

图4-14 “添加几何关系”数据管理器

4.1.6 知识点6：拉伸凸台/基体

4.1.6.1 含义

通过向一个或两个方向拉伸草图，或选定草图轮廓创建实体特征。

4.1.6.2 操作方法

使用“特征模式”，单击工具栏“拉伸凸台/基体”图标“ ”，激活“凸台-拉伸”对话框，如图4-15所示。

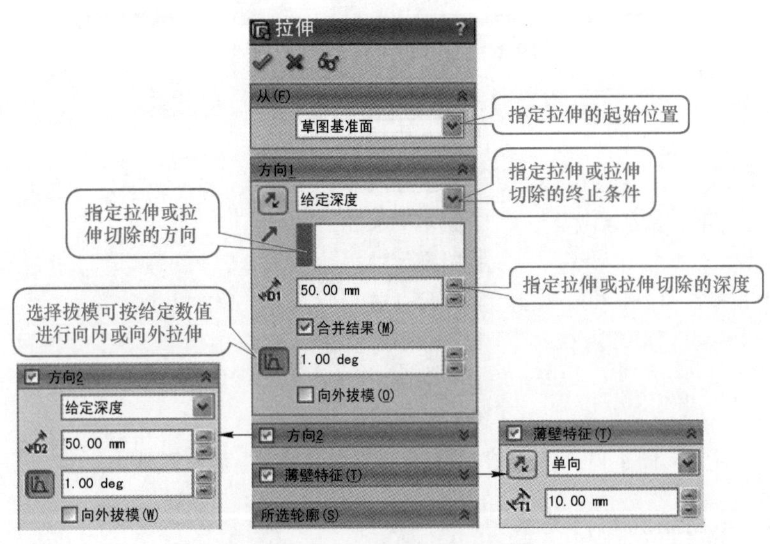

图4-15 “凸台-拉伸”对话框

4.1.7 知识点7：拉伸切除

4.1.7.1 含义

通过在一个或两个方向上拉伸草图轮廓切除实体模型。如果切除影响多实体零件中的多个实体，可以选择将哪些实体保留在“要保留的实体”对话框中。

4.1.7.2　操作方法

选用“特征”模式，单击工具栏“拉伸切除”图标“”，激活“切除-拉伸”对话框，如图 4-16 所示。

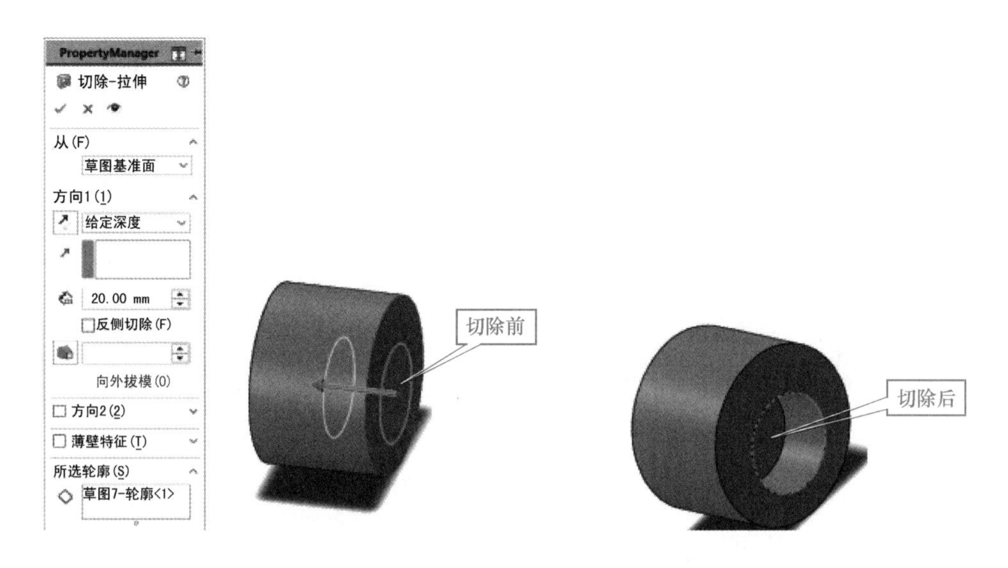

图 4-16　“切除-拉伸”对话框

4.1.8　知识点 8：倒角

4.1.8.1　含义

沿边线、一串切边或顶点生成一倾斜的边线。倒角可以按照角度-距离、距离-距离、等距面和面-面 4 种方式建立，以生成零件的外倒角或内倒角。

4.1.8.2　操作方法

选用“特征”模式，单击工具栏“倒角”图标“”，激活“倒角”对话框，如图 4-17 所示。

4.1.9　知识点 9：圆角

4.1.9.1　含义

沿实体或曲面特征中的一条或多条边线创建圆形内部或外部面，圆角尺寸可以是常量或变量。

4.1.9.2　操作方法

选用“特征”模式，单击工具栏“圆角”图标“”，激活“圆角”对话框，如图 4-18 所示。

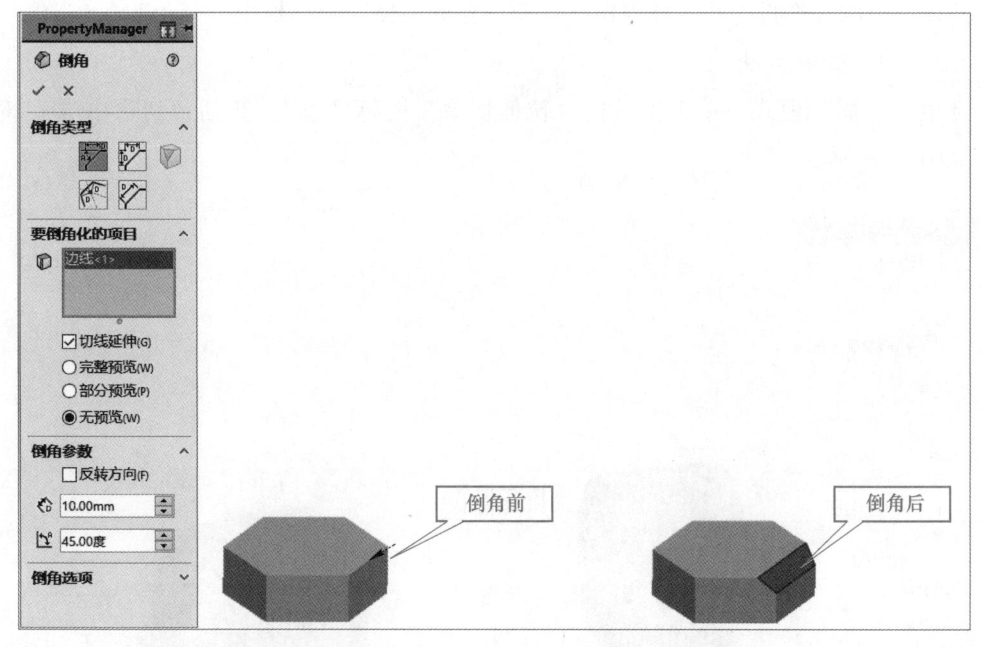

图 4-17 “倒角”对话框

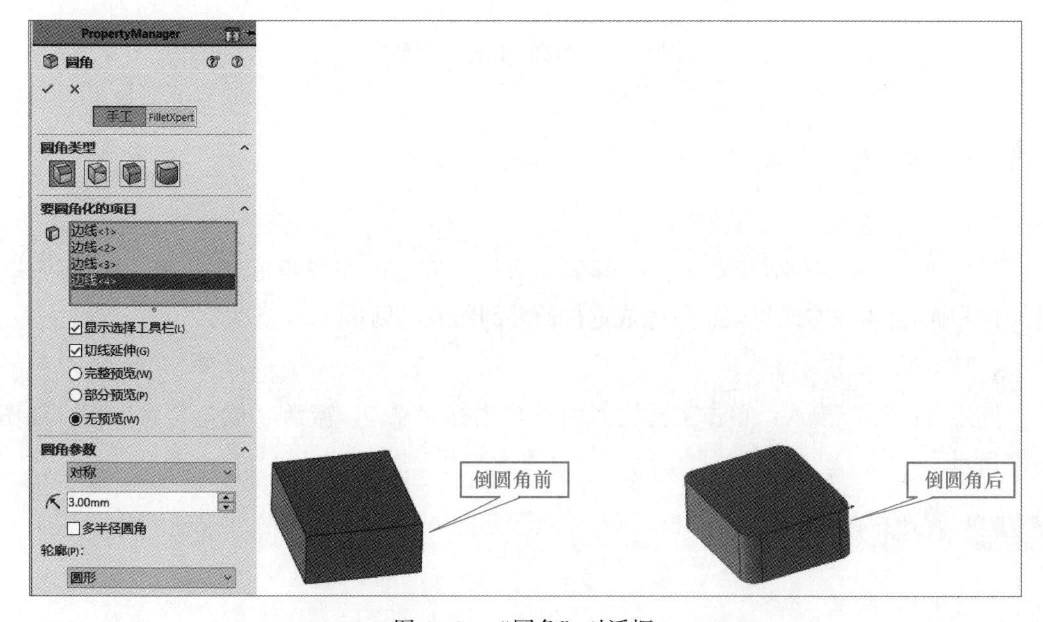

图 4-18 “圆角”对话框

4.1.10 知识点 10：镜像

4.1.10.1 含义

围绕基准面或平面镜像特征、面和实体，在装配体中，可以镜像装配体特征。

4.1.10.2 操作方法

选用“特征”模式，单击工具栏“镜像”图标“ ”，激活“镜像”对话框，如图 4-19 所示。

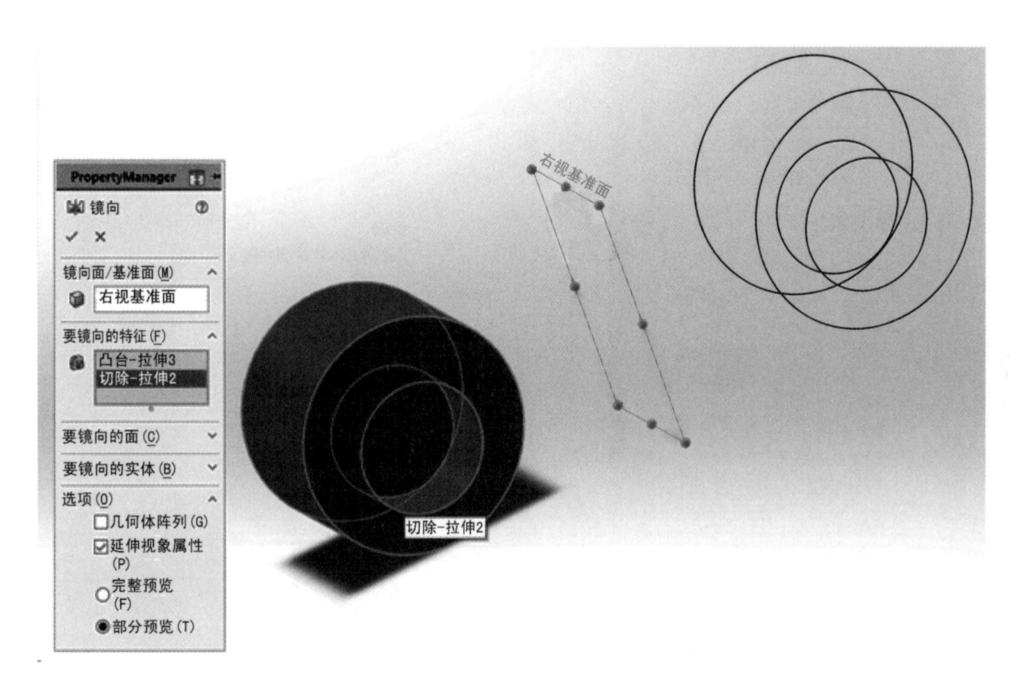

图 4-19 “镜像”对话框

4.1.11 知识点 11：异型孔向导

4.1.11.1 含义

插入各种类型的自定义孔，例如沉头孔、锥形沉头孔或螺纹孔。

4.1.11.2 操作方法

选用“特征”模式，单击工具栏“异型孔向导”图标“ ”，激活“孔规格”对话框，如图 4-20 所示。

4.1.12 知识点 12：螺纹线

4.1.12.1 含义

用预定义的截面插入的螺纹线。

4.1.12.2 操作方法

选用“特征”模式，单击工具栏“异型孔向导”下方的螺纹线图标“ ”，激活“螺纹线”对话框，如图 4-21 所示。

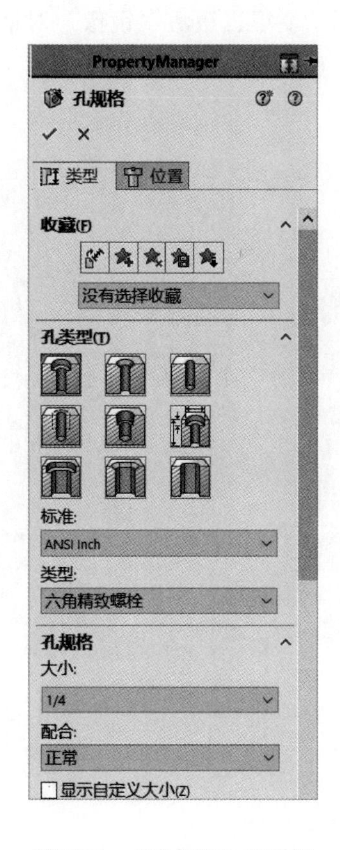

图 4-20 “孔规格”对话框

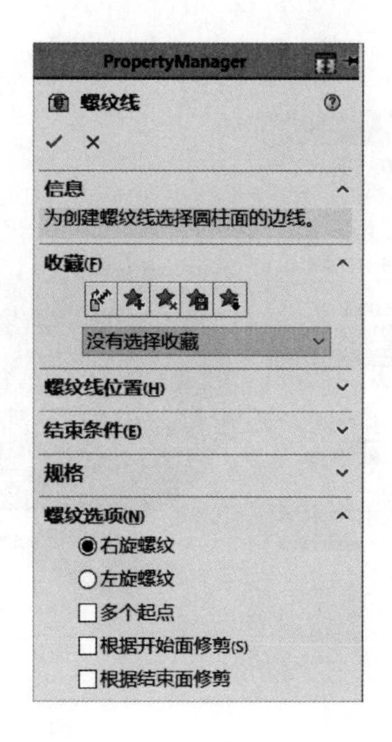

图 4-21 “螺纹线”对话框

4.1.13 知识点 13：等距实体

4.1.13.1 含义

通过指定距离偏移一个或多个草图实体。

4.1.13.2 操作方法

在草图设计环境中，单击工具栏的“等距实体”图标“”，激活“等距实体”对话框，如图 4-22 所示。

任务实施

（1）手机支架结构分析。欲 3D 打印图 4-23 所示的手机支架之前，首先用三维建模软件把手机支架各个零件的三维模型创建出来，本模块采用 SolidWorks 软件对手机支架进行建模。手机支架由面板、连接器、螺栓、螺母、底座等零件组装而成，各个零件的工程图如图 4-24～图 4-37 所示，装配图如图 4-38 所示。

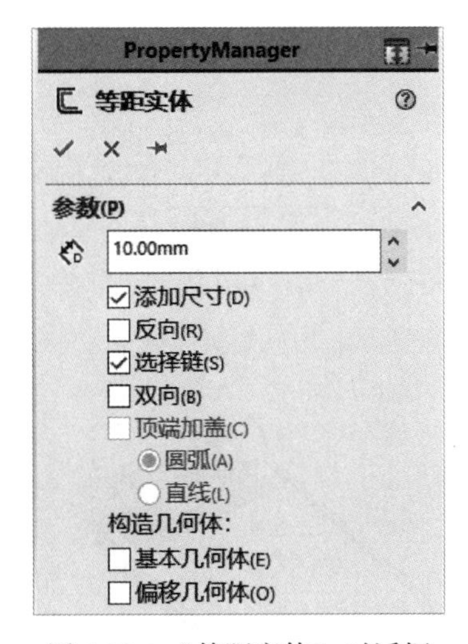

图 4-22　“等距实体”对话框

图 4-23　手机支架

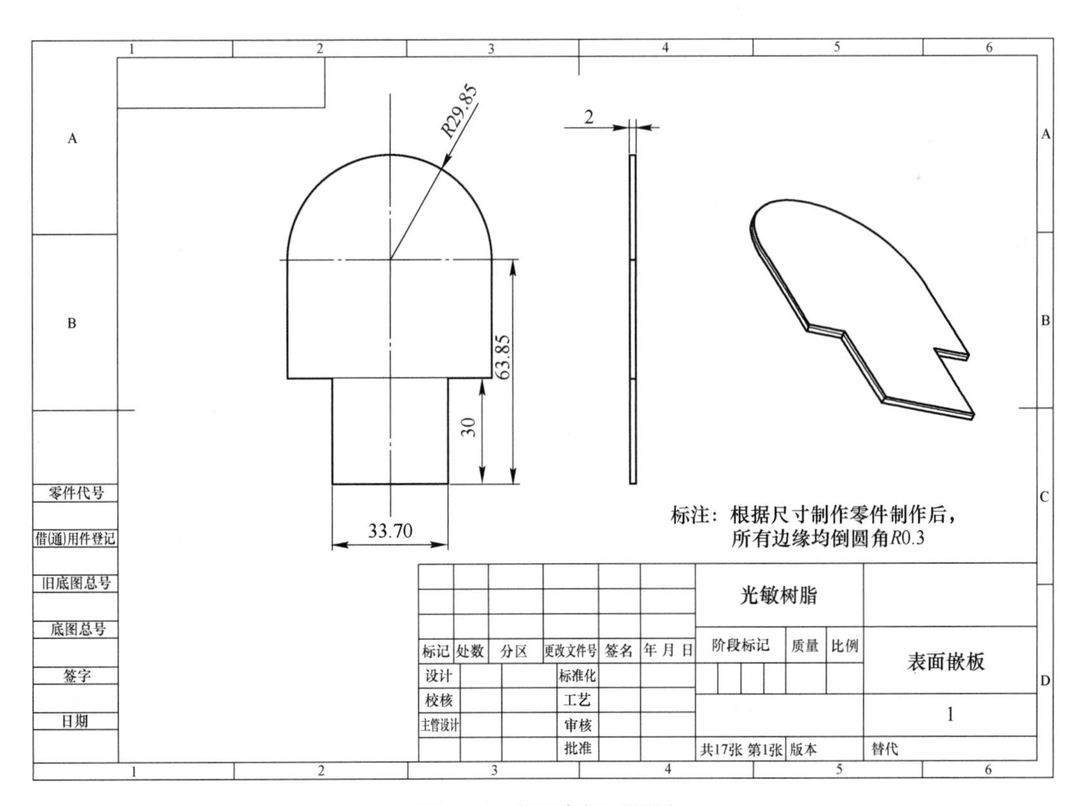

图 4-24　表面嵌板工程图

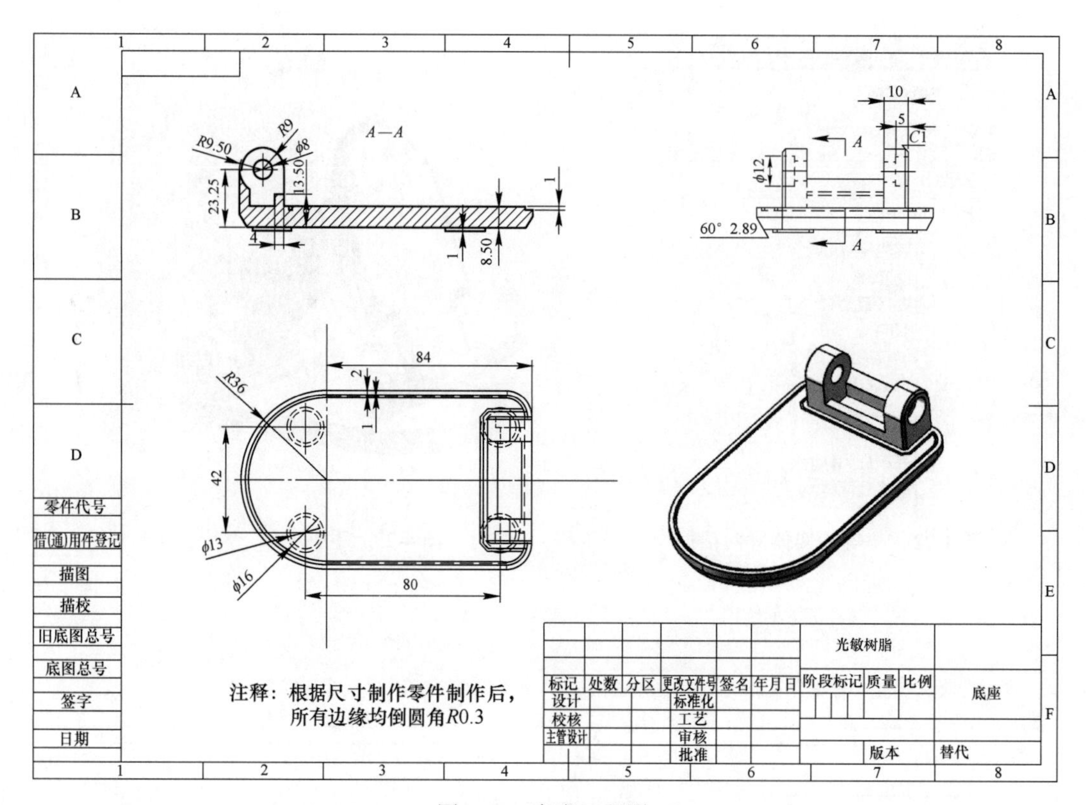

图 4-25 底座工程图

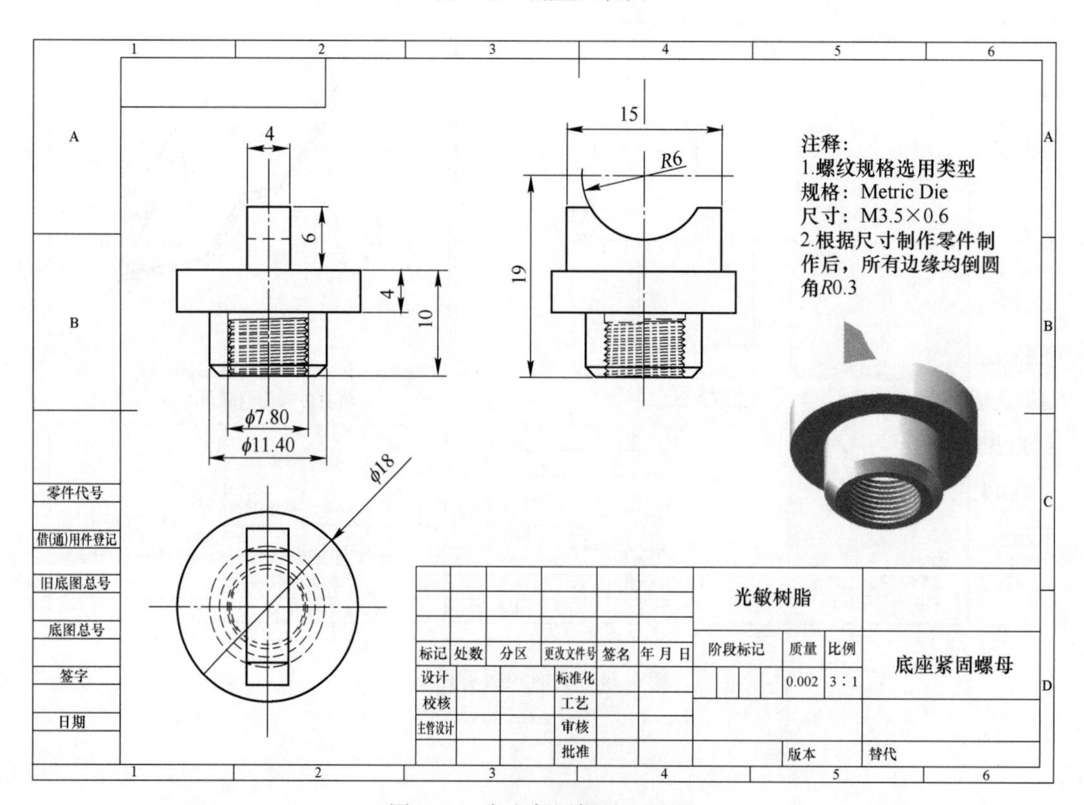

图 4-26 底座紧固螺母工程图

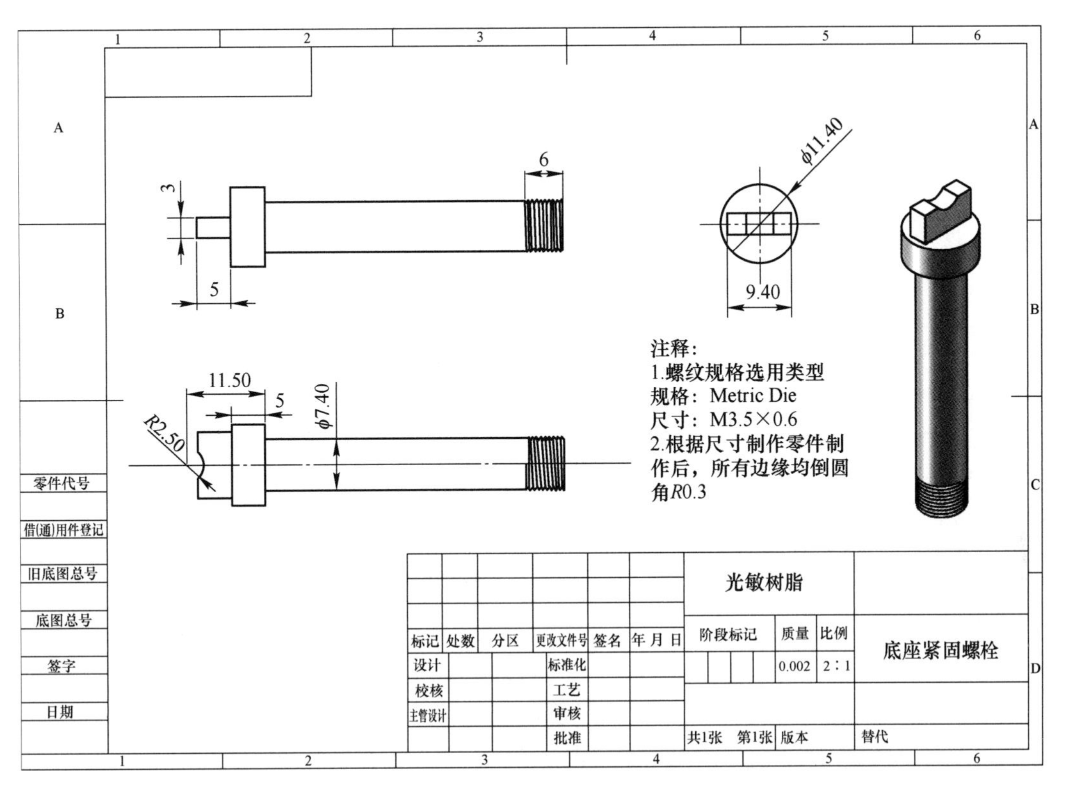

图 4-27　底座紧固螺栓工程图

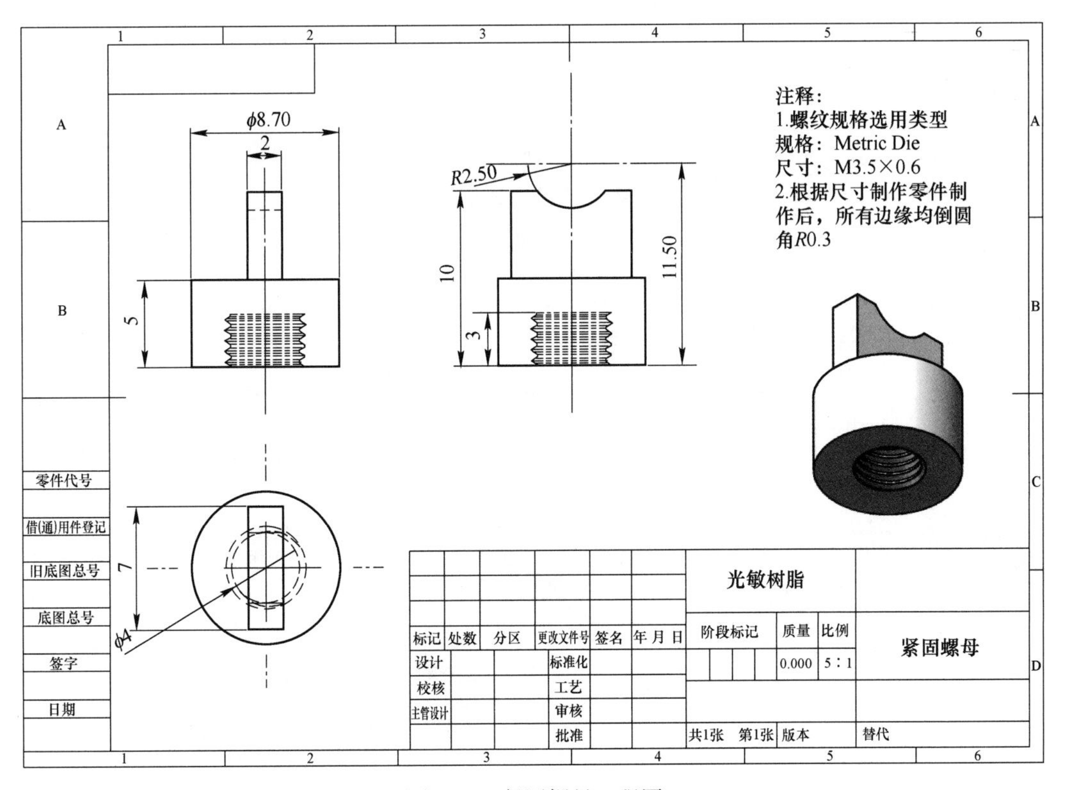

图 4-28　紧固螺母工程图

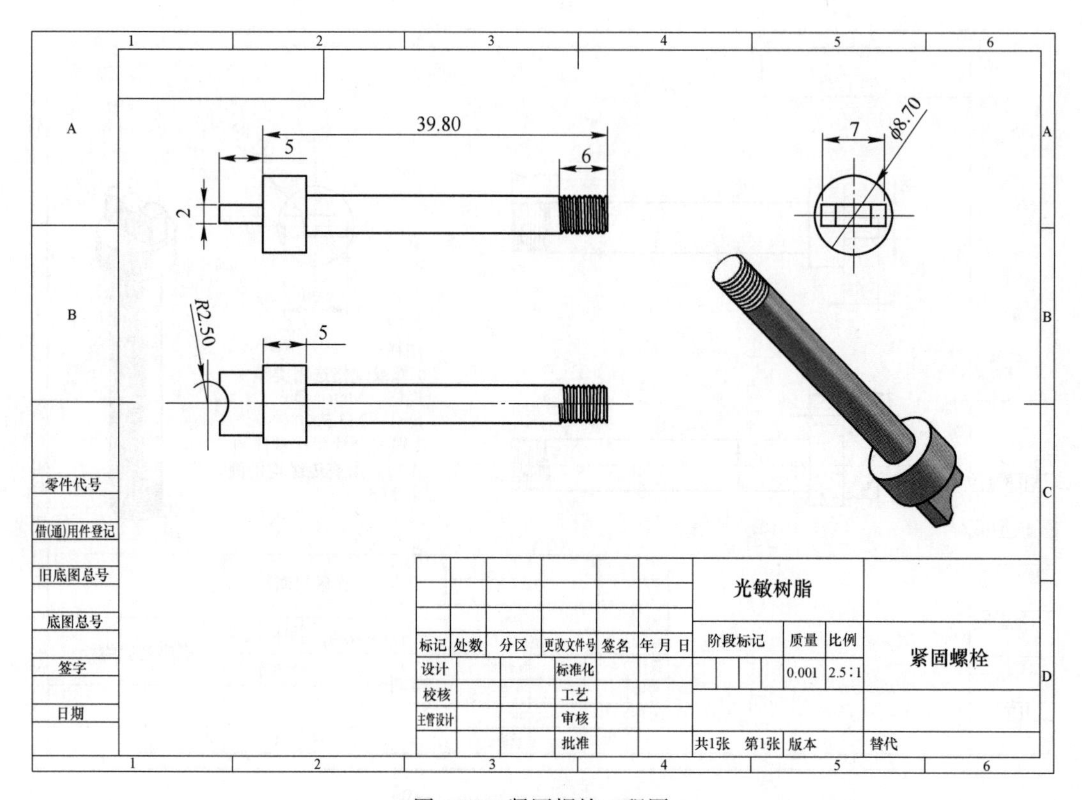

图 4-29 紧固螺栓工程图

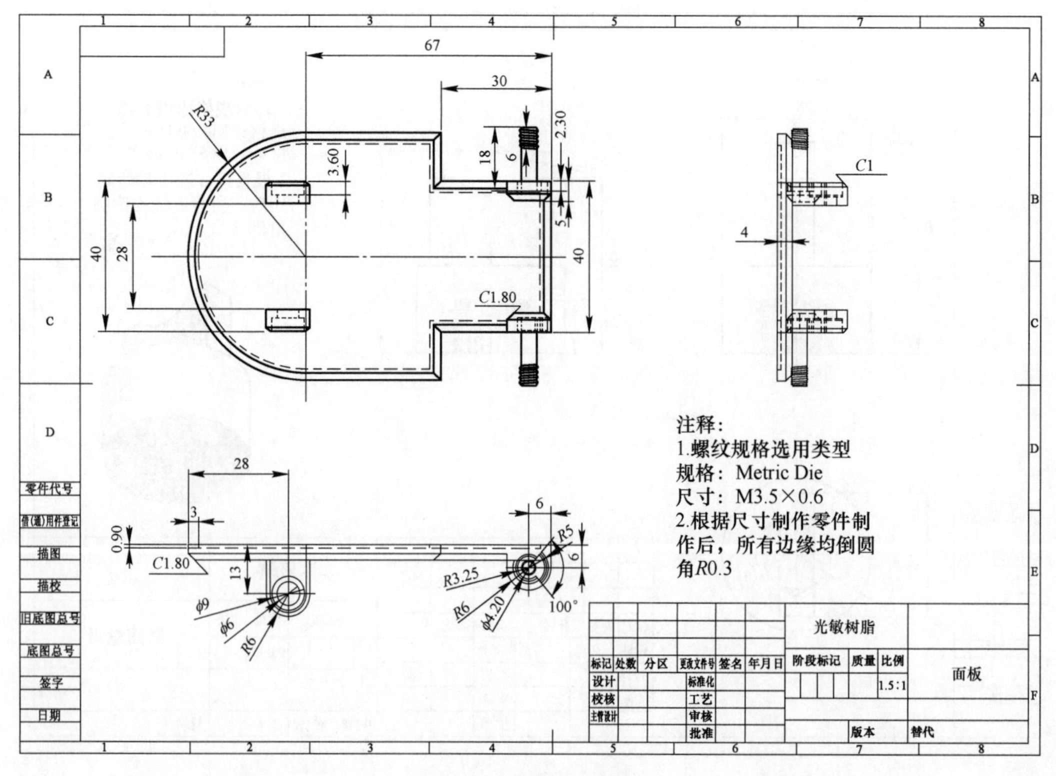

图 4-30 面板工程图

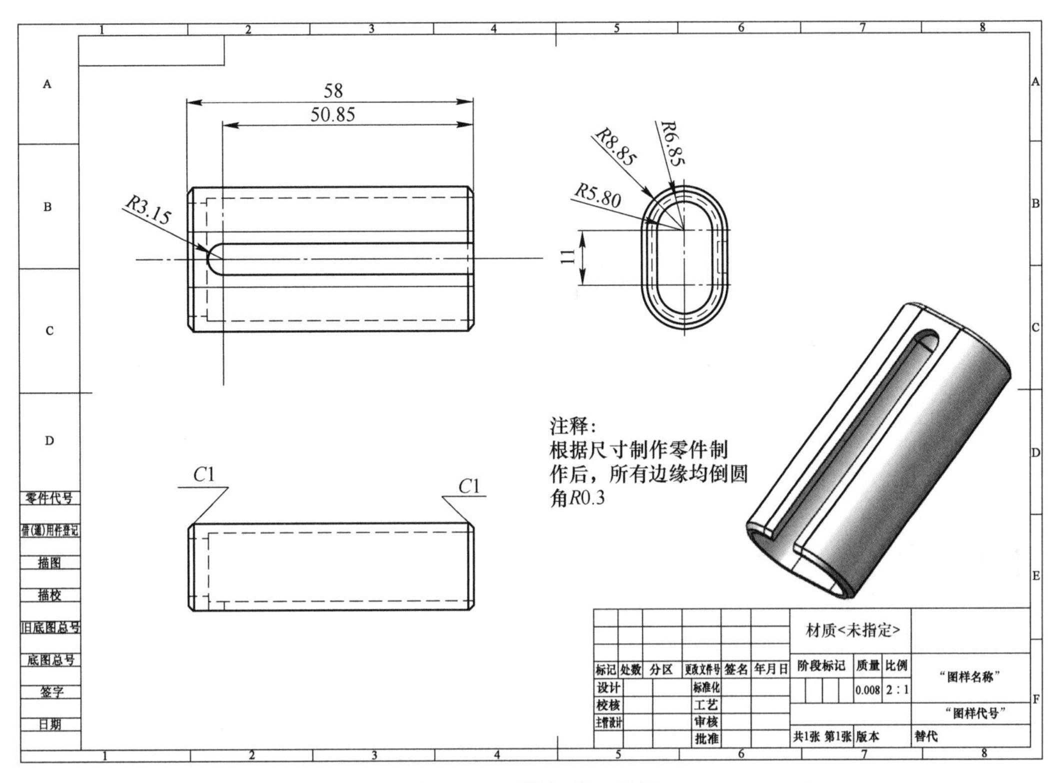

图 4-31　下轴杆件工程图

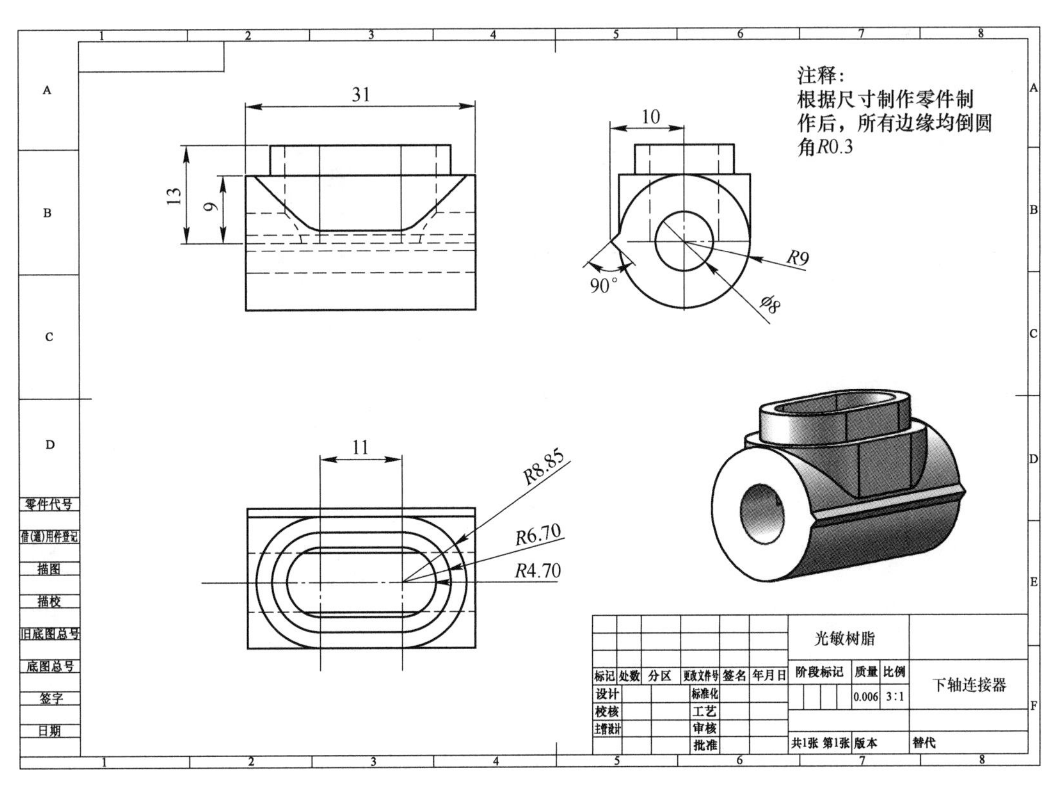

图 4-32　下轴连接器工程图

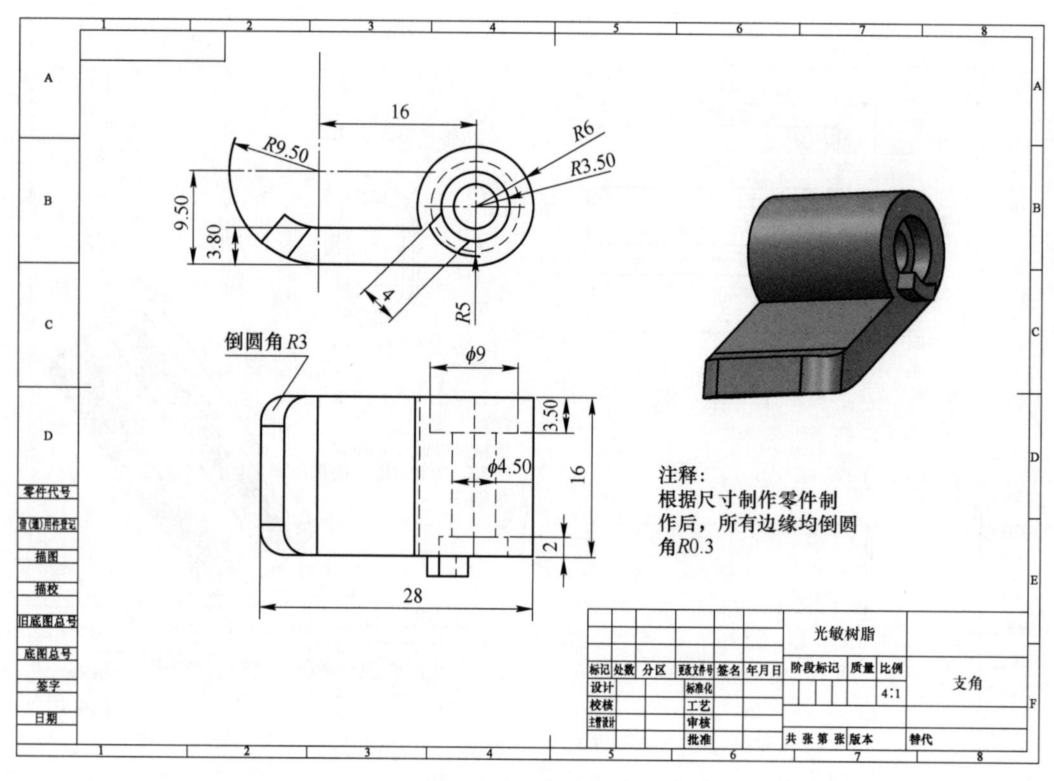

图 4-33 支角工程图

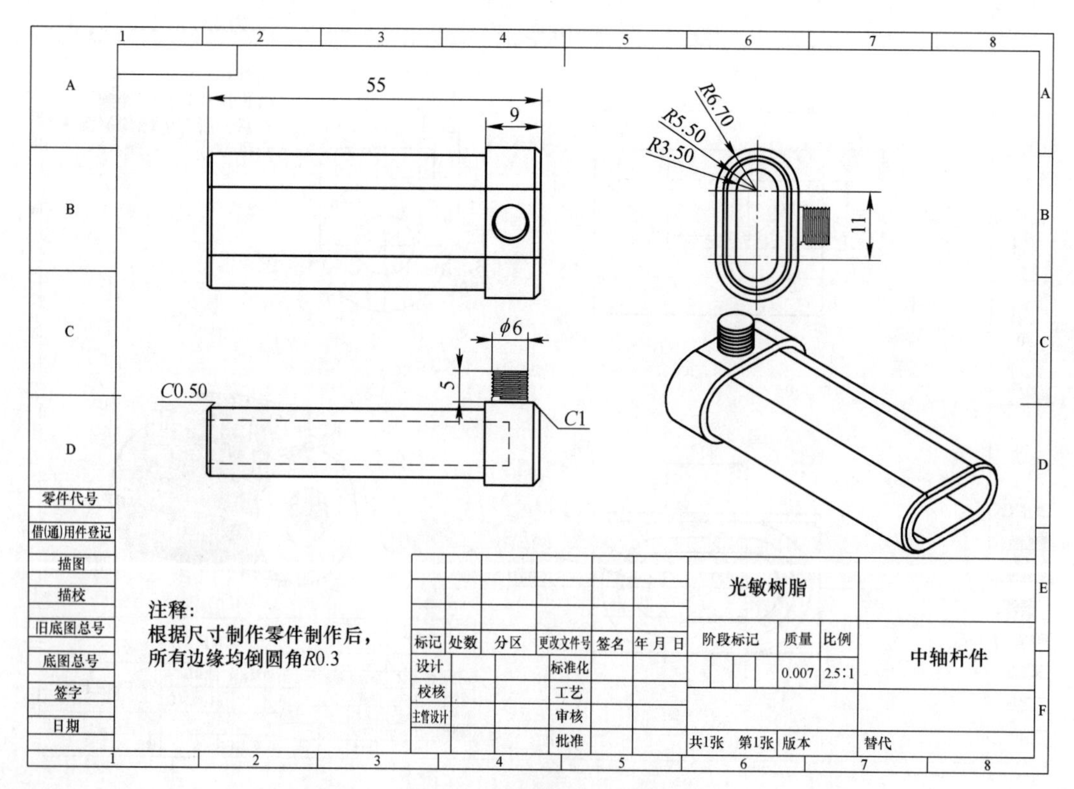

图 4-34 中轴杆件工程图

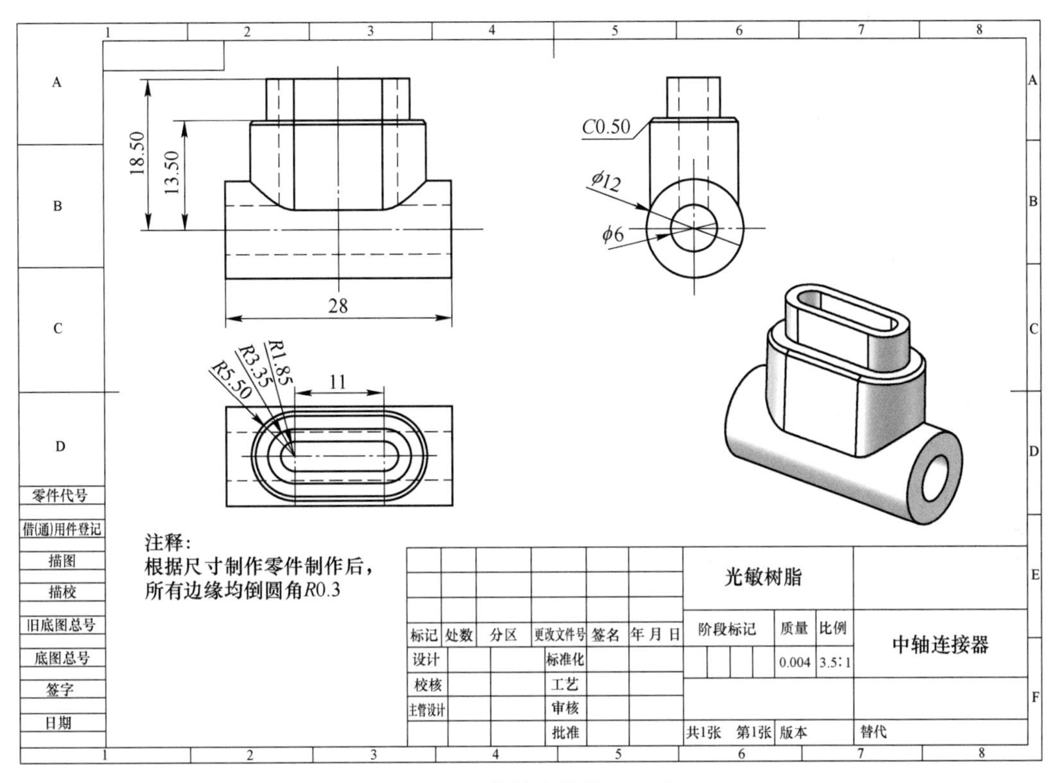

图 4-35　中轴连接器工程图

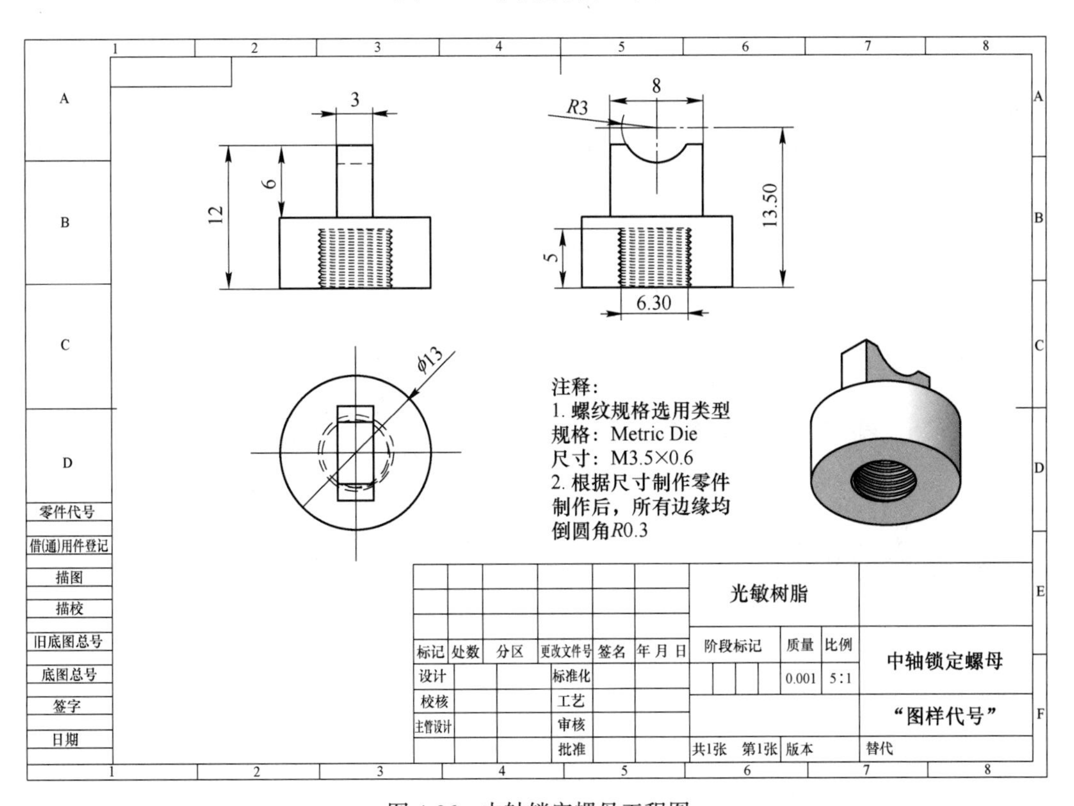

图 4-36　中轴锁定螺母工程图

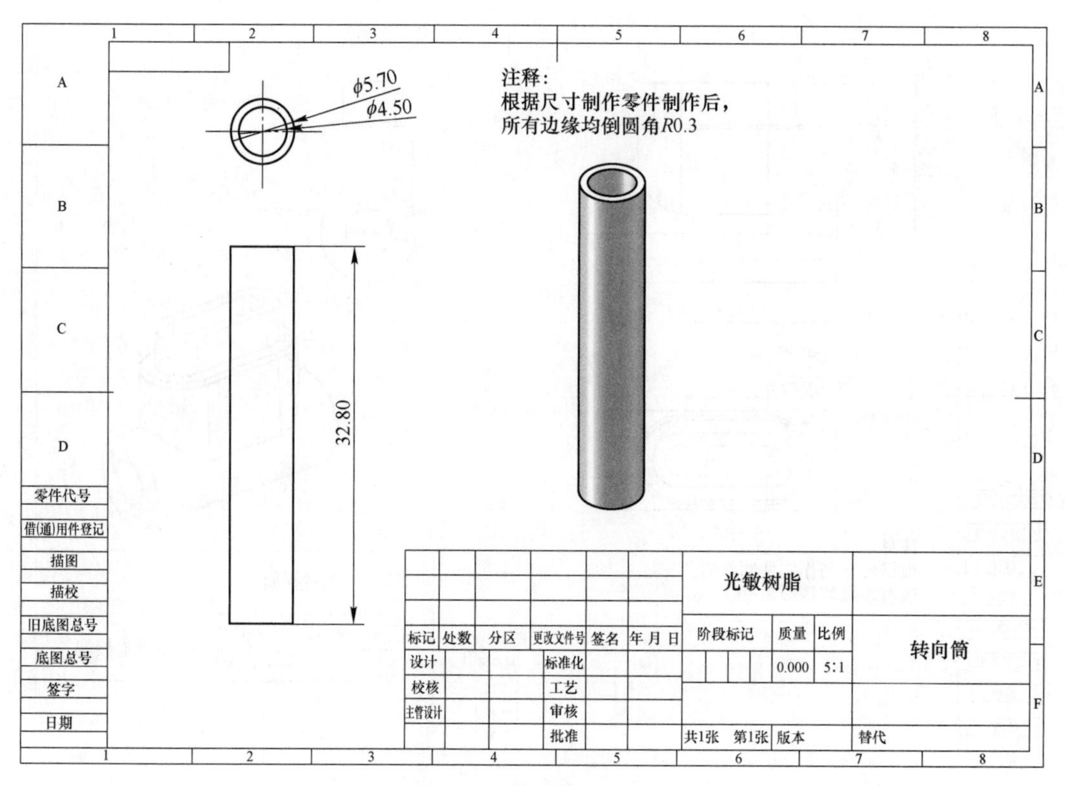

图 4-37 转向筒工程图

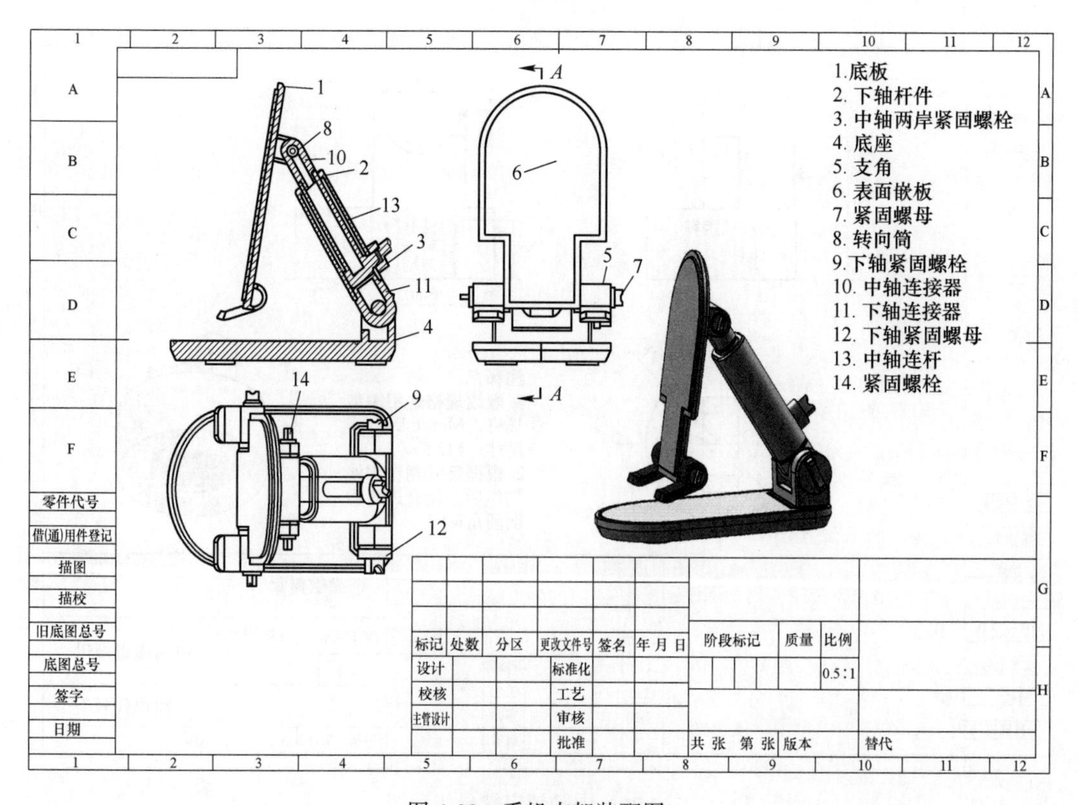

图 4-38 手机支架装配图

（2）建模思路分析（以面板为例）。首先选定需要绘制模型所在的平面，再根据图纸信息绘制草图，使用拉伸等命令制作出模型大致形状，使用拉伸切除等切除命令对模型进行切割，最终根据需求对模型进行螺纹、倒角等。

（3）手机支架建模设计过程（以面板为例）。

1）单击模式菜单栏中“草图”，选择“上视图”为基准平面，点击“草图绘制”开始草图绘制，按图 4-39 所示绘制草图，完成后退出草图。

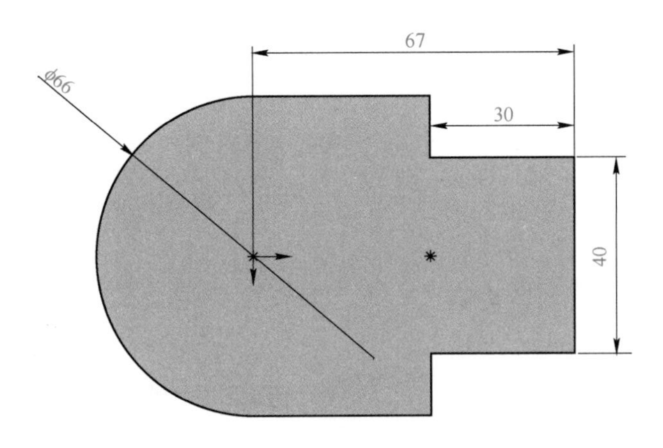

图 4-39　绘制草图

2）单击模式菜单栏“特征”，点击工具“拉伸凸台/基体”，拉伸距离为 8 mm，单击“确定”完成特征建立，如图 4-40 所示。

图 4-40　拉伸基体

3）“特征”模式中，点击“参考”，以右视图为基准，建立新基准面，偏移距离 20 mm，单击“确定”，完成“基准面 1”的建立，如图 4-41 所示。

4）点击“草图”模式，选择“基准面 1”为平面，单击“草图绘制”开始绘制，按图 4-42 所示绘制草图，完成后退出草图。

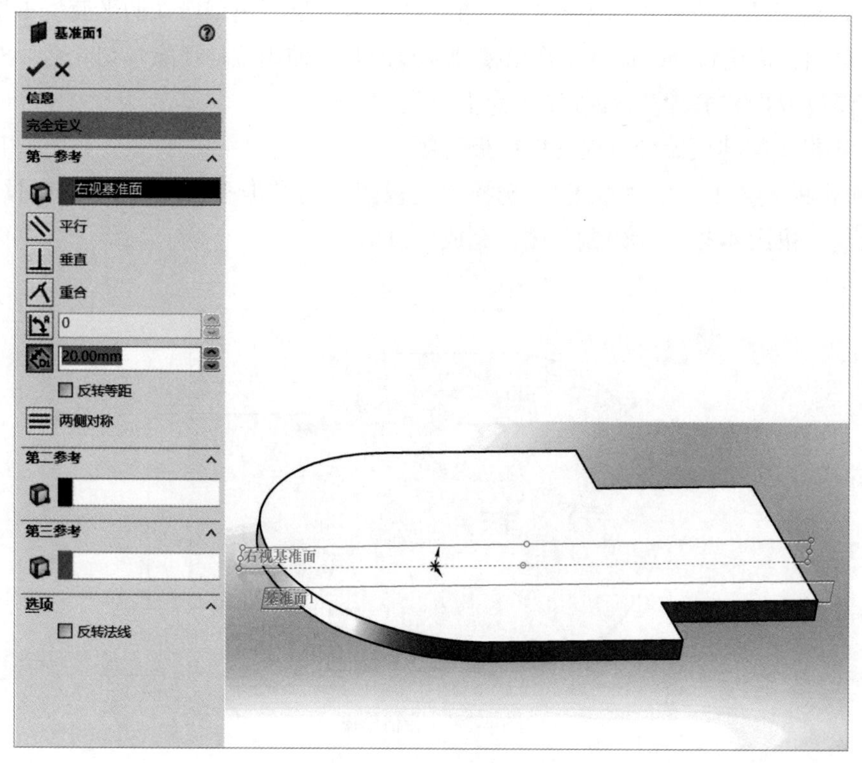

图4-41 制作基准面

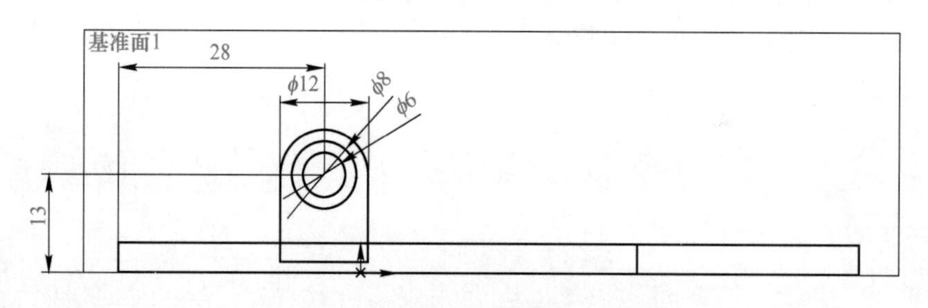

图4-42 绘制草图

5）点击“特征”模式，使用“拉伸凸台/基体”工具，选择最外围轮廓拉伸距离6 mm，完成后确认；使用“拉伸切除”工具，选择直径为9 mm的圆切除距离为3. 6 mm，完成后确认；再次使用“拉伸切除”，选择直径为6 mm的圆完全贯穿切除，完成后确认，如图4-43所示。

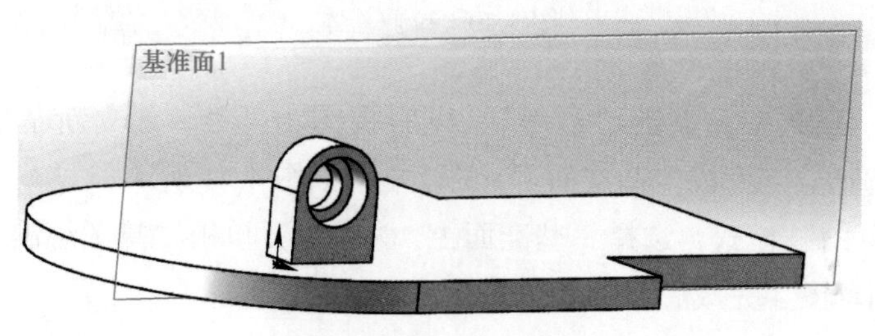

图4-43 拉伸/切除基台

6）点击“草图模式”，以模型凸字形边面为基准面，单击“草图绘制”开始绘制，按照图 4-44 所示绘制草图，完成后退出草图。

图 4-44　绘制草图

7）点击“特征模式”，使用“拉伸凸台/基体”工具，选择最外围轮廓拉伸距离 5 mm，完成后确认；使用“拉伸切除”工具，选择异性封闭图形切除距离为 2.7 mm，完成后确认；再次使用“拉伸凸台/基体”，选择直径为 4.20 mm 的圆，内测拉伸距离为 2.7 mm、外侧拉伸距离为 15.3 mm，完成后确认，如图 4-45 所示。

8）点击“特征模式”，使用“倒角”工具，根据图纸所示参数，分别给对应边缘进行倒角，如图 4-46 所示。

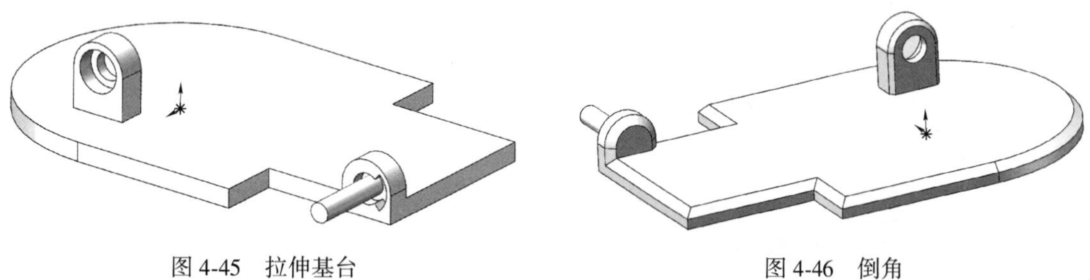

图 4-45　拉伸基台　　　　图 4-46　倒角

9）点击“特征”模式，使用“镜像”工具，以右视图基准面为镜像平面，选择所有特征，完成后点击“确认”，如图 4-47 所示。

10）点击“草图”模式，以模型俯视图平面为基准面，点击“草图绘制”命令开始绘制，使用“等距实体”工具，选择模型外轮廓，偏移距离为 3 mm，建立封闭图形；根据需求对模型进行减重处理（注：自由发挥），完成后退出草图，如图 4-48 所示。

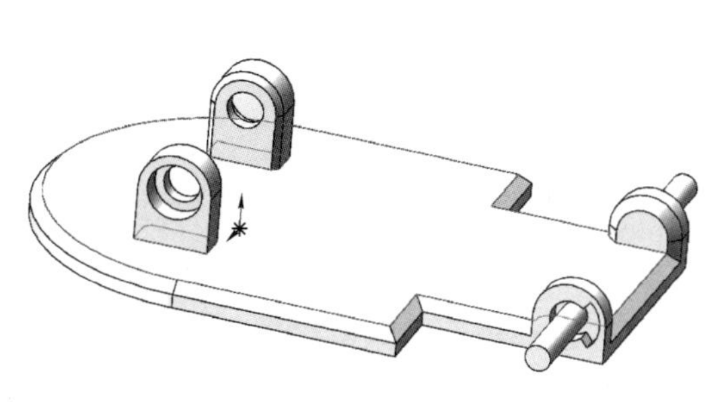

图 4-47　镜像特征

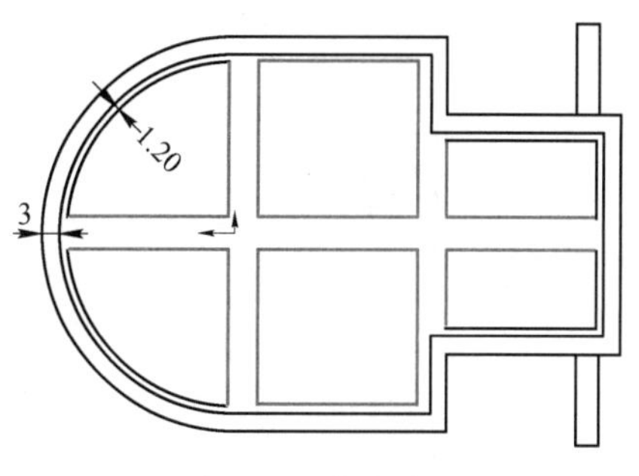

图 4-48　减重处理

11）开启“特征”模式，使用“拉伸切除”工具，选择草图外轮廓图形切除距离为0.9 mm，完成后确定；重复切除命令，选择内部方框图形切除距离为2 mm，完成后确定，如图4-49所示。

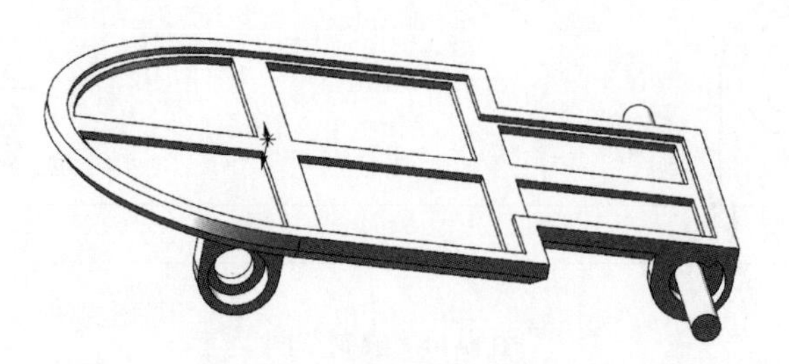

图4-49　拉伸切除后模型

12）开启“特征”模式，点击“异型孔向导”下拉菜单，使用“螺纹线”工具，选择螺纹特征边缘，在“编辑栏”中，“偏移”栏里打钩，偏移距离1 mm，调整其方向；“结束条件栏”中，深度距离给定7 mm；“规格栏”中类型选择“Metric Die”，“尺寸”给定为M3. 5 mm×0. 6 mm。完成后点击确认，如图4-50所示。

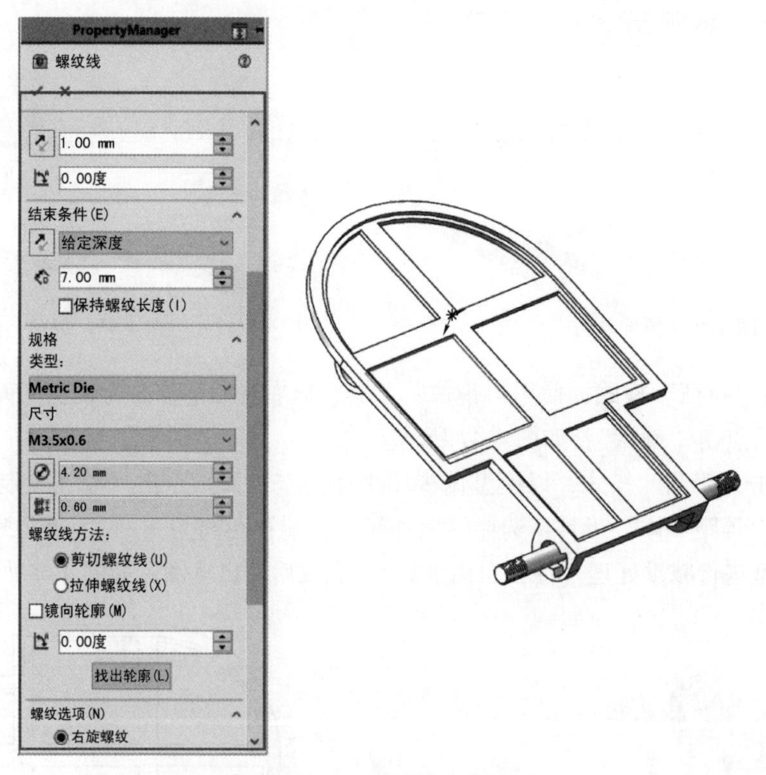

图4-50　制作螺纹线

13）开启“特征”模式，使用“圆角”工具，选择模型中除螺纹特征之外所有边缘，对其进行倒圆角，倒角大小为0. 3 mm，完成后点击“确定”，如图4-51所示。

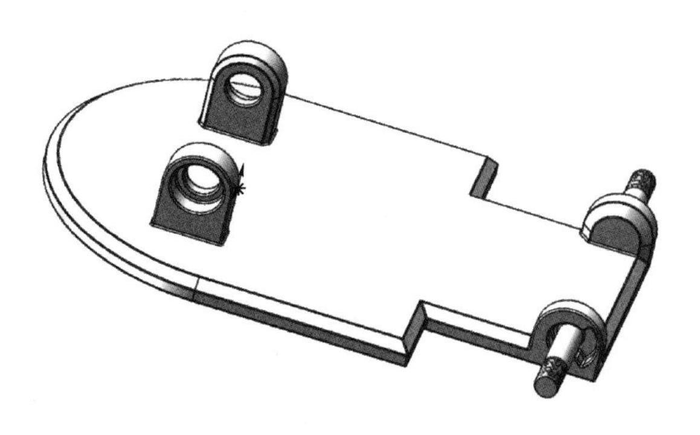

图 4-51　边缘倒圆角

任务 4. 2　手机支架装配设计

课件：任务 4.2　手机支架装配设计

任务导入

在完成手机支架产品零部件的建模后，需要通过装配功能模块将这些零部件进行装配操作，以得到完整的产品模型结构。由于三维设计软件 SolidWorks 具有强大的装配功能，因此用该软件完成手机支架的装配设计。

任务要求

（1）在学银在线或学习通平台上完成在线学习任务，学会知识点基本技能操作，完成知识构建。

（2）使用三维设计软件 SolidWorks 进行手机支架的装配设计，并导出 STL 格式。

（3）填写工作过程记录单，提交课程平台。

（4）在学银在线或学习通平台上完成拓展任务、参与话题讨论。

知识链接

4. 2. 1　知识点 1：装配原则

首先了解部件的工作原理，根据工作原理选择装配基准件，它是最先进入装配的零件，并从保证所选定的原始基面的直线度、平行度和垂直度的调整开始；然后根据装配结构的具体情况和零件之间的连接关系，按“先下后上、先内后外、先难后易、先重后轻、先精密后一般”的原则确定其他零件或组件的装配顺序。

4. 2. 2　知识点 2：如何进入装配环境

单击图 4-52 所示的“新建”按钮，出现“新建 SOLIDWORKS 文件”对话框，单击

“装配体”，再单击“确定”按钮，或者双击“装配体”图标。

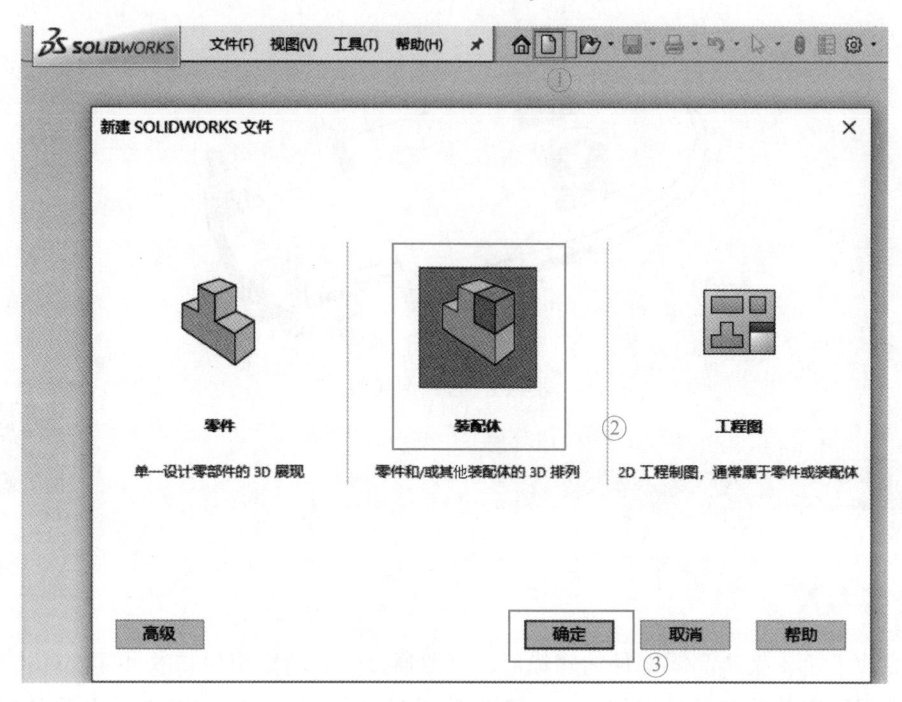

图 4-52 初始界面

4.2.3 知识点 3：装配体界面

与零件界面类似，这里最常用的是装配体工具栏，寻找零件与零件之间的关系并对其进行配合，如图 4-53 所示。

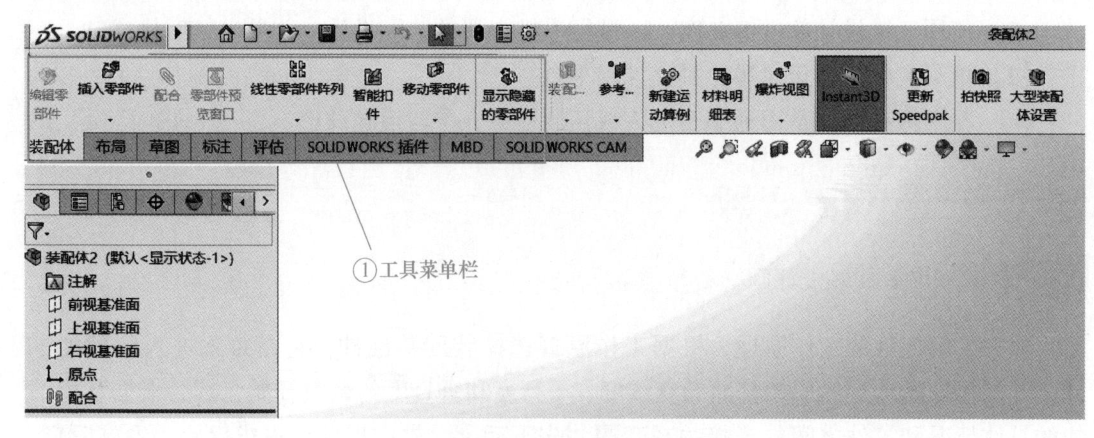

图 4-53 装配体界面

4.2.4 知识点 4：创建装配体过程

创建装配体的过程为：

（1）建立新的装配体文件；
（2）插入已有的零件或者子装配体；
（3）指定固定零部件（浮动的零部件可以用鼠标进行拖动）；
（4）设定零部件之间的配合关系，使之符合实际工程的设计要求；
（5）进行装配体分析，干涉检查，获得质量等参数。

4.2.5 知识点 5：零部件配合关系

零部件之间的配合关系有标准配合、高级配合和机械配合 3 种类型，见表 4-4～表 4-6。

表 4-4　标准配合命令介绍

命令	工具图标	含　义
重合		将所选面、边线及基准面定位（相互组合或与单一顶点组合），使其共享同一个无限基准面，定位两个顶点使它们彼此接触
平行		使所选的配合实体相互平行
垂直		使所选配合实体以彼此间 90°角放置
相切		使所选配合实体以彼此间相切放置（至少有一个选择项必须为圆柱面、圆锥面或球面）
同轴		使所选配合实体放置于共享同一中心线
锁定		保持两个零部件之间的相对位置和方向
距离		使所选配合实体以彼此间指定的距离放置
角度		使所选配合实体以彼此间指定的角度放置
同向对齐		与所选面正交的向量指向同一方向
反向对齐		与所选面正交的向量指向相反方向

表 4-5　高级配合命令介绍

命令	工具图标	含　义
轮廓中心		将矩形和圆形轮廓互相中心对齐，并完全定义组件
对称		强制使两个零件的各自选中面相对于零部件的基准面或平面或装配体的基准面距离对称
宽度		使零部件位于凹槽宽度内的中心
路径配合		将零部件上所选的点约束到路径
线性/线性耦合		在一个零部件的平移和另一个零部件的平移之间建立几何关系

续表 4-5

命令	工具图标	含　义
距离		允许零部件在距离配合一定数值范围内移动
角度		允许零部件在角度配合一定数值范围内移动

表 4-6　机械配合命令介绍

命令	工具图标	含　义
凸轮		是一个相切或重合配合类型，它允许将圆柱、基准面，或点与一系列相切的拉伸曲面相配合
槽口		将螺栓或槽口运动限制在槽口孔内
铰链		将两个零部件之间的移动限制在一定的旋转范围内，其效果相当于同时添加同心配合和重合配合
齿轮		强迫两个零部件绕所选轴相对旋转，齿轮配合的有效旋转轴包括圆柱面、圆锥面、轴和线性边线
齿条小齿轮		通过齿条和小齿轮配合，某个零部件（齿条）的线性平移会引起另一个零部件（小齿轮）做圆周旋转，反之亦然
螺旋		将两个零部件约束为同心，并在一个零部件的旋转和另一个零部件的平移之间添加几何关系
万向节		一个零部件（输出轴）绕自身轴的旋转是由另一个零部件（输入轴）绕其轴的旋转驱动

4.2.6 知识点 6：装配体常用设计工具

装配体常用的设计工具主要包括插入零部件、新零件、配合等，见表 4-7。

表 4-7　装配体常用设计工具介绍

命令	工具图标	含　义
插入零部件		将现有零件或子装配体添加到装配体
新零件		生成一个新零件并插入装配体中
配合		创建零部件之间的几何图形关系，以定义零部件的线性或旋转运动的允许方向
智能扣件		如果装配体具有的孔、孔系列或孔阵列的尺寸适合接受标准硬件，则自动从 SolidWorks Toolbox 库中添加紧固件
移动零部件		在由其配合定义的自由度内移动零部件
旋转零部件		在由其配合定义的自由度内旋转零部件
显示隐藏的零部件		暂时切换隐藏和显示的零部件的显示，以便可以选择要显示的隐藏零部件
爆炸视图		彼此分开显示零部件，但进行定位以显示零部件在装配时如何拟合在一起

任务实施

（1）新建装配体界面，如图 4-54 所示。

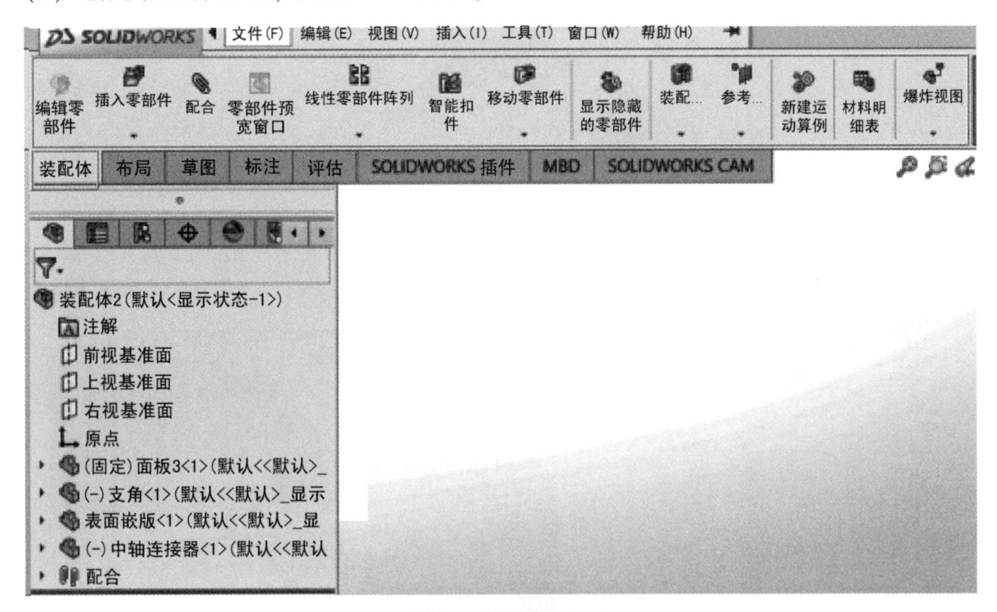

图 4-54　装配体界面

（2）启动“装配体”模式，使用“插入零部件”工具，插入所需零部件，如图 4-55 所示。

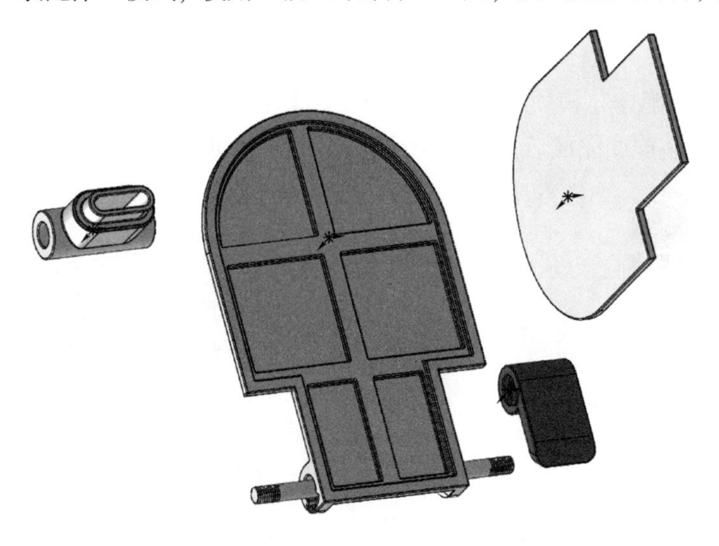

图 4-55　插入零部件

（3）启动“装配体”模式，使用“移动零部件”下拉菜单“旋转零部件”工具，将零件分别移动到大致位置及方向，如图 4-56 所示。

（4）启动“装配体”模式，使用“配合”工具的“同轴心”约束，点击“支角圆柱与螺纹柱”，两零件自动装配，如图 4-57 所示。

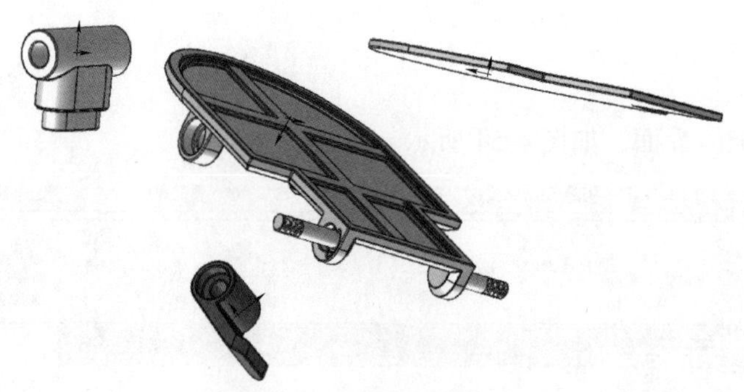

图 4-56 旋转/移动模型

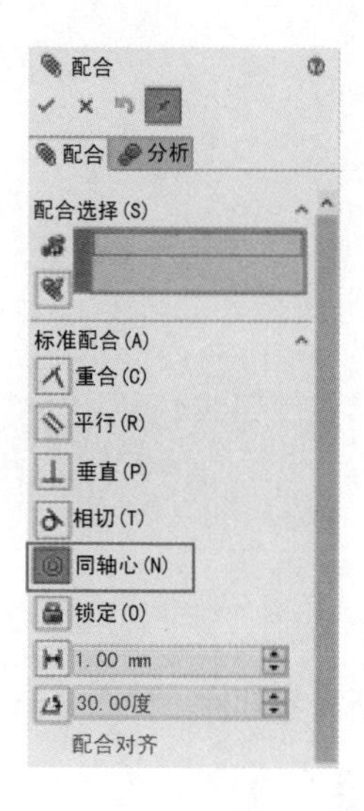

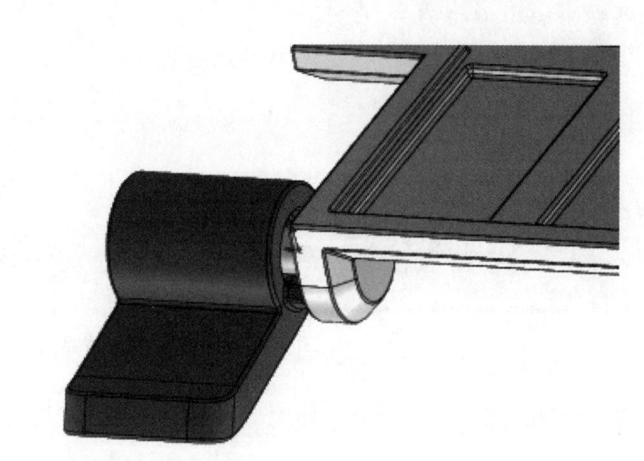

图 4-57 同心约束

（5）启动“装配体”模式，使用“配合”工具的“重合”约束，点击“两个重合平面”，两模型自动装配，完成后点击“确认”，如图 4-58 所示。

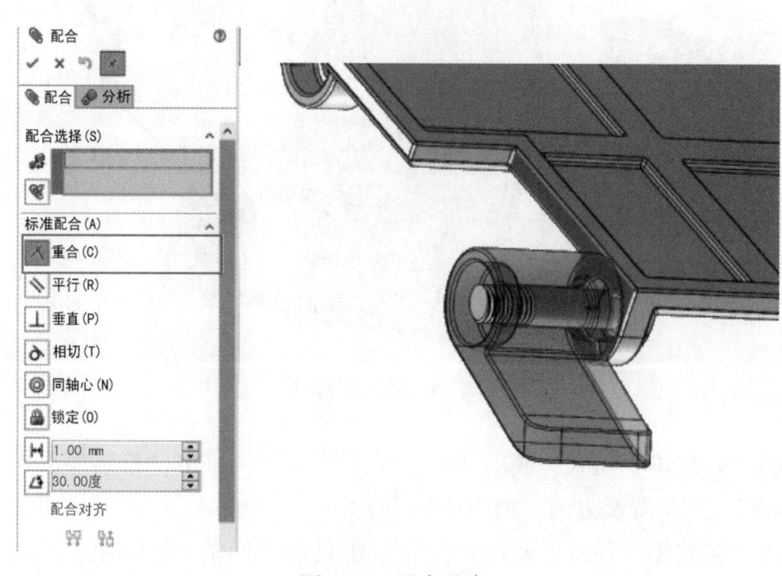

图 4-58 重合约束

（6）依此方式，分别对其他零部件进行约束装配。最终装配体如图 4-59 所示。

图 4-59 装配效果图

课件：任务 4.3 手机支架切片设计

任务 4.3 手机支架切片设计

任务导入

项目组成员将修改完善后的手机支架模型交给厂家负责人，并进一步沟通打印制造相关事宜。根据厂家要求，确定选用 Sailner 全彩打印机进行打印。为确保打印效果，选择 Sailner 3D 切片软件进行切片设计。

任务要求

（1）在学银在线或学习通平台上完成在线学习任务，学会知识点基本技能操作，完成知识构建；

（2）使用 Sailner 3D 切片软件进行手机支架的切片设计；

（3）填写工作过程记录单，提交课程平台；

（4）在学银在线或学习通平台上完成拓展任务、参与话题讨论。

知识链接

4.3.1 知识点 1： WJP 技术

WJP 技术（White Jet Process，白墨填充技术），是一种基于微滴喷射工艺的光固化 3D 打印技术。

2014 年我国珠海市的赛纳科技成功地研发了 WJP 技术，填补了国内在多材料领域的空白。赛纳科技的 WJP 技术现已获得国内外 130 多项发明专利，并于 2017 年成功推出国内首台工业级直喷式彩色多材料 3D 打印机，成为了国内唯一掌握直喷式彩色多材料 3D 打印自主核心技术的厂商。

4.3.2 知识点 2：Sailner 全彩打印机工作原理

Sailner 全彩打印机的工作原理类似于喷墨打印技术，此技术是将许多微小的压电陶瓷，放置到打印头喷嘴附近，压电陶瓷在两端电压变化作用下，具有弯曲形变的特性。当切片图像信息电压加到压电陶瓷上时，压电陶瓷产生伸缩振动变形，将随着图像信息电压的变化而变化，并使墨头中的墨水在常压的稳定状态下，均匀准确地喷出墨水，每喷射打印出一层薄层的光敏树脂后，即用紫外光快速固化，每打印完成一层，机器成型托盘便极为精确地下降，而喷头持续打印下一层，直到完成三维模型的打印，如图 4-60 所示。

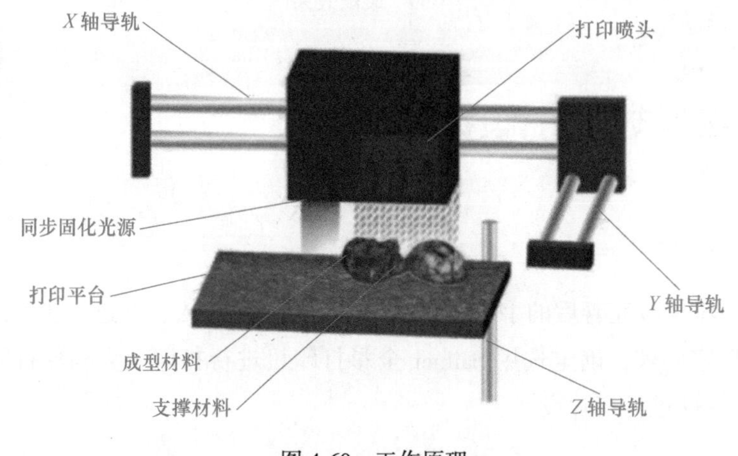

图 4-60 工作原理

4.3.3 知识点 3：WJP 技术优势

WJP 技术具有如下优势。

（1）全彩色打印：赛纳科技自主研发的多通道数字化全彩色 3D 打印技术，可为用户提供独特的色彩配置方案，从而创造出炫丽缤纷的卓越作品。

（2）多材料复合打印：WJP 3D 打印技术使用的光敏聚合物多达数百种，从类橡胶到刚性材料，从透明材料到不透明材料，从无色材料到彩色材料，从标准等级材料到生物相容性材料，为医学模型的打印提供多样化复合材料 3D 打印解决方案。

（3）高精度打印：最大分辨率高达 14 μm 和 1800 dpi 的打印精度，可确保获得光滑、精致细节的卓越部件和医学模型。

（4）高效率打印：得益于全宽度上的高速光栅、宽幅面喷头扫描式喷射成型方式，以及最高达 3840 组压电喷嘴组合的精密设计，可实现更快速的精确打印，并且无须二次固化。

（5）综合成本更低：WJP 数字增材制造技术，从打印技术到材料研发，从打印控制到软件芯片，核心技术均为国内自主研发的核心技术，综合使用成本较国际同行厂商降低 30%以上。

4.3.4 知识点 4：WJP 技术常用格式介绍

4.3.4.1 STL 格式文件

STL 格式文件仅描述三维物体的表面几何形状、模型坐标，没有材质纹理信息，这是一种常用于 3D 打印的格式，WJP 技术一般用于切片软件中指定上色、透明材质上色。

4.3.4.2 OBJ、MTL 和贴图文件

OBJ、MTL 和贴图文件可描述三维物体的表面几何形状、颜色、材质贴图、模型坐标等，所存储的信息较为完善，导出有 3 个文件，分别为 OBJ 文件、MTL 文件、贴图文件。OBJ 文件主要储存模型几何形状及坐标；MTL 文件主要存储贴图坐标、纹理材质、颜色等信息；贴图文件主要描述黏接在模型表面的颜色样式，主要配合 MTL 文件记录复杂的颜色描述，如图 4-61 所示。

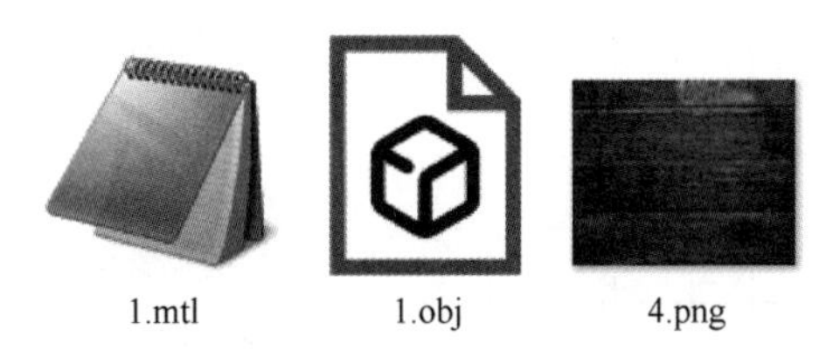

图 4-61 常用文件格式

4.3.5 知识点 5：Sailner 3D 切片软件介绍

4.3.5.1 如何启动切片软件

启动 Sailner 3D 切片软件可通过下列两种基本方式：

（1）双击 SAILNER_3DP 软件图标“ ”；

（2）在软件安装根目录下找到该图标样式的 . exe 文件，双击打开。

4.3.5.2 切片软件界面介绍

打开 SAILNER_3DP 软件后，进入如图 4-62 所示的软件主界面。主界面包含 7 个功能区，分别为菜单栏、工具栏、模型预览区、模型文件处理区、旋转缩放区、辅助切片预览区和打印任务进度、温度、电压监控区。

（1）菜单栏。菜单栏命令介绍见表 4-8。

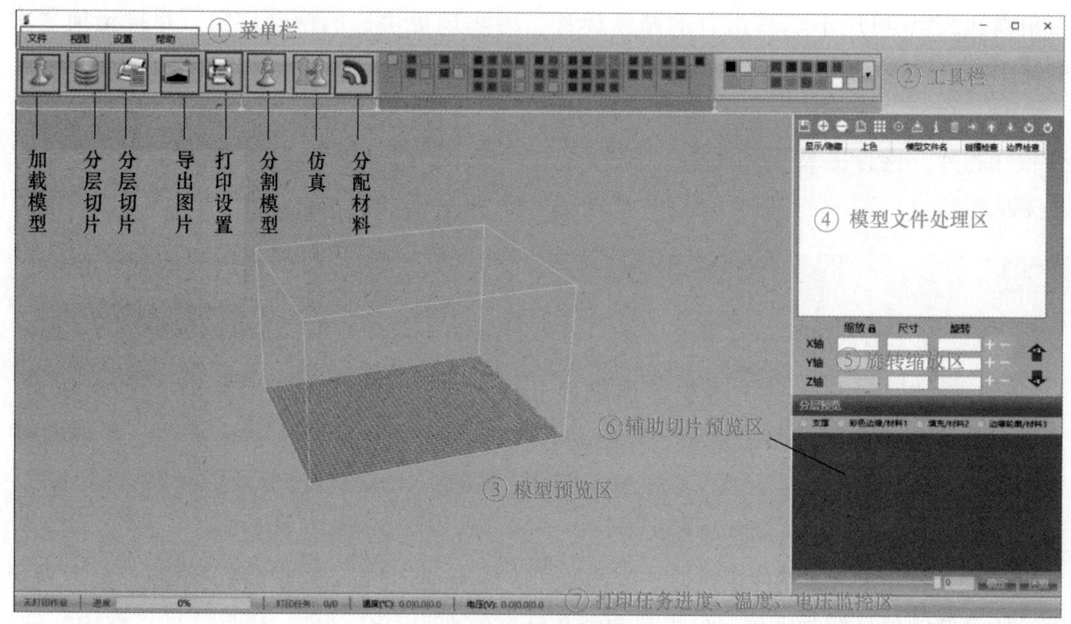

图 4-62　软件主界面

表 4-8　菜单栏命令介绍

控制选项	取值	描　述
文件	添加模型	加载 3D 模型文件，在预览区显示
	删除选中模型	移除选中模型
	清空全部模型	清空窗口中的全部模型
	另存为	保存更改后的模型文件为 STL 格式
	复制模型	复制选中模型
	模型信息	显示模型相关信息
	退出登录	退出软件
视图	等比例视图	显示模型的等比例视图
	正视图	显示模型的正视图
	俯视图	显示模型的俯视图
设置	语言	选择软件显示语言，切换语言要重启软件
	提示	操作提示的显隐控制
帮助	帮助	打开帮助文档
	关于	软件版本信息

（2）工具栏。

1）模型加载“”。与“文件”下拉菜单的“添加模型”功能相对应，可导入 ply、obj、stl、wrl、wjp 五种格式的模型文件，如图 4-63 所示。

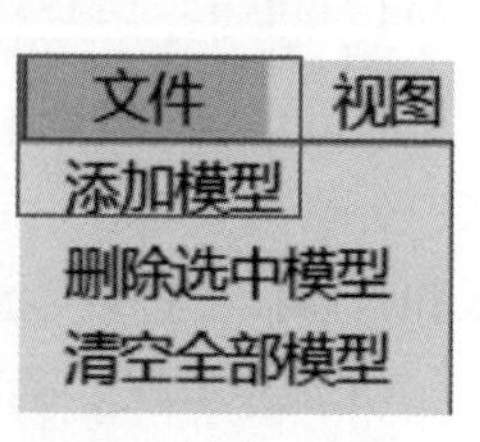

图 4-63　工具栏

2）分层切片“”。将处理完毕的模型文件进行切片，点击后会出现“切片进程”对话框，如图 4-64 和图 4-65 所示。切片完成后对话框会消失，切片完成后的图片文件存于软件根目录下的 data 文件夹下。

图 4-64　分析 3D 模型

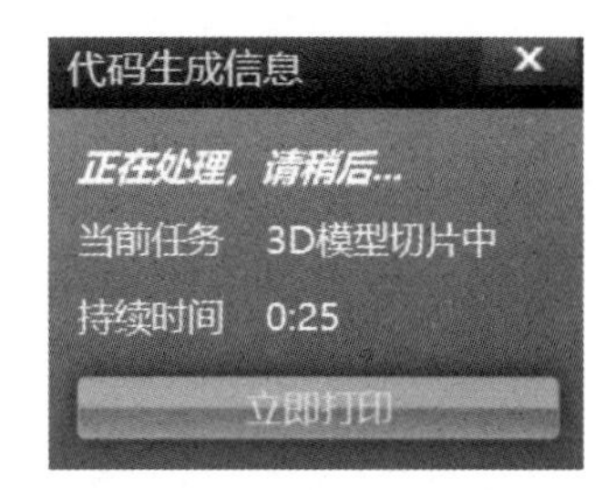

图 4-65　3D 模型切片中

3）打印列表“ ”。打印列表功能介绍，如图 4-66 所示。

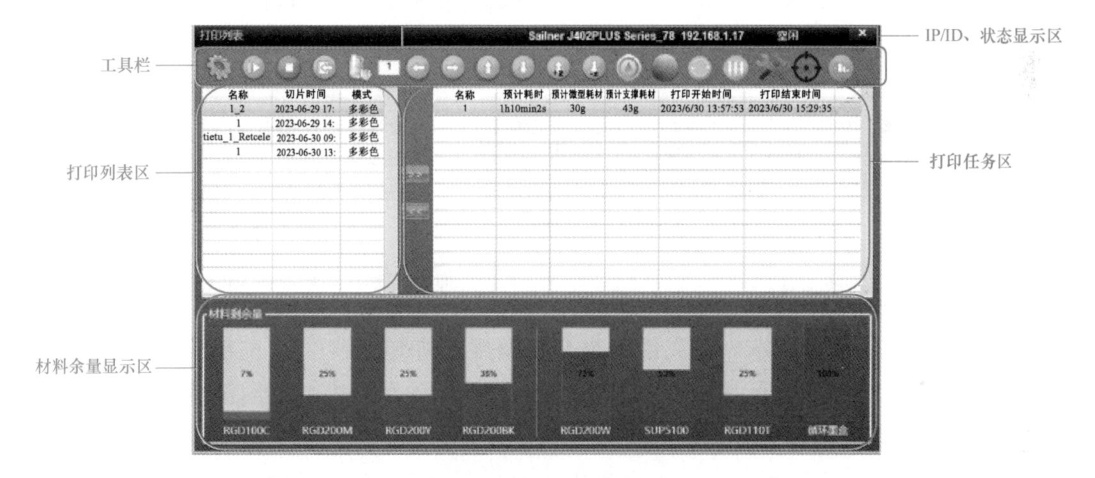

图 4-66　软件打印列表

4）打印设置“ ”。用于模型切片，点击工具栏上的“打印设置”按钮，弹出“打印设置”对话框，设置切片参数，如图 4-67 所示。

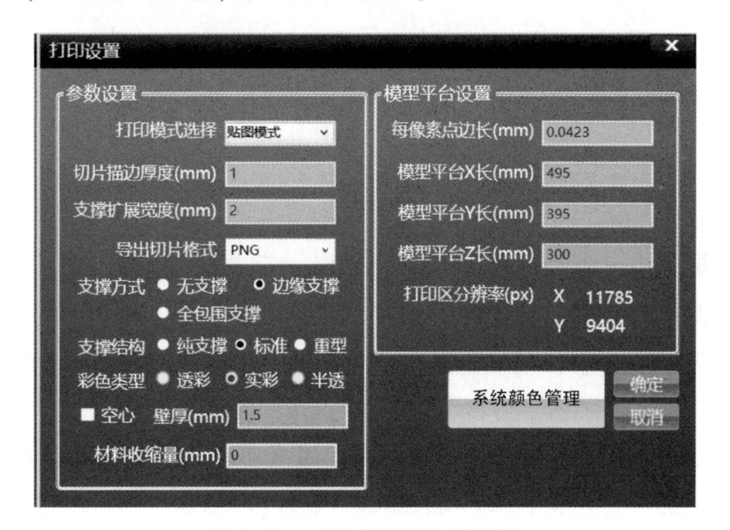

图 4-67　“打印设置”对话框

①打印模式选择：超精细模式 14 μm、精细模式 18 μm、经济模式 30 μm、快速模式 40 μm、贴图模式 30 μm。

②切片描边厚度：当设置为 0 mm 时，模型采用完全彩色打印；设置不为 0 mm 时，模型表面打印设置厚度的彩色，内部打印填充材料。

③支撑扩展厚度：决定实体模型部分外部用于支撑作用材料的包围厚度。

④导出切片格式：设置导出图片的格式，与所需功能相关。

⑤支撑方式：根据打印效果选择无支撑、边缘支撑、全包围支撑。

⑥支撑结构：根据模型形状选择纯支撑、标准支撑、重型支撑。

⑦纯支撑：支撑部分全部为支撑材料。

5）分配材料按钮“”。可进行材料选择和颜色选择模式的切换，即多硬度和全彩色模式的切换，如图 4-68 和图 4-69 所示。在材料选择模式下，每种颜色对应一种硬度，对不同模型部分配不同颜色，即代表模型由多种硬度组成。

图 4-68　材料选择

图 4-69　颜色选择

6）模型分割按钮“”。同光标右键“分割模型”功能，该功能可将单一 STL 文件的模型拆分为具有多个部分 STL 文件的组合型模型；前提是该单一 STL 模型具有可拆分性，它的部分与部分之间可以进行区分和分离。这一功能在对模型不同部分具有不同打印需求的打印模式处理时非常有效和方便。模型未拆分前为单一 STL 文件，仅可设置单个颜色。当模型被拆分为多个具有特定单独部分的 STL 文件后，每个单独的 STL 文件都可以配置一种颜色。如此，模型整体打印出来更具有多性能和真实性，不同部分具有易区分性。

（3）模型文件处理区，如图 4-70 所示。

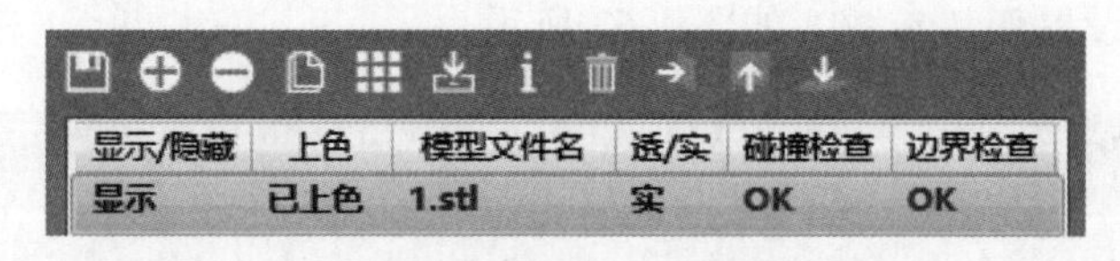

图 4-70　模型文件处理区

1）另存为按钮“”。当需要另存为的模型为多个 STL 模型组成的复合模型时，另存为功能只需选取其中一个 STL 文件即可。

2）添加和删除模型按钮“”。添加或删除选中的单一模型数据。

3）复制模型按钮“”。复制选中文件数据，弹出复制模型对话框，输入复制的数量，然后选择复选框“增加模型后自动放置”，点击“复制”即可。

4）置于平面按钮“”。单一数据文件可使用该功能，将模型放置于平台的平面上，避免出现模型悬空的情况。多个 STL 文件组成的复合模型，不可使用该操作。

（4）旋转缩放区。旋转缩放区的命令介绍，如图 4-71 所示。

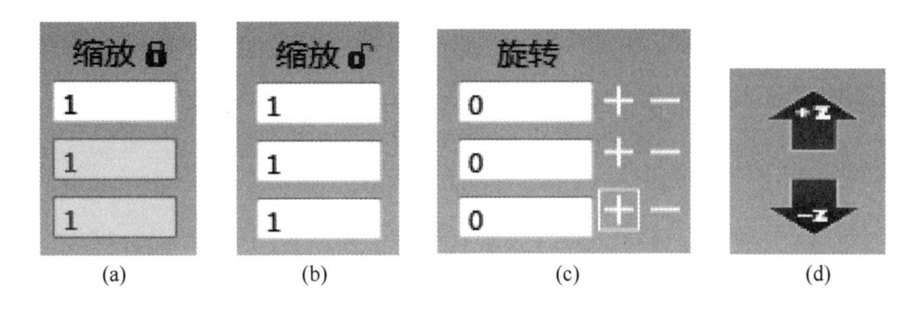

图 4-71 位移/缩放工具

（a）等比例缩放；（b）自由缩放；（c）旋转操作；（d）*Z* 向平移

（5）打印任务进度显示区。可查看打印作业的执行进度，如图 4-72 所示。

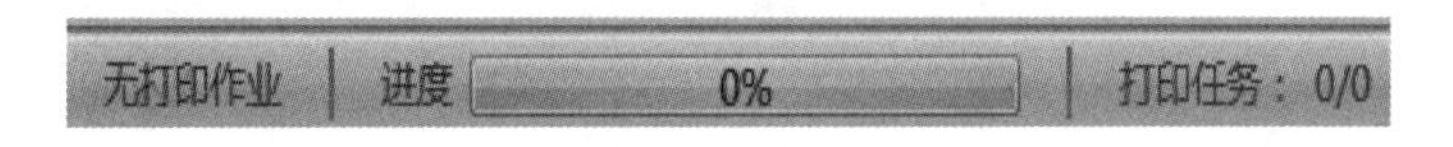

图 4-72 打印任务进度

4.3.6 知识点 6：零件模型摆放原则

若观察发现模型位置较为杂乱，可以遵守以下几点原则进行零件摆放，如图 4-73 所示，以 Materialise Magics 俯视图为基准平台。

（1）模型大平面朝下，*Z* 轴高度尽量最低。

（2）优先摆放 *X* 轴，零件高的部位朝右摆放，*Y* 轴部分高的部位朝上摆放。

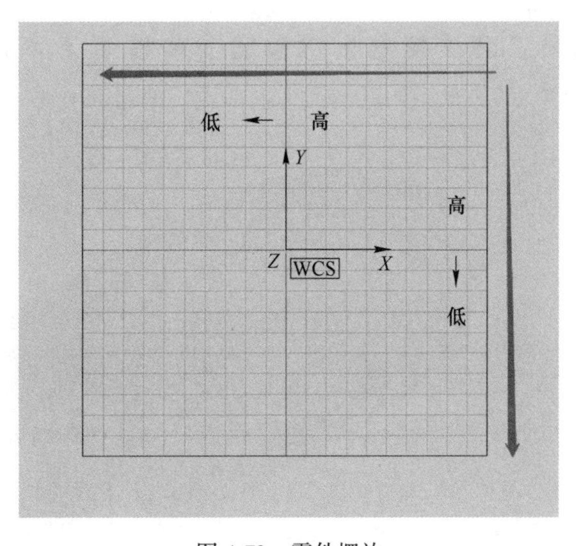

图 4-73 零件摆放

任务实施

（1）模型修复。

1）把SolidWorks画好的各个零部件导出为STL格式模型，如图4-74所示。

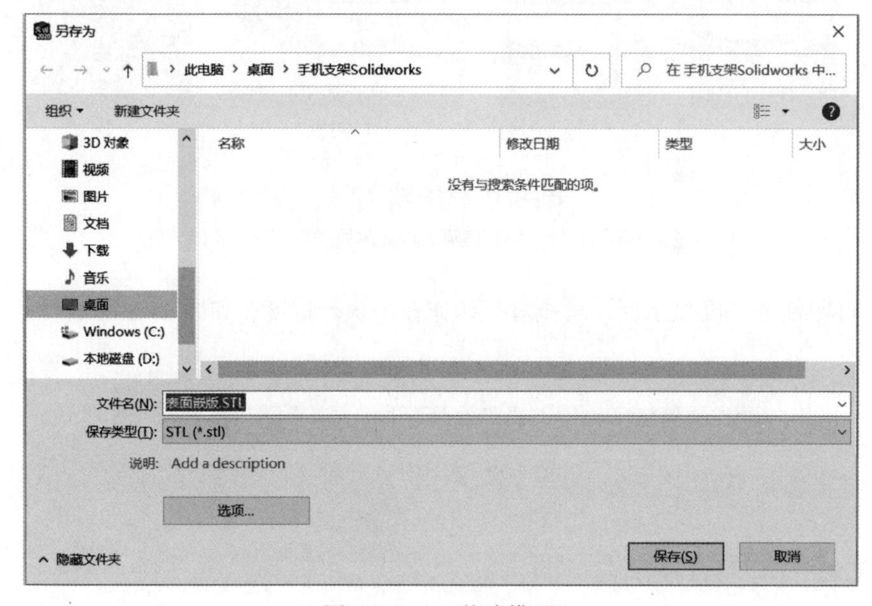

图4-74 STL格式模型

2）将模型导入到Materialise Magics中，如图4-75所示。

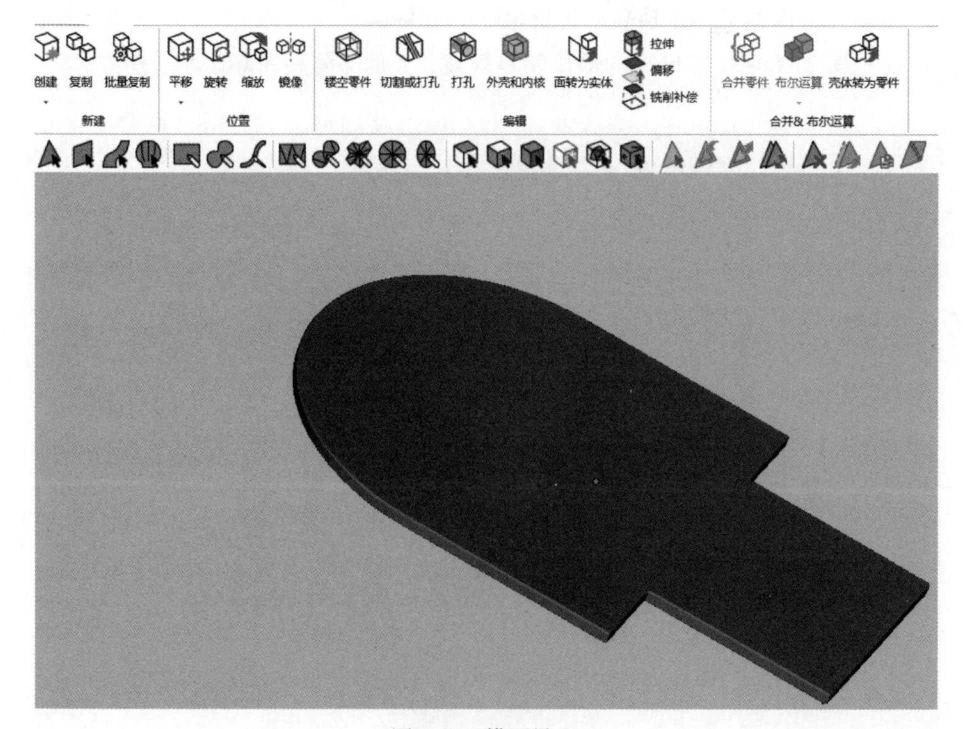

图4-75 模型导入

3）点击标签菜单栏中“修复”标签；单击“修复向导”工具，向导弹窗弹出；单击“诊断”标识，右边窗口变化；单击“更新”标识，对零件进行检查，如图 4-76 所示；单击“根据建议”标识，对模型进行修复，右方窗口变化，单击“自动修复”，继续点击“根据建议”，结果如图 4-77 所示。注意：重叠三角面片、交叉三角面片无须修复到 0；壳体根据自身模型情况而定，若文档中有两个零件则零件数为 2，其他参数必须修复为 0。

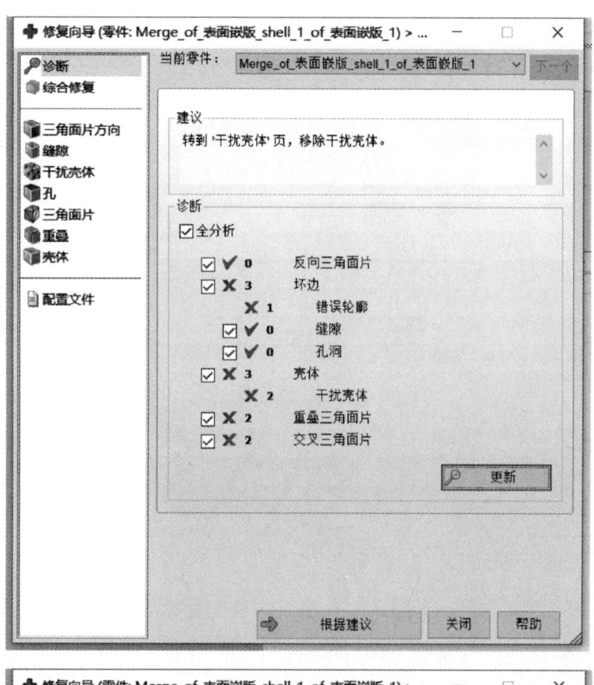

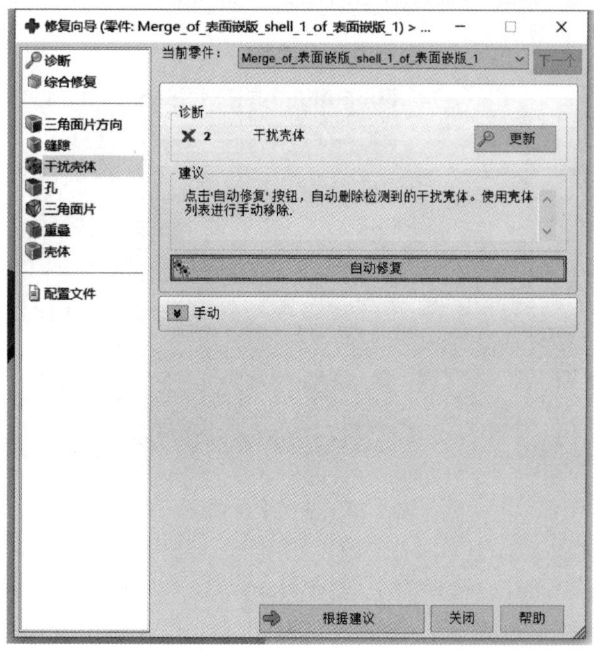

图 4-76　检查问题边缘

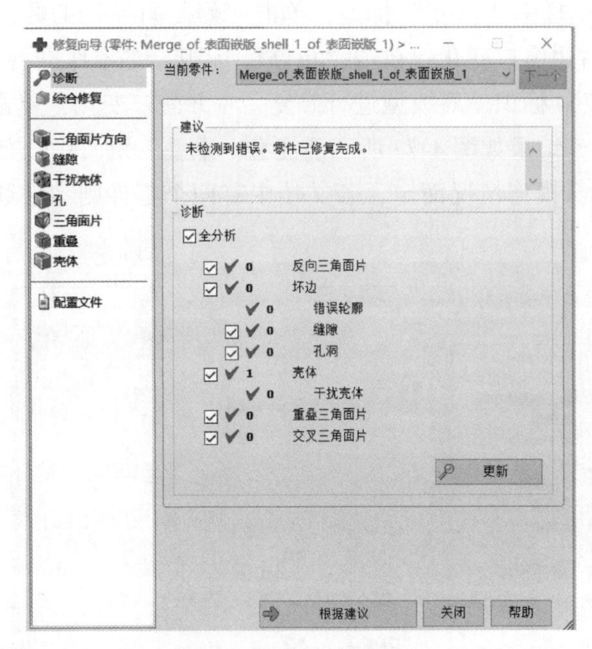

图 4-77 修复问题边缘

（2）模型上色。

1）贴图上色：

①点击标签菜单栏“纹理”，单击显示窗口中的模型，使其中心“灰点”亮显；单击标记工具栏“标记壳体”，选择需要上色曲面；当曲面变为绿色，如图 4-78 所示（图中显示为蓝色），表示模型已选中。

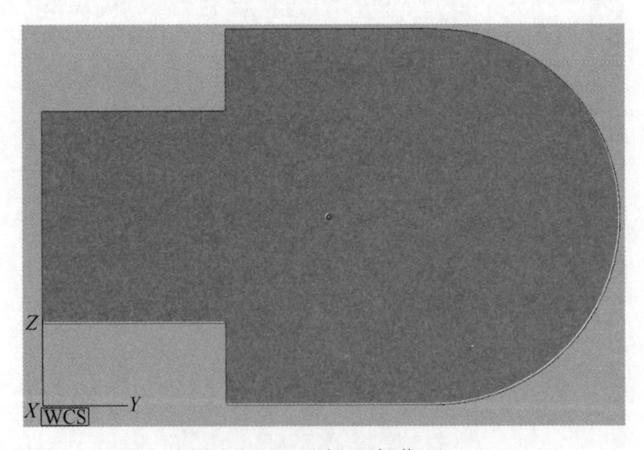

图 4-78 选择上色曲面

②单击“新纹理”工具，选择需上色贴图，点击“开始”，此时模型表现颜色显示，并出现调整弹窗，如图 4-79 所示；可通过调整尺寸、角度、位置来达到想要的效果，如图 4-80 所示，完成后点击“应用”，之后点击“确认”，完成贴图上色。

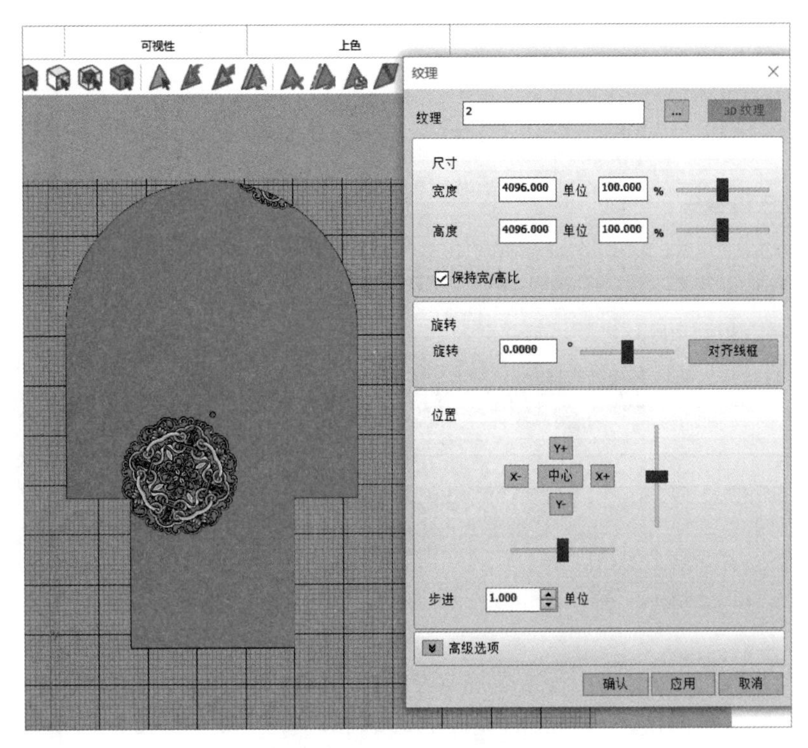

图 4-79　编辑贴图位置

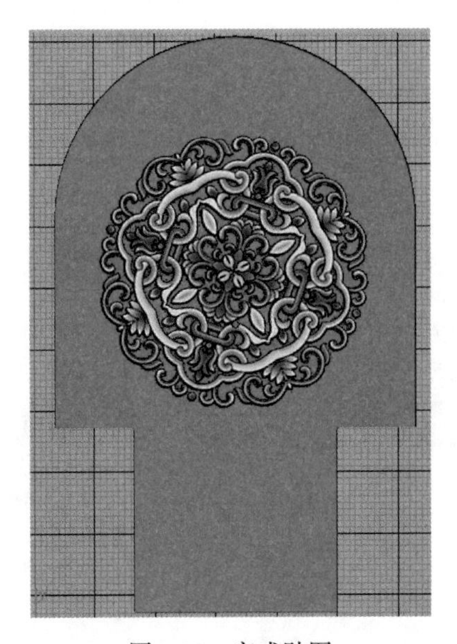

图 4-80　完成贴图

2）单色模型上色：

①导入新零件，框选显示窗口中的模型，使其中心两个部件“灰点”亮显。

注：上色过程中，有吸色需求，需将被吸色模型框选至“灰点”亮显。

②单击标记工具栏“标记壳体”，选择需要上色曲面，当曲面显示绿色时，点击“纹理”标签，进入纹理工具后，点击“零件上色”工具，弹出颜色窗口，如图 4-81 所示。

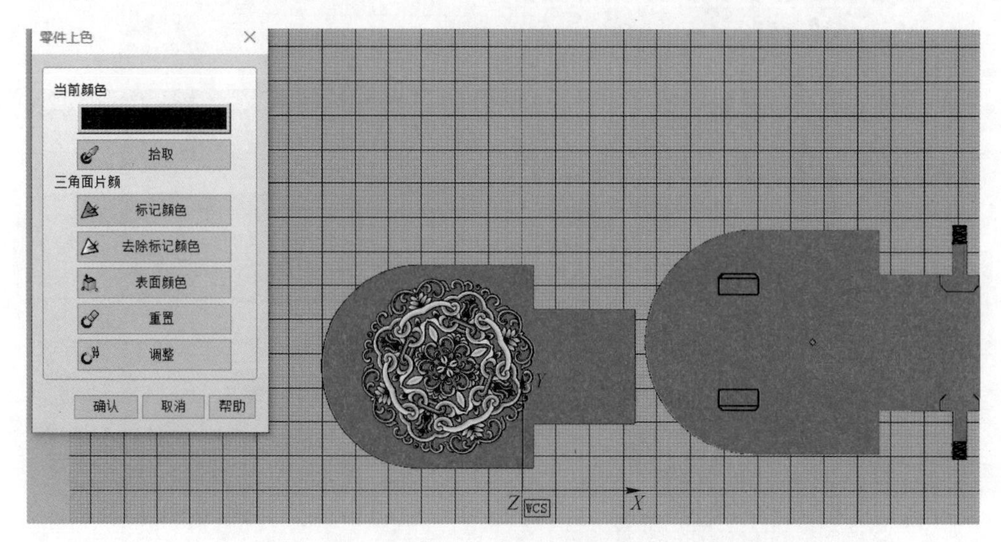

图 4-81 选择上色曲面

③点击“拾取”图标，吸取其他部件上的颜色；若“当前颜色”栏中颜色改变，则吸色成功；之后点击“颜色框”，弹出色彩窗口，单击“定义自定色彩”右侧延伸调色窗口，根据需求对吸取颜色进行调色或直接输入 RGB 色号进行选色；在“红、绿、蓝”中分别输入“0 53 103”后点击“确定”，如图 4-82 所示；“颜色框”颜色更改，说明颜色已按照指令更改，点击“标记颜色”图标，模型表面颜色更改，完成操作后，点击“确认”标识，完成上色，如图 4-83 所示。

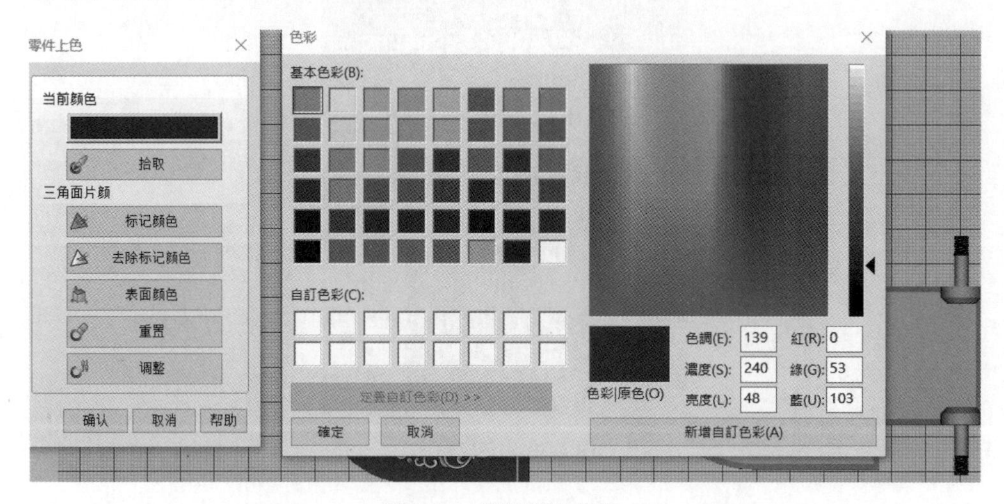

图 4-82 设置颜色信息

（3）零件模型摆放。

1）点击标签栏中“工具”标签，使用“平移”“旋转”工具分别对零件进行摆放，

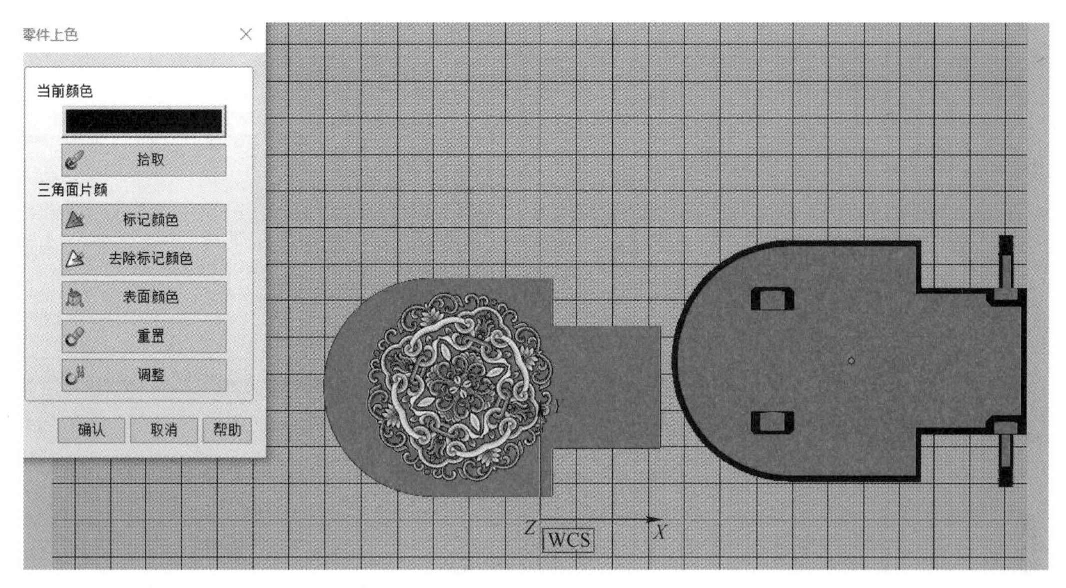

图 4-83　完成上色

如图 4-84 所示。

2）摆放完成后，框选所有零件，空白处点击右键，点击“保存所选零件并命名，文件格式和路径”，对模型进行导出。透明物件导出 STL 格式，上色模型导出 OBJ 格式（注：模型命名必须是英文或数字），如图 4-85 和图 4-86 所示。

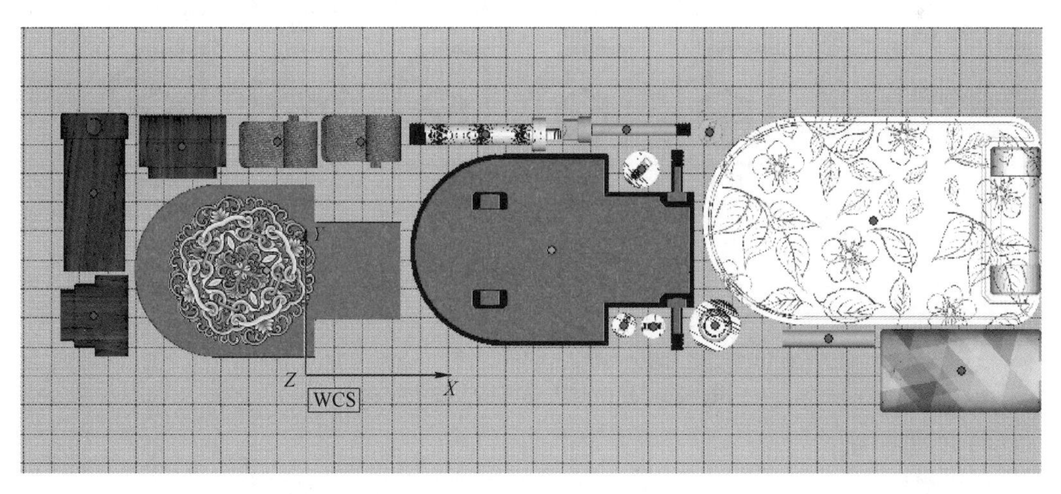

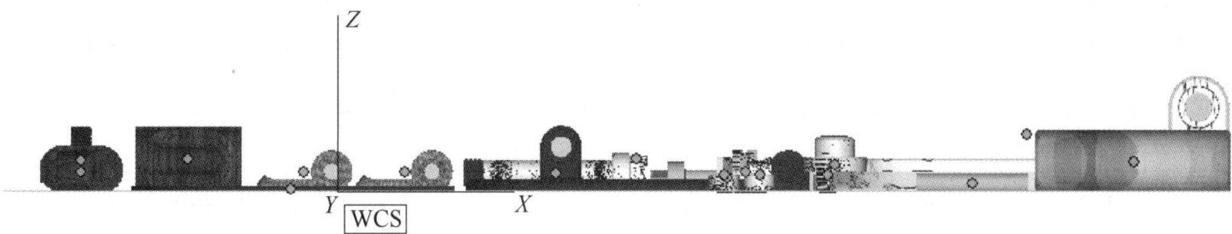

图 4-84　零件摆放

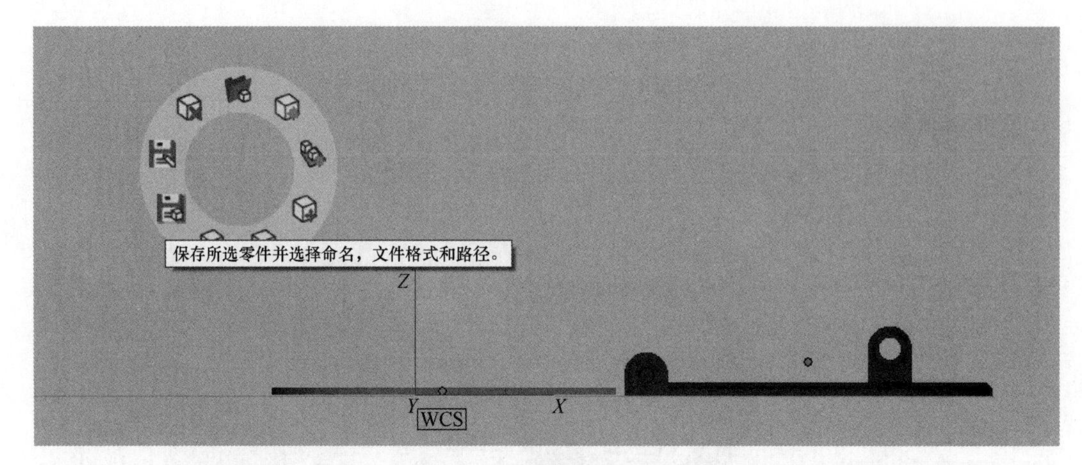

图 4-85 选择保存所选零件

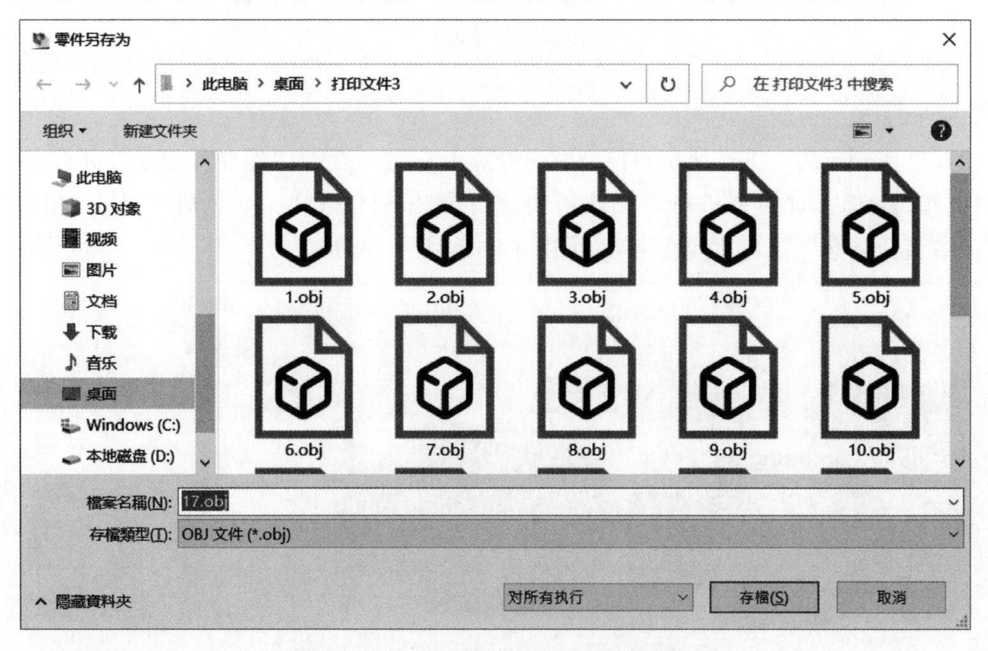

图 4-86 导出时需要用英文或数字命名

（4）模型切片。

1）模型导入：单击“加载模型”按钮，加载模型，如图 4-87 所示。

2）上色。SAILNER_3DP 切片软件中，也有可以上色的功能，但仅限于上单色模型，可根据自身需求对模型进行上色，一般使用切片软件上色的模型导出为 STL 格式即可（注：当打印透明模型时，只能使用切片软件进行上色，这里导入额外模型进行示范）；在显示窗口中单击需要上色模型，如图 4-88 所示；之后在工具菜单中“颜色选择”里点击颜色即上色完成，如图 4-89 所示；若未找到所需颜色可点击“颜色选择”中右侧下拉菜单，输入 RGB 色号点击“确定”即可，如图 4-90 所示。

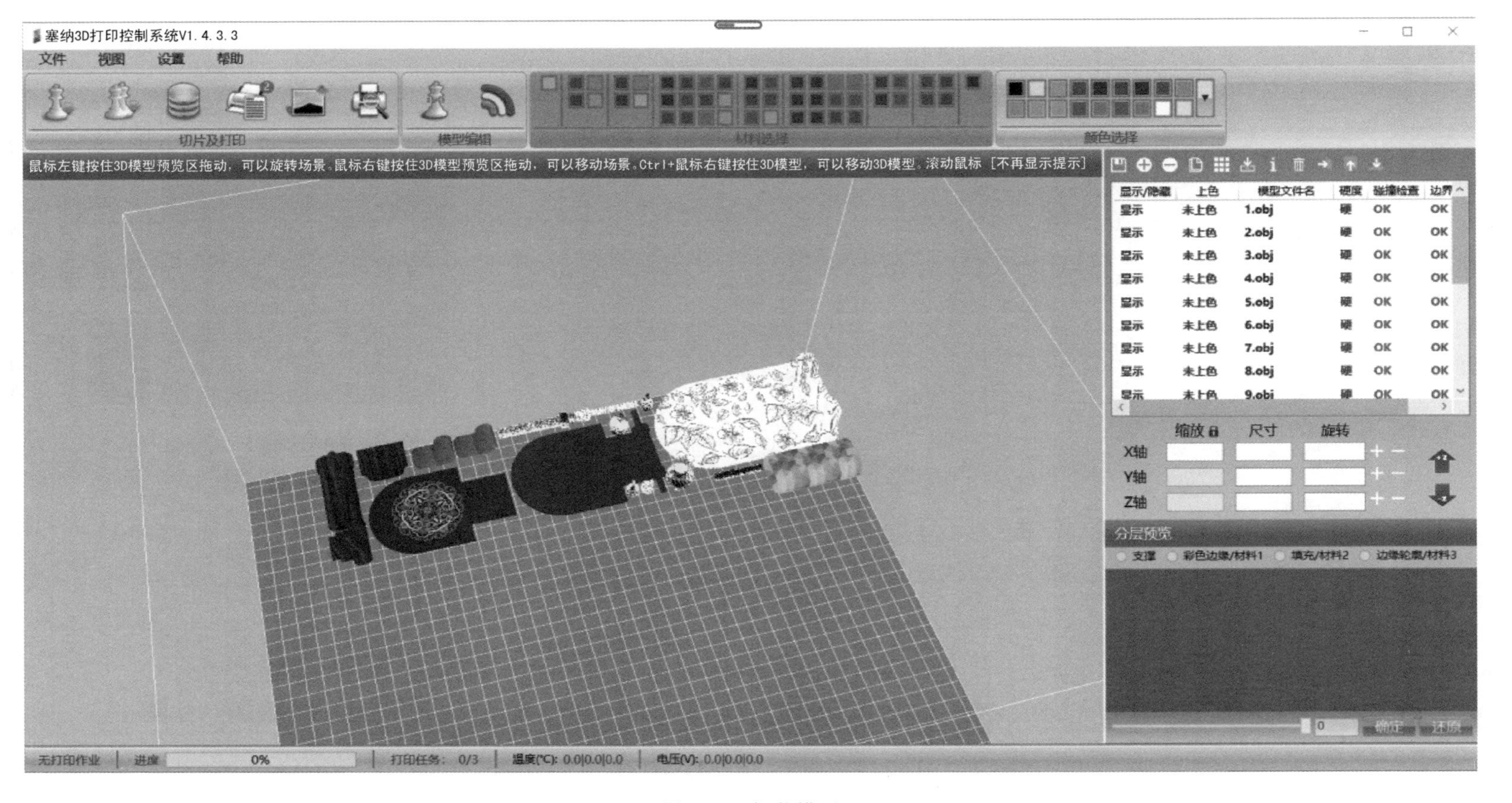

塞纳3D打印控制系统V1.4.3.3
文件
视图
设置
帮助
切片及打印
模型编辑
颜色选择
鼠标左键按住3D模型预览区拖动，可以旋转场景。鼠标右键按住3D模型预览区拖动，可以移动场景。Ctrl+鼠标右键按住3D模型，可以移动3D模型。滚动鼠标 [不再显示提示]
显示/隐藏
上色
模型文件名
硬度
碰撞检查
边界
显示
未上色
1.obj
2.obj
3.obj
4.obj
5.obj
6.obj
7.obj
8.obj
9.obj
硬
OK
缩放
尺寸
旋转
X轴
Y轴
Z轴
分层预览
支撑
彩色边缘/材料1
填充/材料2
边缘轮廓/材料3
无打印作业
进度
0%
打印任务：0/3
温度(℃): 0.0|0.0|0.0
电压(V): 0.0|0.0|0.0

图 4-87 加载模型

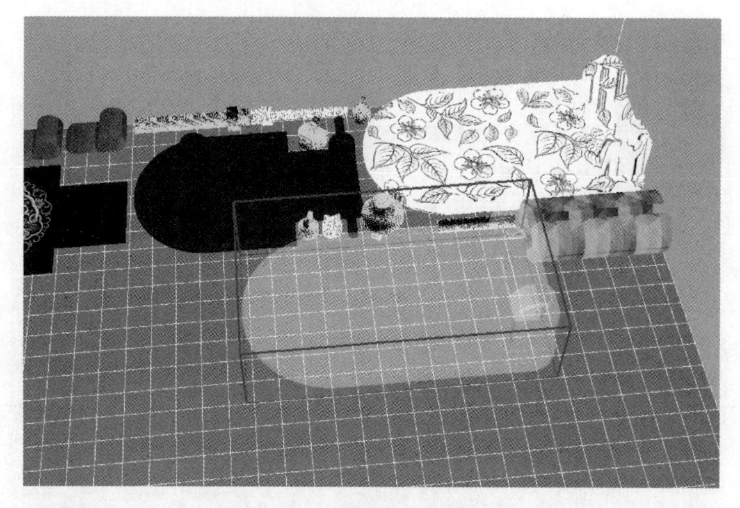

图 4-88 选择所需上色模型

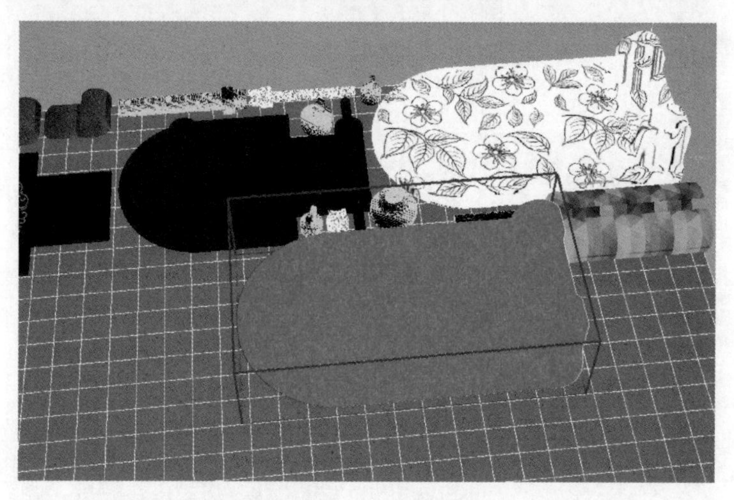

图 4-89 上色完成模型

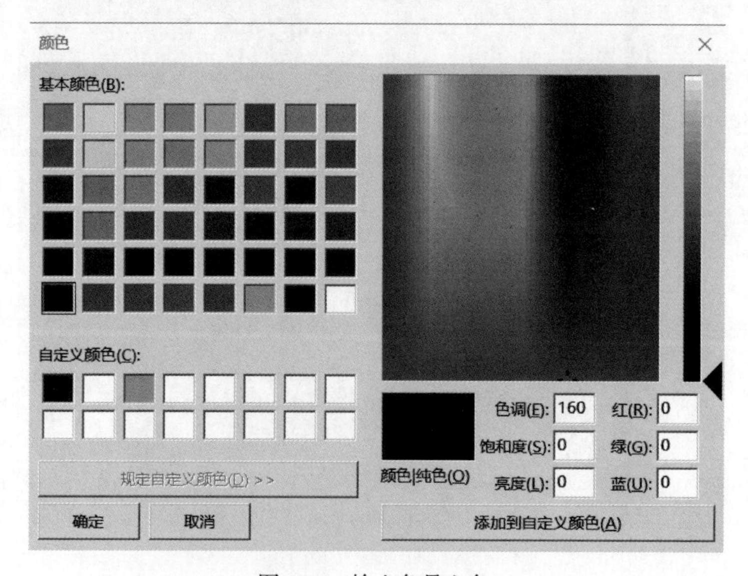

图 4-90 输入色号上色

3）打印设置。点击“打印设置”，检查其中设置参数是否合理，按照图 4-91 所示对参数进行调整，完成后点击“确定”。

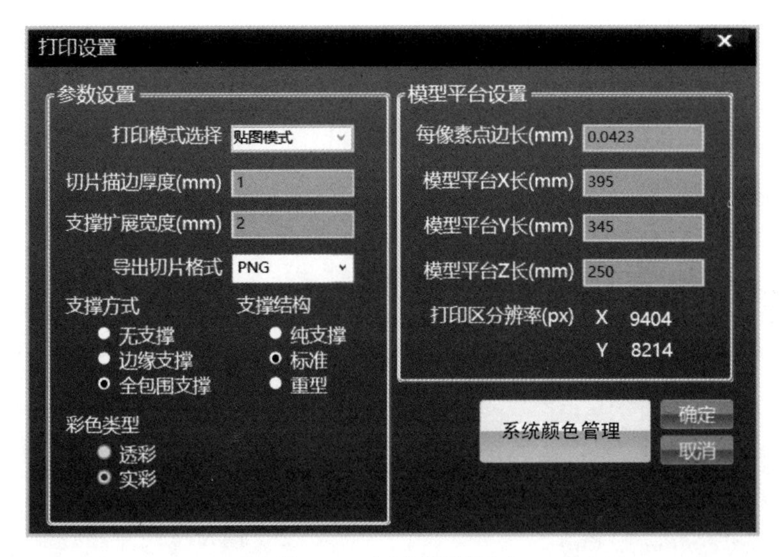

图 4-91　打印设置界面

4）模型切片。点击“分层切片”工具，弹出切片状态如图 4-92 所示。

图 4-92　打印进程

任务 4. 4　手机支架打印与后处理

任务导入

项目组成员完成了手机支架的切片设计，接下来需要用国产 Sailner 全彩打印机打印手机支架模型，要顺利地打印出该模型，需要做哪些工作？

任务要求

（1）在学银在线或学习通平台上完成在线学习任务，学会知识点基本技能操作，完成知识构建。

（2）选择国产Sailner全彩打印机进行产品打印。

（3）填写工作过程记录单，提交课程平台。

（4）在学银在线或学习通平台上完成拓展任务、参与话题讨论。

（5）根据任务实施情况，分组制作展示PPT。

知识链接

4.4.1 知识点1：Sailner打印机部件介绍

打印机部件主要由设备上盖、控制面板、墨盒等组成，如图4-93~图4-95所示。

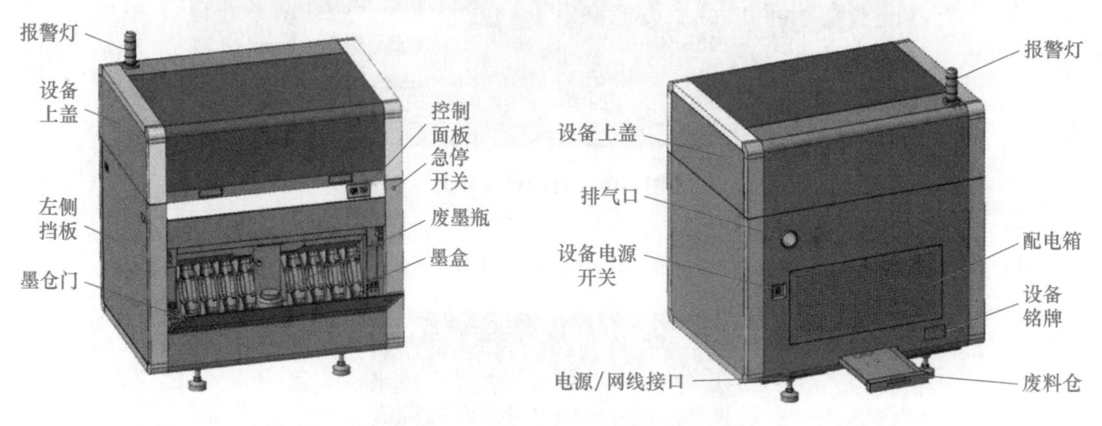

图4-93 打印机正面

图4-94 打印机背面

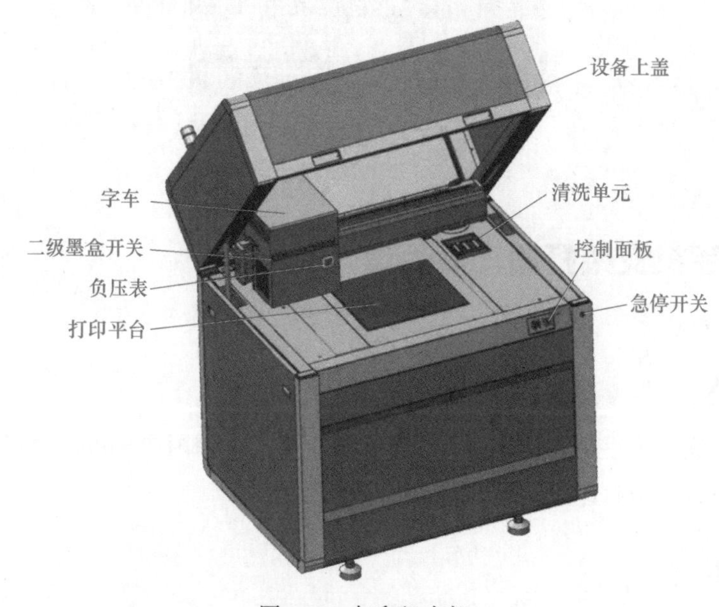

图4-95 打印机内部

4.4.2　知识点 2：打印机控制面板介绍

控制面板包括主界面、参数设置界面、墨水信息界面和报警信息说明界面。

（1）主界面。主界面包括功能区、温度显示区、校平辊报警复位按钮、时间显示区，如图 4-96 所示。

1）功能区：参数设置、墨水信息、报警说明。

2）温度显示区：显示喷头、墨盒温度实际值与设置值。

3）校平辊报警复位按钮：打印过程中如遇到校平辊异响卡死情况需点此功能取消报警才能继续打印。

4）时间显示区：显示当前时间。

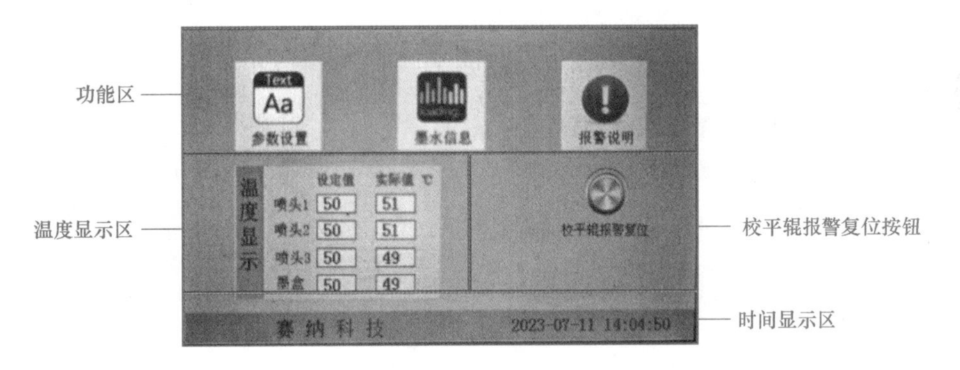

图 4-96　主界面

（2）参数设置界面。参数设置界面包括参数设置区、锁屏功能设置区、返回，如图 4-97 所示。

1）参数设置区：喷头温度设置、二级墨盒温度设置、电机脉冲设置、UV 能量 1（百分比设置）、UV 能量 2（百分比设置）。

2）锁屏功能设置区：屏幕锁定时间设置（从不→30 min→1 min→2 min→5 min→10 min）。

3）返回：返回上级菜单。

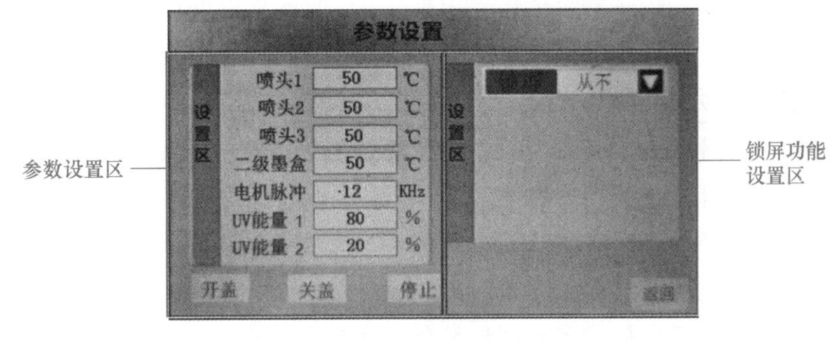

图 4-97　参数设置界面

（3）墨水信息界面。墨水信息界面包括墨量显示区、供墨复位功能、返回，如图4-98所示。

1）墨量显示：显示当前墨水状态（绿色正常，红色缺墨），墨水型号（C蓝、M红、Y黄、K黑、W白、S支撑、T透明、循环墨盒），墨量（百分比方式）显示。

2）供墨复位功能：耗材用完更换时，最后需要点击此功能完成更换。

3）返回：返回上级菜单。

（4）报警信息说明界面。报警信息说明界面用于显示设备当前状态，如图4-99所示。

1）无异常情况：设备可以正常打印及操作。

2）缺墨报警：需要更换耗材。

3）废墨瓶满：需要更换废墨瓶。

4）校平辊异常：需要点击校平辊报警复位。

5）急停及限位报警：检查急停开关状态及X、Y、Z轴限位。

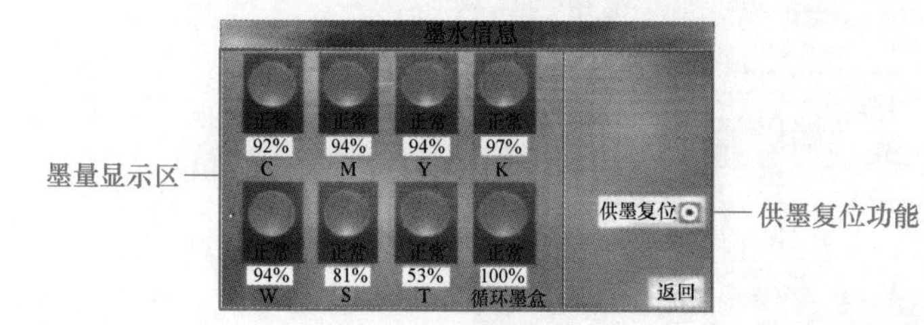

图4-98 墨水信息界面

图4-99 报警信息说明

4.4.3 知识点3：打印机操作安全

4.4.3.1 紫外线辐射

UV灯发射的紫外线大部分以直角的角度入射到界面层上或被引导为以大部分为直角的角度入射到界面层上，在打印机打印期间，不要打开打印机机盖。打开机盖后，不要长时间直视UV灯。

4.4.3.2 模型和支撑材料

实体和支撑材料均由丙烯酸酯类化学物质制成，直接接触处理这些材料时必须采取预防措施。通常情况下，打印机的操作员不会直接接触危险物质。但是，如果发生泄漏或溢出事件，必须按照说明进行操作。

（1）将实体材料和支撑材料储存在室内干燥、通风良好、温度介于10~30 ℃的区域，勿置于火焰、高温或阳光的直接照射下。

（2）将实体材料和支撑材料与储存准备食用的食物和饮料的地点分隔开。

（3）未凝固的打印材料（包括实体和支撑材料）在直接处理时需采取一定的预防措施。为防止皮肤接触，必须佩戴丁腈橡胶手套或氯丁橡胶手套；为防止可能溅入眼睛，必须佩戴防护眼镜。另外，与打印材料长期接触可导致过敏反应。

（4）储存与使用实体和支撑材料的地点请尽量保持通风，以防止呼吸道刺激，通风系统每小时应完全更换空气至少 4 次。

（5）如发现未凝固的打印材料（包括实体和支撑材料）发生泄漏或溢出，要使用一次性毛巾或其他大量可吸收液体材料如木屑、活性炭以及沙土等材料清理溢出的打印材料，其中这些材料使用后不可重复利用。然后，用异丙醇清洗溢出区域，最后使用肥皂和清水进行冲洗。清洗所用废料必须按照当地法规进行处理。

4.4.4 知识点 4：使用打印材料时的急救

应尽量避免直接接触未固化的打印材料，如皮肤或眼睛接触到打印材料，应立刻用大量清水清洗接触区域，并遵循以下急救说明进行操作。

（注意：打印材料随附的化学品安全说明书（MSDS）包含重要的安全信息，要将其放置于材料使用和储存位置附近，确保随手可得。）

4.4.4.1 皮肤接触

（1）如果皮肤接触到未固化的打印材料，应立刻用肥皂和大量冷水彻底清洗接触区域，然后脱掉受污染的衣服，清洗头发、耳朵、鼻子或其他身体不容易清理部分时要特别注意。

（2）在任何情况下，如果皮肤刺激的情况仍然持续，应尽快寻求医疗救护。

（3）特别注意避免打印材料由手沾染到身体的其他部分，尤其是沾染到眼睛部位。

4.4.4.2 眼睛接触

如接触眼睛，马上用大量清水冲洗眼睛至少 15 min 以上，并立刻寻求医疗救护。

（1）避免阳光、荧光和其他紫外光源。

（2）在处理液体材料时，不建议佩戴隐形眼镜。如果佩戴隐形眼镜时液体材料溅入眼睛，应立刻摘下眼镜并用大量清水冲洗眼睛。

（3）在眼睛刺激消退之前请不要佩戴隐形眼镜。

4.4.4.3 吸入

吸收材料后，应立刻将患者移至新鲜空气处，如昏迷则要让病人侧躺。

（1）如患者停止呼吸，应对其做人工呼吸或心肺复苏。

（2）立刻寻求医疗救护。

（3）让患者保持温暖，但不要过热。

（4）不要通过口腔向失去知觉的病人喂食任何东西。

（5）应由授权人员执行输氧。

任务实施

（1）打印前准备工作。

1）按下位于打印机后面右侧的打印机电源开关，如图 4-100 所示。

2）打开电脑，并双击位于桌面的切片软件，打开后点击“打印列表”，点击左上角连接打印机，确认后右上角显示“空闲”字样说明软件已连接上打印机。

3）打开打印机字车二级墨盒开关，长头朝下为开，如图 4-101 所示。

4）打印机加热温度至少达到设定值±1 ℃方可进行打印操作，可从打印机正面控制面板主界面中观察，如图 4-102 所示。

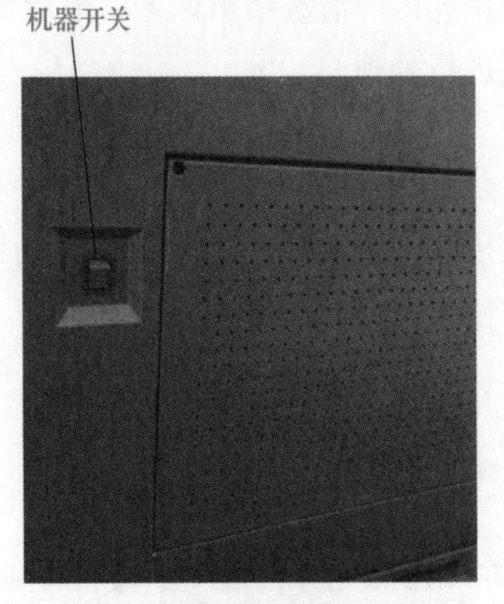

图 4-100 打开电源开关

图 4-101 打开二级墨盒开关

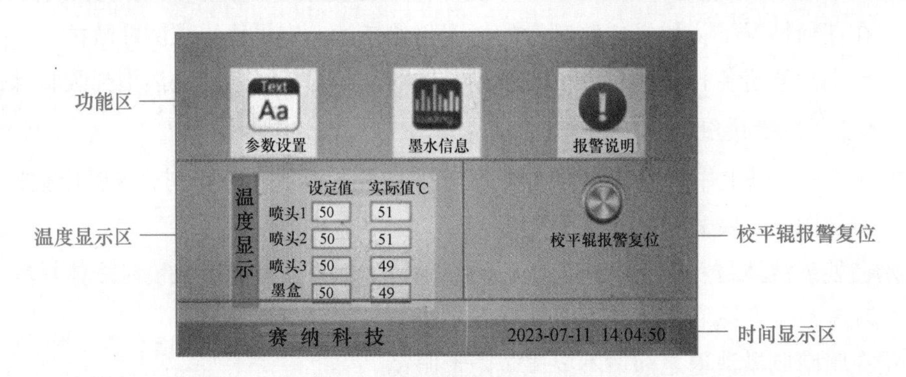

图 4-102 控制面板界面

5）开始打印模型前，请确认打印平台干净无异物，否则必须移除物件并使用铲刀清除，用乙醇清洁平台表面。

6）确认软件左下方显示喷头的加热温度在（55±3）℃。

7）确认喷头出墨状况。

（2）打印。

1）打印设置。点击“打印设置”，检查其中设置参数是否合理，按照如图 4-103 所示参数进行调整，完成后点击“确定”。

2）模型打印。当出现图 4-92 所示界面后，点击“立即打印”，此时跳转到“打印列表”界面，如图 4-104 所示。再点击“连接打印机”图标“ ”，弹出图 4-105 所示的“打印设置”界面，在打印模式下拉菜单中选择“输出到打印机”；再点击“确定”按钮，开始打印，如图 4-106 所示。

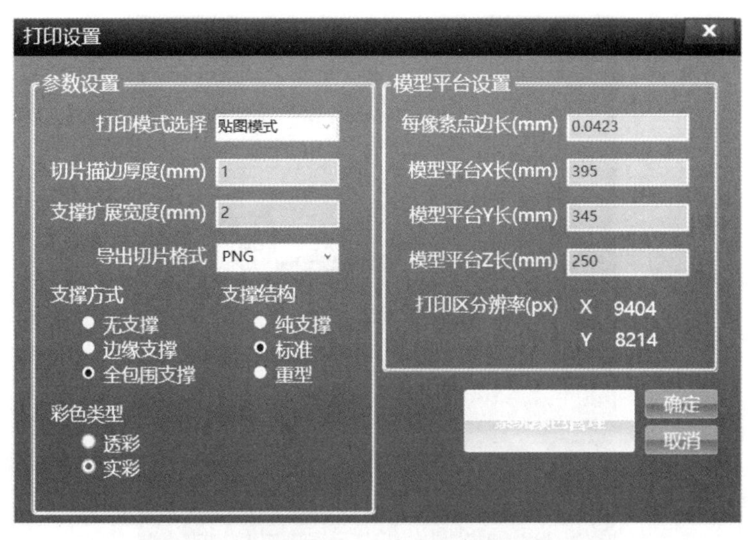

图 4-103　打印设置界面

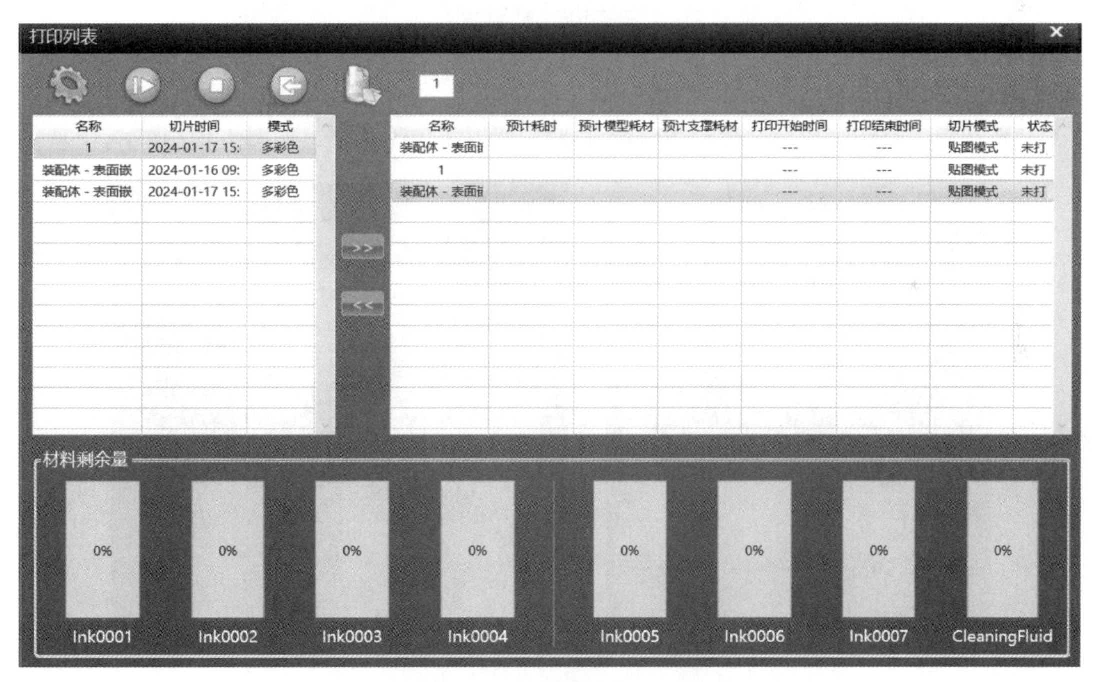

图 4-104　“打印列表”界面

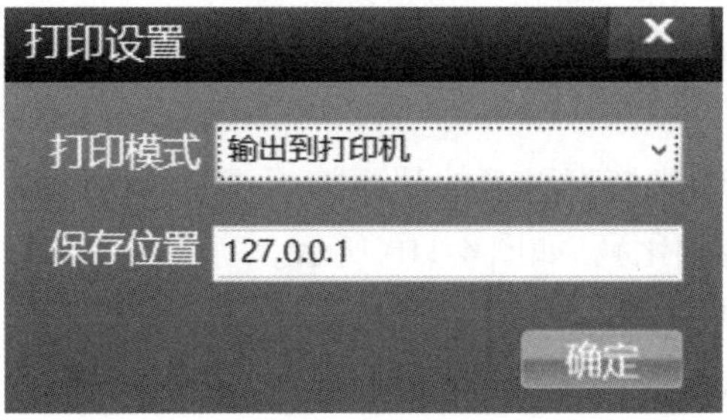

打印设置

打印模式　输出到打印机

保存位置　127.0.0.1

确定

图 4-105　“打印设置”界面

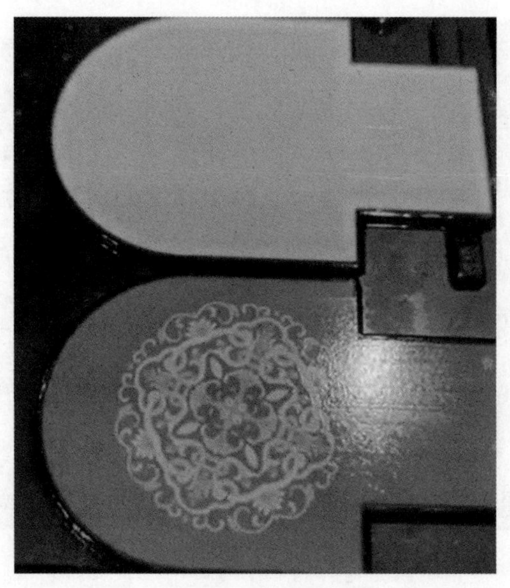

图 4-106 打印中

(3) 后处理。

1) 卸模。打印完成后，冷却 30 min 后使用铲刀将模型铲下，如图 4-107 所示。

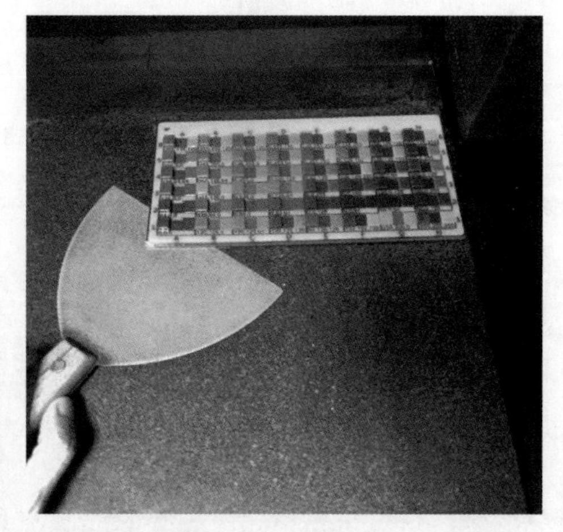

图 4-107 用铲刀铲下打印模型

2) 观察模型。检查卸模时模型是否损坏，或未完成冷却导致变形，如图 4-108 所示。

3) 去除支撑。使用刮刀去除模型表面大块软质支撑，加快碱液溶解速度，如图 4-109 所示。

4) 泡碱液。将模型倒入装有碱液的超声波清洗机，时长控制在 15～20 min（注意：浸泡时间过长会导致模型软化），如图 4-110 所示。

5) 喷砂。取出碱液中模型（注意：碱液伤手，必须戴手套防护），使用清水冲洗碱液，之后使用喷砂机将表面溶解物冲洗干净，如图 4-111 所示。注意：冲洗时无需将表面冲洗至光滑状态，工件表面没有较大的支撑即可。

图 4-108　观察模型

图 4-109　去除支撑

图 4-110　泡碱液

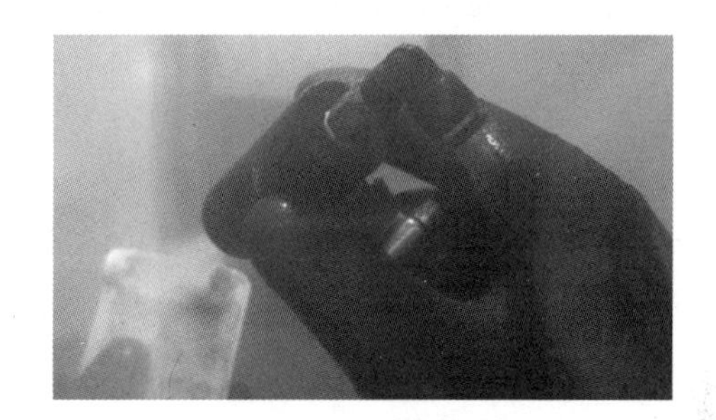

图 4-111　喷砂

6）清洗吹干。打开喷砂机舱门，取出模型，使用清水清洗表面泥沙，然后使用风枪吹干表面，如图 4-112 所示。

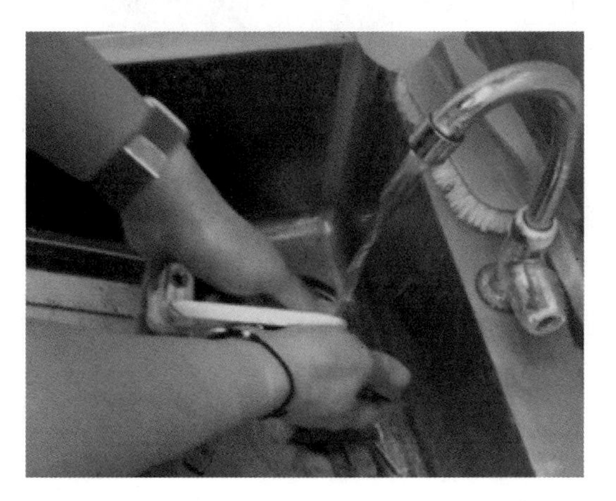

图 4-112　清洗吹干

7）上光油。用无尘布将模型表面泥沙灰尘擦拭干净，然后使用滴管取适量光油于模型表面，最后取干净无尘布将模型表面光油擦拭均匀，模型表面颜色鲜亮、无明显反光、无留痕即可，如图 4-113 所示。注意：光油有强挥发性，必须佩戴口罩与手套。

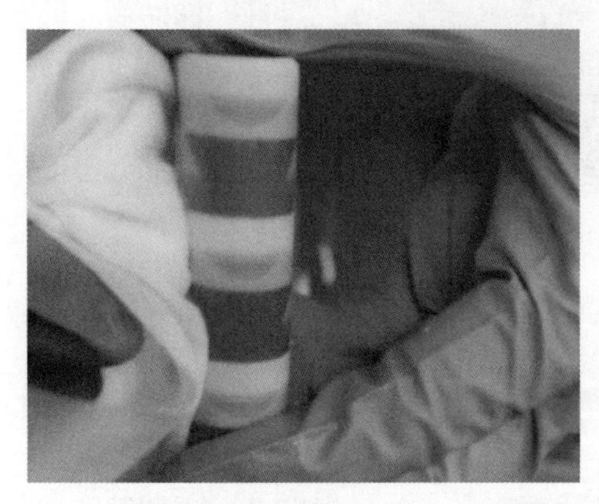
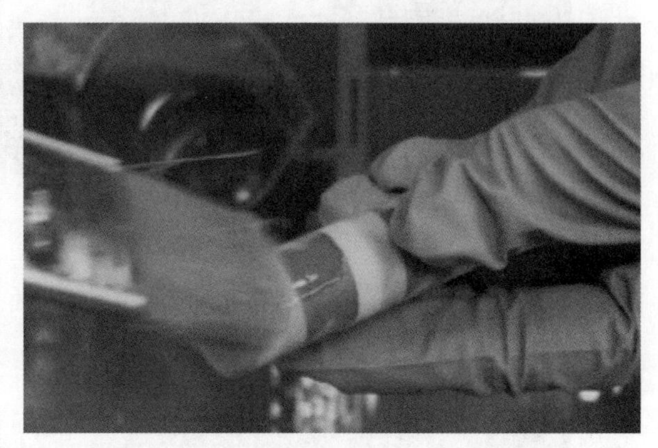

图 4-113 上光油

8）固化光油。使用固化灯来回扫描模型表面 5~6 s 待光油固化，如图 4-114 所示。注意：手套与模型接触部分尽量避免与固化灯直射，否则会导致模型与手套粘连。

9）酒精清洗。固化完成后使用酒精喷壶，溶解表面未固化光油，用清水清洗表面溶解液，然后使用风枪吹干水渍，到此完成单个零件后处理，如图 4-115 所示。

图 4-114 上光油

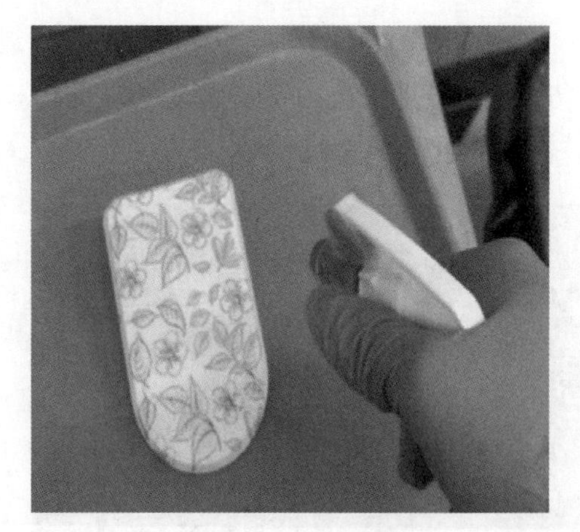

图 4-115 酒精清洗

10）装配。处理完所有模型后，打开工程图文件检查零件是否缺失，依据装配图进行装配，如图 4-116 所示。

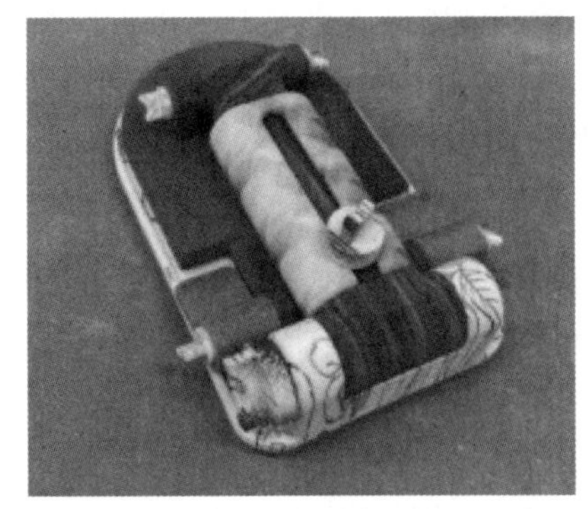

图 4-116　装配

巩固训练·创新探索

你所在公司接到加工订单，要求生产三色大象玩具摆件两件，作为对方玩具公司秋季新品发布会展品，如图 4-117 所示。款式、尺寸、配色由客户提供 3D 模型图，交货期为 3 天。

在你接到工作任务后，通过任务单了解并分析客户需求，根据客户提供的 3D 模型图，选择加工方法、材料、设备等，制订打印工艺，填写生产制造文档，排包、生产打印、后续处理及检测，完成后交付质检部验收确认。

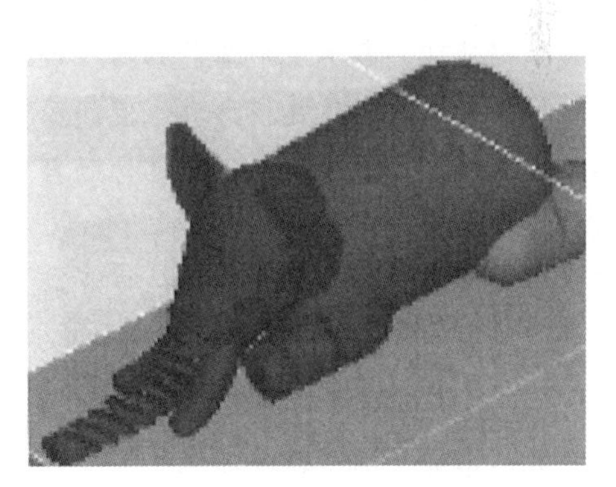

图 4-117　大象玩具摆件

增“材”增“智”

我国增材制造技术与产业发展研究

一、前言

当前，以增材制造（亦称 3D 打印）为代表的新制造技术，其基础研究、关键技术、产业孵化等都在快速发展。增材制造技术完全改变了产品的设计制造过程，被视为诸多领域科技创新的“加速器”、支撑制造业创新发展的关键基础技术；进一步改变了产品的生产模式，驱动定制化、个性化、分布式制造；通过云制造并与大数据技术结合，加快传统制造升级，实现制造的个性化、智能化、社会化；对制造业起到巨大的推动和颠覆性变革作用，助推航空、航天、能源、国防、汽车、生物医疗等领域核心制造技术的突破和跨越式发展。

增材制造技术与产业研究是国内外热点课题。有研究指出，增材制造技术作为面向材料的制造技术，在聚合物、金属、陶瓷、玻璃、复合材料中仍普遍存在打印精度、打印尺度、打印速度难以兼顾的矛盾。

我国制造业面临着复杂的国际合作形势和激烈的产业竞争态势，高端装备制造产业发展难以避免地受到干扰，前沿技术与工程的自主发展面临潜在挑战；在进行高质量发展转型的过程中，需要坚定实施制造强国战略。需要注意到，尽管我国制造业对于以增材制造为代表的新制造技术推广应用具有较高的热度，但增材制造技术与产业相比世界先进水平仍有差距；国内多数制造企业还处于接触增材制造技术、开展探索应用阶段，没有达到全面掌握、转化应用、创造增量价值的目标；结合国情开展的增材制造技术规划与产业发展研究也不够深入和充分。

二、我国增材制造技术开发和产业发展的现状及面临问题

（一）我国增材制造技术进展

我国初步建立了涵盖3D打印材料、工艺、装备技术到重大工程应用的全链条增材制造技术创新体系，相关技术研究涉及从光固化材料的原型制造（产品开发）到大尺寸金属材料的增减材一体化制造（装备应用）的完整环节，包括各类工艺的增材制造装备与增材制造数据处理、各类成形工艺的路径规划软件、模拟增材制造过程物理化学变化的数字仿真软件、数字孪生体建模仿真、空间原位增材制造等。工程应用技术拓展至工业领域的产品装备创新、工业领域高价值部件的再制造修复、重大装备的原位修复与制造等。在医疗领域，生物医疗3D打印成为精准医疗、康复保健研究的前沿技术，相应产品以面向患者的定制化解决方案，增材制造的康复器具、手术导航以及医疗植入物等为代表，极具应用前景。

（二）我国增材制造产业进展

我国形成了国家级、省级、重要行业的增材制造创新中心协同布局，骨干企业率先发展的创新网络与产业生态体系；增材制造产业链的各环节，包括原材料、关键零部件配套、装备研制、共性技术研发平台、应用服务商以及各应用领域，都在快速发展。我国消费级增材制造产业规模全球领先。在高性能金属增材制造原材料及其生产装备方面，基本实现了国产化替代，具有批量化供应和成本竞争优势；核心器件及零部件的国产化进程加速，在国产中低端装备上实现了规模化配套；高性能金属增材制造装备基本突破了规模化、产业化瓶颈，5轴增减材混合制造装备已实现商用。增材制造砂型成为铸造行业转型升级突破口，建成万吨级铸造3D打印制造工厂；实现新型飞机研制过程中的增材制造结构件占比超过3%，建成火箭发动机零组件的智能生产车间。此外，国家药品监督管理局成立了医用增材制造技术医疗器械标准化技术归口单位，围绕增材制造医疗器械软件、设备、原材料、工艺控制等，制定标准和规范，保障产业发展。

（三）我国增材制造技术与产业发展存在的问题

1. 共性技术研究及基础器件能力存在不足

增材制造产业的高质量发展，依赖于关键技术的全面突破、技术体系成熟度的综合提升，表现在扩展材料种类、改善成形效率、革新质量控制手段、降低综合成本。我国增材制造产业尽管增速较快，但原始创新能力依然不强，基础共性技术、基础器件配套能力、产业前沿技术研究差距客观存在，工业软件及核心器件的国产配套能力不足，部分核心关

键技术受制于人。高端增材制造装备使用的核心元器件（如打印头、激光器、长寿命电子枪、扫描振镜、微滴喷头、精密光学器件等）、关键零部件、商业化工业软件较多依赖进口；部分激光器、扫描器件已完成自主研制，但配套应用规模较小，品质与可靠性有待提高。国产高端金属成型装备在专用工艺包开发与成型精度方面较世界先进水平仍有差距。

2. 面向国际市场的专利布局滞后

面向国际市场开展专利布局，才能保障我国增材制造产业的未来竞争力。美国、德国、日本、韩国都高度重视专利布局并偏重国际市场，如德国籍专利发明人申请的专利有66.2%在国外申请，日本的海外专利占比达到48.4%。相比之下，我国专利申请人的专利布局重点仍局限于本土，如国内申请的专利占总量的97.8%，即仅有2.2%的专利瞄准海外布局。因此，发达国家构建的专利壁垒对我国企业在增材制造、激光制造领域的投入及研究产生了明显干扰。拥有核心自主知识产权体系，是打破国外技术壁垒与封锁的依托，也是壮大国内增材制造产业的核心环节。在增材制造领域日益激烈的国际市场竞争背景下，我国增材制造技术专利的保护力度相对不足，信息与技术的市场化共享渠道不畅；应把握增材制造技术的国际制高点，以更大力度实施相关专利的海外市场布局，化解增材制造产业国际化的发展风险。

3. 产业规模与产业集群建设有待深化

我国增材制造产业初步形成了完整的生态链，构建了产业链、供应链风险的应对机制，但客观来看仍存在分布不集中、企业规模小、综合竞争力弱等问题。“专精特新”企业数量少、成立时间短，研发强度和市场竞争力在短期内离不开产业政策扶持；各应用领域的示范推广和商业应用规模仍待发展，国际化仅处于起步阶段。工业企业除了因成本控制而限制推广规模之外，对增材制造技术的认识仍不够深入，实施创新应用的开拓能力不足；多是沿用国外案例经验或由市场竞争倒逼，偏好短期规模效益、跟随市场热点进行重复投资，而对技术创新难度大的产品缺乏持续投入动力。现有的增材制造产业集群呈现“小集中、大分散”分布特征，产业链过于围绕中游（增材制造装备）展开；通用技术薄弱、创新能力体系不强、人才与研发经费保障不充分、行业利润不足以支撑可持续发展，成为增材制造行业面临的共性问题。

（节选自《我国增材制造技术与产业发展研究》，作者：王磊、卢秉恒）

模块5 基于逆向技术的吸尘器产品改型设计与制造

背景描述

在高度现代化生活水平的今天，对于很多都市家庭来说，吸尘器已经成为家庭清洁必备的小家电。作为当今家庭的主要日常清洁工具，它与用户形成了频繁的互动关系，产品与消费者有着直接的接触和交流，因此产品的设计已经超越了吸尘器本身的功能需求，而是正在尽最大努力去迎合消费者的科技、文化、身体和情感感受。

根据家用吸尘器的行业和产品特点，通过对顾客价值理论的研究，将顾客价值理论引入家用吸尘器产品设计心理评价的实证研究，这就需要吸尘器不仅在功能方面创新，造型设计也需要迎合更多使用群体的审美及体验感受，吸尘器的更新换代可以说是“家常便饭”。这对吸尘器生产商来说，既需要借鉴前期产品的生产经验，又需要突破传统的使用理念，借鉴多种设计风格，在美观的前提下能保证人们使用的舒适度，让人们享受清洁家居环境的乐趣。

国内某吸尘器生产商为满足吸尘器产品市场更新换代要求，需要对某型号吸尘器进行改型设计（图5-1），要求外观设计美观、结构合理、使用方便。为节约生产成本和缩短产品开发周期，公司打算使用逆向设计来完成此项改造任务，你应该从哪几方面开展此项工作，你对逆向工程了解多少，逆向设计的实施步骤分哪几步？带着此项任务，开启逆向工程之旅。

图5-1 吸尘器

模块5
教学设计

学习目标

知识目标：

（1）结合知识点能够说出逆向设计的定义、工作流程及应用领域；

（2）熟悉掌握三维扫描仪操作系统常用命令；

（3）熟练掌握Geomagic Wrap软件点云数据处理的常用命令；

（4）熟练掌握Geomagic Design X软件数据重构草图、倒圆角、面片拟合等常用命令；

（5）熟悉Cura切片软件操作页面，并掌握各参数的设置；

（6）归纳出桌面级3D打印机各命令参数的意义。

技能目标：

（1）熟悉使用 Win3DD 三维扫描仪扫描吸尘器模型获取点云数据；

（2）能够使用 Geomagic Wrap 软件对采集的点云数据快速处理；

（3）熟悉使用 Geomagic Design X 软件创建自由曲面，基于草图、面片草图进行体拉伸、倒圆角等数据重构操作；

（4）熟悉并掌握 Cura 软件对模型的切片步骤，并掌握桌面级 3D 打印机打印操作方法及后处理步骤。

素质目标：

（1）加强自主查阅资料，阐述相关知识点及总结归纳的能力；

（2）培养运用所学知识提出问题、解决问题的能力；

（3）具备良好的逻辑性、合理性的科学思维方法能力；

（4）具有合作精神、团队协作和管理协调能力，具备优良的职业道德修养，能遵守职业道德规范。

思政小课堂

最美奋斗者罗阳：国之重器，以命铸之

出生于军人家庭的罗阳，高考志愿全是军工类，是多门功课满分的优秀学生。进入大学后，罗阳曾说："我们最大的追求，就是通过我们的努力，使我国的先进战机能够早日装备部队，使我国的国防工业能够尽快缩小与发达国家的差距。"他是这样说的，也是这样做的。

担任沈阳飞机工业（集团）有限公司总经理的 5 年时间里，罗阳及其团队实现了 5 个型号首飞，每年为客户交付的战机，从最少时的 4 架猛增至近百架。"航空报国不仅是荣誉，更是责任！"他用热情托举战机升空。

如果把航空母舰比作手枪的话，舰载战斗机就是它的子弹。研制舰载机，对中国来说，还是一张白纸！因此，从接到舰载机任务那天起，罗阳和他的团队就一直奋战在研制现场，为了让中国的战机早日翱翔蓝天，在任务最后冲刺的 1 个月，他每天工作达到 20 个小时。他经常说："我们没有任何选择，必须把不可能变成可能！"

"飞鲨"歼-15 创造了新机研制提前 18 天总装下线。从设计画图到成功首飞仅用 10 个半月的奇迹。辽宁舰入列时，海外媒体曾预计中国舰载战斗机成功运用至少需要一年半的时间，然而，仅仅两个月，歼-15 就成功实现舰上起降。当时，最大难点之一在阻拦钩准确钩住阻拦索从而有效减速，是实现飞机在短距离内着舰的关键，技术要在规定时间内攻破，只能成功，不能失败。一次次试验，多少次失败，终于在 2012 年初这一技术被攻克了。在庆功会上，罗阳掉泪了，不爱喝酒的他和试飞员们一醉方休。

生命的最后一个月里，在实现两大重点型号相继成功首飞后，罗阳就立即赶赴珠海航展，紧接着又飞去沈阳，转战“辽宁舰”，为舰载机助力。2012 年 11 月 25 日，“辽宁舰”顺利返航，所有人开始热烈地拥抱、庆祝，而罗阳面色淡然，只是与同事一一握手。在离开后不久，他就捂住剧痛的胸口倒下了。

中国的科技工作者不断以令人惊叹的速度创造着一个个奇迹，每一个奇迹的背后，正是许多像罗阳这样的英雄。用爱国心、报国志，争分夺秒，推动着国家发展和社会进步。奋勇无畏，一路向前；国之重器，以命铸之。向罗阳致敬！

任务 5.1 逆向设计技术与工程应用

课件：任务 5.1 逆向设计技术与工程应用

任务导入

某吸尘器公司为完成产品升级换代，为节约成本和缩短生产周期，选择使用逆向设计这种成本低、时间短，可实现物体较精准复制的方法。公司领导将吸尘器产品改型设计任务交给你（见图 5-2），什么是逆向设计，它与正向设计有何区别？本任务带你了解逆向设计的相关理论知识。

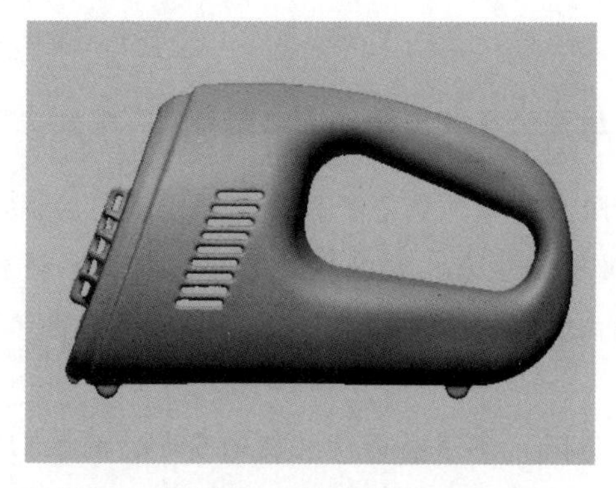

图 5-2 模型产品

任务要求

（1）在学银在线或学习通平台上完成在线学习任务，归纳总结知识点，完成知识构建。

（2）自主搜索逆向设计技术操作流程及应用领域。

（3）填写工作过程记录单，提交课程平台。

（4）在学银在线或学习通平台上完成拓展任务、参与话题讨论。

微课视频：逆向工程技术介绍

知识链接

5.1.1 知识点 1：逆向设计技术简介

逆向工程（Reverse Engineering）也称反求工程，其思想最初来自从油泥模型到产品实物的设计过程。它改变了 CAD 系统从图样到实物的传统设计模式，为产品的快速开发设计提供了一条新途径。逆向工程技术并不是简单意义上的仿制，而是综合应用现代工业设计的理论方法，结合工程学、材料学和相关的专业知识进行系统分析，运用各种专业人员的工程设计经验和创新思维，对已有产品进行剖析、深化和再创造，是对已有设计进行的再设计，这就是逆向工程技术的含义。需要特别强调的是，再创造是逆向设计的核心。

作为产品设计制造的一种手段，在 20 世纪 90 年代初，逆向工程技术开始引起各国工业界和学术界的高度重视。从此，有关逆向工程技术的研究和应用受到政府、企业和研究者的关注，特别是随着现代计算机技术及测试技术的发展，逆向工程技术已成为 CAD/CAM 领域的一个研究热点，并逐步发展成为一个相对独立的技术领域。

传统的产品设计（正向设计）通常是从概念设计到创建三维数字模型、再到产品的制造生产，而产品的逆向设计与此相反，它是根据零件（或者原型）生成三维数字模型，经过创新，再制造出产品。它是一种以实物、样件、软件或者影像作为研究对象，应用现代设计方法学、生产工程学、材料学和有关专业知识进行系统分析和研究，探索并掌握其关键技术，进而开发出同类的更为先进产品的技术，是为消化、吸收先进技术而采取的一系列分析方法和应用技术的结合。广义的逆向工程技术包括影像逆向、软件逆向和实物逆向等。目前，大多数有关逆向工程技术的研究和应用都集中在几何形状，即重构产品实物的三维数字模型和最终产品的制造方面，称为实物逆向工程。正向设计与逆向设计的工作流程对比如图 5-3 所示。

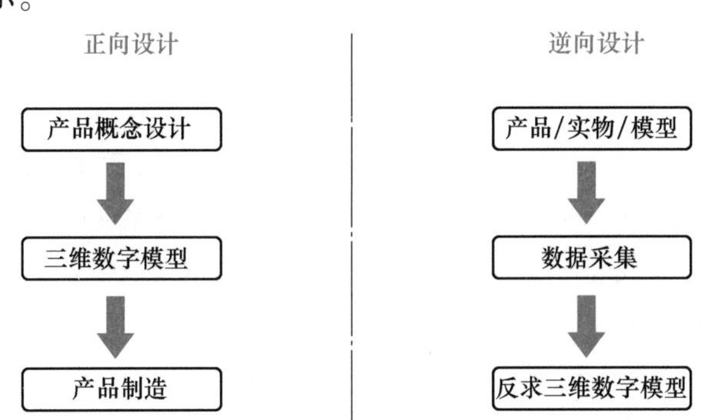

图 5-3　正向设计与逆向设计的工作流程对比

实物的逆向工程是从实物样件获取产品数据模型并制造得到新产品，即“从有到新”的过程。在这个意义上，实物逆向工程（简称逆向工程）技术是将实物转变为三维数字模型的数字化技术、几何模型重构技术和产品制造技术的总称，是将已有产品或者实物模型转化为工程设计模型和概念模型，在此基础上对已有产品进行剖析、深化和再创造的过程。

5.1.2 知识点 2：逆向工程技术工作流程

微课视频：逆向工程的工作流程

逆向工程技术的工作流程，一般包括实物的数据采集、数据处理、逆向建模和成型制造等阶段，如图 5-4 所示。

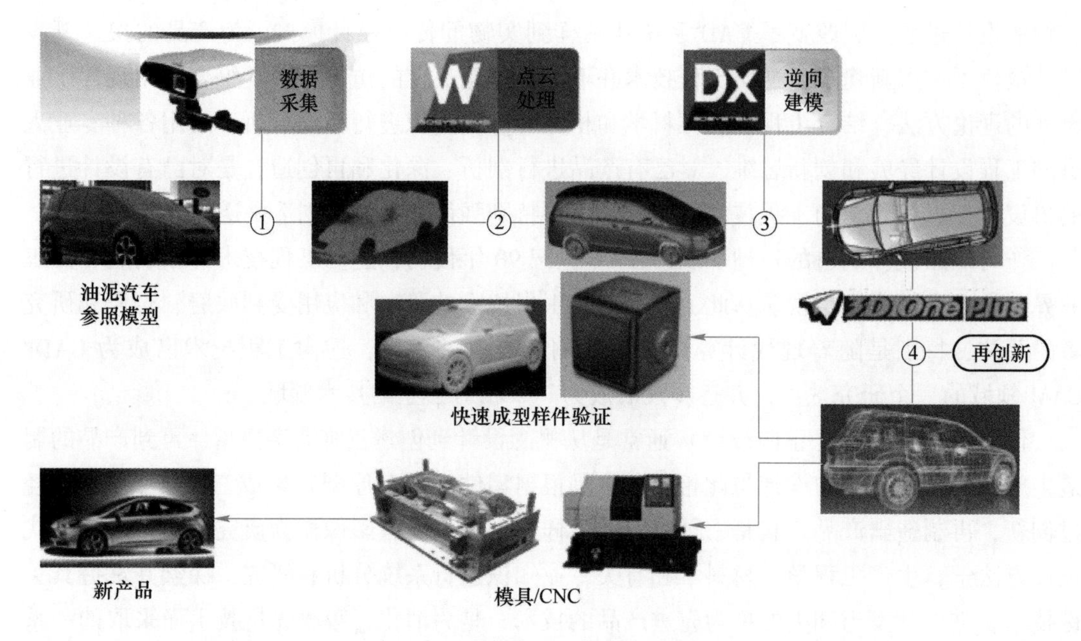

图 5-4 逆向工程技术的工作流程

(1) 数据采集系统。数据获取是逆向工程系统的首要环节，根据测量方式的不同，数据采集系统可以分为接触式测量系统与非接触式测量系统两大类。接触式测量系统的典型代表是三坐标测量机，非接触式测量主要包括各种基于光学的测量系统等。

(2) 数据处理与模型重建系统。数据处理与模型重建软件主要包括两类：一是集成了专用逆向模块的正向 CAD/CAM 软件，如包含 Pro/Scan-tools 模块的 Pro/E、集成快速曲面建模等模块的 CATIA 及包含 Point cloudy 功能的 NX 等；二是专用的逆向工程软件，典型的如 Imageware、Geomagic Studio、Polyworks、CopyCAD、ICEMSurf 和 RE-Soft 等。

(3) 成型制造系统。成型制造系统主要包括用于制造原型和模具的 CNC 加工设备，以及生成模型样件的各种快速成型设备。根据不同的快速成型原理，成型制造系统包括光固化成型、选择性激光烧结、熔融沉积制造、分层实体制造、三维打印等，以及基于数控雕刻技术的减式快速成型系统。

5.1.3 知识点 3：逆向工程技术的实施条件

微课视频：逆向工程的实施条件

逆向工程技术实施步骤为：首先采用测量扫描仪以及各种先进的数据处理手段获得产品实物或者模型的数字信息，然后充分利用成熟的逆向工程软件或者正向设计软件，快速、准确地建立实体三维模型，经过工程分析和 CAM 编程加工出产品模型，最后制成产品，实现产品或者模型→再设计（再创新）→产品的开发流程。因此，逆向工程技术的实施条件包括硬件条件、软件条件和教学资源三大类。

5.1.3.1 硬件条件

逆向工程技术实施的硬件条件包含前期的三维扫描设备和后期的产品制造设备。产品制造设备主要有切削加工设备，以及近几年发展迅速的快速成型设备。

三维扫描设备为产品三维数字化信息的获取提供了硬件条件。不同的测量方式，决定了扫描的精度、速度和经济性，也形成了测量数据类型及后续处理方式的不同。数字化精度决定三维数字模型的精度及反求的质量，测量速度也在很大程度上影响反求过程的快慢。目前，常用的测量方法在数字化精度和测量速度两个方面各有优缺点，并且有一定的适用范围，因此在应用时应根据被测物体的特点及对测量精度的要求选择对应的测量设备。这里介绍一款常用的结构光三维扫描仪——Win3DD 单目三维扫描仪，其结构如图 5-5 所示。

（1）Win3DD 单目三维扫描仪的原理。Win3DD 系列产品是北京三维天下公司自主研发的高精度三维扫描仪，它依据激光三角法原理，由光源孔发射出一束水平的激光束扫描物体。该激光束通过旋转平面镜改变角度，使得激光束发射到物体表面。物体表面反射激光束，每一条激光线都通过 CCD（Charge-Coupled Device）传感器采集一组数据。根据物体表面不同的形状，每条激光线反射回来的信息中都包含了表面等高线数据，如图 5-6 所示。

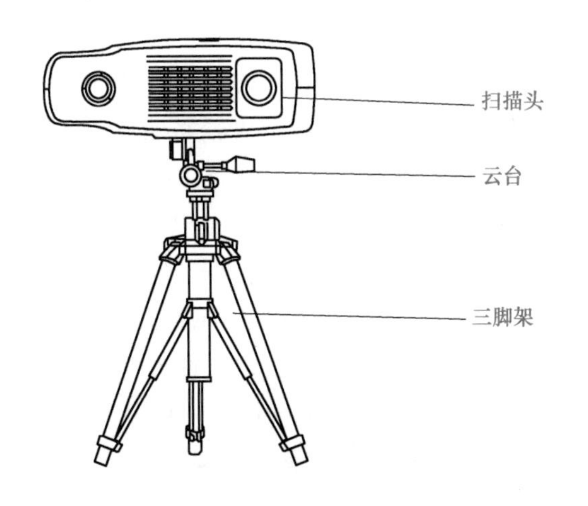

图 5-5 Win3DD 单目三维扫描仪的结构组成

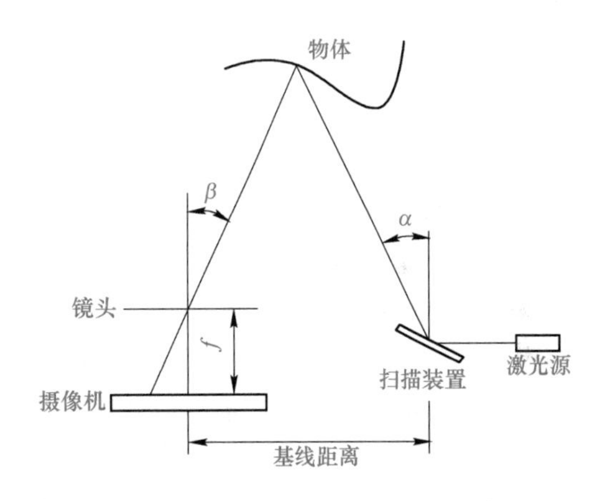

图 5-6 Win3DD 单目三维扫描仪工作原理

（2）Win3DD 单目三维扫描仪的特点有：

1）Win3DD 单目三维扫描仪在延续经典双目系列技术优势的基础上，在软件功能和附件配置上有了大幅提升，具有精度高、可靠性好的特点，能够快速、准确地进行单幅扫描。

2）Win3DD 单目三维扫描仪设有三维预览功能，可使用户预先评估测量结果，检查由于被测表面不平整等因素带来的扫描区域深度、死角角度等，大大减少了扫描错误。

3）先进的自动对焦功能，能够根据到被测物的距离、反射率等自动调整焦距和激光束的强度，多次对焦功能对于有深度的测量物可以得到高精度的数据。

4）全新的传感器和测量计算法提供了延伸的动态范围，可以测量有光泽的物体（如金属）表面。

5）外观设计简洁轻便，结构设计紧凑、轻便，在工作环境中具有可移动性。

6）Win3DD单目三维扫描仪操作简单、易学易用，受到逆向工程从业人员的青睐。

5.1.3.2 软件条件

随着逆向工程及其相关技术理论研究的深入进行，其成果的商业应用也日益受到重视。

在专用的逆向工程软件问世之前，三维数字模型的重构都依赖于正向的CAD/CAM软件，例如NX、Pro/E、CATIA、Solid Works等。由于逆向建模的特点，正向的CAD/CAM软件不能满足快速、准确的模型重构需要，伴随着对逆向工程及其相关技术理论的深入研究及其成果的广泛应用，大量的商业化专用逆向工程三维建模系统日益涌现。目前，市场上主流的逆向三维建模功能软件达数十种之多，具有代表性的有Geomagic Studio、Imageware、RapidForm、CopyCAD等。常用的CAD/CAM集成系统中也开始集成逆向设计模块，例如CATIA软件中的DES、QUS模块，Pro/E软件中的Pro/SCAN功能，NX 3.0软件已将Imageware集成为其专门的逆向设计模块。这些系统软件的出现，极大地方便了逆向工程设计人员，为逆向工程的实施提供了软件支持。下面就专用的逆向造型软件做概要的介绍。

（1）Geomagic Wrap软件。Geomagic Wrap软件是美国Geomagic公司出品的逆向工程和三维检测软件，其数据处理流程为点阶段→多边形阶段→曲面阶段，可轻易地从扫描所得的点云数据创建出完美的多边形模型和网格，并可自动转换为NURBS曲面。Geomagic Wrap软件可根据任何实体（如零部件）自动生成准确的数字模型。Geomagic Wrap软件可获得完美的多边形和NURBS模型；处理复杂形状或自由曲面形状时，速度比传统CAD软件提高10倍，自动化特征和简化的工作流程，可缩短学习时间。Geomagie Wrap软件在数字化扫描后的数据处理方面具有明显的优势，受到使用者广泛青睐。本书选用的就是Geomagie Wrap家族系列产品——新版本的Geomagic Design X软件进行逆向工程设计。

（2）Imageware软件。Imageware软件由美国EDS公司出品，是著名的逆向工程软件，正被广泛应用于汽车、航空、航天、日用家电、模具、计算机零部件等设计与制造领域。Imageware软件采用NURBS技术，功能强大，处理数据的流程按照点→曲线→曲面原则，流程清晰，并且易于使用。Imageware软件在计算机辅助曲面检查、曲面造型及快速样件成型等方面具有强大的功能。

（3）Delcam CopyCAD Pro软件。Delcam CopyCAD Pro软件是世界知名的专业逆向/正向混合设计CAD系统，采用全球首个Tribrid Modelling三角形、曲面和实体三合一混合造型技术，集三种造型方式为一体，创造性地引入逆向/正向混合设计理念，成功地解决了传统逆向工程中不同系统相互切换、烦琐耗时等问题，为工程人员提供了人性化的创新设计工具，从而使“逆向重构+分析检验+外形修饰+创新设计”在同一系统下完成，为各个领域的逆向/正向设计提供了快速、高效的解决方案。

（4）Geomagic Design X软件。Geomagic Design X软件是全球四大逆向工程软件之一，它提供了新一代运算模式，多点云处理技术、快速点云转换成多边形曲面的计算方法、彩色点云数据处理等功能，可实时将点云数据运算出无接缝的多边形曲面，成为3D扫描后数据处理最佳的接口。彩色点云数据处理功能将颜色信息映像在多边形模型中，在曲面设计过程中，颜色信息将完整保存，也可以运用 RP 成型设备制作出有颜色信息的模型。Geomagic Design X 软件也提供上色功能，通过实时上色编辑工具，使用者可以直接为模型编辑喜欢的颜色。

（5）Geomagic Control X 软件。Geomagic Control X 软件是一款功能全面的检测软件，集结多种工具与简单明确的工作流。质检人员可利用 Geomagic Control X 软件实现简单操作与直观的全方位控制，让质量检测流程拥有可跟踪、可重复的工作流，其快速、精确、信息丰富的报告和分析功能应用在制造工作流程中能提高生产率与产品质量。

5.1.4 知识点 4：逆向工程技术的应用领域

微课视频：逆向工程的应用领域

逆向工程技术在创新设计方面的应用又可细分为以下几个方面：

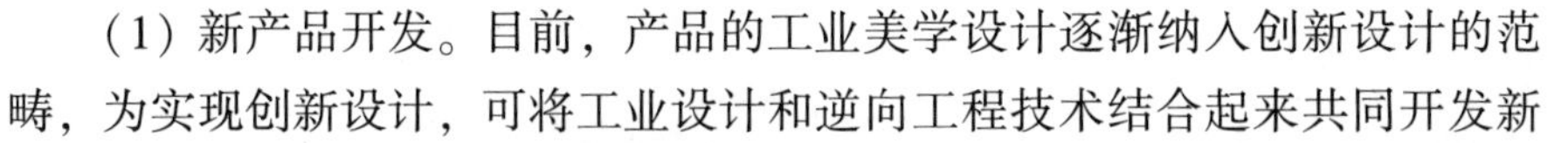

（1）新产品开发。目前，产品的工业美学设计逐渐纳入创新设计的范畴，为实现创新设计，可将工业设计和逆向工程技术结合起来共同开发新产品。首先由外形设计师使用油泥、木模或者泡沫塑料做成产品的比例模型，从审美角度评价并确定产品的外形，然后通过逆向工程技术将其转化为三维数字模型，如图 5-7 所示。这大大加快了创新设计的实现过程，在航空、汽车、家用电器制造以及玩具制造等行业都得到了不同程度的应用和推广。

图 5-7　新产品开发设计过程

（2）产品的仿制和改型设计。在只有实物而缺乏相关技术资料（图样或者三维数字模型）的情况下，利用逆向工程技术进行数据测量和数据处理，重构与实物相符的三维数字模型，并在此基础上进行后续的工作，例如模型修改、零件设计、有限元分析、误差分析、数控加工代码的生成等，最终实现产品的仿制和改进。该方法被广泛应用于摩托车、家用电器、玩具等产品外形的修复、改造和创新设计，以提高产品的市场竞争能力。

（3）快速模具制造。逆向工程技术在快速模具制造中的应用主要体现在三个方面（见图5-8）：一是以样本模具为对象对已符合要求的模具进行测量，重构其三维数字模型，并在此基础上生成模具加工程序；二是以实物零件为对象，将实物转化为三维数字模型，并在此基础上进行模具设计；三是建立或者修改在制造过程中变更过的模具设计模型，例如破损模具的制成控制与快速修补。

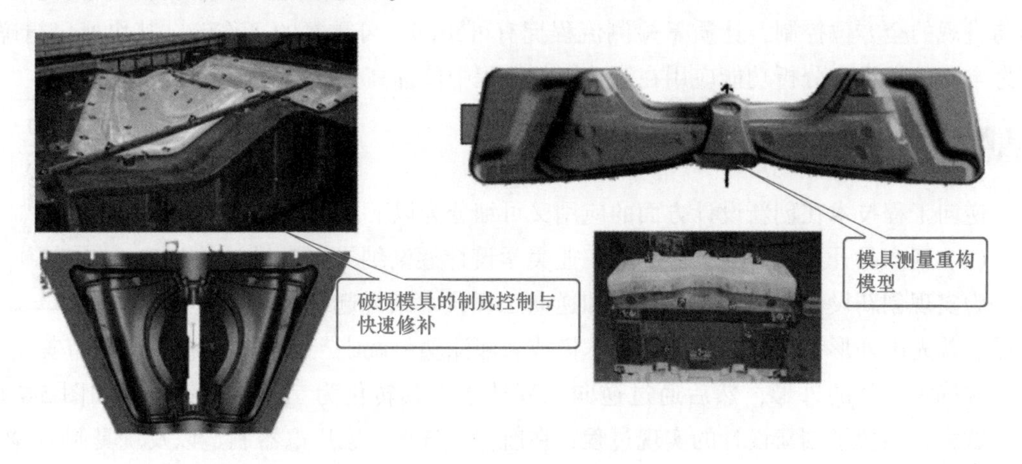

图5-8 模具快速制造

（4）快速原型制造。快速原型制造（Rapid Prototyping Manufacturing，RPM）技术，综合了机械、激光以及材料科学等技术，已成为新产品开发、设计和生产的有效手段，其制作过程是在三维数字模型的直接驱动下进行的。逆向工程技术恰好可为其提供上游的三维数字模型，两者结合组成产品测量、建模、制造、再测量的闭环系统，可以实现产品的快速开发。

（5）产品的数字化检测。这是逆向工程一个新的发展方向，对加工后的零部件进行扫描测量，获得产品实物的三维数字模型，并将该模型与原始设计的几何模型在计算机上进行数据比较，可以有效地检测制造误差，提高检测精度，如图5-9所示。另外，通过CT扫描技术，还可以对产品内部结构进行诊断及量化分析等，从而实现无损检测。

（6）医学领域的断层扫描。利用先进的医学断层扫描仪器，例如CT、MRT（核磁共振）等获取的数据能够为医学研究与诊断提供高质量的断层扫描信息，利用逆向工程技术将断层扫描信息转换为三维数字模型后，可为后期假体或者组织器官的设计和制作、手术辅助、力学分析等提供参考数据。在反求人体器官三维数字模型的基础上，利用快速成型（RP）技术可以快速、准确地制作硬组织器官替代物，体外构建软组织或者器官应用的三维骨架以及器官模型，为人体替代性组织工程进入定制阶段奠定基础，同时也为疾病医治提供辅助手段。

（7）服装、头盔等的设计制作。根据个人形体的差异，采用先进的扫描设备和曲面重构软件，快速建立人体的三维数字模型，从而设计制作出头盔、鞋、服装等产品，使人们在互联网上就能定制自己所需的产品。在航空航天领域，宇航服装的制作要求非常高，需

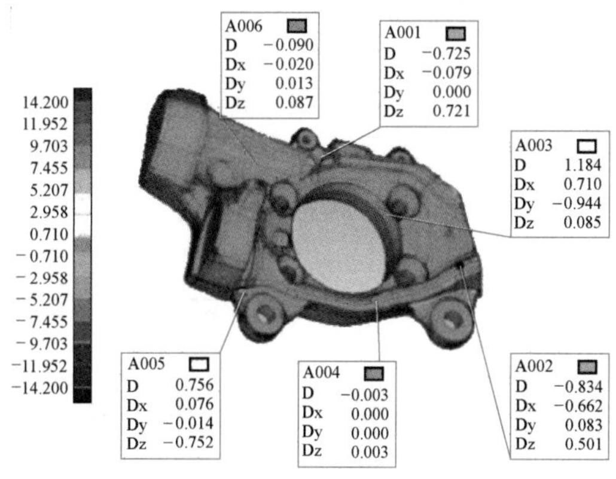

图 5-9　产品数字化检测

要根据不同体形特制。逆向工程技术中的参数化特征建模为实现头盔和衣服的批量制作提供了新思路。

任务实施

文物回归是每一个国人的期盼。2020 年 12 月 1 日，马首铜像正式回归圆明园。至此，马首铜像结束百年流离，成为第一件回归圆明园的流失海外重要文物。多年来，在国家文物局和社会各界力量的共同努力下，已有包括牛首、猴首、虎首、猪首、鼠首、兔首在内的六尊圆明园流失兽首铜像通过不同方式回归祖国。说起圆明园的十二生肖兽首，很多人会想到《十二生肖》电影。影片中的文物小偷，使用一副具有三维扫描的白手套，全面扫描狗头兽首，远程网络另一端的队友收到他传送来的数据，便迅速地通过 3D 打印技术打印出一模一样的兽首，引得影迷惊呼神奇。三维扫描技术结合 3D 打印文物复制品，并不是电影虚构的桥段。三维扫描技术可根据需求记录文物更为真实、全面的形态特征。通过计算机重构其三维数据，真实快速地再现文物原貌，在原始数据的基础上进行文物数字存档、三维展示、保护复制、修复及衍生品开发。

以狗头兽首为例，其逆向设计过程见表 5-1。

表 5-1　狗头兽首的逆向设计过程

项目名称	项　目　内　容
狗头兽首文物复原	选择：________ A. 正向工程　B. 逆向工程　C. SLS　D. 三维建模

续表 5-1

项目名称	项 目 内 容
狗头兽首三维扫描仪选择	选择：________ A. 三坐标测量机 B. 关节臂式测量机 C. Win3DD 单目三维扫描仪 D. 激光扫描仪
狗头兽首数据处理软件	选择：________ A. Geomagic Wrap B. Surfacer C. SolidWorks D. NX
狗头兽首数据重构软件	选择：________ A. CopyCAD B. Re-soft C. Geomagic Design X D. surfacer
狗头兽首打印设备	选择：________ A. 桌面级 3D 打印机（型号： ） B. 工业级 3D 打印机（型号： ）

任务 5.2 吸尘器的数据采集和点云数据处理

课件：任务 5.2 吸尘器的数据采集和点云数据处理

任务导入

现在已了解了什么是逆向工程，对于需要改型设计的吸尘器（见图 5-10），如何进行逆向设计？开启逆向设计的第一步就是数据采集和数据处理，本任务就带你了解如何进行数据采集，并对采集到的数据进行优化处理。

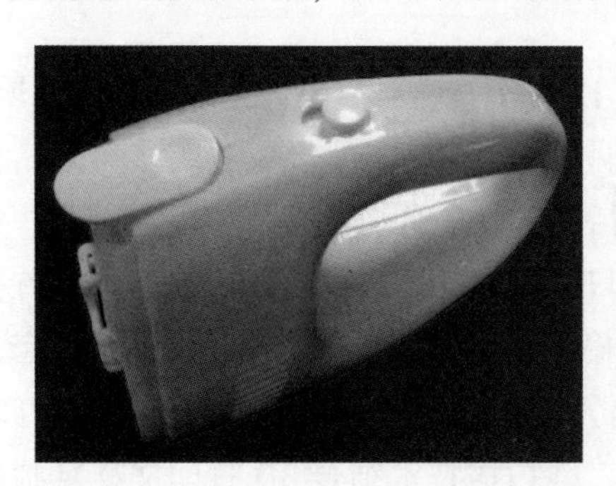

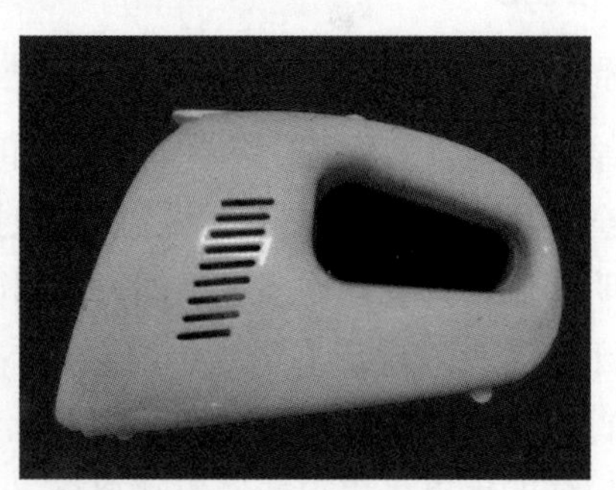

图 5-10 吸尘器模型

任务要求

（1）在学银在线或学习通平台上完成在线学习任务，学会知识点基本技能操作，完成知识构建。

（2）根据生产要求，使用 Win3DD 单目三维扫描仪完成吸尘器模型扫描任务，并使用 Geomagic Wrap 软件对收集到的模型点云数据进行处理。

（3）记录数据重构过程中出现的工作问题，并写出修正措施。

（4）填写工作过程记录单，提交课程平台。

（5）在学银在线或学习通平台上完成拓展任务、参与话题讨论。

微课视频：ReacomSCAN三维扫描仪结构

知识链接

5.2.1　知识点 1：扫描吸尘器模型的前期准备

我们对吸尘器模型的数据采集使用的是 Win3DD 单目三维扫描仪，在扫描之前需要做好扫描前准备，主要分为喷粉、粘贴标志点、制定扫描策略三步骤。

5.2.1.1　喷粉

通过观察发现该吸尘器表面反光，光滑处可能会反射光线，影响正常的扫描效果，因此采用喷涂一层显像剂的方式进行扫描，从而获得更加理想的点云数据，为之后的建模打下基础。

需要注意的是，喷粉距离约为 30 cm，尽可能薄且均匀。

5.2.1.2　粘贴标志点

因为要求扫描吸尘器的整体点云，所以需要粘贴标志点，以进行拼接扫描。

粘贴标志点时的注意事项如下：

（1）标志点尽量粘贴在平面区域或者曲率较小的曲面上，且距离工件边界较远一些；

（2）标志点不要粘贴在一条直线上，且不要对称粘贴；

（3）公共标志点至少为 3 个，但由于扫描角度等原因，一般建议以 5~7 个为宜，且应使其在尽可能多的角度中同时看到；

（4）粘贴标志点要保证扫描策略的顺利实施，根据工件的长、宽、高合理分布粘贴；

图 5-11 所示标志点的粘贴较为合理，当然还有其他粘贴方法。

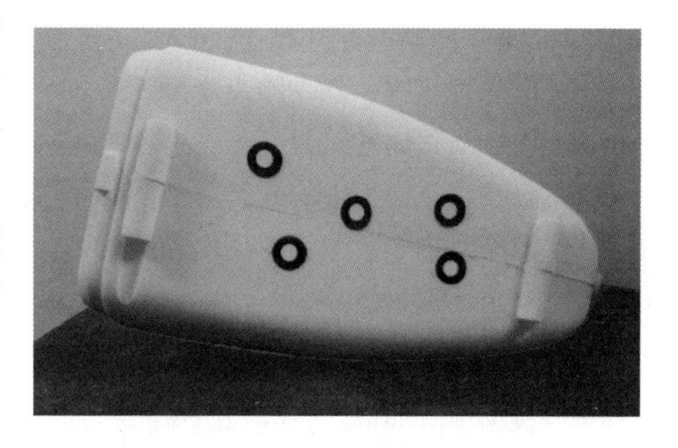

图 5-11　标志点的粘贴

5.2.1.3　制定扫描策略

通过观察发现该吸尘器整体结构是一个对称模型，为了更方便、更快捷地进行扫描，可使用辅助工具（转盘）对吸尘器进行拼接扫描。注意：辅助扫描能够节省扫描时间，同时也可以减少粘贴在物体表面上的标志点的数量。

5.2.2　知识点 2：Geomagic Wrap 软件简介

微课视频：简单机械零件wrap数据处理操作示范

对于扫描吸尘器获得的点云数据需要使用 Geomagic Wrap 软件进行数据处理，Geomagic Wrap 拥有强大的点云处理能力，能够轻易地从扫描所得的点云数据创建完美的多边形模型和网格，并自动转换成NURBS曲面，可直接用于3D打印、制造、艺术和工业设计等方面。

该软件是除Imageware之外应用最为广泛的逆向工程软件，是目前市面上进行点云处理与三维曲面构建功能最强大的软件，它的优点是：

（1）建模时采用点云、三角网格面、曲面的方式；

（2）软件操作便捷，易学易用；

（3）具有自动拟合曲面功能，对玩具、工艺类工件等自由曲面优势较大。

5.2.3 知识点3：Geomagic Wrap软件数据模块

Geomagic Wrap软件提供了六大数据模块，包括基础模块、点处理模块、多边形处理模块、精确曲面模块、Fashion模块、参数转换模块，下面主要介绍常用的四个模块。

5.2.3.1 基础模块

基础模块的主要作用是提供基础操作环境，包括文件保存、显示控制、数据结构等。

5.2.3.2 点处理模块

（1）优化扫描数据（去除体外孤点、减少噪声等）。

（2）拼接多个扫描数据。

（3）降低数据密度。

（4）将扫描数据封装成三角面片。

5.2.3.3 多边形处理模块

（1）清除钉状物，减少噪点光顺三角网格。

（2）简化三角面片数目。

（3）自动填充模型中的孔，并清除不必要的特征。

（4）加厚、抽壳、偏移三角网格。

（5）创建、编辑边界。

5.2.3.4 精确曲面模块

（1）自动拟合曲面。

（2）编辑处理轮廓线。

（3）构建曲面片，并对曲面片进行移动、松弛等处理。

5.2.4 知识点4：Geomagic Wrap软件打开方法

点击Geomagic Wrap软件图标，进入初始界面，点击“文件”，选择“打开”或者“导入”建好的点云文件，采样比率选择100%，单位选择毫米，便可进入工作页面，如图5-12所示。

5.2.5 知识点5：Geomagic Wrap软件鼠标及快捷键

Geomagic Wrap软件鼠标及快捷键见表5-2。

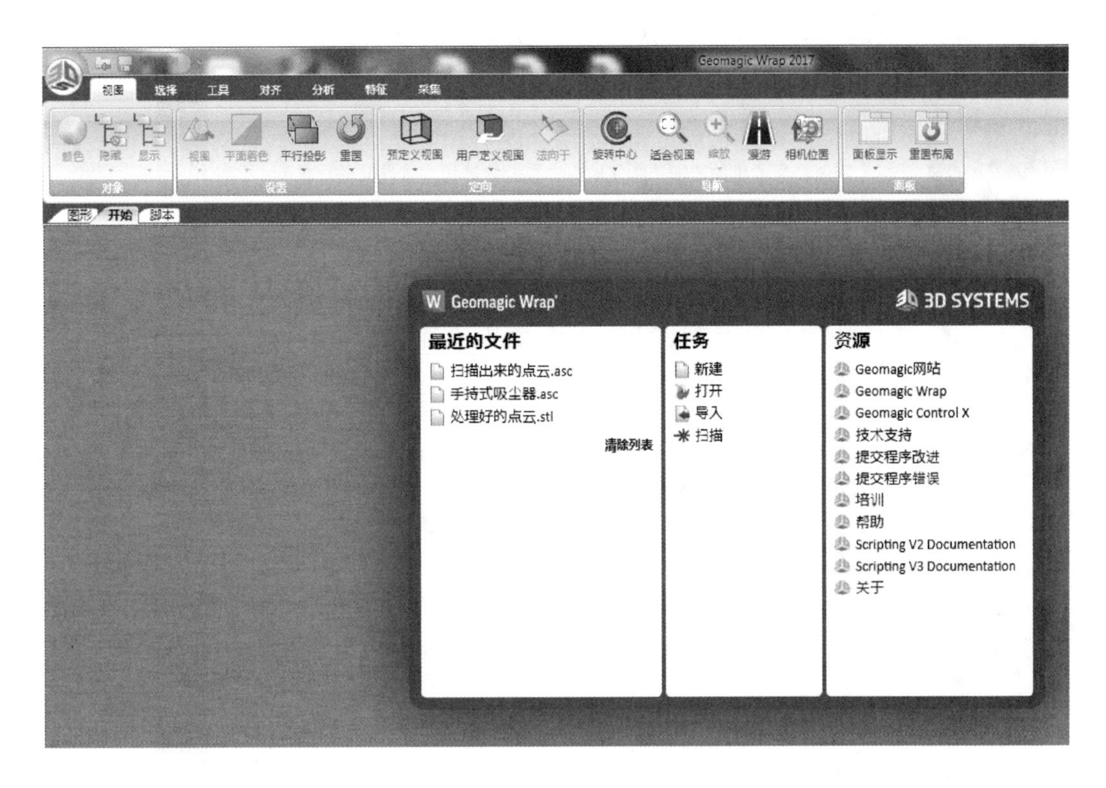

图 5-12　Geomagic Wrap 软件初始界面

表 5-2　Geomagic Wrap 软件鼠标及快捷键

序号	鼠标操作	用　　途
1	左键	选择
2	Ctrl+左键	取消选择
3	Shift+右键/滚轮	缩放模型
4	按下滚轮拖动模型	旋转
5	Alt+中键	平移
6	Delete 键	删除所选区域

5.2.6　知识点 6：Geomagic Wrap 软件数据处理常用命令详解

Geomagic Wrap 软件进行数据处理主要分为点云阶段和多边形阶段，表 5-3 为数据处理常用命令。

表 5-3 数据处理常用命令

图标	用 途
第一阶段：点云阶段	
	着色：为了更加清晰、方便地观察点云的形状，将点云进行着色
	选择断开组件连接：是指同一物体上具有一定数量的点形成点群，并且彼此间分离
	选择体外弧点：选择与其他绝大多数的点云具有一定距离的点（敏感性：低数值选择远距离点，高数值选择的范围接近真实数据）
减少噪声	减少噪声：因为逆向设备与扫描方法的缘故，扫描数据存在系统差和随机误差，其中有一些扫描点的误差比较大，超出允许范围，这就是噪声点
封装	封装：对点云进行三角面片化
第二阶段：多边形阶段	
填充孔	填充孔：修补因为点云缺失而造成漏洞，可根据曲率趋势补好漏洞
去除特征	去除特征：先选择有特征的位置，应用该命令可以去除特征，并将该区域与其他部位形成光滑的连续状态
网格医生	网格医生：集成了删除钉状物、补洞、去除特征、开流形等功能，对于简单数据能够快速处理完成
删除钉状物	删除钉状物：检测展开多边形网格上的尖峰

5.2.7 知识点 7：着色

5.2.7.1　含义

着色是指在无序点对象上处理法线信息的命令。为了更加清晰、方便地观察点云的形状，将点云进行着色。着色分为三个命令，即着色点、修复法线、删除法线。

（1）着色点：在点云上开启照明或者彩色效果，以帮助用户观察其几何形状。着色点使模型显示正常状态，通过“显示”功能查看模型是否具有法线。

（2）修复法线：处理、旋转和/或移除无序点对象上的法线信息。

（3）删除法线：关闭点对象的阴影效果。

5.2.7.2　操作方法

打开“点”，选择“着色”，根据情况选择着色点，方便观察点云形状，根据情况进行修复法线、删除法线，如图 5-13 所示。

图 5-13　着色

5.2.8 知识点 8：减少噪声

5.2.8.1　含义

将点移至统计的正确位置以弥补扫描仪误差（噪声），这样点的排列会更平滑。

5.2.8.2　操作方法

点击“点”选择“减少噪声”，其参数分为 3 种：自由曲面形状、棱柱形（保守）、棱柱形（积极），对于机械类零件一般选择棱柱形（保守）、棱柱形（积极）两种，对于玩偶等工艺品一般选择自由曲面形状参数。平滑度水平是由无到最大值，建议选择中等。迭代是指对模型减少噪声次数，确定好参数，选择应用，点击“确定”，如图 5-14 所示。

5.2.9 知识点 9：非连接项和体外孤点

5.2.9.1　含义

非连接项：评估点的邻近性并选择与其他点组相距离远的点组。

体外孤点：选择与其他多数点保持一定距离的点。

5.2.9.2　操作方法

（1）点击“点”，选择“选择”中的“选择非连接项”，系统默认“选择与其他点组相距离远的点组”，点击“确定”，选择“删除”，删除非必要的点。

（2）点击“点”，选择“选择”中的“选择体外孤点”，系统默认“选择保持一定距离的点”，点击“确定”，选择“删除”，删除非必要的点，如图 5-15 所示。

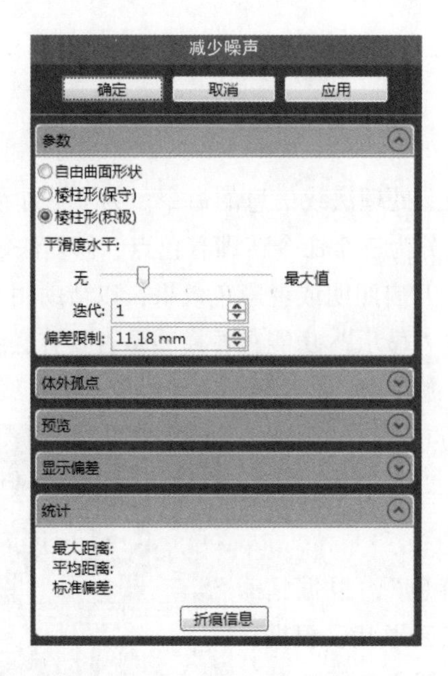

图 5-14 减少噪声

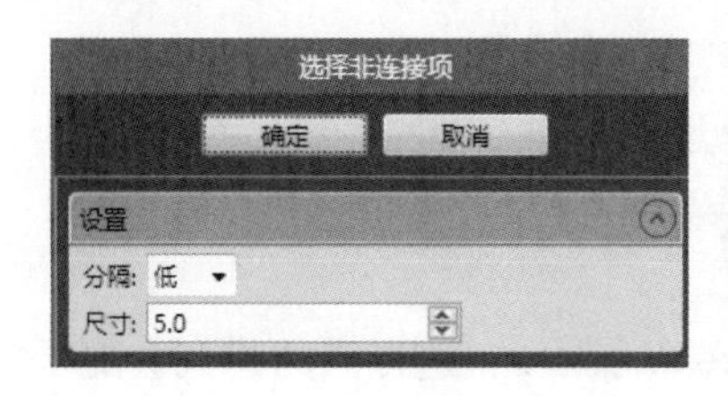

图 5-15 选择非连接项和选择体外孤点

5.2.10 知识点 10：合并

5.2.10.1 含义

将两个或多个点对象合并为一个点对象，以在“模型管理器”生成一个新的多边形对象。

5.2.10.2 操作方法

点击“点”，选择“合并点”，局部噪声降低选择“中间”，全局噪声减少选择“自动”，勾选“删除小组件”可以删除体外不连接点，勾选“保持原始数据”，高级选项中，勾选“删除重叠”，设置0.5，边缘孔数目 0~10000，选择数目越少填孔越少，相反数目越大，填孔越多，默认 25 即可，点击“确定”，如图 5-16 所示。

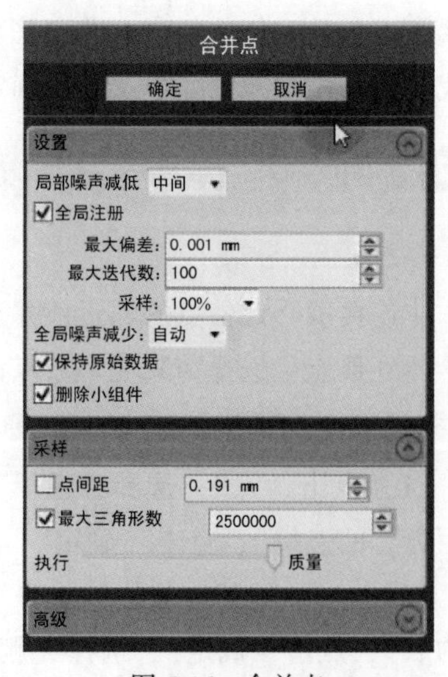

图 5-16 合并点

5.2.11 知识点 11：封装

5.2.11.1 含义

将点云转为网格，以将点对象转成多边形对象。

5.2.11.2 操作方法

点击“点”，选择“封装”，在设置“噪声的降低”选择“无”，勾选“保持原始数据”和“删除小组件”。在“采样”中勾选“点间距”，为保证质量，一般不勾选“最大三角形数”，系统默认计算，点击“确定”进行封装，如图 5-17 所示。

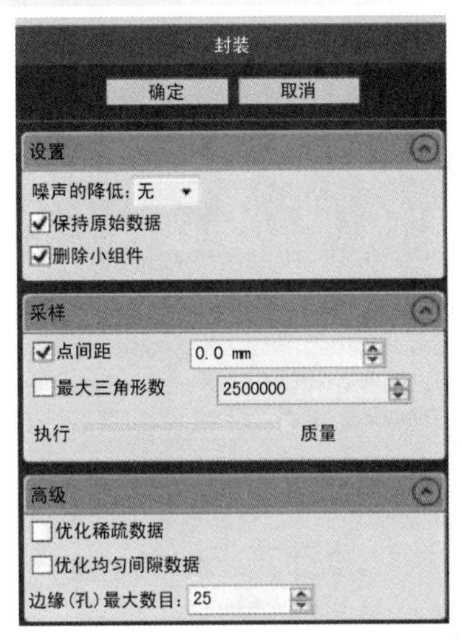

图 5-17 封装

5.2.12 知识点 12：网格医生

5.2.12.1 含义

网格医生是综合命令集成，如果模型存在问题，系统会自动推荐使用网格医生，修补方式分为 5 种：自动修复、删除钉状物、清除、去除特征、填充孔。

（1）自动修复：系统会将模型存在问题部位高亮显示，进行自动修复。

（2）删除钉状物：针对凸起比较严重的三角面片。

（3）清除：用于清除破损的面片。

（4）去除特征：用于去除局部某个特征或者凹槽。

（5）填充孔：用于填充模型中的孔。

5.2.12.2 操作方法

点击“多边形”，选择“网格医生”，选择“自动修复”，对于系统筛选出有问题的部位进行删除或者扩展。根据“分析”中模型存在的问题进行相应操作，如图5-18所示。

图 5-18 网格医生

微课视频：简单机械零件数据扫描操作示范

任务实施

（1）扫描吸尘器模型示范操作。

1）扫描前参数校正。打开软件 Wrap-Win3D 后，点击“采集”菜单栏“扫描”命令，点击该图标即可启动运行 Wrap-Win3D 三维扫描系统，如图 5-19 所示。

图 5-19 三维扫描系统页面

2）相机参数调整。用鼠标点击软件系统菜单栏中的“扫描管理”，选择“相机参数”项，这时弹出“调整相机参数”对话框，可以通过对话框中的曝光、增益与对比度来调整相机采集亮度，如图 5-20 所示。

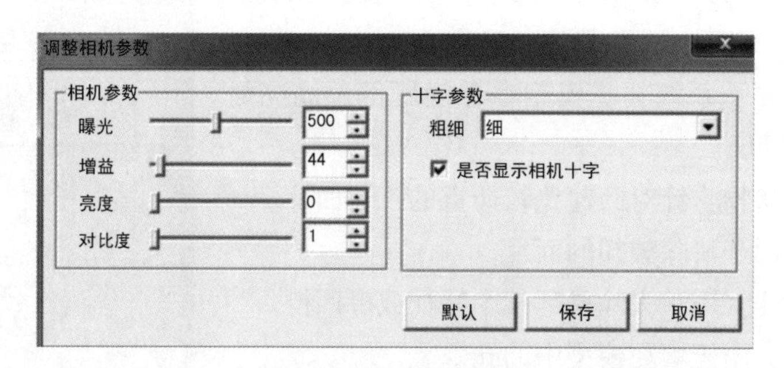

图 5-20 相机参数调整

3）扫描系统标定，第一次扫描前必须进行标定。单击“标定步骤”单帧采集标定板图形，标定操作区引导用户按图所示放置标定板，标定失败或者零点误差较大，点击“重新标定”进行重新标定。标定时注意：

①标定的每步都要将标定板上至少 88 个标志点被提取出来才能继续下一步标定；

②如果最后计算得到的误差结果太大标定精度不符合要求时，则需重新标定，否则会导致得到无效的扫描精度与点云质量；

③在标定的前 3 个步骤，标定板上的标志点要尽量充满待扫描工件每次扫描区域可能占据的空间；

④最终标定成功，将显示如图 5-21 所示。

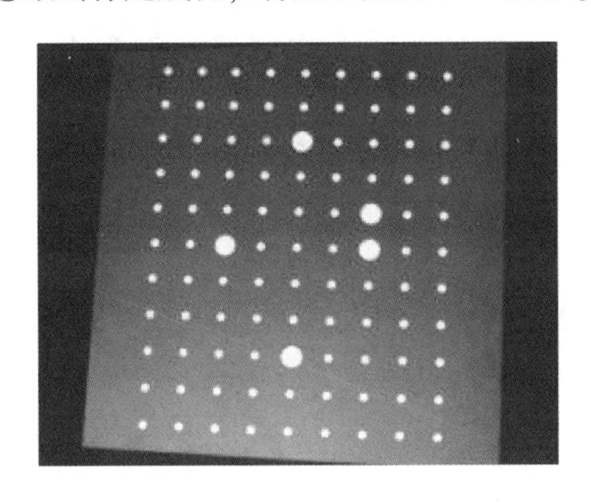

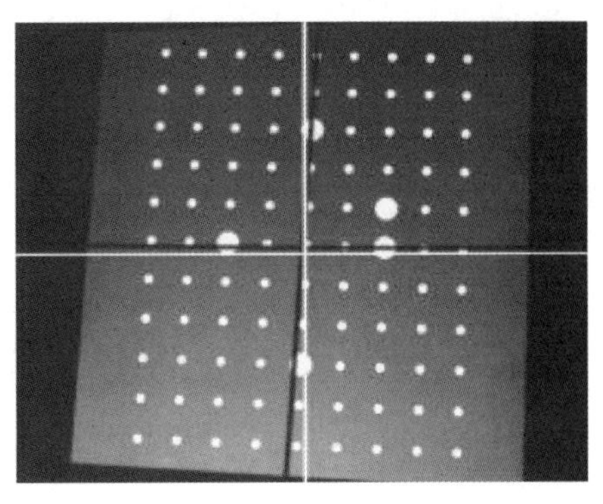

图 5-21　扫描系统标定

（2）吸尘器扫描步骤。

1）新建工程。给这个工程起个名字“xichenqi”，将吸尘器模型放置在转盘上，确定转盘和吸尘器模型在十字中间，尝试旋转转盘一周，在软件的相机实时显示区观察，以保证能够扫描到吸尘器的整体。观察吸尘器模型在软件中相机实时显示区内的亮度，通过在软件中设置相机曝光值来调整亮度。检查扫描仪到被扫描物体的距离，此距离可以依据软件的相机实时显示区的白色十字与黑色十字重合确定，当两者重合时的距离约为 600 mm 时最佳，这是因为 600 mm 的高度点云提取质量最好。所有参数调整完成后，单击“开始扫描”按钮，开始第一步扫描，如图 5-22 所示。

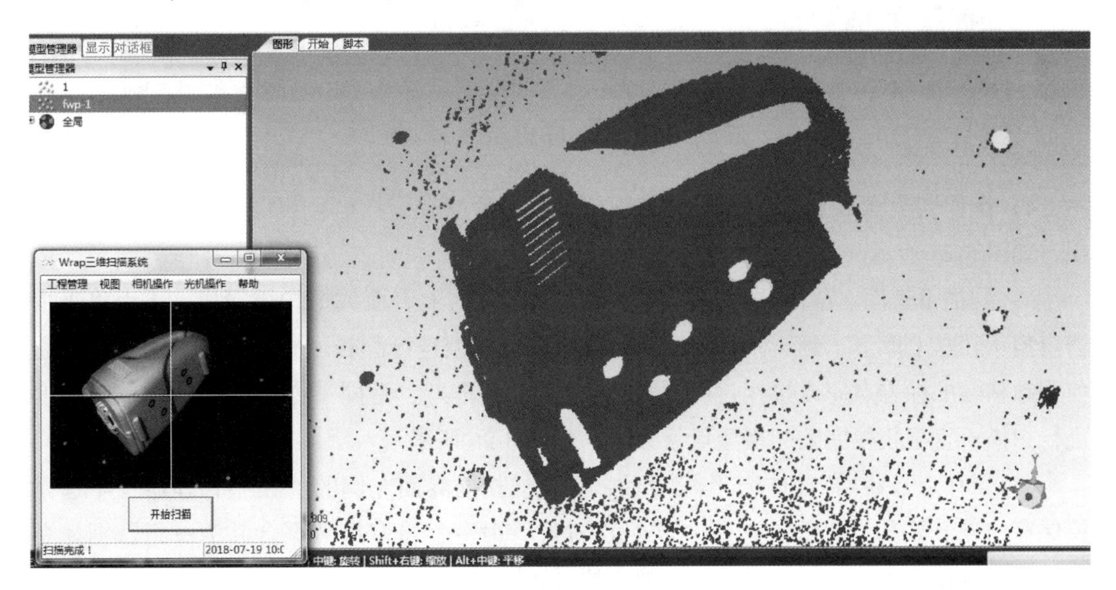

图 5-22　新建工程

2）扫描模型。转动转盘至一定角度，必须保证与步骤 1）的扫描区域有重合部分，这里说的重合是指标志点重合，即上一步和该步能够同时看到至少 3 个标志点，如图 5-23 所示。

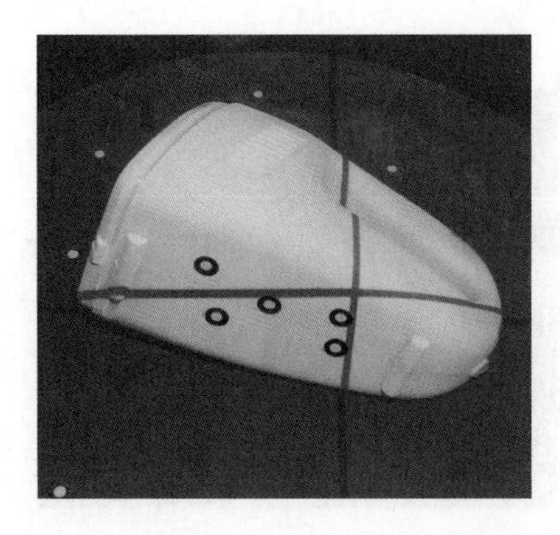
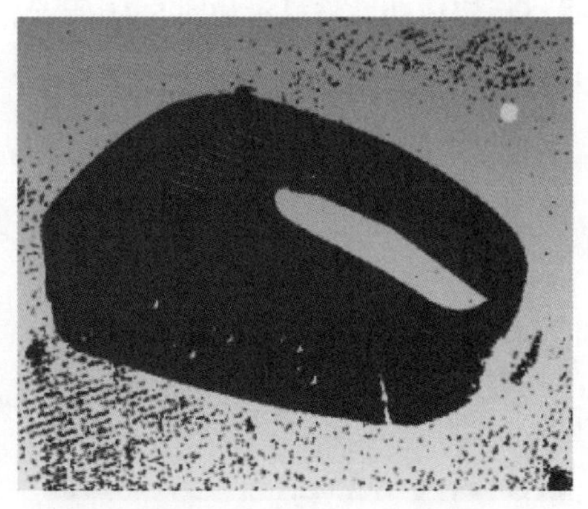

图 5-23 扫描模型 1

3）操作方法同步骤 2）。向同一方向继续旋转一定角度进行扫描，如图 5-24 所示。

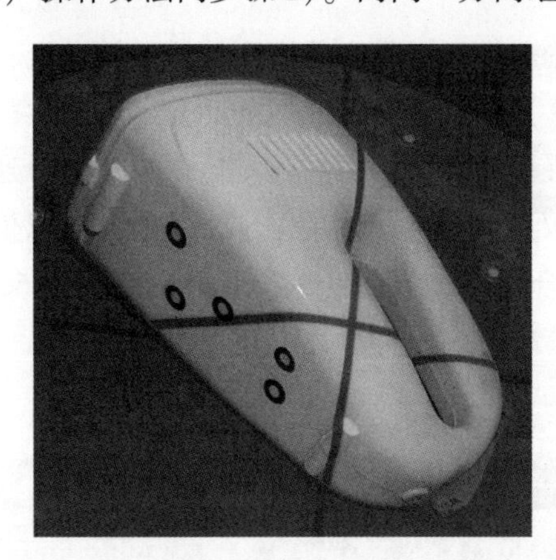
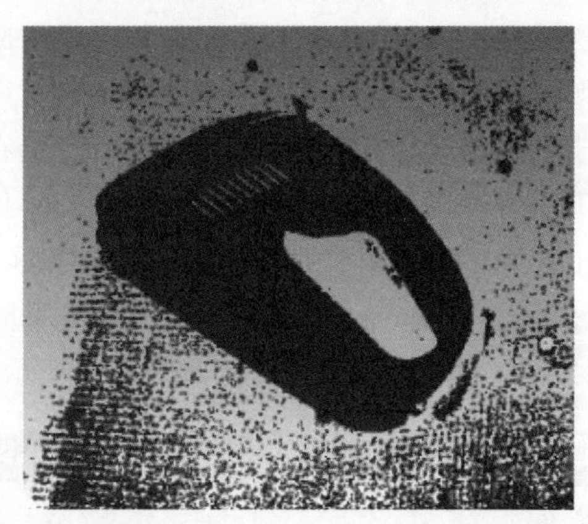

图 5-24 扫描模型 2

4）操作同步骤 2）。沿同一方向继续旋转一定角度进行扫描，获得吸尘器的上表面数据，如图 5-25 所示。

5）扫描下表面。前面的步骤已经把吸尘器模型的上表面数据扫描完成，下面将吸尘器模型从转盘上取下，翻转转盘，同时也将吸尘器模型进行翻转，扫描其下表面。通过之前手动粘贴的标志点完成拼接过程，操作方法同步骤 2），沿同一方向继续旋转一定角度进行扫描，直至获得完整的模型点云数据，如图 5-26 所示。

6）保存点云数据。扫描工作完成后，在软件扫描界面左侧的“模型管理器”中选择要保存的点云数据，选择“点”→“联合点对象”命令，将多组数据合并为一组数据。在合并后的数据位置单击鼠标右键，在弹出的对话框中单击“保存”按钮，将点云数据保存在指定的目录下，文件的格式 xichenqi. asc。同时，选择工具栏中的“工具”→“单位”命令，将单位修改为“毫米”。

（3）吸尘器模型的点云数据处理示范操作。

1）启动 Geomagic Wrap 软件，选择菜单栏中的“文件”→“导入”命令，在弹出的

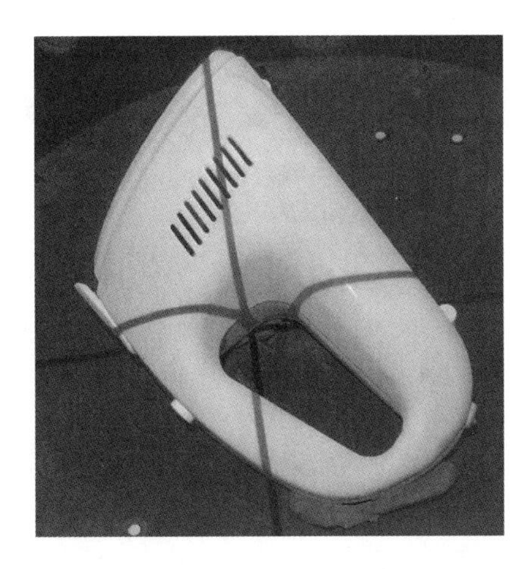
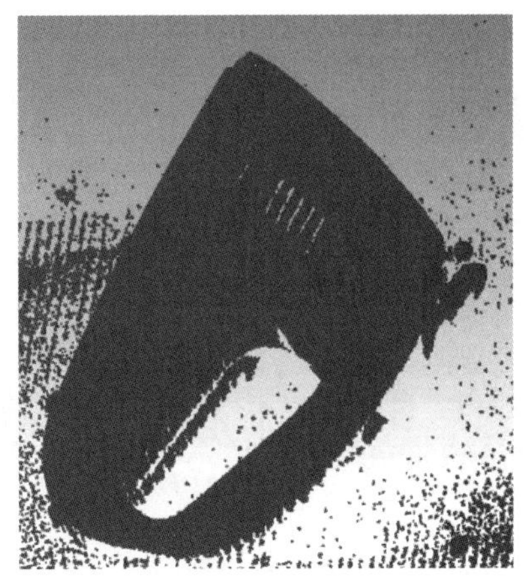

图 5-25　扫描模型的上表面

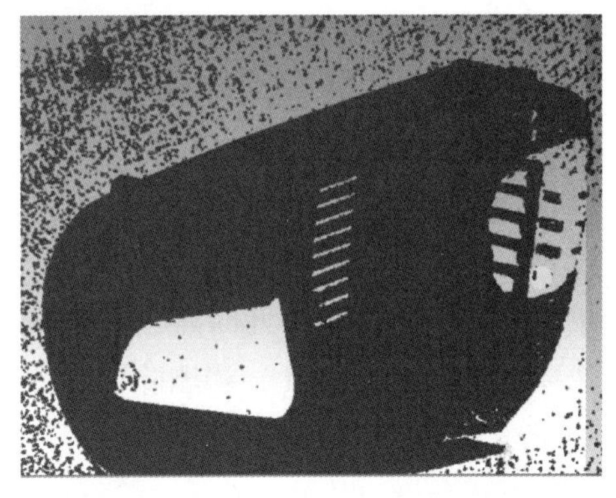

图 5-26　扫描模型的下表面

“导入文件”对话框中，查找吸尘器模型数据文件“xichenqi. asc”，然后单击“打开”按钮，按照默认选项导入模型的点云数据，如图 5-27 所示。

2）为了更加清晰、方便地观察点云的形状，对点云进行着色，进行以下步骤：

①选择菜单栏中的“点”→“着色点”命令，并在“模型管理器”中单击“显示”按钮，取消选中“顶点颜色”复选框；

②若点云数据未变为浅绿色，可先选择菜单栏中的“点”→“着色点”→“删除法线”命令，再执行上述操作，如图 5-28 所示。

3）为了对点云进行放大、缩小和旋转操作，应设置点云数据的旋转中心，方法如下：

①在三维点云显示区单击鼠标右键，在弹出的菜单中选择“设置旋转中心”，在点云的适合位置单击“确定”；

②在工程信息树状显示区工具栏中单击“套索选择工具”按钮，在三维点云显示区勾画出吸尘器模型的外轮廓，点云数据呈现红色；

③单击鼠标右键，在弹出的菜单中选择“反转选区”命令，此时外部的点云数据被选中；

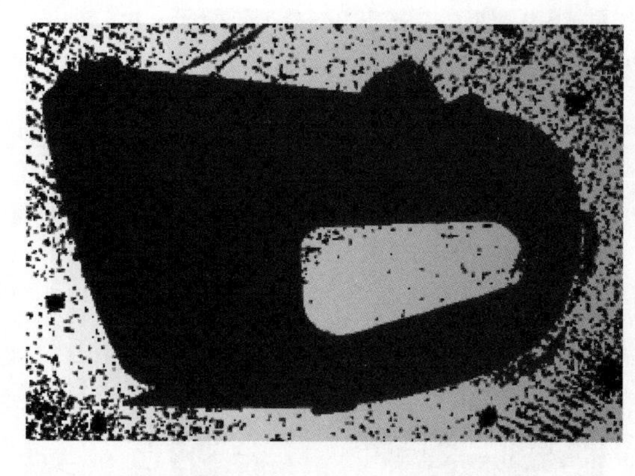

图 5-27 导入点云数据

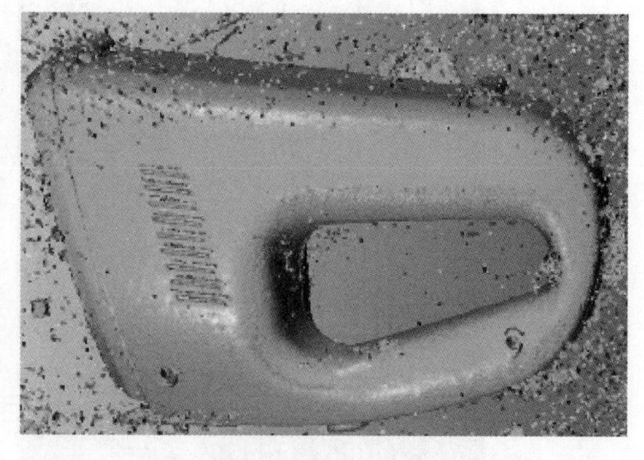

图 5-28 点云着色

④选择菜单栏中的“点”→“删除”命令或者按下键盘上的<Delete>键，删除杂点，如图 5-29 所示。

4）选择菜单栏中的“点”→“选择”→“非连接项”命令，在“模型管理器”中弹出“选择非连接项”对话框。

①设置分隔为低。

②设置尺寸为默认值 5.0。

③单击“确定”按钮，此时点云中的非连接项被选中，并呈现红色。

④选择菜单栏中的“点”→“删除”命令或者按下键盘上的<Delete>键，删除杂点，如图 5-30 所示。

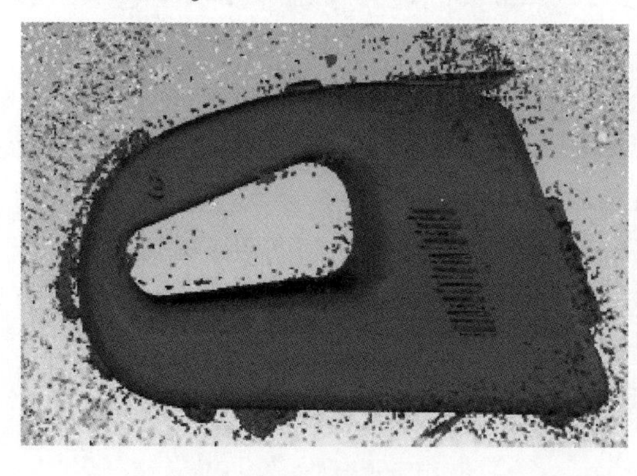

图 5-29 删除杂点

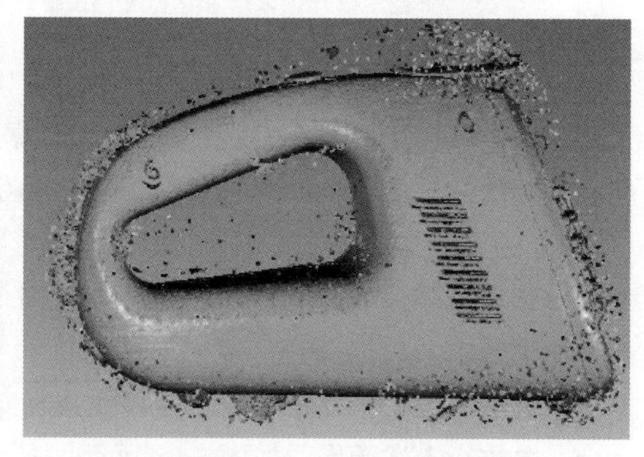

图 5-30 删除非连接项

5）选择菜单栏中的“点”→“选择”→“体外孤点”命令，在“模型管理器”中弹出“选择体外孤点”对话框。

①设置敏感度为 100。

②单击“确认”按钮，此时点云中的体外孤点被选中，并呈现红色。选择菜单栏中的“点”→“删除”命令或者按下键盘上的<Delete>键，删除体外孤点，如图 5-31 所示。

6）利用工程信息树状显示区工具栏中的“套索选择工具”按钮，手动删除非连接点云数据，如图 5-32 所示。

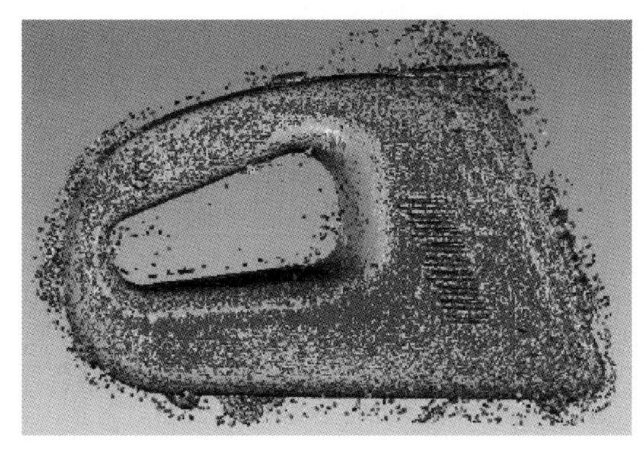

图 5-31　删除体外孤点

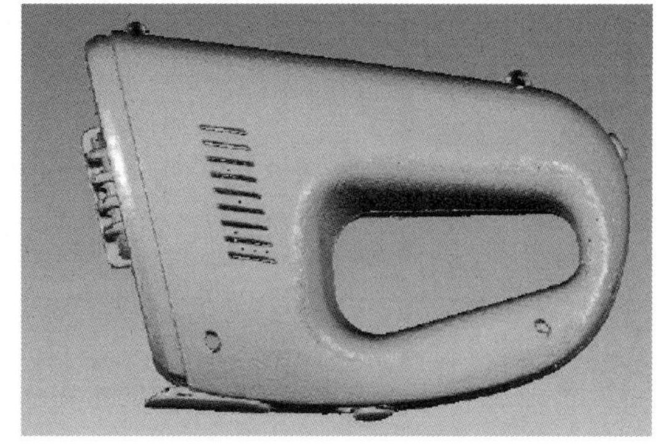

图 5-32　手动删除非连接点云数据

7）选择菜单栏中的“点”→“减少噪声”命令，在“模型管理器”中弹出“减少噪声”对话框。

①选中“自由曲面形状”单选按钮。

②设置“平滑度水平”滑块处在中间位置。

③设置“迭代”为 5、“偏差限制”为0.05 mm，如图 5-33 所示。

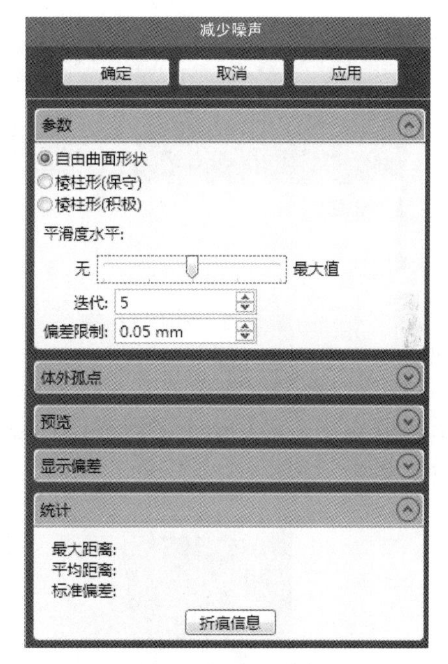

图 5-33　减少噪声

8）选择菜单栏中的“点”→“封装”命令，在“模型管理器”中弹出“封装”对话框，该命令将围绕点云进行封装计算，使点云数据转换为多边形模型。

①在“采样”选项区域通过设置点间距对点云进行采样。

②“最大三角形数”可以进行人为设定，三角形数量设置得越大，封装之后的多边形网格越紧密。

③最下方的滑块可以调节采样质量的高低，可根据点云数据的实际特性，进行适当的设置，如图 5-34 所示。

9）选择菜单栏中的“多边形”→“删除钉状物”命令，在“模型管理器”中弹出“删除钉状物”对话框。将“平滑级别”滑块移至中间位置。单击“应用”按钮，并“确定”，如图 5-35 所示。

10）选择菜单栏中的“多边形”→“全部填充”命令，在“模型管理器”中弹出“全部填充”对话框，可以根据孔的类型搭配选择不同的方法进行填充，如图 5-36 所示。

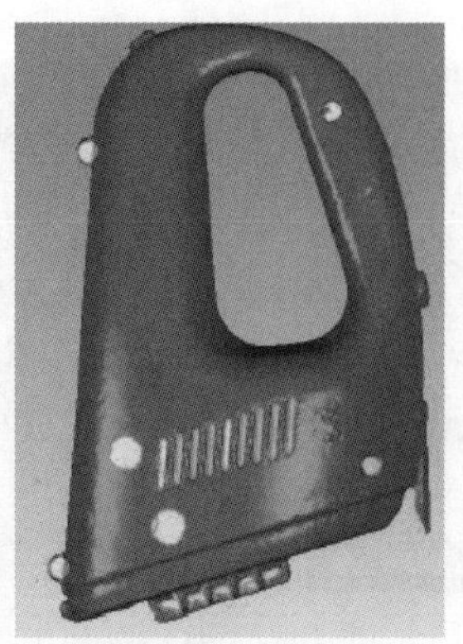

图 5-34 封装

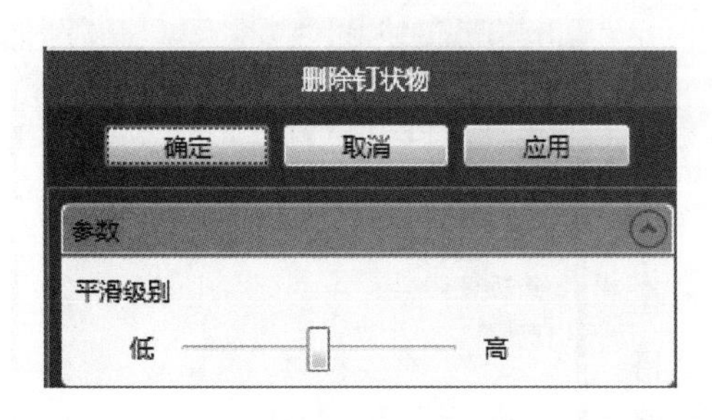

图 5-35 删除钉状物

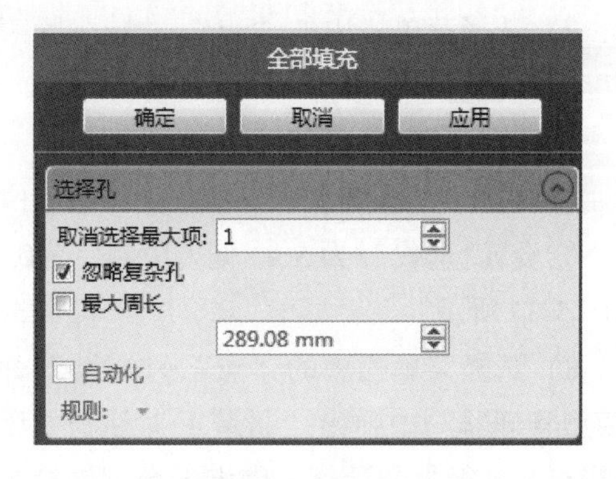

图 5-36 全部填充

11）手动选择需要去除特征的区域，选择“多边形”→“去除特征”命令，该命令用于删除模型中不规则的三角形区域，并且插入一个更有秩序且与周边三角形连接更好的多边形网格，如图 5-37 所示。

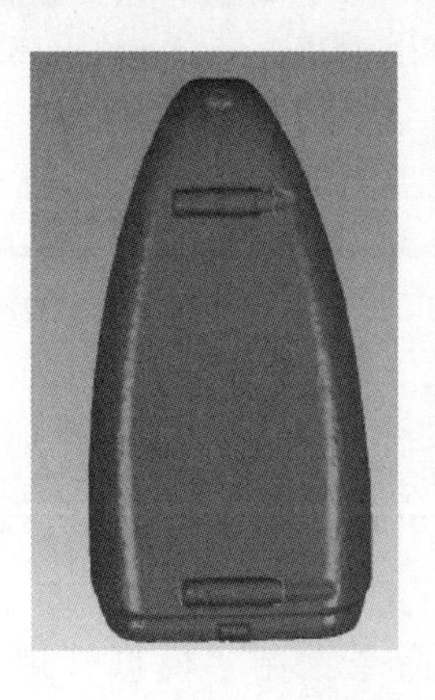
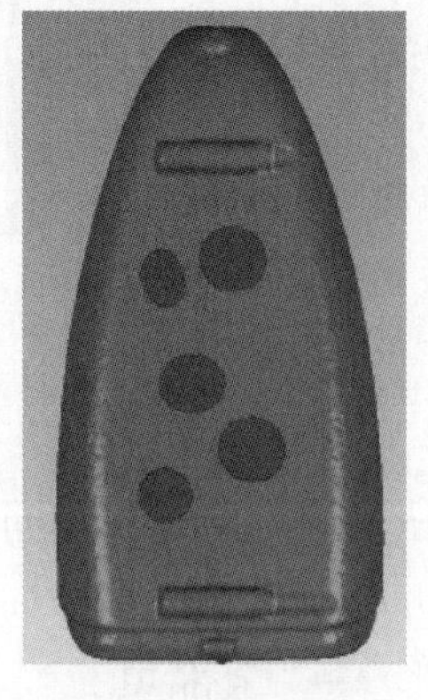
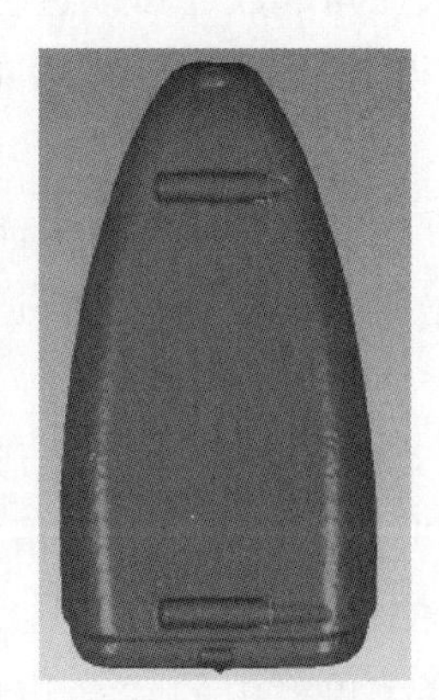

图 5-37 去除特征

12）选择菜单栏中的“多边形”→“减少噪声”命令，在“模型管理器”中弹出“减少噪声”对话框。

①选中“自由曲面形状”单选按钮。

②将“平滑度水平”滑块移至中间位置。

③设置“迭代”为 5。

④设置“偏差限制”为 0. 05 mm，如图 5-38 所示。

13）选择菜单栏中的“多边形”→“网格医生”命令，在“模型管理器”中弹出“网格医生”对话框。单击“应用”按钮，并“确定”，如图 5-39 所示。

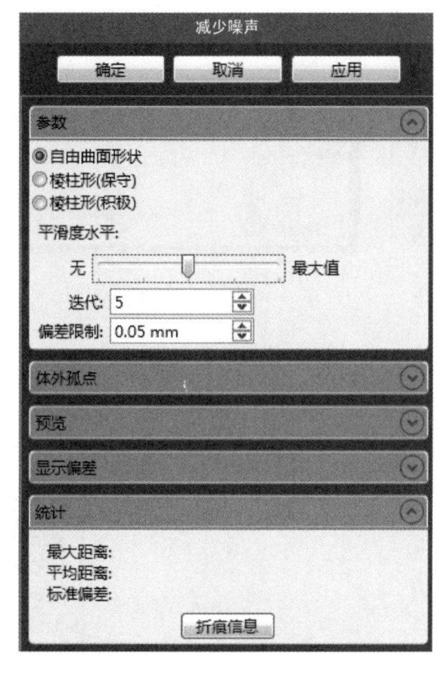

图 5-38　减少噪声

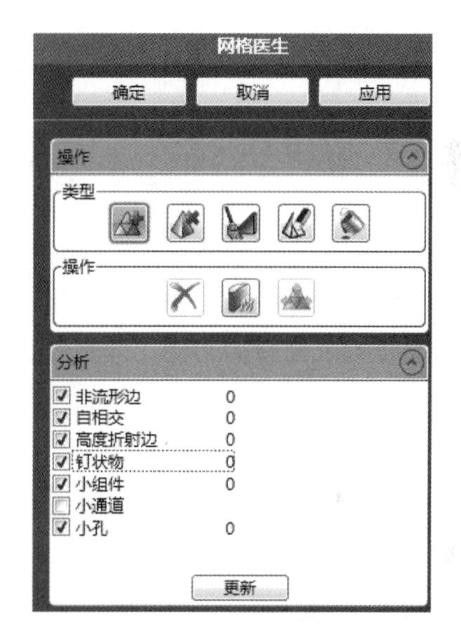

图 5-39　网格医生

14）查看吸尘器模型点云数据最终处理效果，如图 5-40 所示。

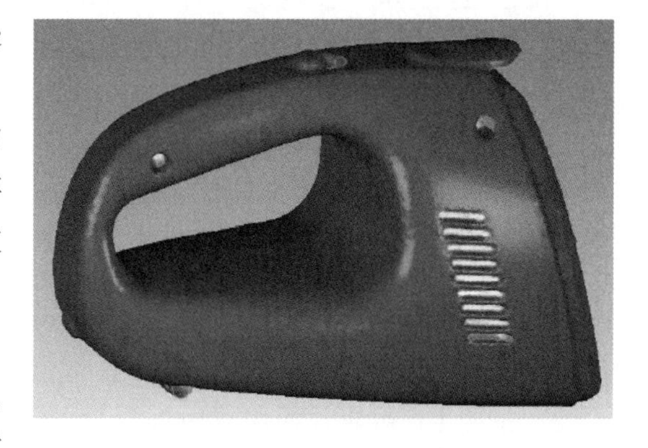

图 5-40　最终处理效果

15）单击软件用户界面左上角的 Wrap 图标，在弹出的菜单中选择“另存为”命令，将文件另存为“ ** . stl”文件，例如 xichenqi. stl，如图 5-41 所示。

（4）数据输出注意事项。

1）保存初始点云文件“ ** . asc”。在扫描过程中，如果数据量过大，可以对点间距的数值进行更改。在点阶段的前提下，选择“点”→“采样”→“统一”命令，选中“由目标定义间距”单选按钮，在“点”文本框中更改数值，如图 5-42 所示。

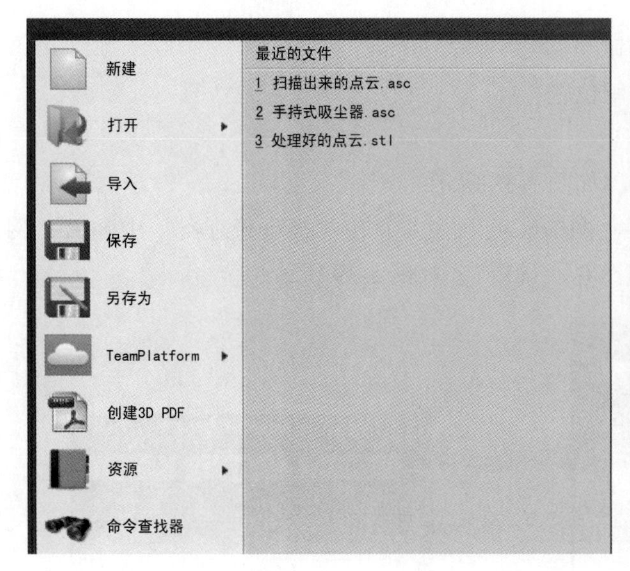

图5-41 保存文件

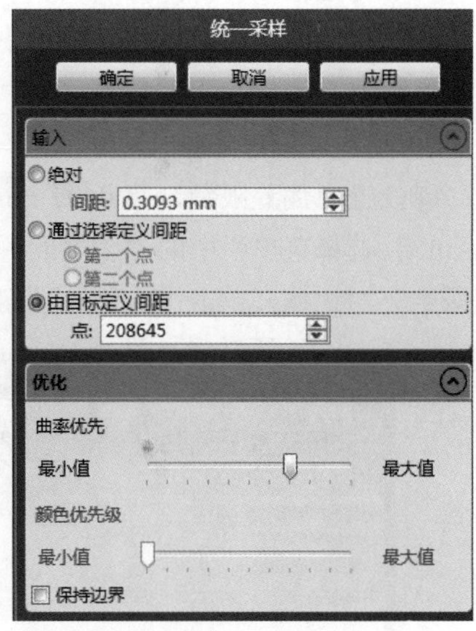

图5-42 统一采样

更改点云数量之后，单击“另存为”按钮，保存文件格式为“ **. asc” 格式。

2）保存三角面片文件“. stl”。在三角面片阶段的前提下，单击“另存为”按钮，保存文件格式为“ **. stl” 格式。

任务5.3 吸尘器的数据重构

课件：任务5.3 吸尘器的数据重构

任务导入

现在已经获得吸尘器的三角面片文件，但是模型数据还是比较粗糙，不能直接使用，可以对模型数据进行优化，并在此基础上对吸尘器模型进行数据重构，以满足对产品改型设计的生产要求。本任务就是在理解逆向建模的基础上，学习使用Geomagic Design X软件重构特征曲面的方法和技巧。

任务要求

（1）在学银在线或学习通平台上完成在线学习任务，学会知识点基本技能操作，完成知识构建。

（2）按照生产要求，使用Geomagic Design X软件完成模型数据重构任务。

（3）记录数据重构过程中出现的问题，并写出修正措施。

（4）完成工作过程记录单，提交课程平台。

（5）在学银在线或学习通平台上完成拓展任务、参与话题讨论。

知识链接

微课视频:
简单机械零件
Design X数据
重构示范操作

5.3.1　知识点 1：Geomagic Design X 软件界面

打开 Geomagic Design X 软件界面，主要分为标题栏、菜单栏、工具面板、特征树、视图窗口及常用工具快捷键等，如图 5-43 所示。

（1）菜单栏，显示对应模式下的编辑工具，如初始、模型、草图、3D 草图、对齐、曲面创建、点、多边形、领域等。

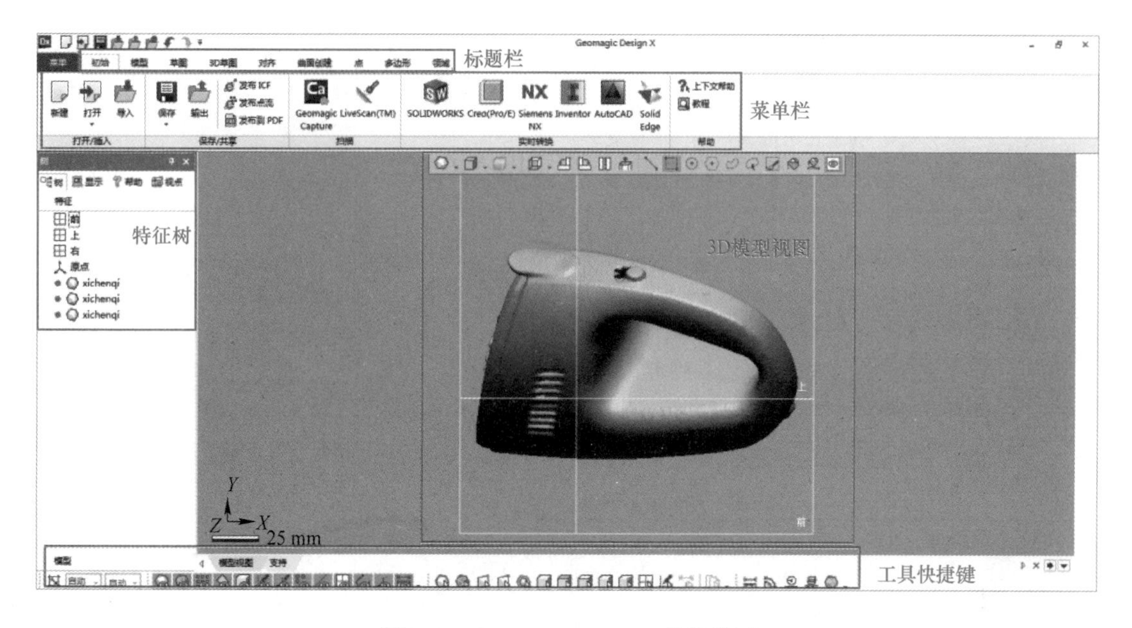

图 5-43　Geomagic Design X 软件界面

（2）工具面板：

1）“初始”包括新建、打开、导入、保存、输出等基本功能。

2）“模型”包括创建实体、创建曲面、向导、参考几何图形、编辑、阵列、体/面，各模块下面包含具体功能命令。

（3）特征树，用于特征编辑及步骤参数显示。

（4）视图窗口：用于模型特征显示。与其他建模软件类似，可多角度切换视图。

5.3.2　知识点 2：Geomagic Design X 软件常用功能图标介绍

Geomagic Design X 软件功能强大，常用功能图标及含义见表 5-4。

5.3.3　知识点 3：Geomagic Design X 软件鼠标操作说明

Geomagic Design X 软件鼠标操作说明见表 5-5。

表 5-4 Geomagic Design X 软件常用功能图标及含义

图标	含义	图标	含义
	“平面”命令：用于构建新参照平面，此平面可用于创建面片草图、镜像特征并分割面片交集中的面片和轮廓	手动对齐	“手动对齐”命令：可使用简单的“3-2-1”对齐方式进行特征的选取，并对齐坐标系
放样向导	“放样向导”命令：从单元面或者领域中提取放样对象，向导会以智能方式计算多个断面轮廓，并基于所选数据创建放样路径	延长曲面	“延长曲面”命令：延长曲面体的境界，用户可选择并延长单个曲面边线或者选择整体曲面和所有待延长的开放边线
剪切曲面	“剪切曲面”命令：运用剪切工具将曲面体剪切成片，剪切工具可以是曲面、实体或者曲线，可手动选择剩余材质	拉伸	“拉伸”命令：根据草图和平面方向创建新曲面实体，可进行单向或者双向拉伸，且可通过输入值或者“高达”条件定义拉伸尺寸
面片拟合	“面片拟合”命令：将曲面拟合至所选单元面或者区域上	圆角	“圆角”命令：在实体或者曲面体的边线上创建圆角特征
缝合	“缝合”命令：将相邻曲面结合到单个曲面或者实体中，必须首先剪切待缝合的曲面，以使其相邻边线在同一条直线上	拉抻	“拉伸”命令：根据草图和平面方向创建新实体，可进行单向或者双向拉伸，且可通过输入值或者“高达”条件定义拉伸尺寸
镜像	“镜像”命令：镜像有关面或者平面的单个特征	布尔运算	“布尔运算”命令：将多个部分整合为一个实体，用其他部分作为切割工具，移除部分中的区域，将多个部分合并在一起
放样	“放样”命令：至少使用两个轮廓新建放样曲面实体，按照选择轮廓的顺序其互相连接，或者可将额外轮廓用作向导曲线，以帮助清晰明确地引导放样	自动分割	“自动分割”命令：根据扫描数据的曲率和特征自动将面片归类为不同的几何领域

表 5-5 Geomagic Design X 软件鼠标操作说明

序号	鼠标操作	用途
1	左键	选择
2	Ctrl+左键	取消选择
3	滚动鼠标中键滚轮	可缩放模型：向前滚，模型变大；向后滚，模型缩小
4	右键	旋转
5	Ctrl+右键	移动

5.3.4 知识点 4：如何导入模型

导入模型有以下三种方法。

方法一：点击“菜单”→“文件” → “打开”，选择“ *. xrl”格式文件导入。

方法二：单击“菜单”栏，找到“打开”按钮，直接打开“ *. xrl”格式文件。

方法三：单击“菜单”栏，找到“导入”按钮，直接导入“ *. xrl”格式文件。

5.3.5 知识点 5：如何保存数据

保存数据有以下两种方法。

方法一：点击“菜单”→“文件”，选择“另存为”，命名进行保存。

方法二：单击“菜单”栏，找到“保存”按钮，对文件进行保存。

5.3.6 知识点 6：平面

5.3.6.1 含义

构建新参照平面，此平面可用于创建面片草图、镜像特征并分割面片交集中的面片和轮廓。

5.3.6.2 操作方法

点击菜单栏中的“模型”→“平面”按钮，“要素”分为定义提取、投影、选择多个点、选择点和法线轴等选择模式，勾画出需要区域。设定完成后选择“√”确定，如图 5-44 所示。

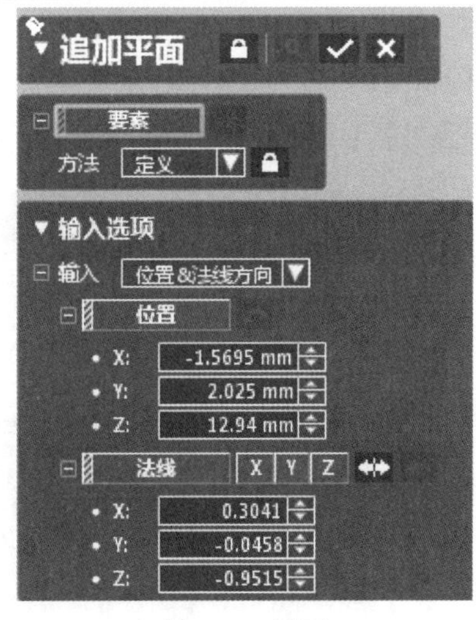

图 5-44 平面

5.3.7 知识点 7：手动对齐

5.3.7.1 含义

用户根据曲面的特点，通过调整和操作，将不同的曲面或部件精确地对齐到所需的位置。

5.3.7.2 操作方法

点击菜单栏中“对齐”，点击“手动对齐”，点击“下一阶段”按钮，“移动”选择“3-2-1”模式，选择需要对齐的点、线、面，点击“√”按钮确认，如图 5-45 所示。

图 5-45 手动对齐

5.3.8 知识点8：领域

5.3.8.1 含义

采用不同的色块，根据曲面的曲率变化，拆分出不同的曲面，可以将领域理解成不同颜色的色块，色块附着于STL三角形之上，反映了模型的特征，用于提取出STL模型的形状和尺寸信息。

5.3.8.2 划分领域方式

划分领域有手动分割和自动分割两种。

如果模型大面较多，比较规整，可以使用自动分割以快速获得领域，大部分产品使用手动分割方式。

5.3.8.3 操作方法

方式一：自动分割。点击菜单栏中的“领域”，进入“领域组”模式，点击“自动分割”，设置敏感度和面片的粗糙度，“敏感度”设置不宜过高也不宜过低，需要根据模型实际情况确定，系统自动分割领域。自动分割完成后，“重分块”功能激活，可以将不同的领域进行重新划分，例如将当前细碎的领域重分成一个相同的领域，如图5-46所示。

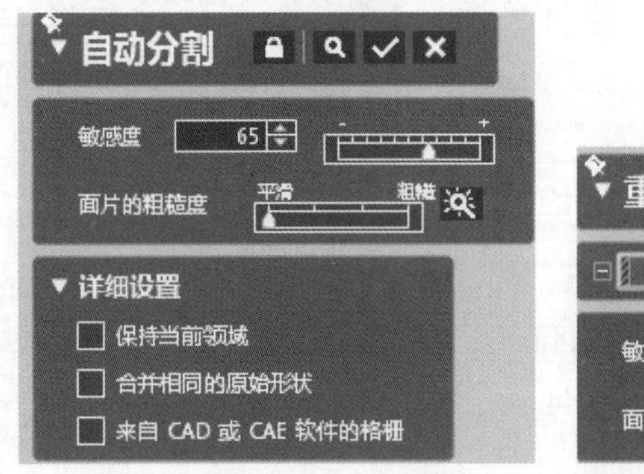

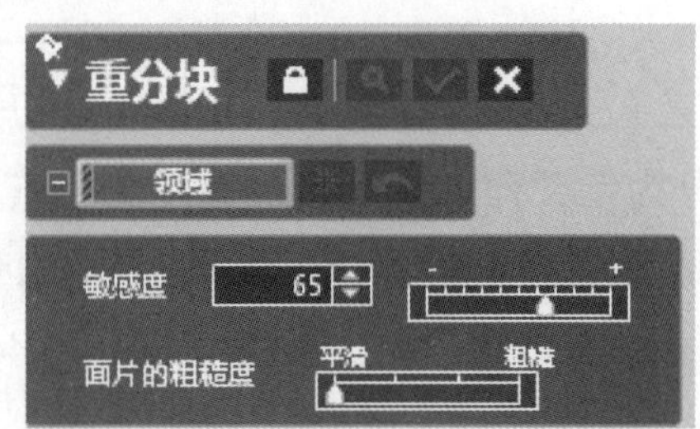

图5-46 自动分割

方式二：手动分割。选择不同模式：直线、矩形、圆、多线段、套索、画笔、涂鸦、延伸至相似；选择领域：通过“插入”形成新的领域，通过“合并”“分割”合并或者分割成不同领域，如图5-47所示。

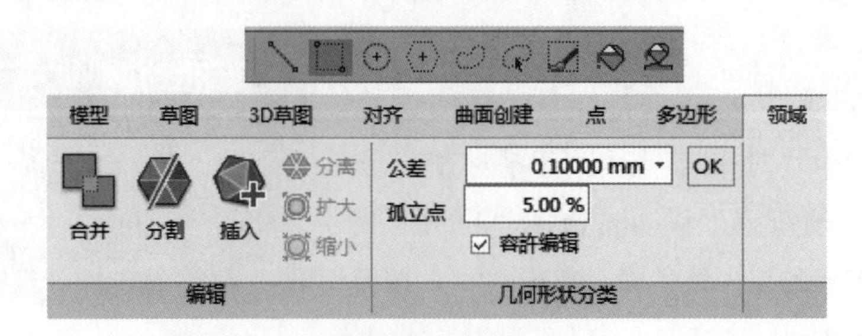

图5-47 手动分割

5.3.9 知识点 9：3-2-1 对齐坐标

5.3.9.1 含义

3-2-1 对齐也称为面-线-点对齐，3 代表 3 个点确定的平面，2 代表 2 个点确定的直线，1 代表 1 个点。

5.3.9.2 操作方法

点击菜单栏中的“对齐”→“手动对齐”按钮，点击“下一阶段”按钮，“移动”选择“3-2-1”模式，“平面”选择合适的“基准平面”，“线”选择“基准线”“点”选择位置，点击“√”按钮确认，对齐坐标系，如图 5-48 所示。

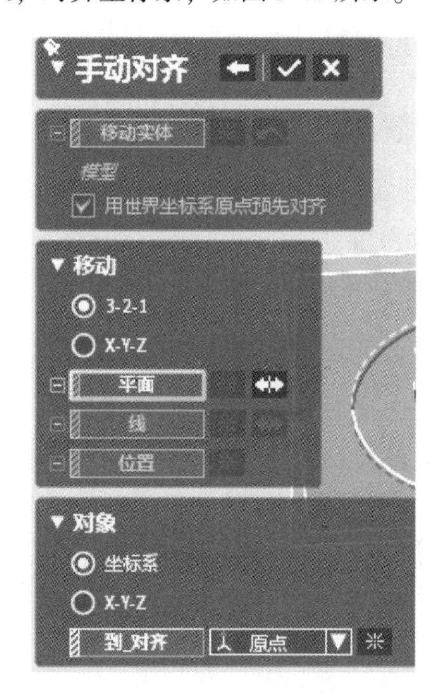

图 5-48　手动对齐

5.3.10 知识点 10：草图

5.3.10.1 含义

草图是创建三维实体模型的基础。几乎所有的实体模型都是基于草图创建的，而草图需要在某个基准平面上去绘制，基准平面由系统提供、自行创建，也可以是模型上的平面，也就是说三维实体是在二维草图的基础上创建出来的。

5.3.10.2 草图分类

在软件中，草图分为草图、面片草图、3D 草图、3D 面片草图四种类型。

5.3.10.3 操作方法

方式一：草图。点击“草图”，选择草图，选择基准面，进入草图绘制页面。通过选择直线、圆、矩形等绘制命令进行零件绘制。绘制好的草图通过拉伸、旋转等命令，可以创建出实体模型或曲面片。需要注意的是：创建实体的草图是一个封闭的轮廓线，不能存在开口。这些操作与三维建模软件操作相似，不做详述，如图5-49所示。

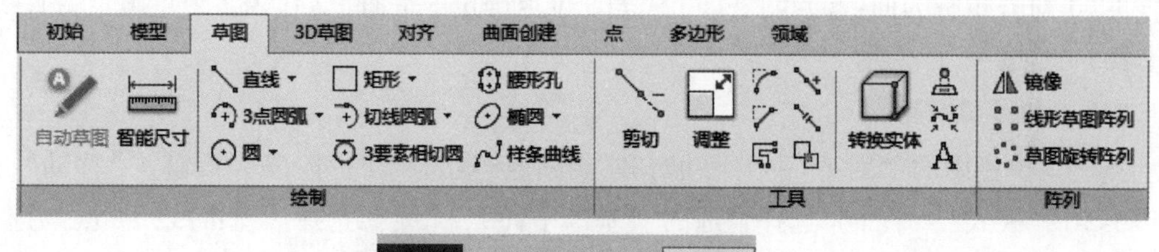

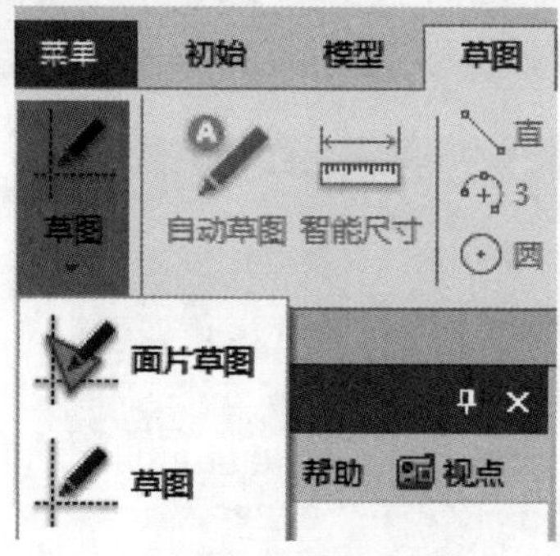

图5-49　草图

方式二：面片草图。点击“草图”，选择“面片草图”，选择平面投影和旋转投影两种方式，平面投影主要适合大多数零部件，旋转投影主要适合轴类、回转类、盘类等旋转零部件。选择“基准平面”，一般是切割零件获得的平面，切割平面通过放大、缩小、旋转获得合适尺寸和位置。通过长箭头可以上下平移切割平面。点击“√”按钮确认，如图5-50所示。

5.3.11 知识点11：放样曲面

5.3.11.1 含义

至少使用两个轮廓新建放样曲面实体。按照选择轮廓的顺序将其互相连接，或者可将额外轮廓用作向导曲线，以帮助清晰明确地引导放样。

5.3.11.2 操作方法

点击“模型”，选择“放样”，“轮廓”选项选择需要放样的对象，设置约束条件（起始约束和终止约束），约束条件和终止条件一般选择与面相切，点击“√”按钮确认，如图5-51所示。

5.3.12 知识点12：曲面拉伸

5.3.12.1 含义

根据草图和平面方向创建新曲面实体，可进行单向或双向拉伸，且可通过输入值或

“高达”条件定义拉伸尺寸，点击“√”按钮确认。

5.3.12.2　操作方法

点击“模型”，选择“拉伸”，选择绘制好的草图，在“方向”选项设置高度，如果需要反方向双向拉伸，选择“反方向”（打√），实现双向拉伸，如图 5-52 所示。

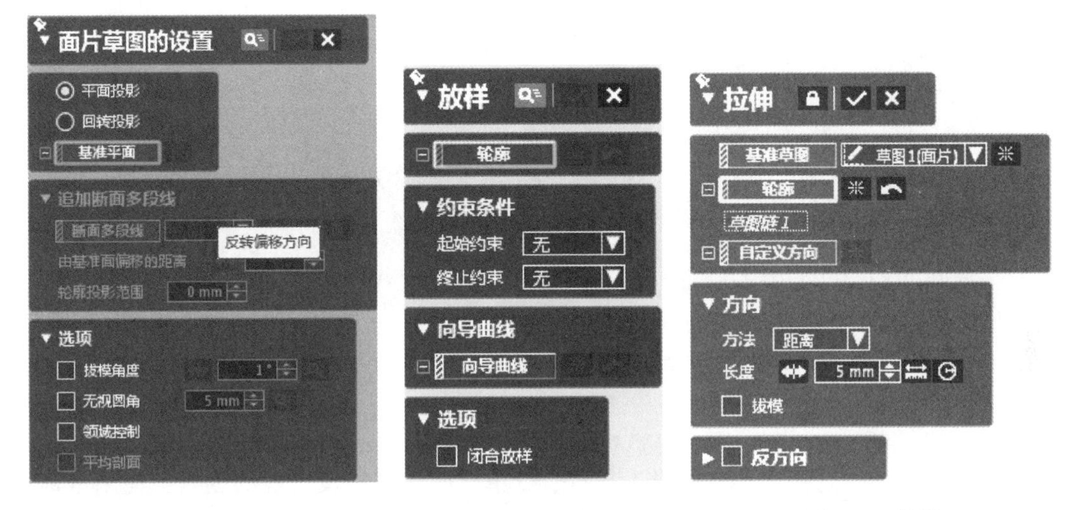

图 5-50　面片草图　　图 5-51　放样　　图 5-52　拉伸

5.3.13　知识点 13：剪切曲面

5.3.13.1　含义

剪切曲面是运用剪切工具将曲面体剪切成片，剪切工具可以是曲面、实体或者曲线，可手动选择剩余材质。

5.3.13.2　操作方法

点击“模型”，选择“剪切曲面”，“对象”选择需要剪切的曲面，“结果”显示残留体，逐个检查“残留体”是否合适，点击“√”按钮确认，如图 5-53 所示。

5.3.14　知识点 14：倒圆角

5.3.14.1　含义

在两条交叉直线或指定半径的弧线之间创建相切圆角，此工具可软化锐角。

5.3.14.2　操作方法

点击“草图”，在“工具”栏选择“圆角”，选择需要倒圆角的相邻两直线，滑动鼠标，找到半径值。双击半径值，修改为设置值即可，如图 5-54 所示。

5.3.15　知识点 15：面片拟合

5.3.15.1　含义

面片拟合是将曲面拟合至所选单元面或领域上。

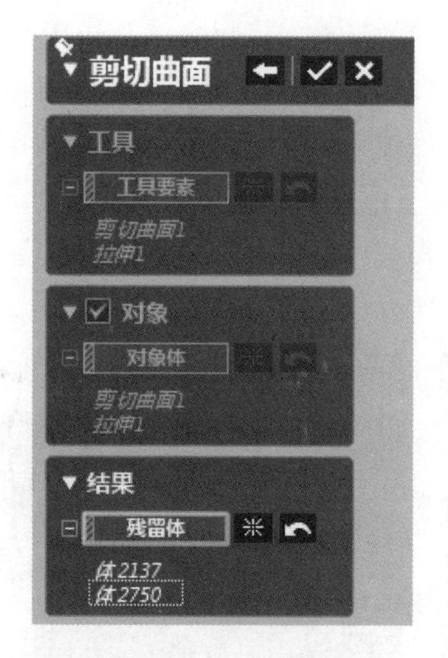

图5-53 剪切曲面

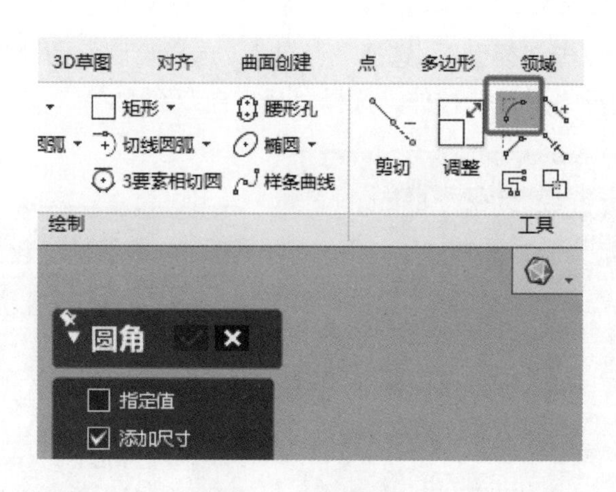

图5-54 倒圆角

5.3.15.2 操作方法

点击“模型”，选择“面片拟合”，“领域/单元面”选择设定好的领域，使用鼠标对形成的面片进行放大或缩小到合适尺寸，旋转到合适位置，点击“下一步”，观察面片是否合适，确保面片有足够余量，点击“√”按钮确认，如图5-55所示。

任务实施

吸尘器模型特征零件 Design X 数据重构操作示范如下：

(1) 导入处理完成的“.stl”数据，点击“插入”→“导入”，导入“xichenqi.stl”文件，如图5-56所示。

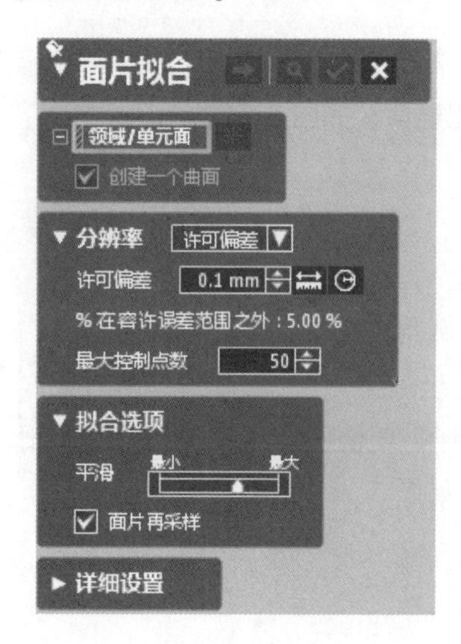

图5-55 面片拟合

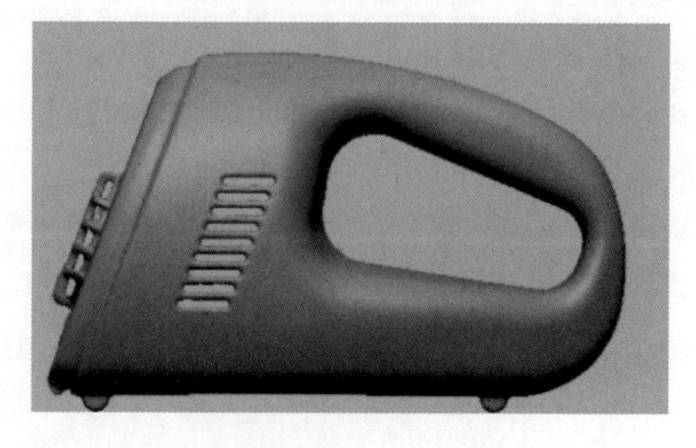

图5-56 导入文件

（2）创建基准平面Ⅰ：点击菜单栏中的“模型”→“平面”按钮，“要素”选用“矩形选择模式”勾画出矩形区域，“方法”选择“提取”，点击“√”按钮确认，创建基准平面Ⅰ，如图5-57所示。

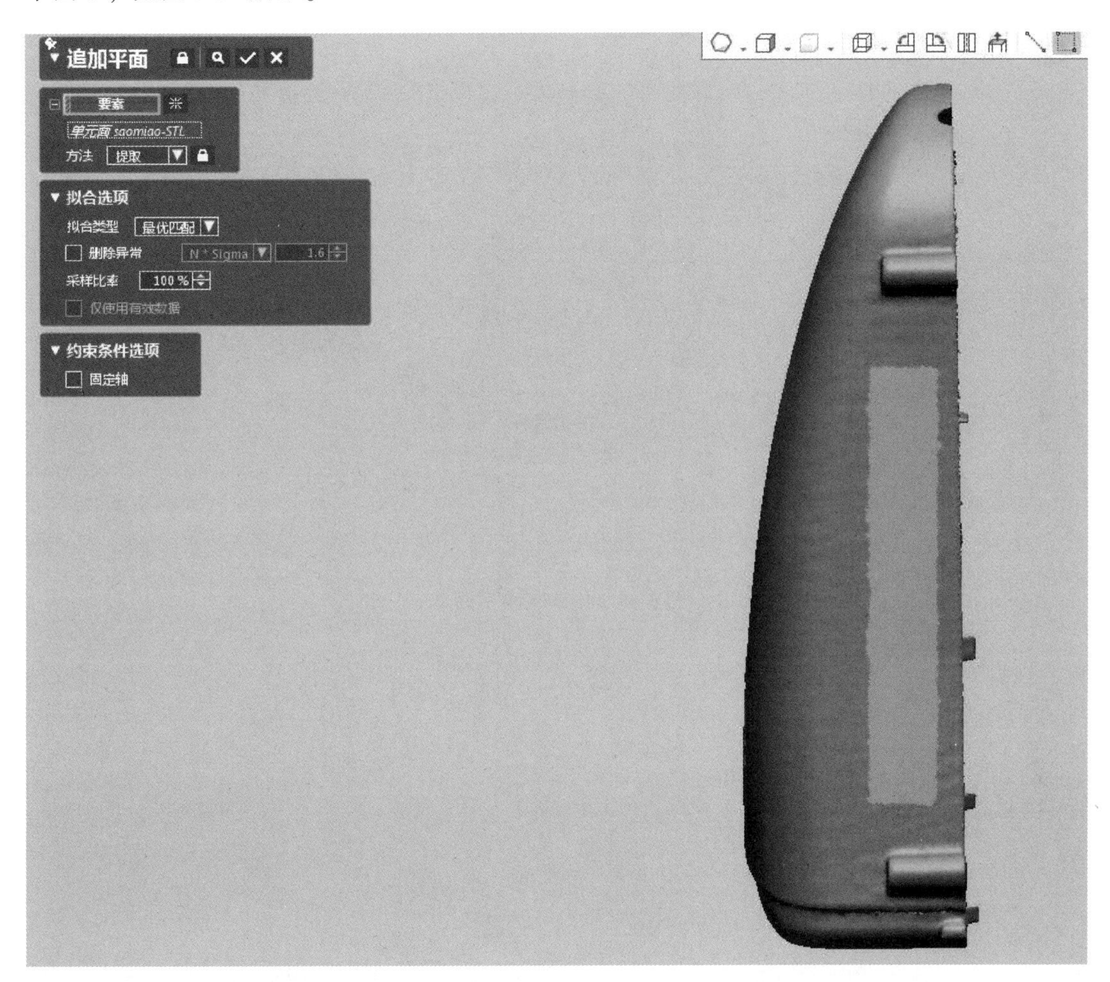

图5-57 创建基准平面Ⅰ

（3）点击菜单栏中的“模型”→“平面”按钮，“方法”选择“选择多个点”，将模型摆正，点选如图5-58所示的多个点，点击“√”按钮确认，创建基准平面Ⅱ。

（4）手动对齐。点击菜单栏中的“对齐”→“手动对齐”按钮，点击“下一阶段”按钮，“移动”选择“3-2-1”模式，“平面”选择“基准平面Ⅱ”，“线”选择“基准平面Ⅰ”，点击“√”按钮确认，对齐坐标系（注：用于创建坐标系的领域组和基准平面可隐藏或者删除），如图5-59所示。

（5）手动划分领域组，点击菜单栏中的“领域”，进入“领域组”模式，选择“画笔选择模式”按钮，手动绘制领域，点击“插入”按钮，插入新领域，如图5-60所示。

（6）放样曲面Ⅰ，点击菜单栏中的“模型”→“放样向导”按钮，选择“领域”，创建拟合曲面Ⅰ，点击“√”按钮确认，如图5-61所示。

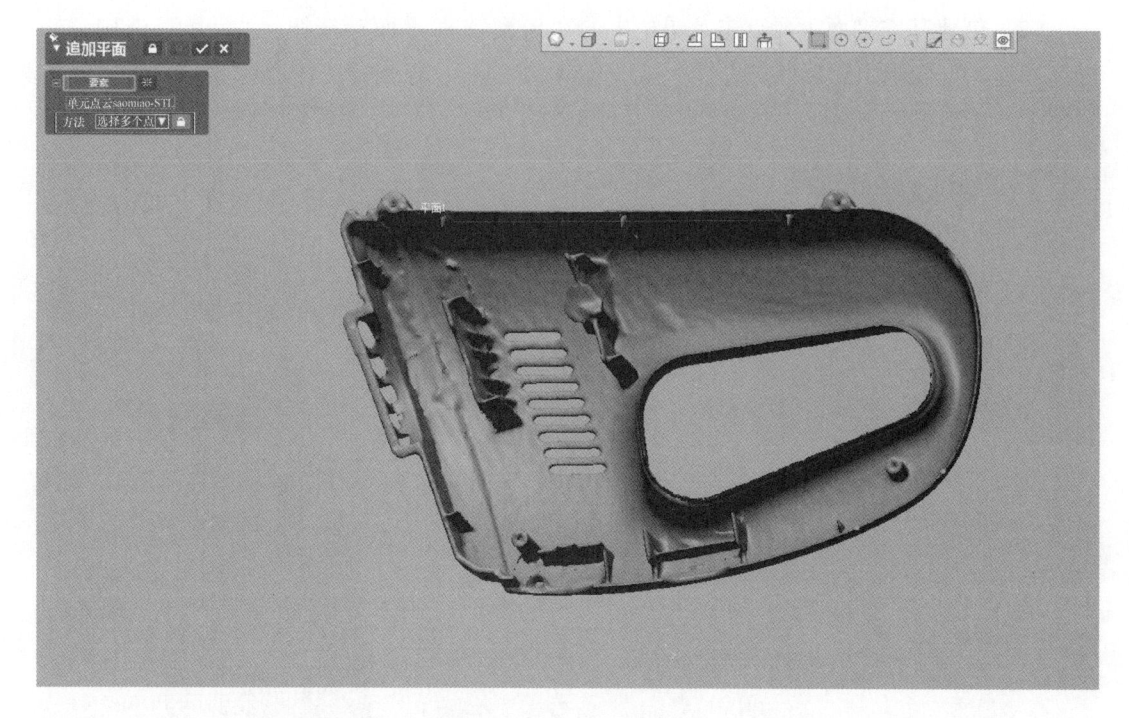

图 5-58 创建基准平面 Ⅱ

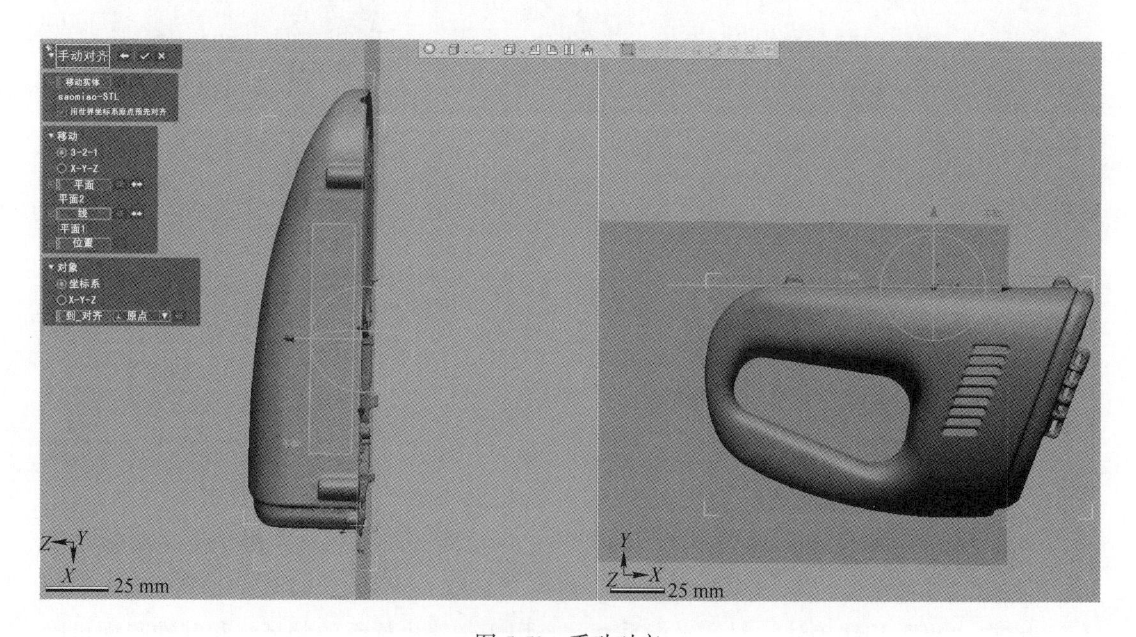

图 5-59 手动对齐

（7）延长曲面 I，点击菜单栏中的“模型”→“延长曲面”按钮，把上一步放样出来的曲面延长，点击“√”按钮确认，如图 5-62 所示。

（8）绘制草图 I，点击菜单栏中的“草图”→“草图”按钮，基准选择前平面，绘制一条直线，点击“√”按钮确认，如图 5-63 所示。

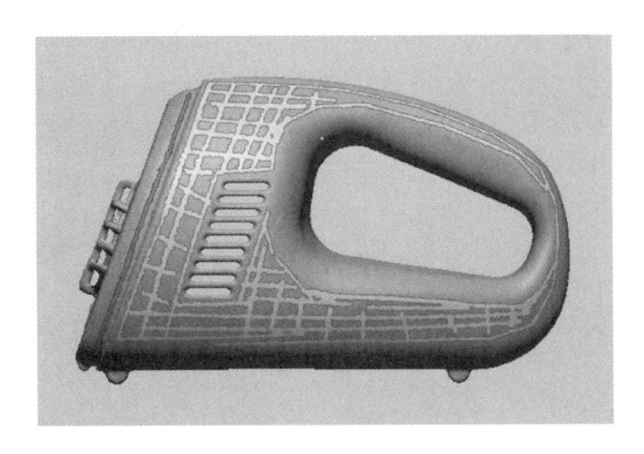

图 5-60　手动划分领域组

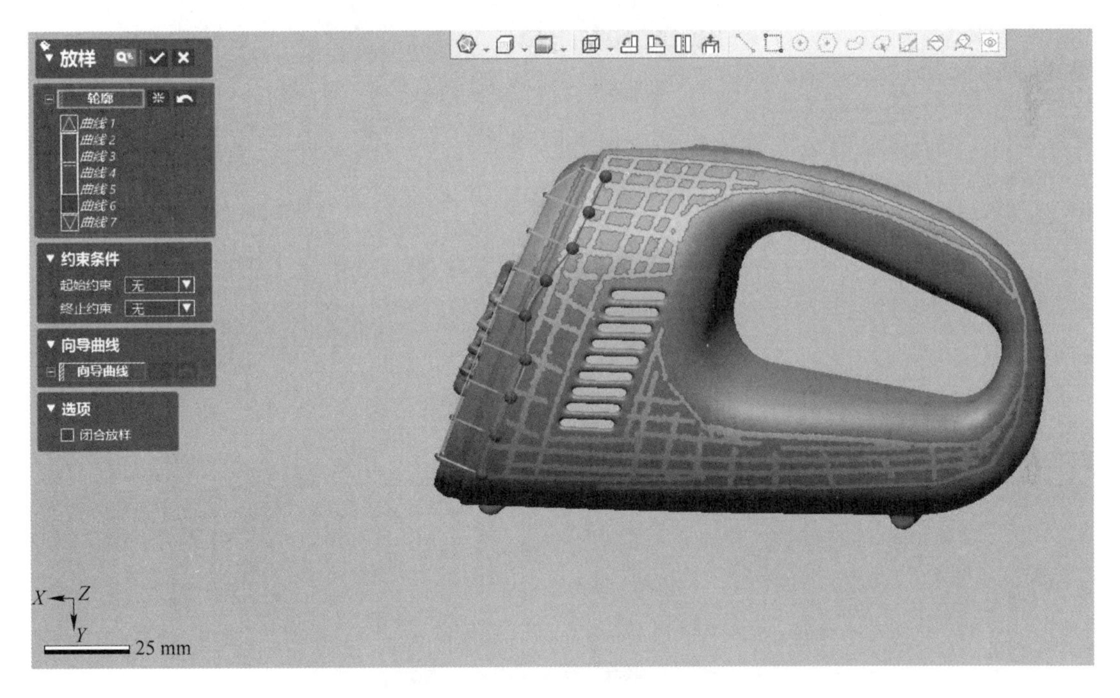

图 5-61　放样曲面 I

(9) 创建曲面拉伸 I，点击菜单栏中的“模型”→“曲面拉伸”按钮，进入拉伸模式，参数为 35 mm，点击“√”按钮确认，如图 5-64 所示。

(10) 延长曲面 Ⅱ，点击菜单栏中的“模型”→“延长曲面”按钮，进入曲面拉伸模式。把步骤 (9) 拉伸出来的曲面进行延长，创建延长曲面 Ⅱ，设置距离为 16. 5 mm，点击“√”按钮确认，如图 5-65 所示。

(11) 剪切曲面 I，点击菜单栏中的“模型”→“剪切曲面”按钮；进入剪切曲面模式：

1）设置“工具要素”为步骤 (7) 和步骤 (10) 延长的两曲面体；

2）设置“对象”为步骤 (7) 和步骤 (10) 延长的两曲面体，即两曲面体互相剪切，

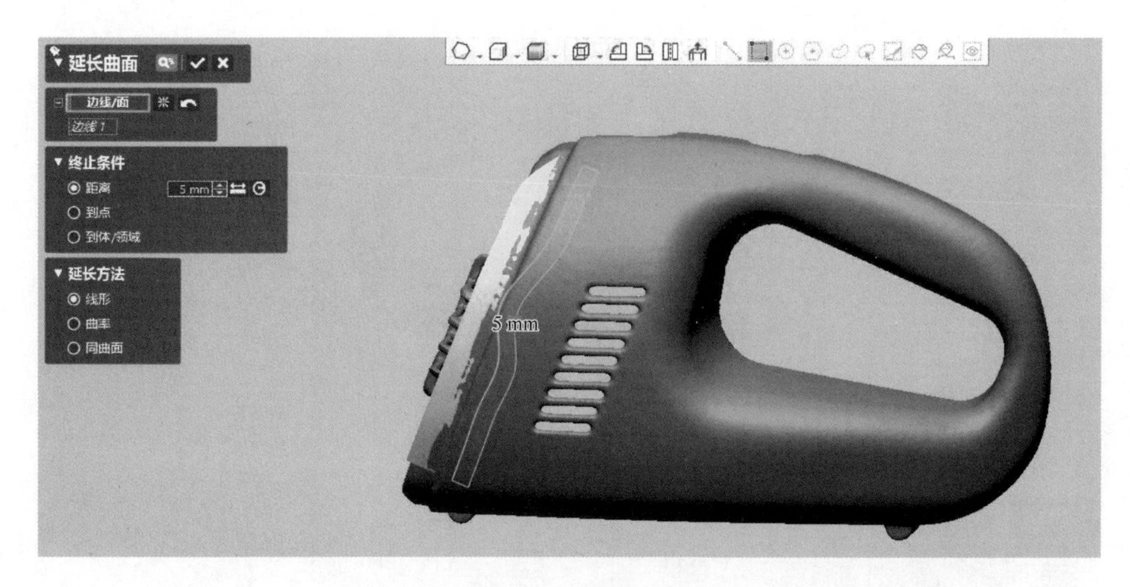

图 5-62 延长曲面Ⅰ

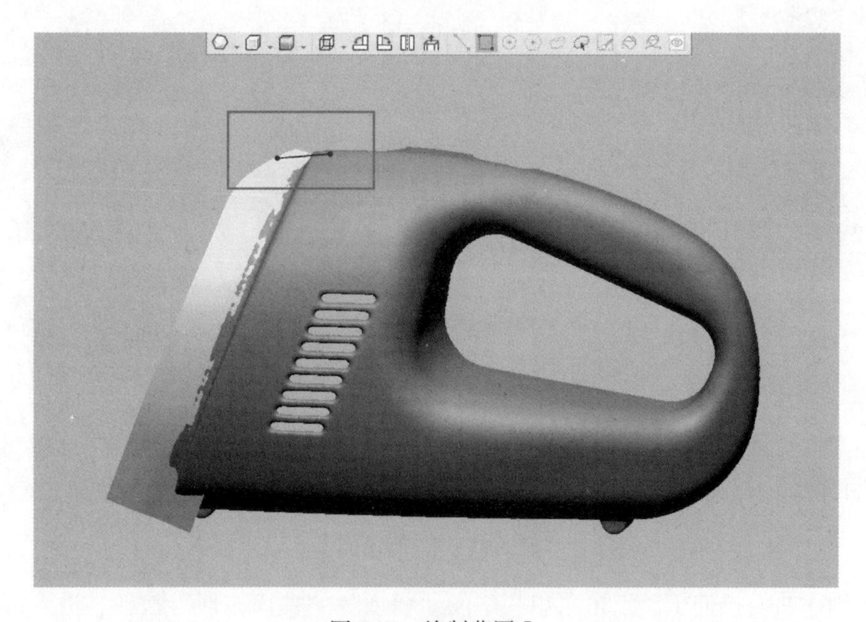

图 5-63 绘制草图Ⅰ

创建剪切曲面Ⅰ，点击“√”按钮确认，如图 5-66 所示。

（12）倒圆角Ⅰ，点击菜单栏中的“模型”→“圆角”按钮，进入圆角模式。选中“固定圆角”单选按钮，参数设置为 5 mm，对步骤（11）剪切的平面进行倒角，点击“√”按钮确认，如图 5-67 所示。

（13）绘制草图Ⅱ，点击菜单栏中的“草图”→“面片草图”按钮，进入面片草图模式。设置“基准平面”为前平面，在三维点云显示区绘制一条直线，创建草图Ⅱ，点击“√”按钮确认，如图 5-68 所示。

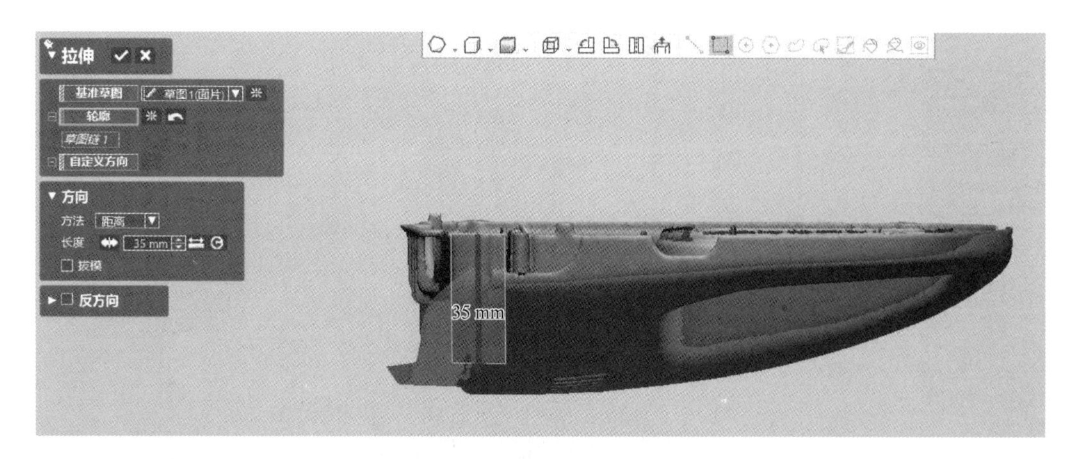

图 5-64　创建曲面拉伸 I

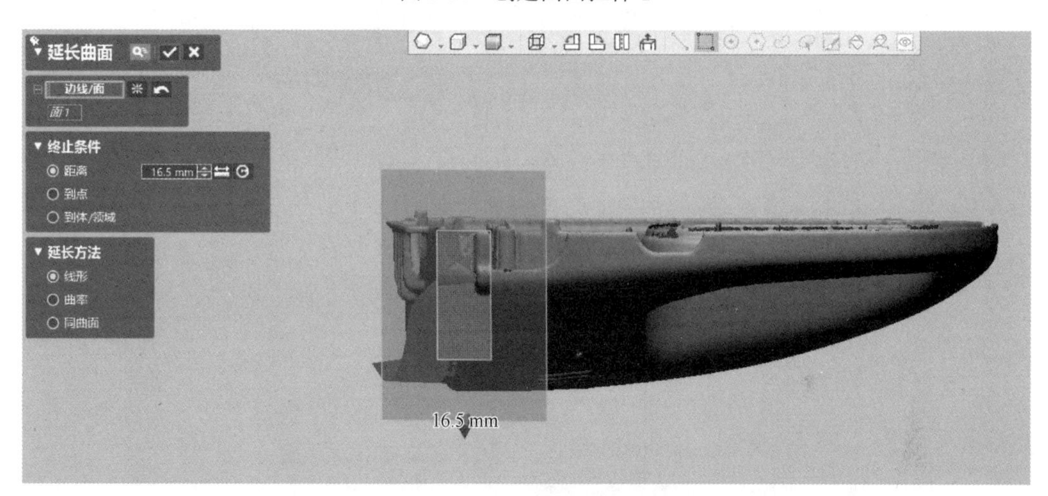

图 5-65　创建曲面拉伸 Ⅱ

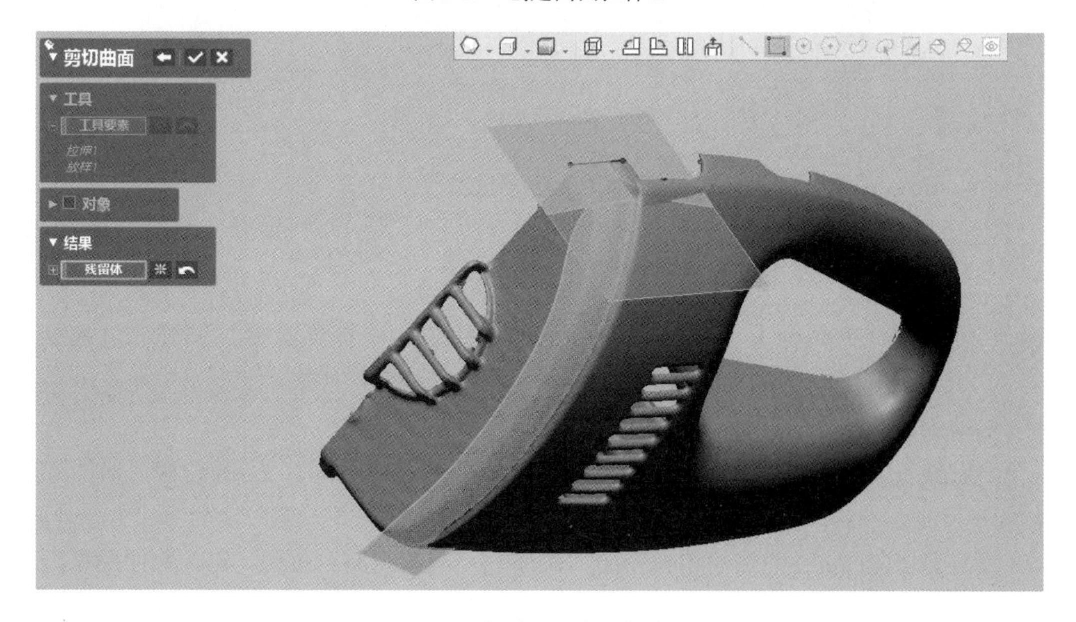

图 5-66　创建剪切曲面拉伸 I

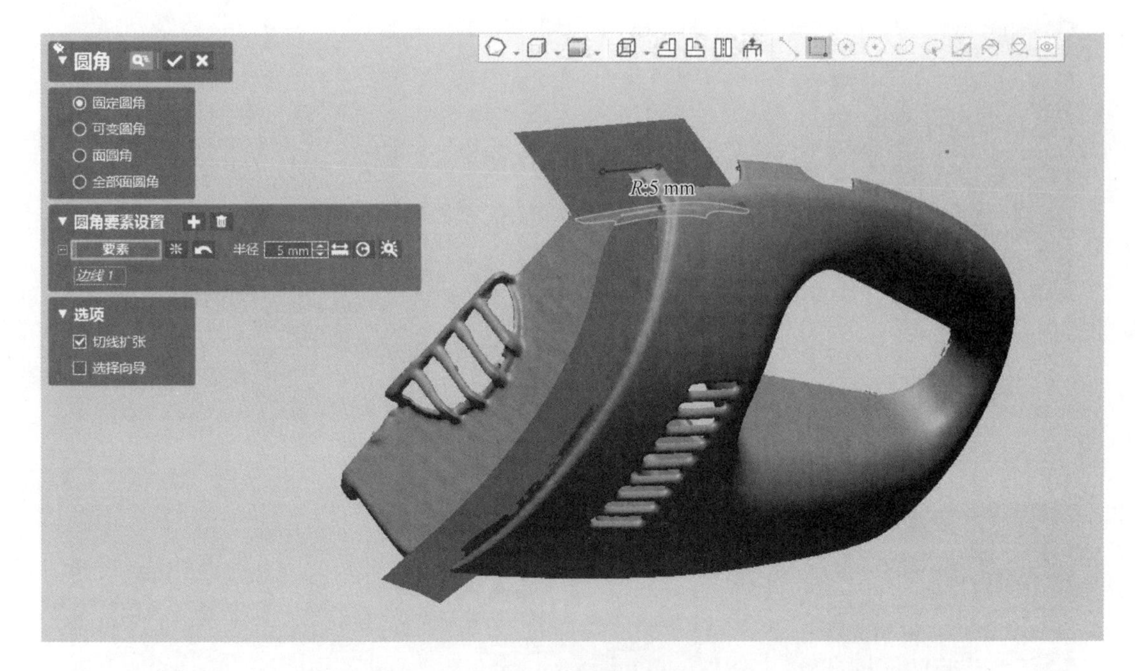

图 5-67 倒圆角 I

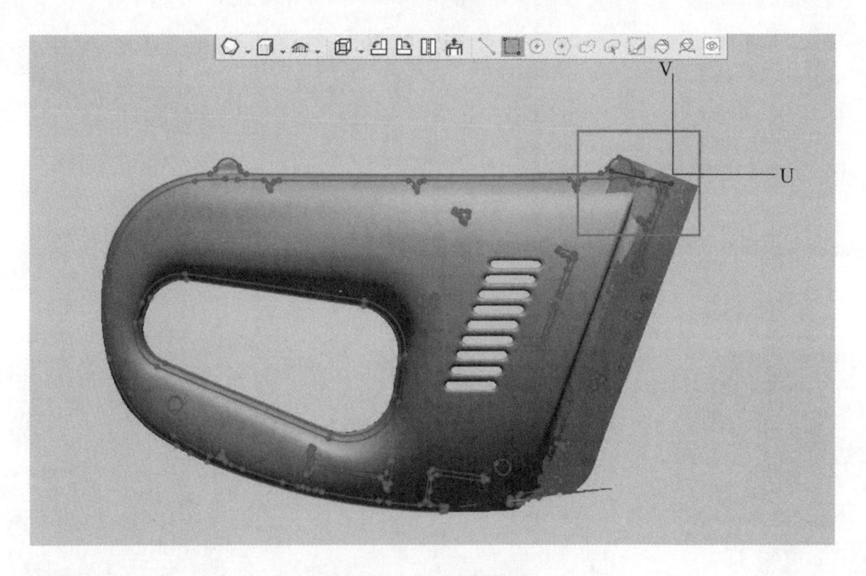

图 5-68 绘制草图 II

(14) 创建曲面拉伸 II，点击菜单栏中的“模型”→“曲面拉伸”按钮，进入拉伸模式：

1) 设置“基准草图”为草图 2；

2) 设置“方法”为距离，“长度”为 35 mm，点击“√”按钮确认，如图 5-69 所示。

(15) 剪切曲面 II，点击菜单栏中的“模型”→“剪切曲面”按钮，进入拉伸模式：

1) 设置“工具要素”为步骤（12）曲面体和步骤（14）拉伸曲面；

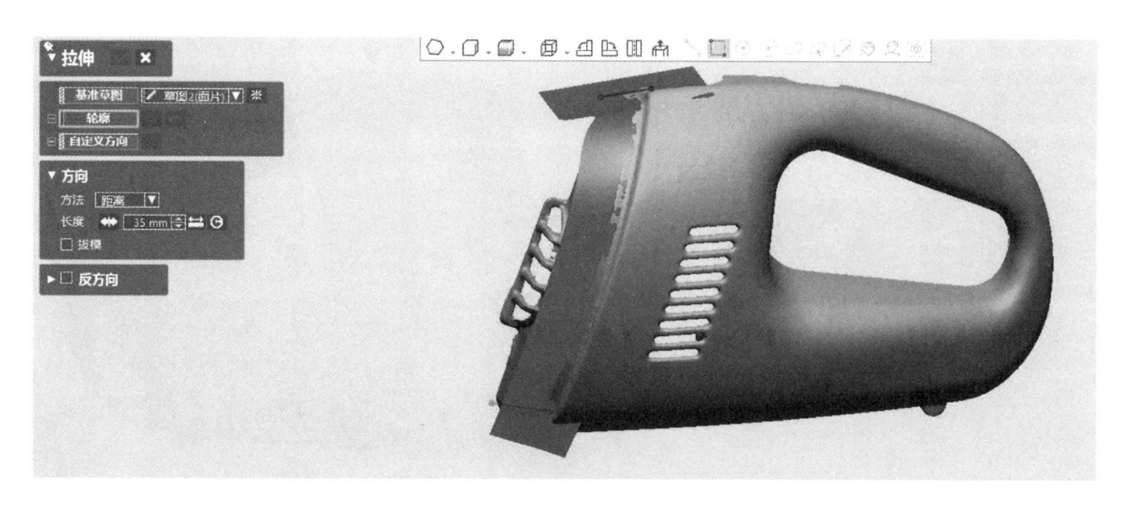

图 5-69 创建曲面拉伸Ⅱ

2）设置“对象”为步骤（12）曲面体和步骤（14）拉伸曲面，即两曲面体互相剪切，创建剪切曲面Ⅱ，点击“√”按钮确认，如图 5-70 所示。

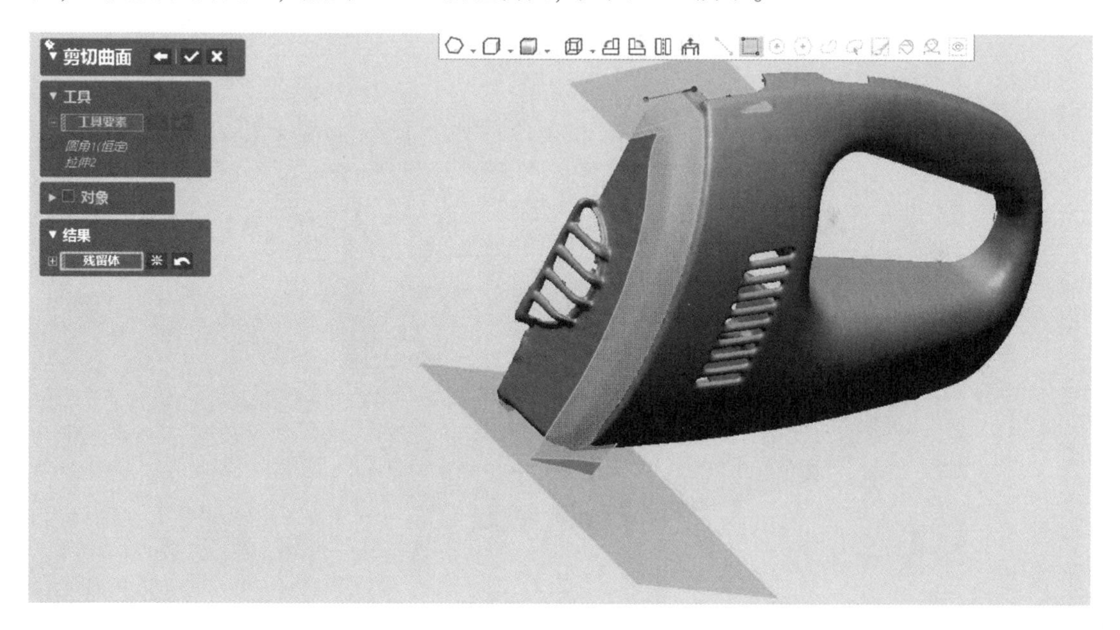

图 5-70 剪切曲面Ⅱ

（16）倒圆角Ⅱ，点击菜单栏中的“模型”→“圆角”按钮，进入圆角模式。选中“固定圆角”，设置半径为 15.5 m，对步骤（15）剪切的平面进行倒角，点击“√”按钮确认，如图 5-71 所示。

（17）绘制草图Ⅲ，点击菜单栏中的“草图”→“面片草图”按钮，进入面片草图模式。设置“基准平面”为前平面，在三维点云显示区绘制一条直线，创建草图Ⅲ，点击“√”按钮确认，如图 5-72 所示。

（18）创建曲面拉伸Ⅲ，点击菜单栏中的“模型”→“拉伸曲面”按钮，进入曲面拉伸

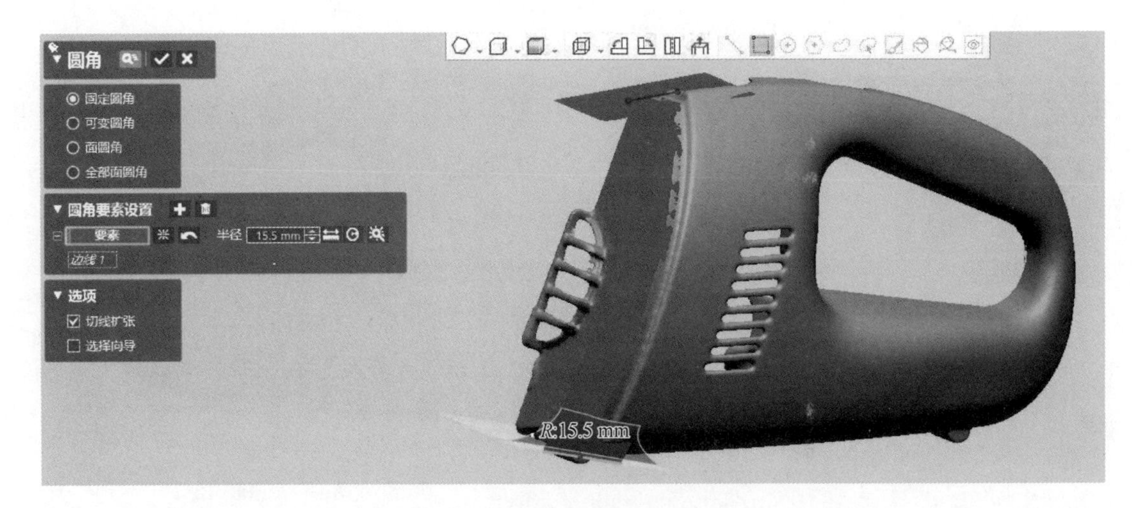

图 5-71 倒圆角Ⅱ

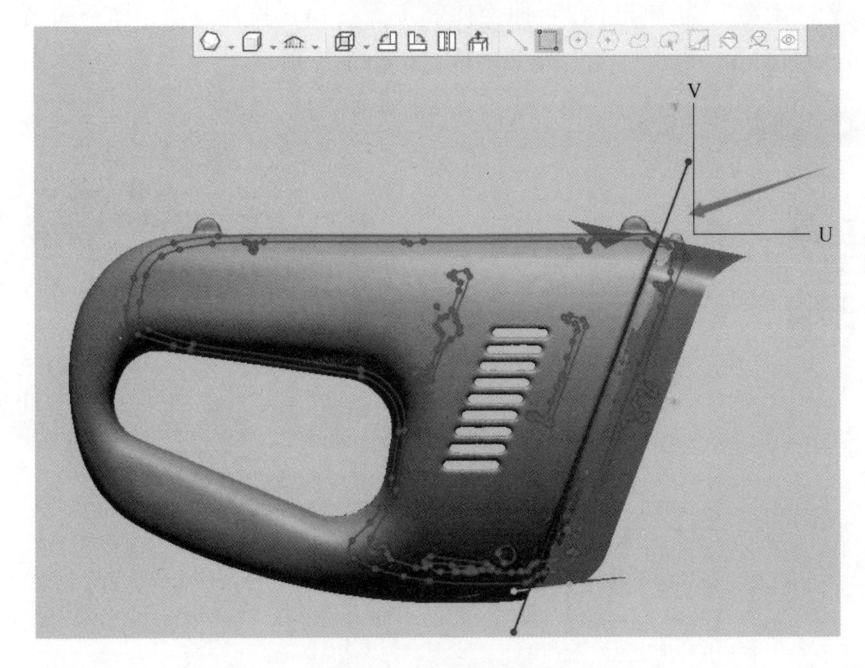

图 5-72 绘制草图Ⅲ

模式：

1）设置“基准草图”为草图Ⅲ；

2）设置距离为 100 mm，点击“√”按钮确认，如图 5-73 所示。

（19）拟合曲面Ⅰ，点击菜单栏中的“模型”→“面片拟合”按钮，进入面片拟合模式：

1）设置“领域”选择如图 5-74 所示的领域组；

2）设置分辨率为控制点数，U 控制点数为 15，V 控制点数为 10，点击“√”按钮确认，如图 5-74 所示。

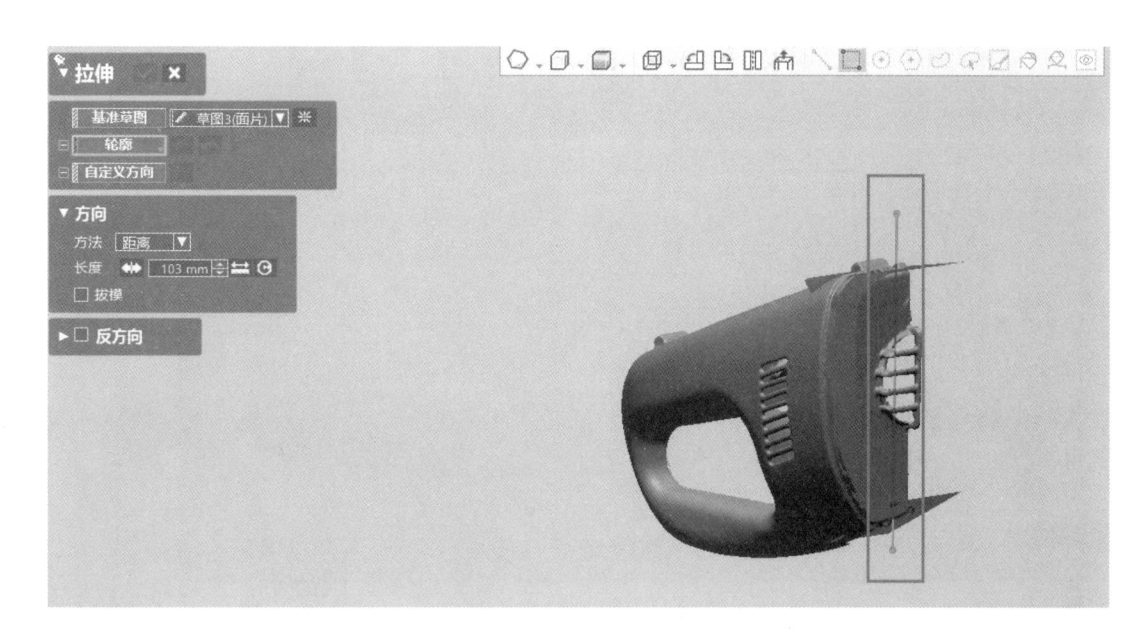

图 5-73　创建曲面拉伸Ⅲ

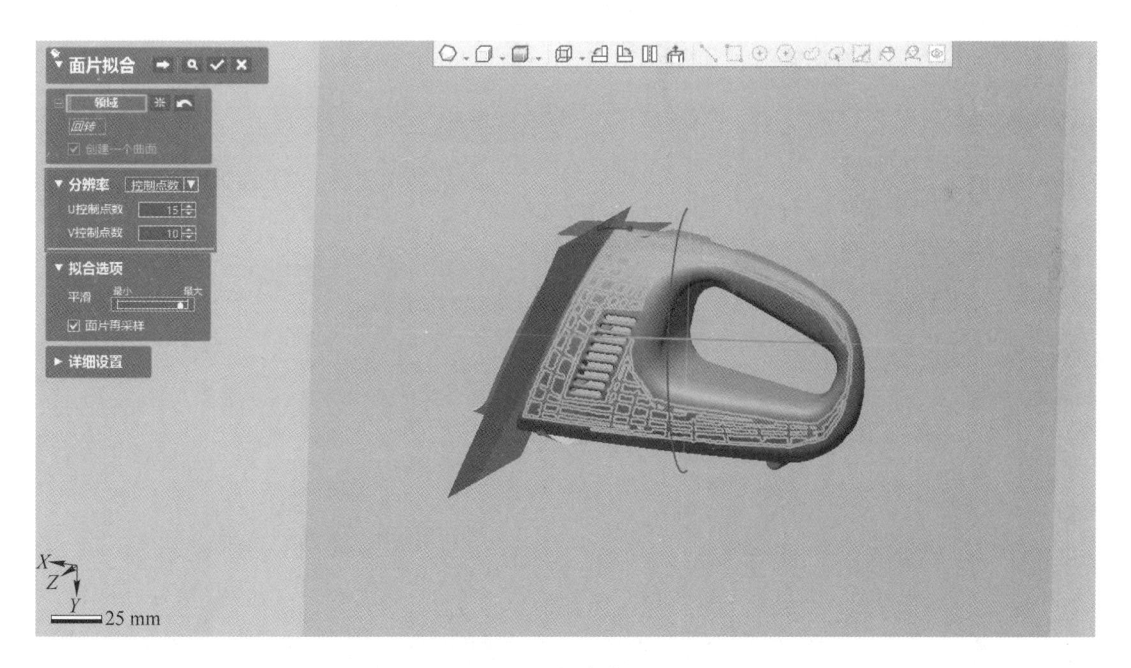

图 5-74　拟合曲面Ⅰ

（20）绘制草图Ⅳ，点击菜单栏中的“草图”→“面片草图”按钮，进入面片草图模式：

1）设置“基准平面”为前平面；

2）利用“3 点圆弧”“直线”命令手动绘制下图所示轮廓，利用“变换要素”命令提取拉伸Ⅲ曲面的一条轮廓线，并进行裁剪，点击“√”按钮确认，如图 5-75 所示。

（21）创建曲面拉伸Ⅳ，点击菜单栏中的“模型”→“曲面拉伸”按钮，进入曲面拉伸

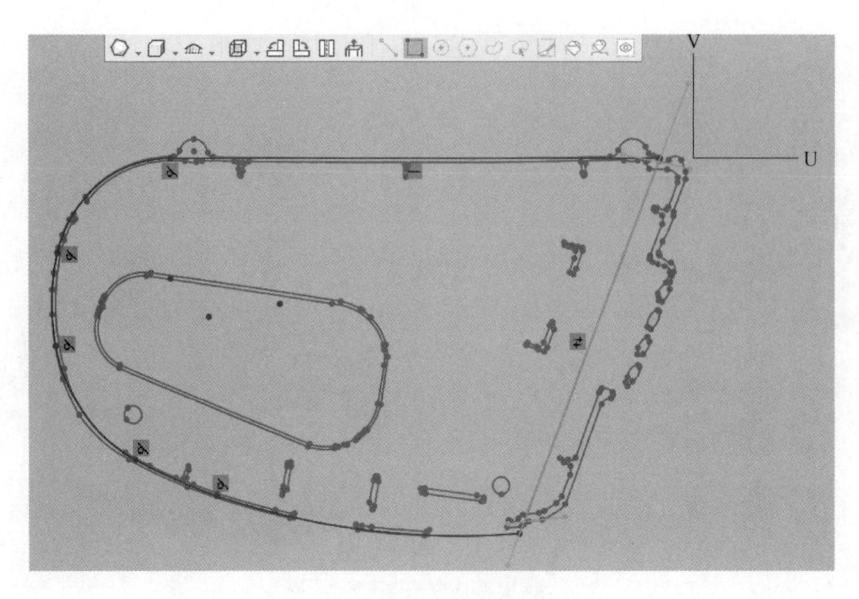

图 5-75 绘制草图Ⅳ

模式。设置“基准草图”为草图Ⅳ，将上述绘制的外形轮廓线进行拉伸，参数设置为 50 mm，点击“√”按钮确认，如图 5-76 所示。

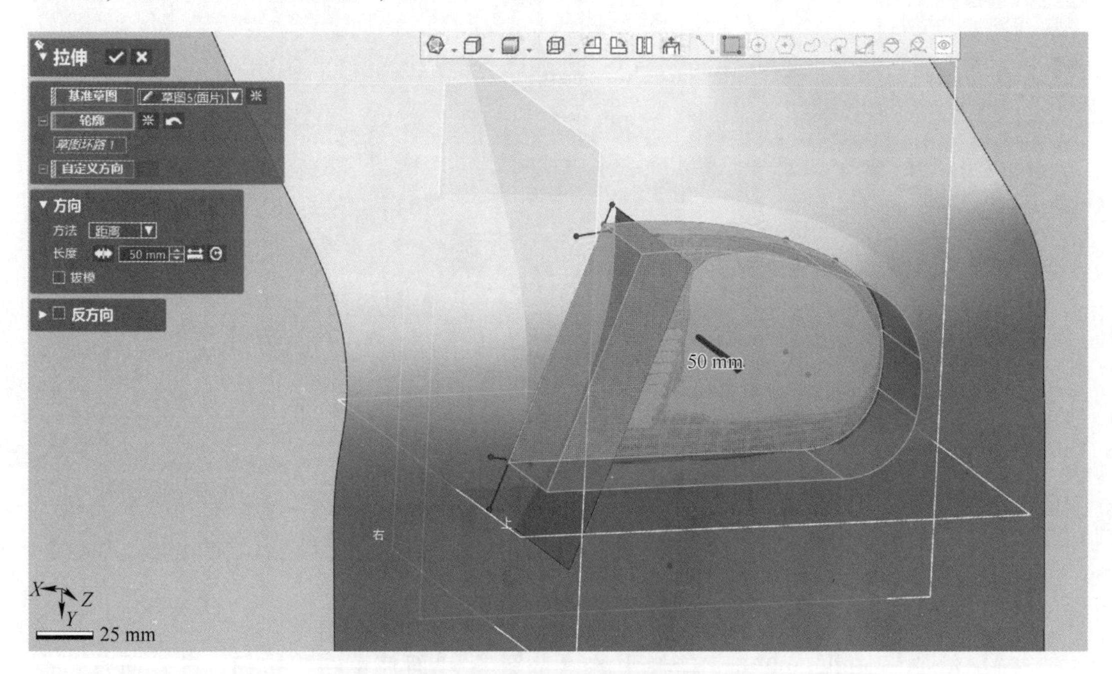

图 5-76 创建曲面拉伸Ⅳ

（22）删除曲面，点击菜单栏中的“模型”→“删除面”按钮，进入删除面模式。设置“面”为手动删除掉拉伸出来的一个平面，点击“√”按钮确认，如图 5-77 所示。

（23）放样曲面Ⅱ，点击菜单栏中的“模型”→“曲面放样”按钮，进入放样模式：

1）设置“轮廓”选择边线 1 和边线 2；

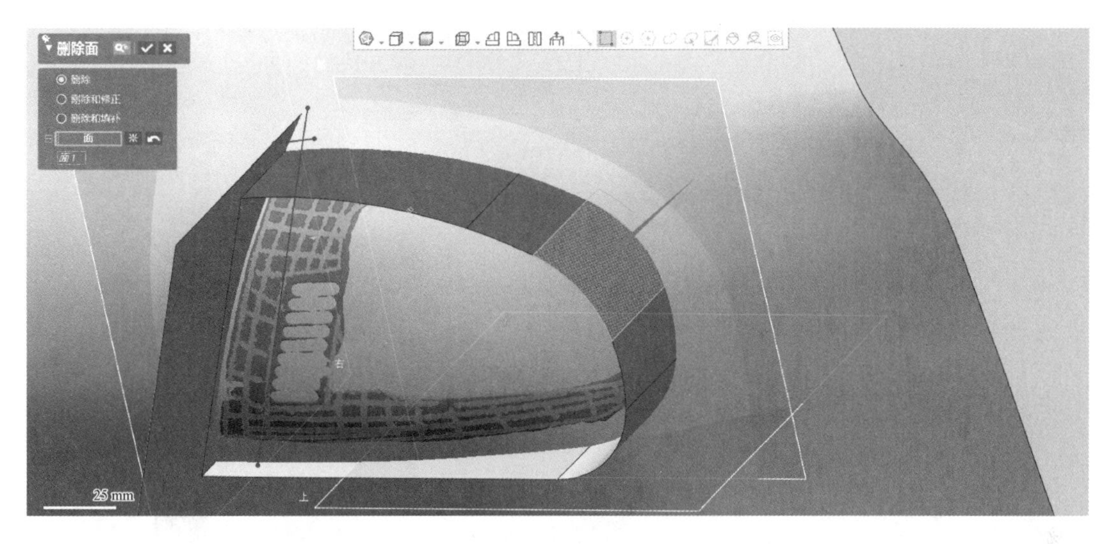

图 5-77　删除曲面

2）设置“约束条件”选择与面相切；

3）参数设置分别为 1.5 和 1.6，点击“√”按钮确认，如图 5-78 所示。

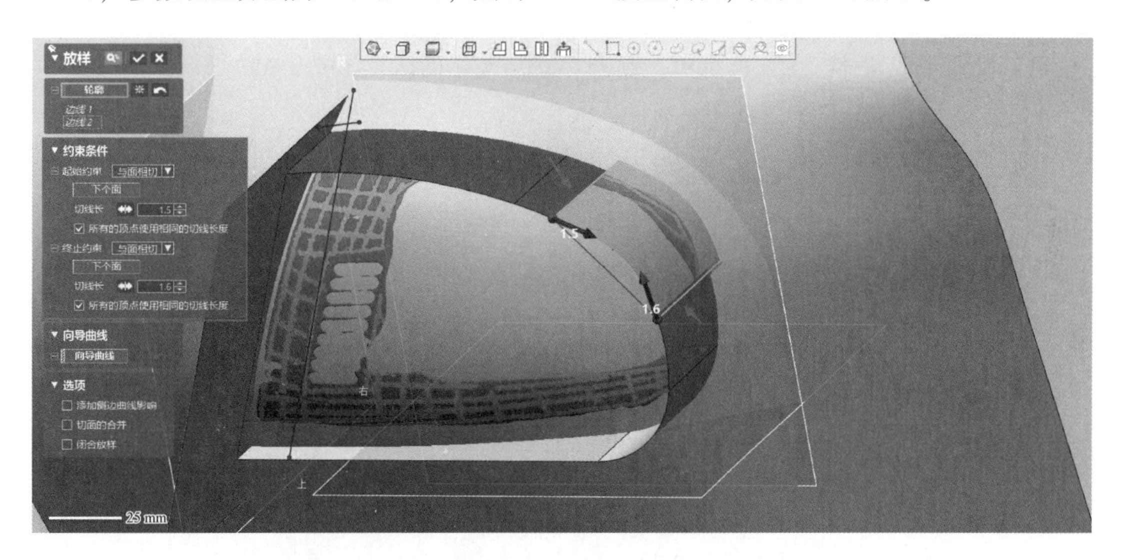

图 5-78　放样曲面Ⅱ

（24）缝合曲面Ⅰ，点击菜单栏中的“模型”→“缝合”按钮，将放样出来的面和拉伸出来的曲面进行缝合，使其成为一个曲面，点击“√”按钮确认，如图 5-79 所示。

（25）剪切曲面Ⅲ，点击菜单栏中的“模型”→“剪切曲面”按钮，进入剪切曲面模式：

1）设置“工具要素”为步骤（24）缝合的曲面体和拟合曲面Ⅰ；

2）设置“对象”为步骤（24）缝合的曲面体和面片拟合Ⅰ，即两曲面体互相剪切，创建剪切曲面Ⅲ；

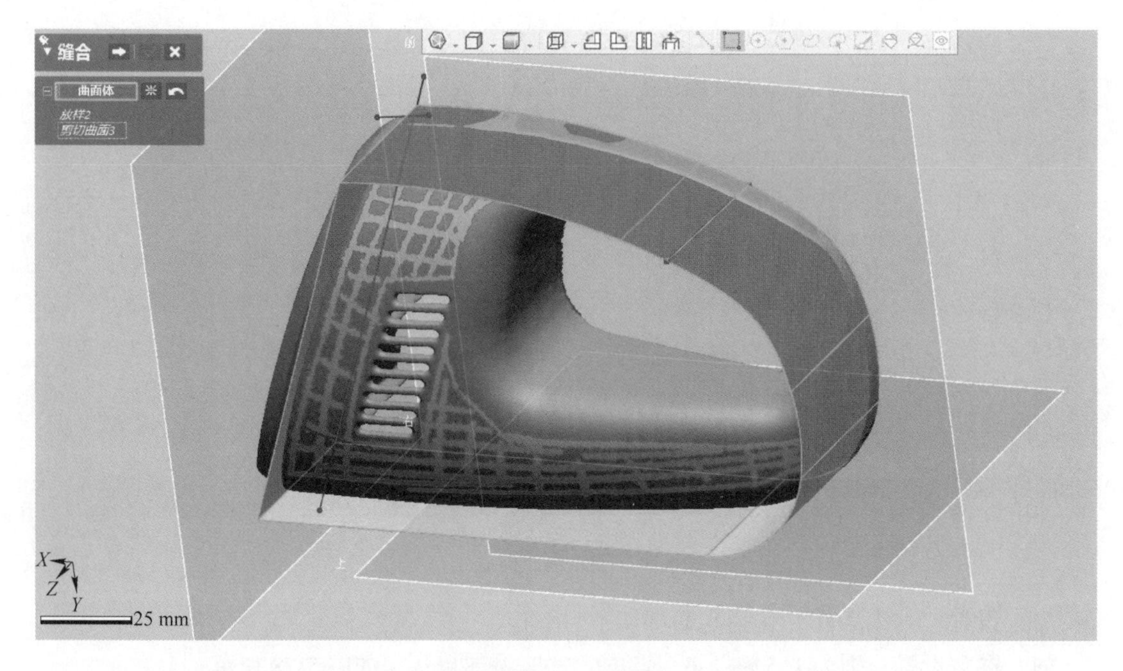

图 5-79 缝合曲面Ⅰ

3）设置“残留体”为中间区域，点击“√”按钮确认，如图 5-80 所示。

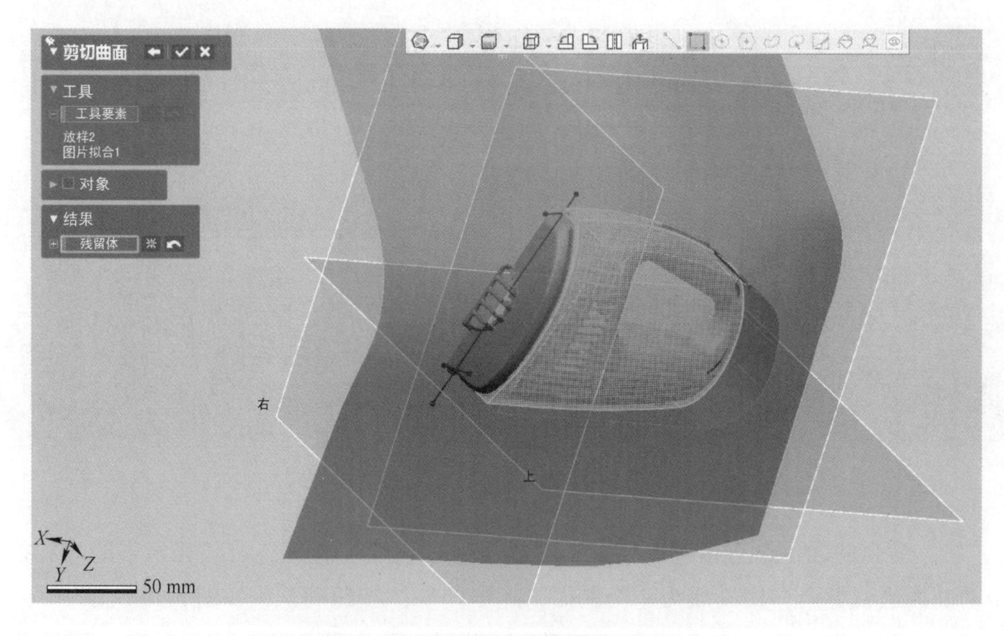

图 5-80 剪切曲面Ⅲ

（26）剪切曲面Ⅳ，点击菜单栏中的“模型”→“剪切曲面”按钮，进入剪切曲面模式：

1）设置“工具要素”为前平面；

2）设置“对象”为步骤（16）倒圆角后的曲面体，创建剪切曲面Ⅳ；

3）设置“残留体”如图 5-81 所示，点击“√”按钮确认。

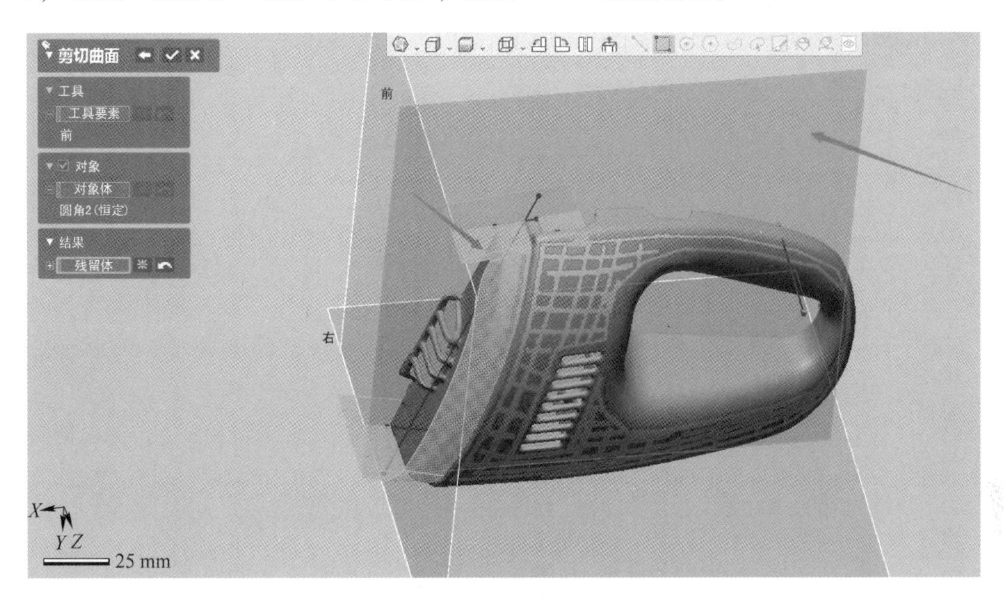

图 5-81 剪切曲面Ⅳ

（27）剪切曲面Ⅴ，点击菜单栏中的“模型”→“剪切曲面”按钮，进入剪切曲面模式。“工具要素”选择剪切曲面，“对象”选择剪切曲面Ⅴ，点击“下一阶段”按钮，“残留体”选择如图 5-82 所示，点击“√”按钮确认。

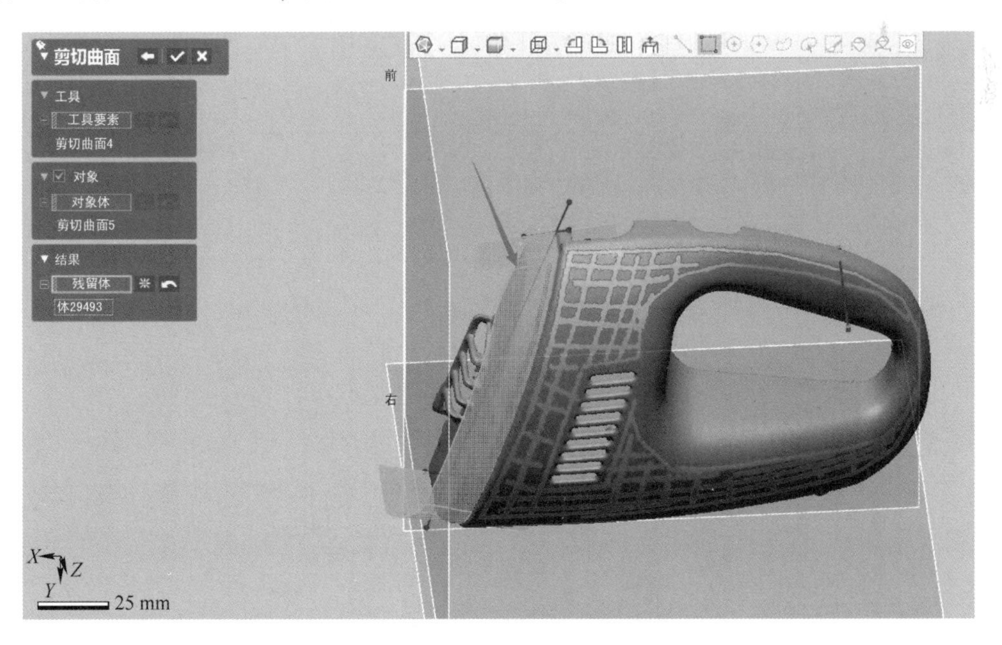

图 5-82 剪切曲面Ⅴ

（28）剪切曲面Ⅵ，点击菜单栏中的“模型”→“剪切曲面”按钮，进入剪切曲面模式。“工具要素”选择剪切曲面Ⅵ，“对象”选择剪切曲面Ⅳ，点击“下一阶段”按钮，

“残留体”选择如图5-83所示，点击“√”按钮确认。

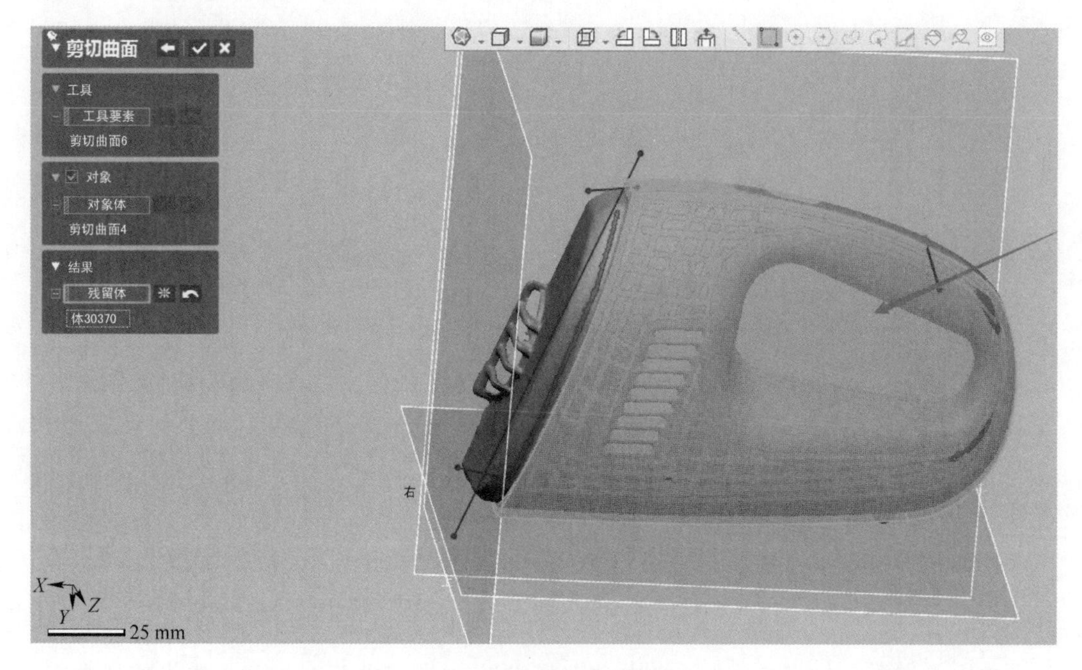

图5-83 剪切曲面Ⅵ

（29）绘制草图Ⅴ，点击菜单栏中的“草图”→“面片草图”按钮，进入面片草图模式。设置“基准平面”为前平面，利用“直线”命令绘制草图Ⅴ，点击“√”按钮确认，如图5-84所示。

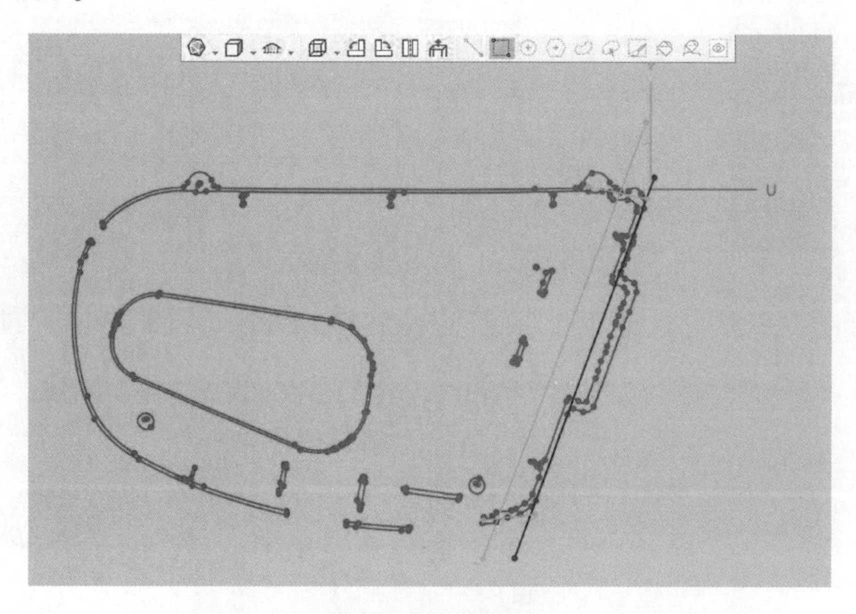

图5-84 绘制草图Ⅴ

（30）创建曲面拉伸Ⅳ，点击菜单栏中的“模型”→“曲面拉伸”按钮，进入曲面拉伸模式。进入拉伸模式，设置“轮廓”为草图Ⅳ，将上述绘制出来的直线进行曲面拉伸，参数设置为 50 mm，点击“√”按钮确认，如图 5-85 所示。

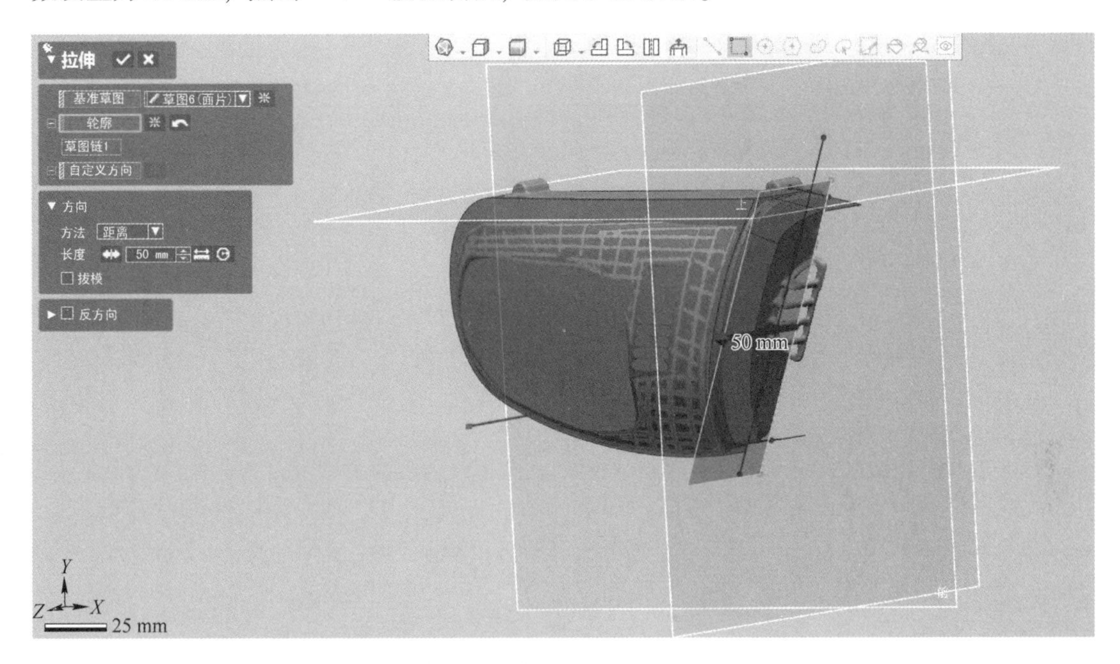

图 5-85 创建曲面拉伸Ⅳ

（31）剪切曲面Ⅶ，点击菜单栏中的“模型”→“剪切曲面”按钮，进入剪切曲面模式。设置“工具要素”选择拉伸Ⅴ，“对象”选择剪切曲面Ⅵ，点击“下一阶段”按钮，设置“残留体”为中间部分，创建剪切曲面Ⅶ，点击“√”按钮确认，如图 5-86 所示。

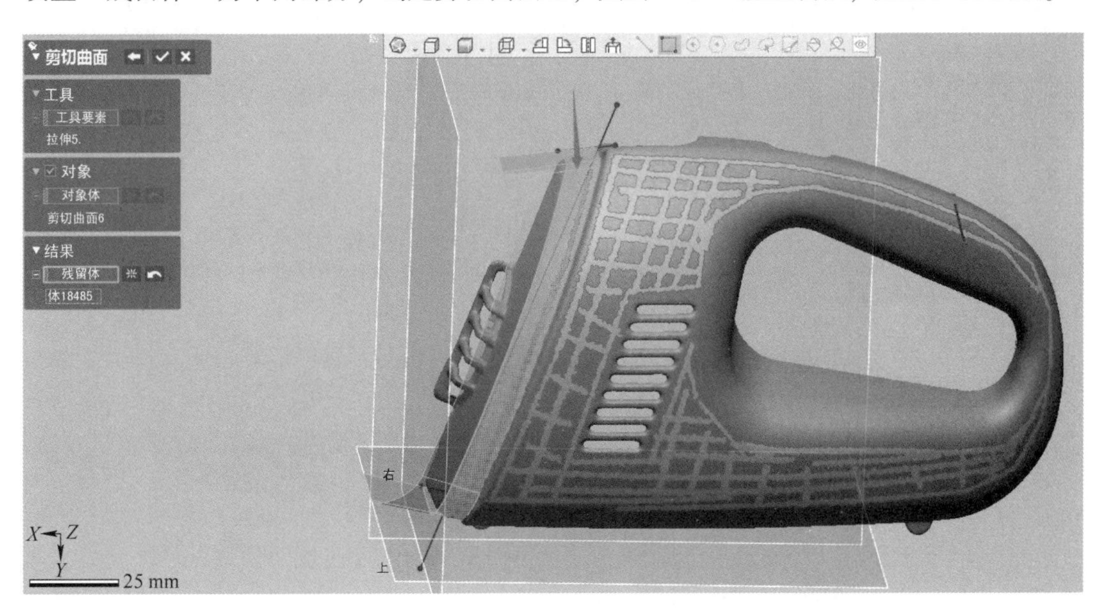

图 5-86 剪切曲面Ⅶ

（32）绘制草图Ⅵ，点击菜单栏中的“草图”→“面片草图”按钮，进入面片草图模式。设置“基准平面”为前平面，利用“直线”绘制草图Ⅵ，点击“√”按钮确认，如图5-87所示。

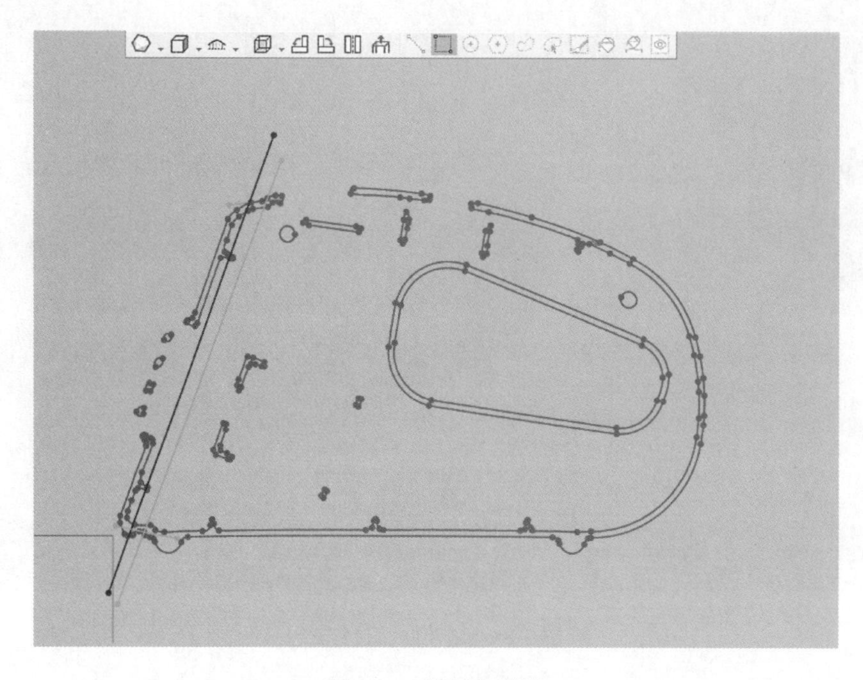

图5-87 绘制草图Ⅵ

（33）创建曲面拉伸Ⅴ，点击菜单栏中的“模型”→“曲面拉伸”，进入曲面拉伸模式按钮。设置“轮廓”选择草图Ⅴ，参数设置为50 mm，点击“√”按钮确认，如图5-88所示。

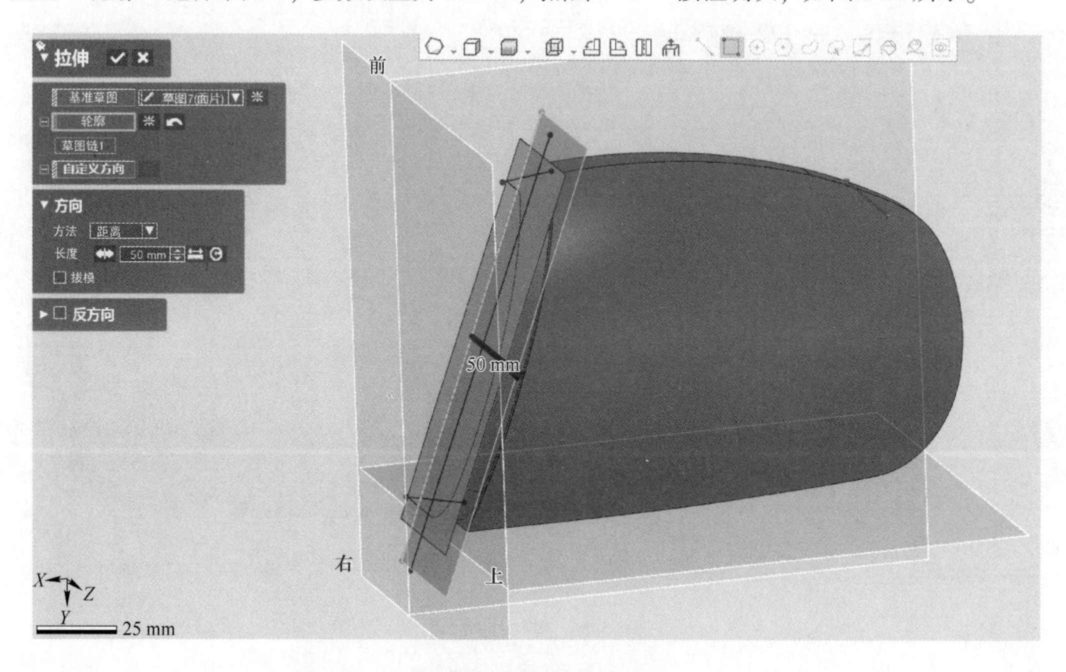

图5-88 创建曲面拉伸Ⅴ

(34) 剪切曲面Ⅷ，点击菜单栏中的“模型”→“剪切曲面”按钮，进入剪切曲面模式。“工具要素”选择剪切曲面Ⅷ，“对象”选择拉伸Ⅴ，点击“下一阶段”按钮，“残留体”选择如图 5-89 所示，点击“√”按钮确认。

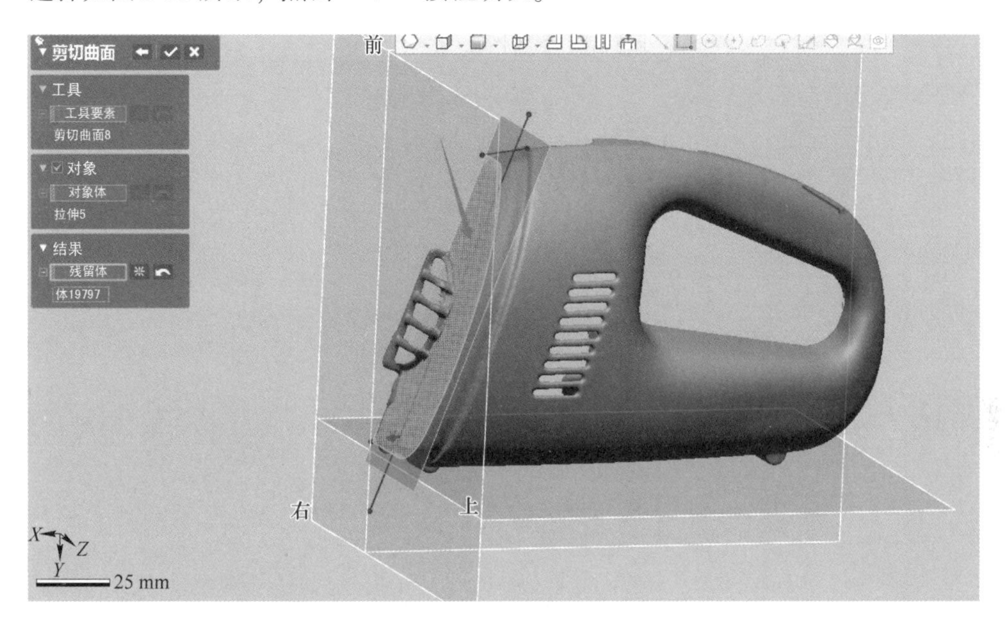

图 5-89 剪切曲面Ⅷ

(35) 创建平面Ⅰ，点击菜单栏中的“模型”→“平面”按钮，进入平面模式。“方法”选择多个点，创建平面Ⅰ，如图 5-90 所示，点击“√”按钮确认。

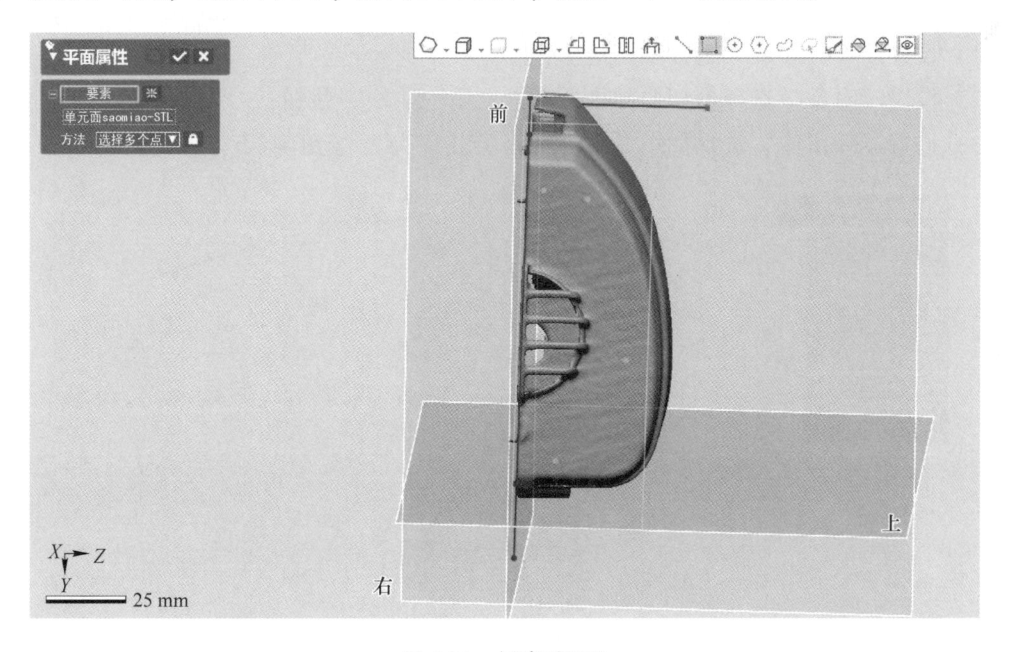

图 5-90 创建平面Ⅰ

（36）绘制草图Ⅶ，点击菜单栏中的“草图”→“面片草图”按钮，进入面片草图模式。基准平面选择上述创建的平面Ⅰ，利用3点圆弧和直线命令绘制如图5-91所示的草图，点击“√”按钮确认。

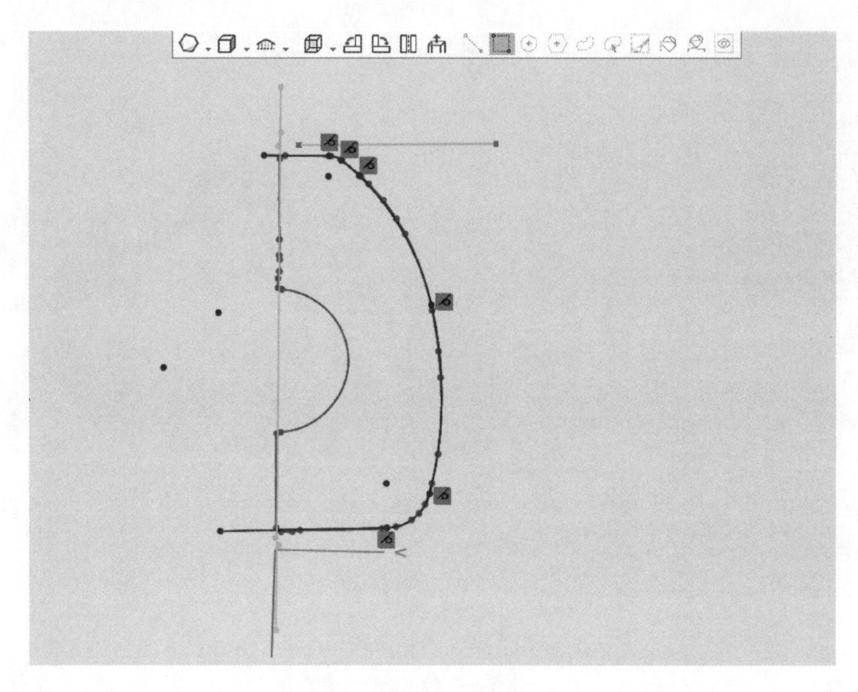

图5-91 绘制草图Ⅶ

（37）剪切曲面Ⅸ，点击菜单栏中的“模型”→“剪切曲面”按钮，进入剪切曲面模式：

1）设置“工具要素”选择草图链Ⅰ；

2）设置“对象”选择剪切曲面Ⅸ，点击“下一阶段”按钮；

3）设置“残留体”选择如图5-92所示，点击“√”按钮确认。

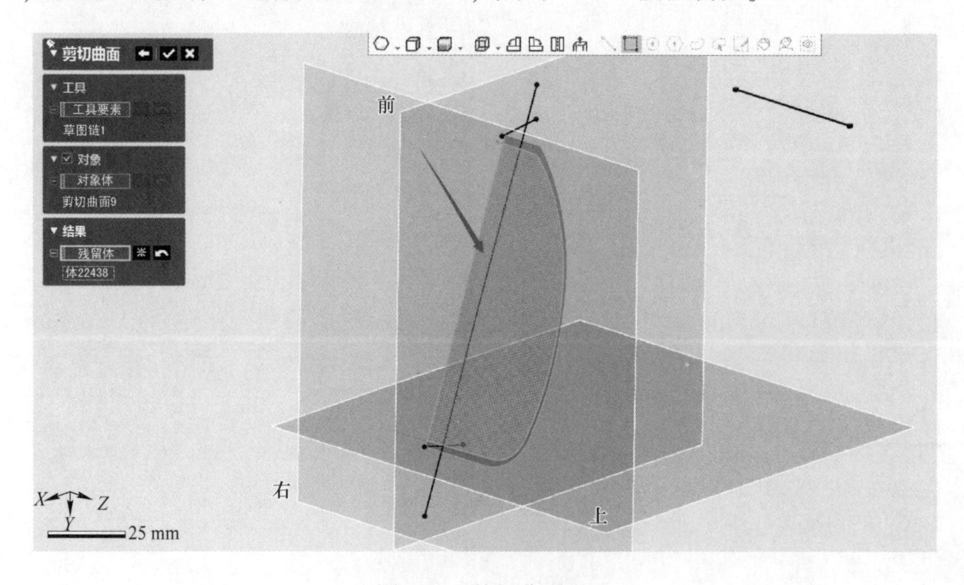

图5-92 剪切曲面Ⅸ

（38）放样曲面Ⅲ，点击菜单栏中的“模型”→“曲面放样”按钮，进入放样模式：

1）设置“轮廓”为如图 5-93 所示的边线；

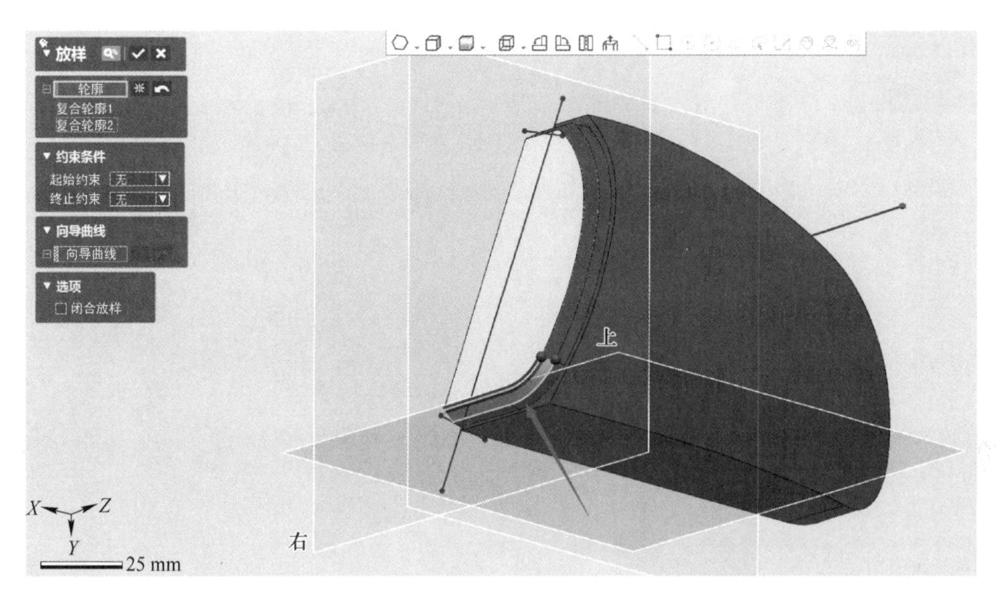

图 5-93　设置轮廓

2）设置“起始约束条件”为与面相切，点击“√”按钮确认，如图 5-94 所示。

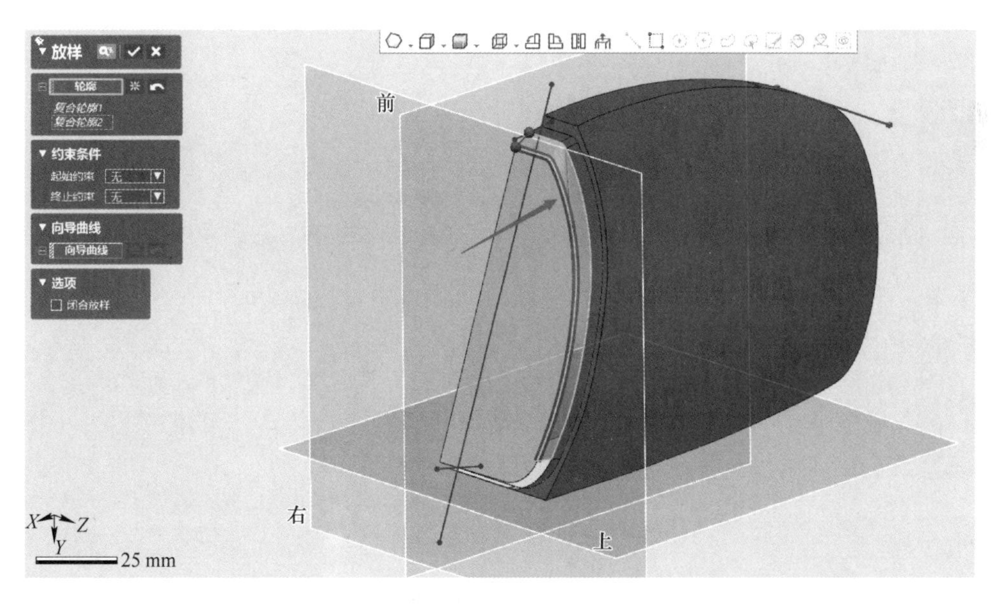

图 5-94　放样曲面Ⅲ

（39）缝合曲面Ⅱ，点击菜单栏中的“模型”→“缝合”按钮，进入缝合模式。将所有的曲面进行缝合，使其缝合成一个曲面，点击“√”按钮确认，如图 5-95 所示。

（40）倒圆角Ⅲ，点击菜单栏中的“模型”→“圆角”按钮，进入圆角模式。选中“可变圆角”单选按钮，设置“半径”为 5 mm、4 mm、4 mm、6 mm、10 mm、11.5 mm、

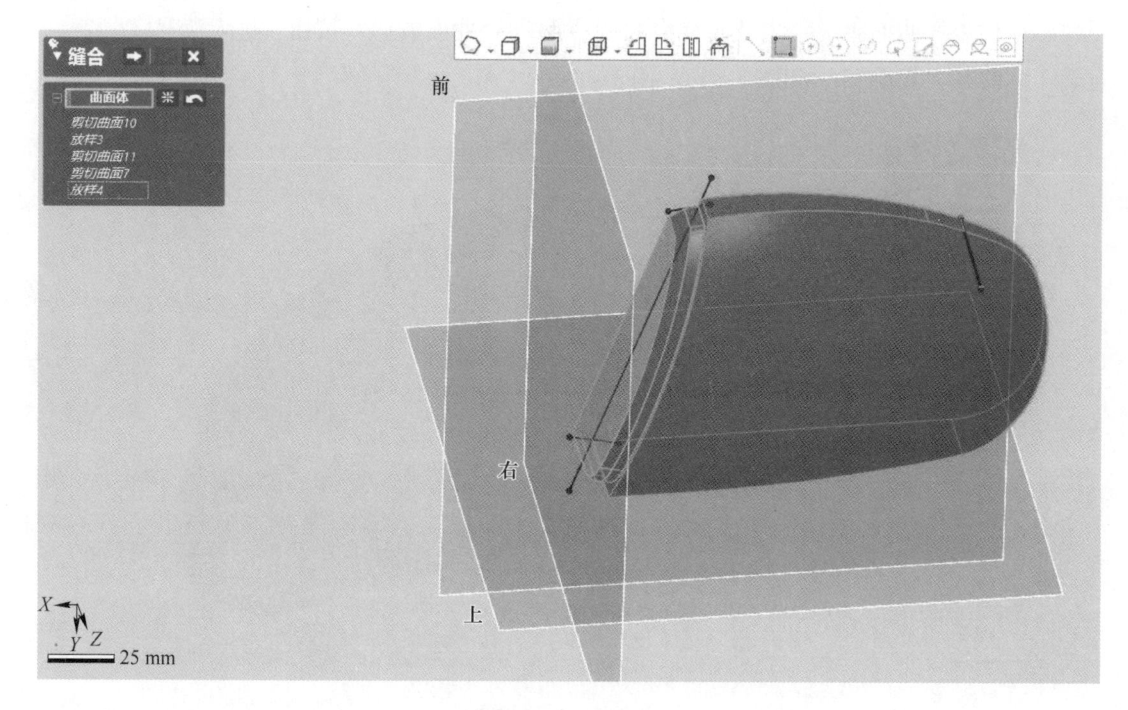

图 5-95 缝合曲面Ⅱ

15 mm（圆角参数仅供参考），点击“√”按钮确认，如图 5-96 所示。

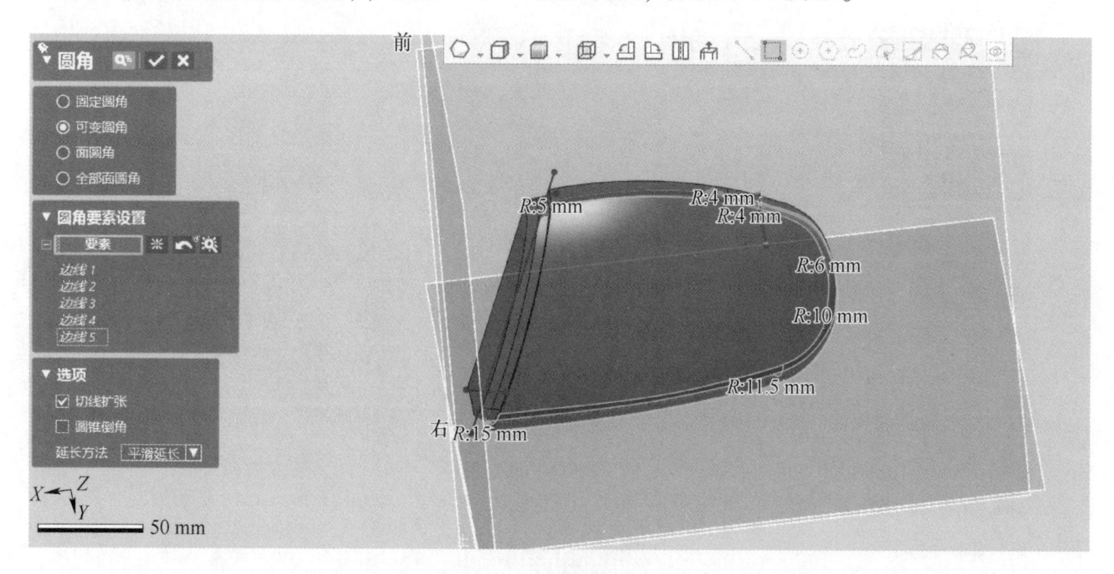

图 5-96 倒圆角Ⅲ

（41）绘制草图Ⅷ，点击菜单栏中的“草图”→“面片草图”按钮，进入面片草图模式。设置“基准平面”选择前平面，绘制轮廓，利用“3 点圆弧”“直线”命令，点击“√”按钮确认，如图 5-97 所示。

（42）创建曲面拉伸Ⅷ，点击菜单栏中的“模型”→“拉伸”按钮，进入拉伸模式：

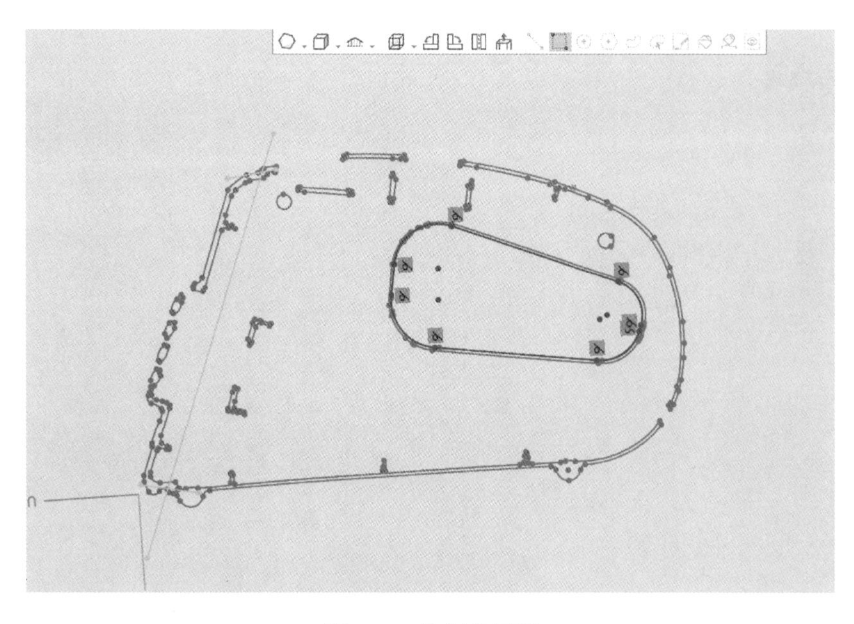

图 5-97　绘制草图Ⅷ

1）设置“轮廓”选择步骤（41）绘制的草图；

2）设置“距离”为 50 mm，拉伸曲面，点击“√”按钮确认，如图 5-98 所示。

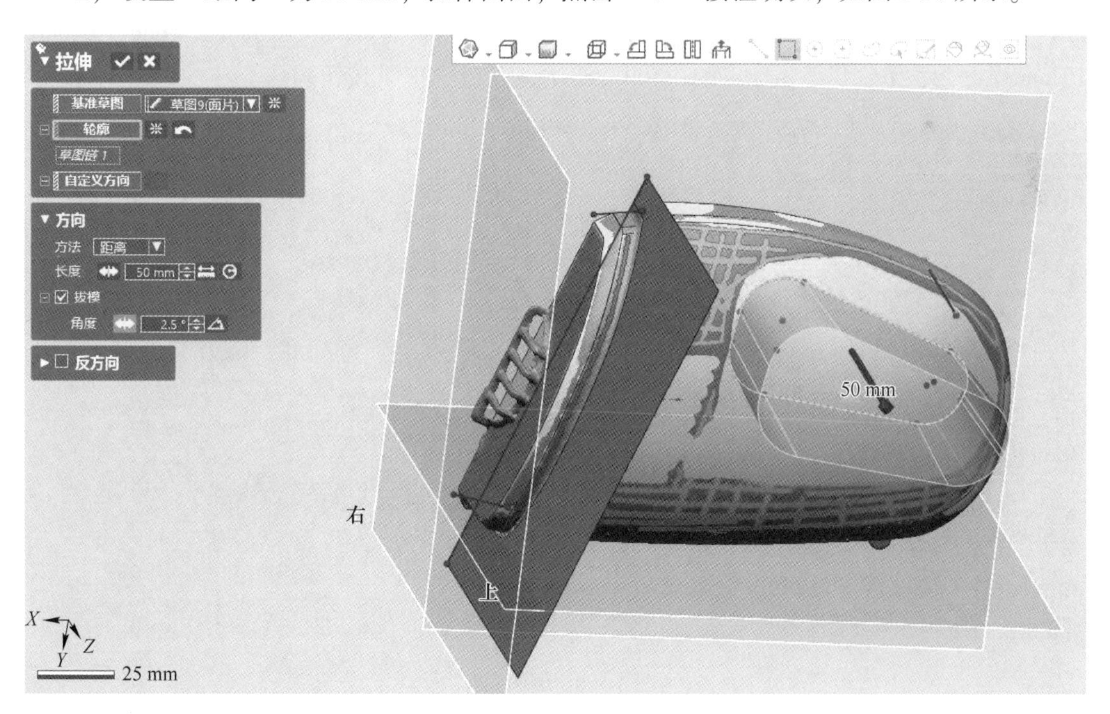

图 5-98　创建曲面拉伸Ⅷ

（43）剪切曲面Ⅹ，点击菜单栏中的“模型”→“剪切曲面”按钮，进入剪切曲面模式。设置“工具要素”选择拉伸Ⅶ和圆角Ⅲ，“对象”不进行勾选，点击“下一阶段”按钮，“残留体”选择如图 5-99 所示，点击“√”按钮确认。

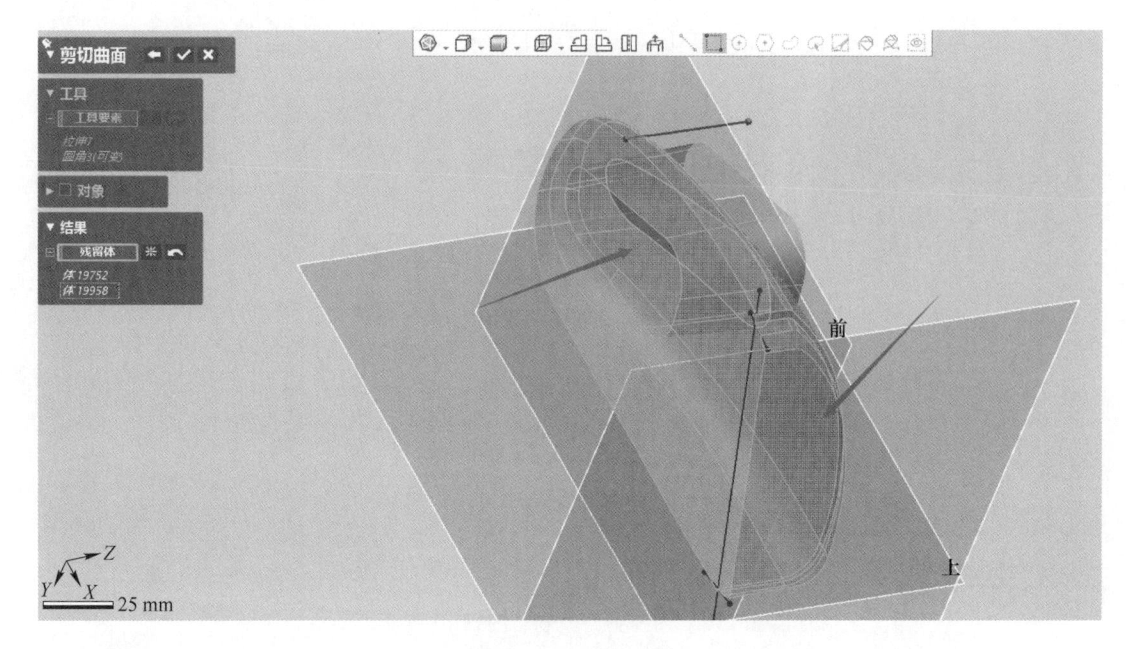

图 5-99 剪切曲面X

（44）倒圆角Ⅳ，点击菜单栏中的“模型”→“圆角”按钮，进入圆角模式。“方法”选择为“可变圆角”，设置半径为17 mm、17 mm、9 mm、6 mm、6 mm、6 mm、7 mm、15 mm（圆角参数仅供参考），如图5-100所示，点击“√”按钮确认。

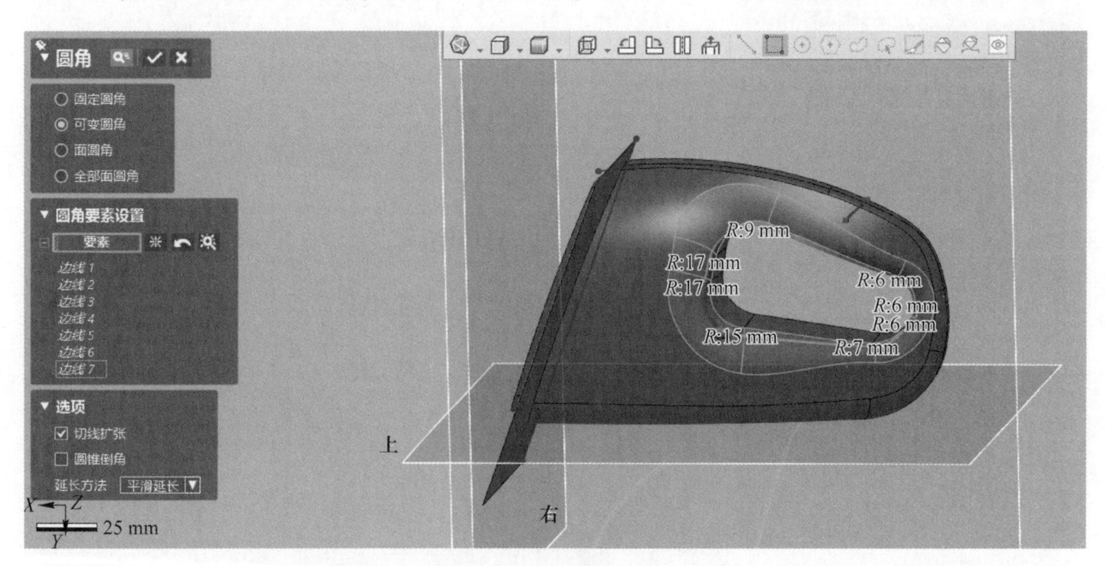

图 5-100 倒圆角Ⅳ

（45）绘制草图Ⅸ，点击菜单栏中的“草图”→“面片草图”按钮，进入面片草图模式。“基准平面”选择模型前端的一个平面，利用“圆”命令绘制一个同心圆，如图5-101所示，点击“√”按钮确认。

（46）实体拉伸Ⅰ，点击菜单栏中的“模型”→“拉伸实体”按钮，进入拉伸模式。将

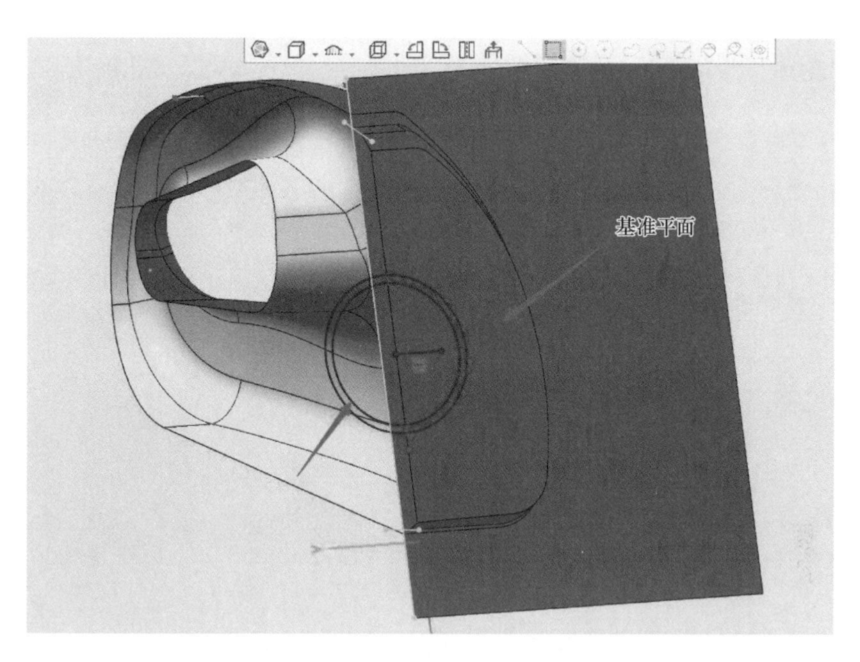

图 5-101 绘制草图Ⅸ

步骤（45）绘制的圆进行实体拉伸，参数设置为 2 mm，如图 5-102 所示，点击“√”按钮确认。

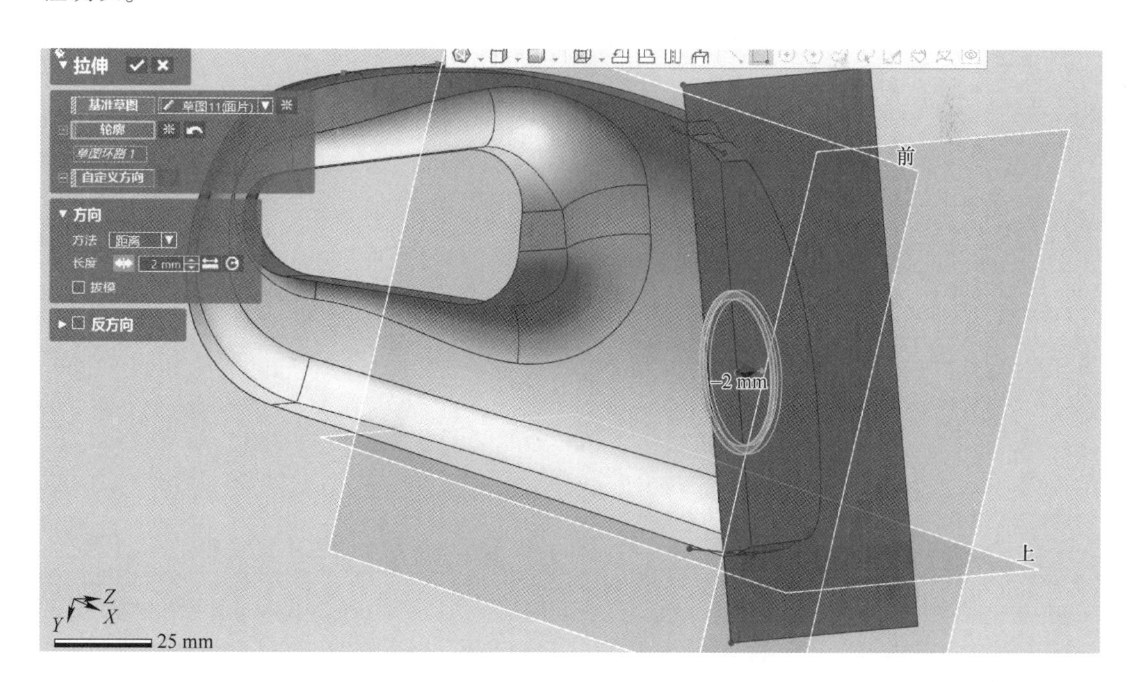

图 5-102 实体拉伸 I

（47）绘制草图Ⅹ，拉伸实体Ⅱ，点击菜单栏中的“草图”→“面片草图”按钮，进入面片草图模式。设置“基准平面”选择前平面，绘制轮廓线，然后将其进行实体拉伸，如

图 5-103 和图 5-104 所示，点击“√”按钮确认。选择菜单栏“模型”→“拉伸实体”命令，设置“轮廓”为草图X，设置“距离”为 2 mm，单击“√”按钮确认。

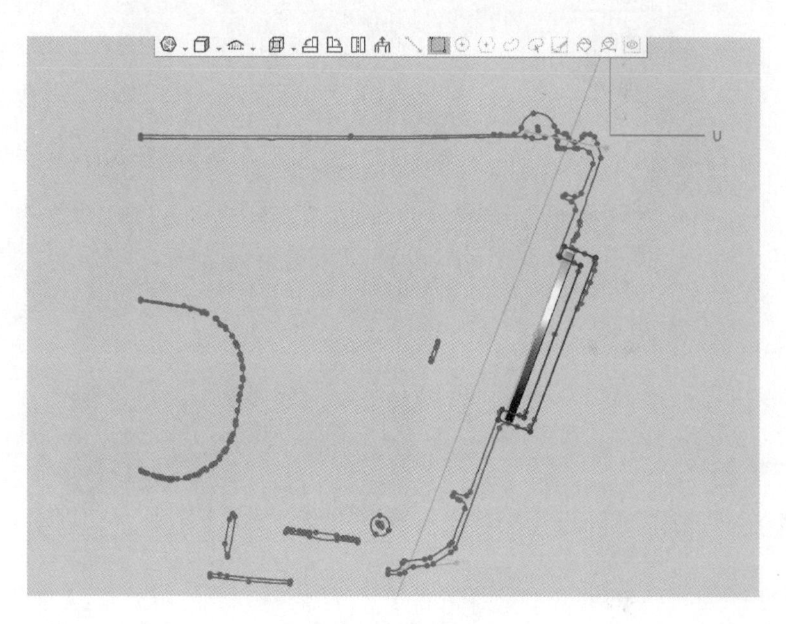

图 5-103 绘制草图X

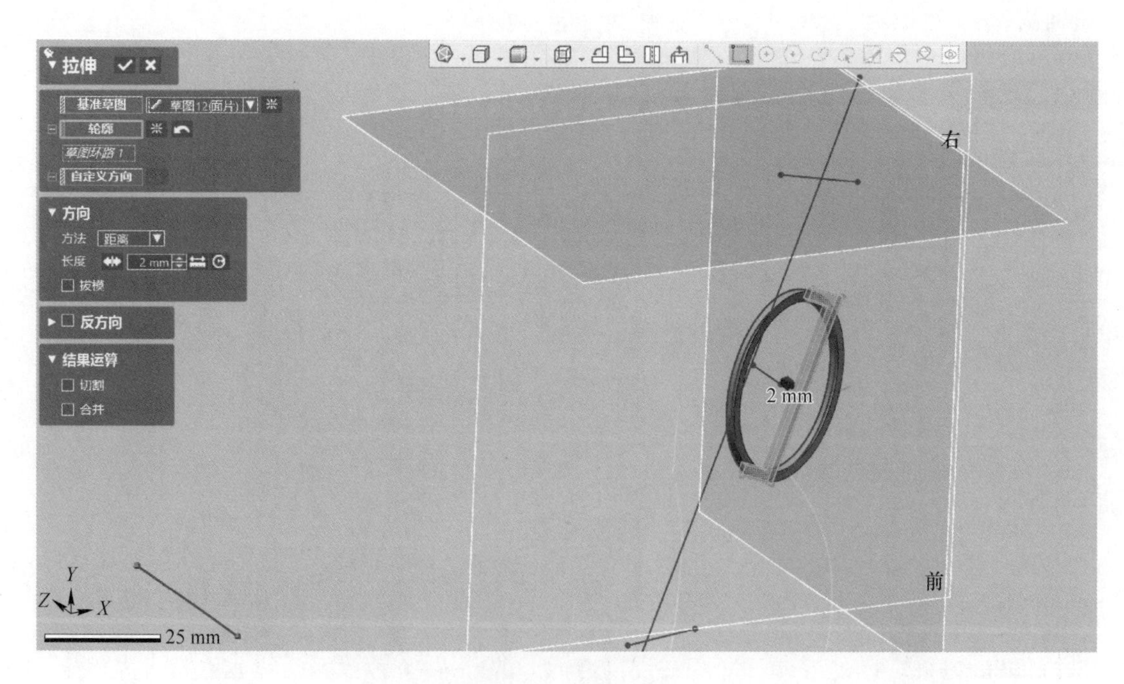

图 5-104 拉伸实体

（48）创建特征，用同样的方法将其他几处特征绘制出来，使其拉伸成实体，如图 5-105所示。

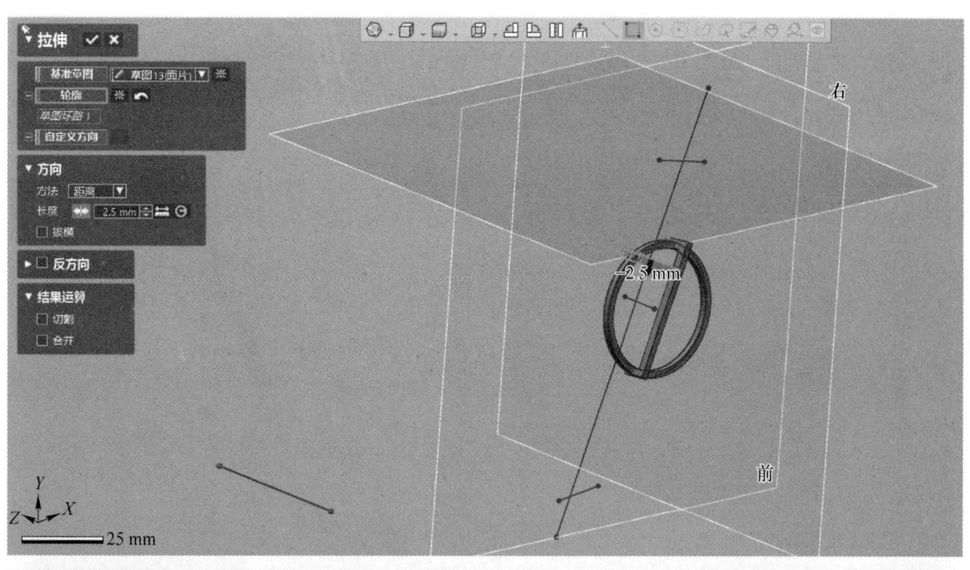

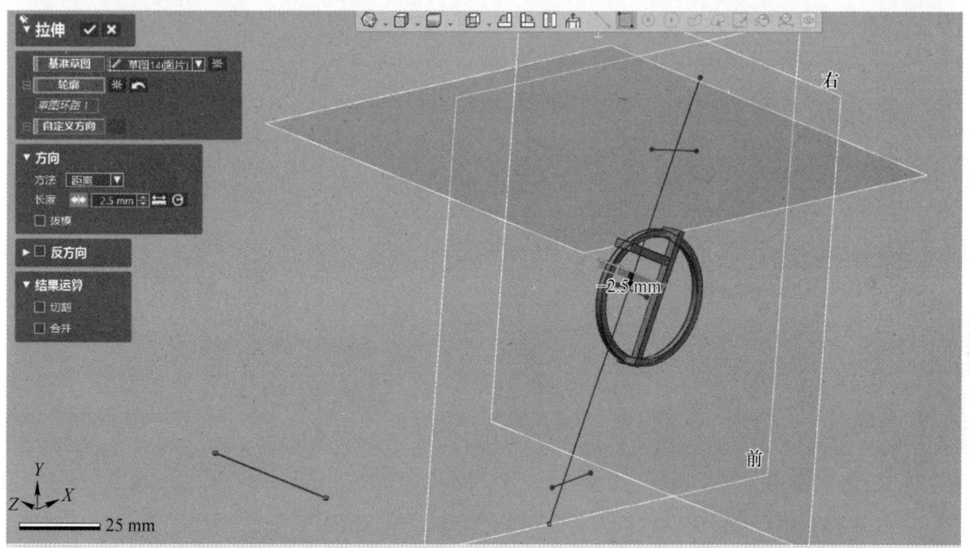

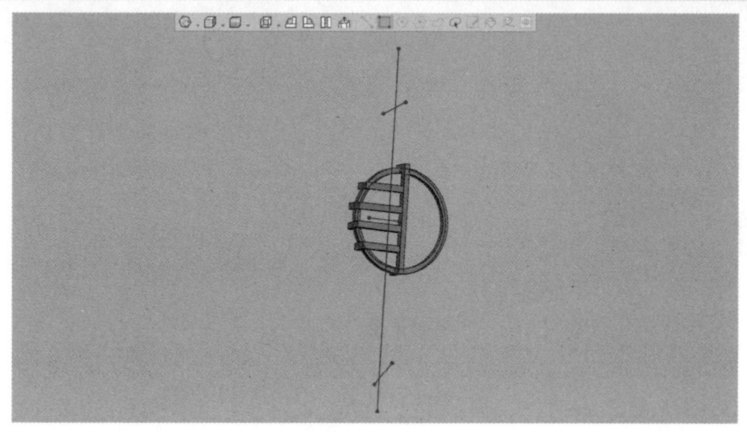

图 5-105　创建 3 种特征

（49）镜像实体，点击菜单栏中的“模型”→“镜像”按钮，进入镜像模式。设置“对称平面”选择前平面，如图 5-106 所示；将上述绘制的特征进行镜像，后续将模型主体同样方法进行操作，如图 5-107 所示，点击“√”按钮确认。

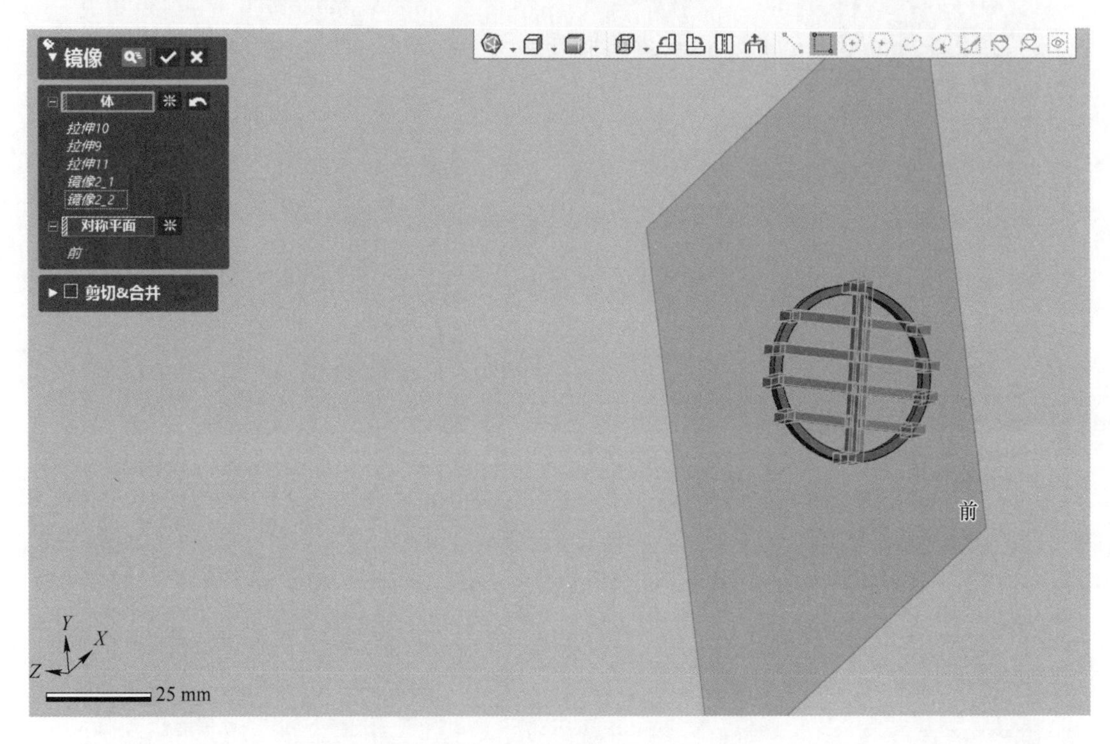

图 5-106 设置对称平面

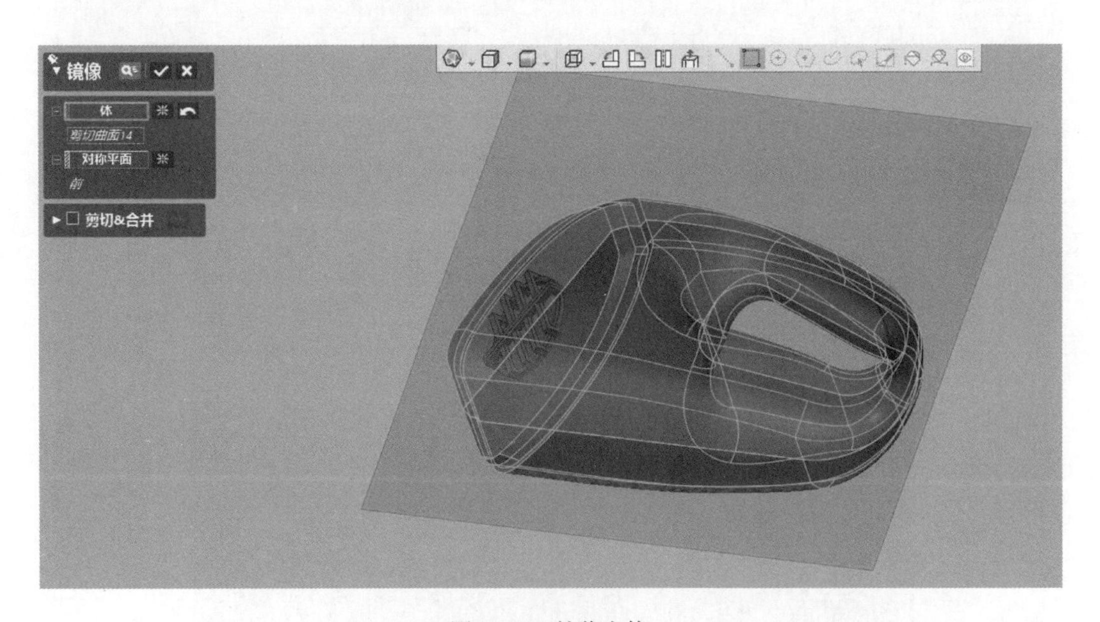

图 5-107 镜像实体

（50）缝合曲面Ⅲ，点击菜单栏中的“模型”→“缝合”按钮，进入缝合模式。将上述操作的曲面体进行缝合，如图 5-108 所示，点击“√”按钮确认。

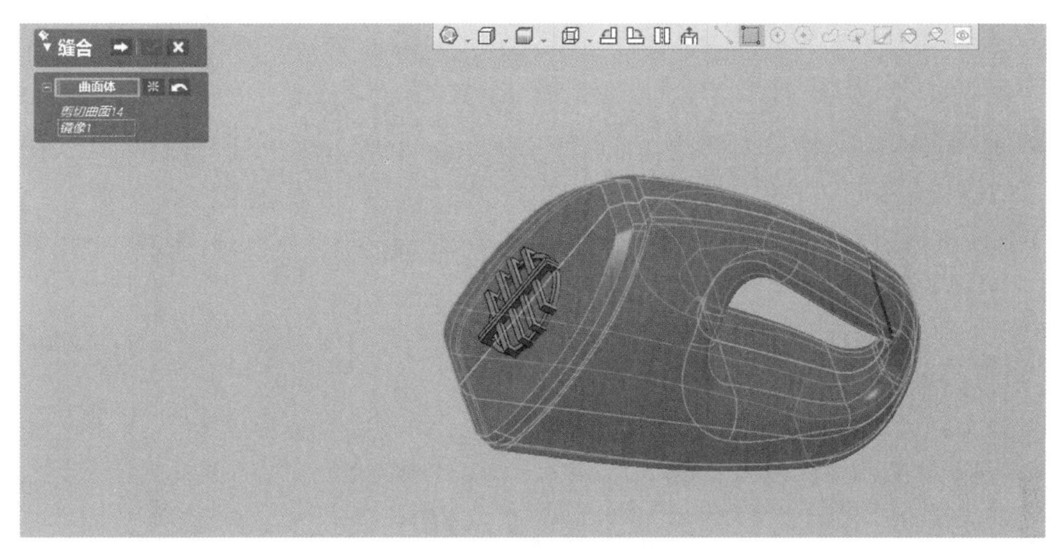

图 5-108 缝合曲面Ⅲ

（51）布尔运算，点击菜单栏中的“模型”→“布尔运算”按钮，进入布尔运算模式。将所有创建的实体进行合并处理，如图 5-109 所示，点击“√”按钮确认。

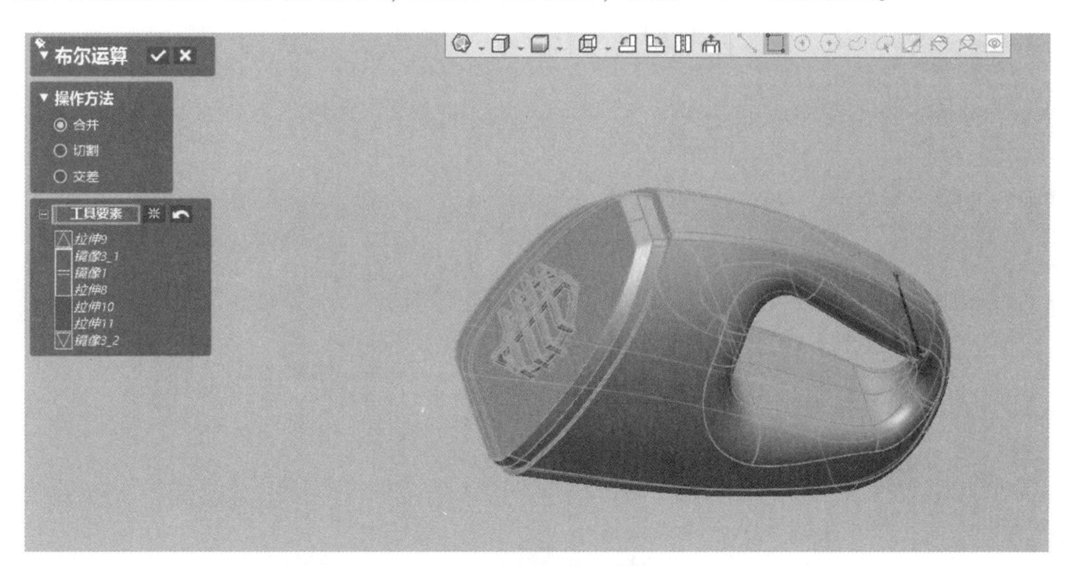

图 5-109 布尔运算

（52）绘制草图Ⅺ，点击菜单栏中的“草图”→“面片草图”按钮，进入面片草图模式。“基准”选择前平面，绘制草图，选择线性草图阵列，将草图进行阵列，如图 5-110 所示，点击“√”按钮确认。

（53）拉伸实体Ⅲ，点击菜单栏中的“模型”→“实体拉伸”按钮，进入拉伸模式。将上述绘制的轮廓进行实体拉伸，参数设置为 55 m，结果运算选择切割，如图 5-111 所示，点击“√”按钮确认。

（54）查看最终要求，最终建模模型如图 5-112 所示。

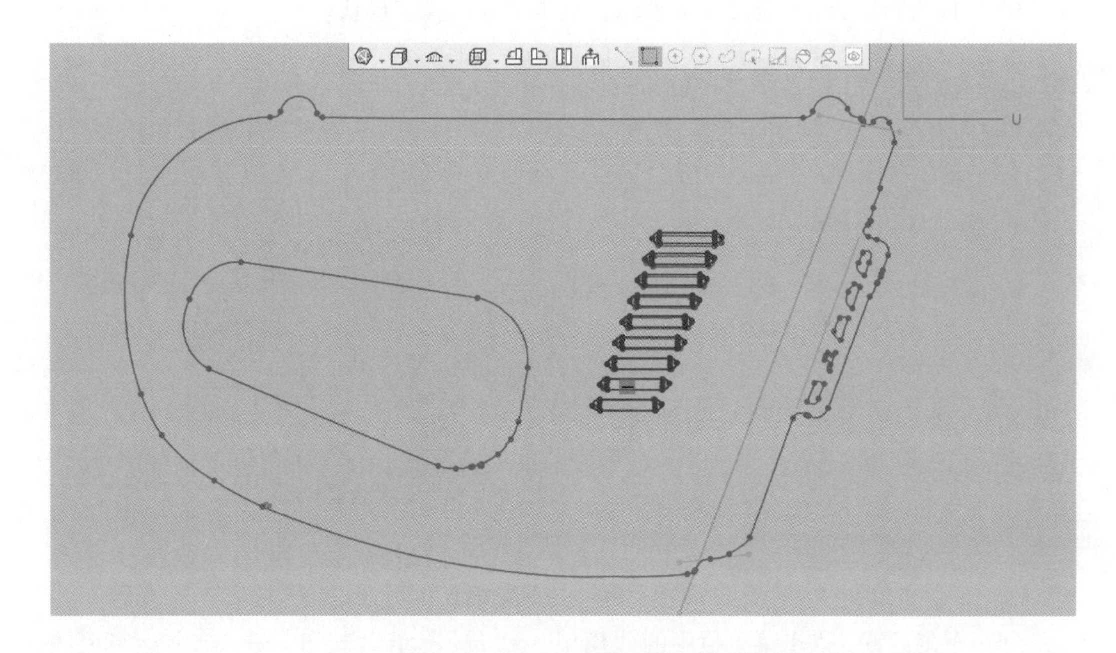

图 5-110 绘制草图Ⅺ

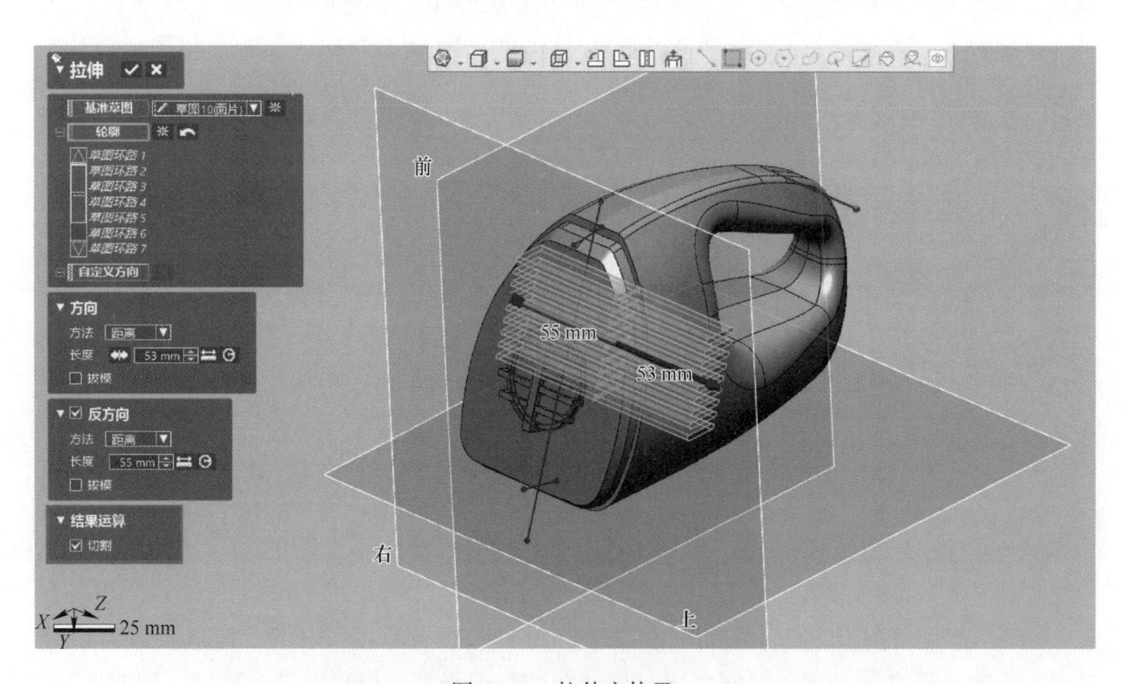

图 5-111 拉伸实体Ⅲ

（55）文件输出，选择菜单栏中的“文件”→“输出”命令，进入输出模式：

1）设置“要素”为实体模型；

2）单击“√”按钮确认，保存格式为“. xrl”，如图 5-113 所示。

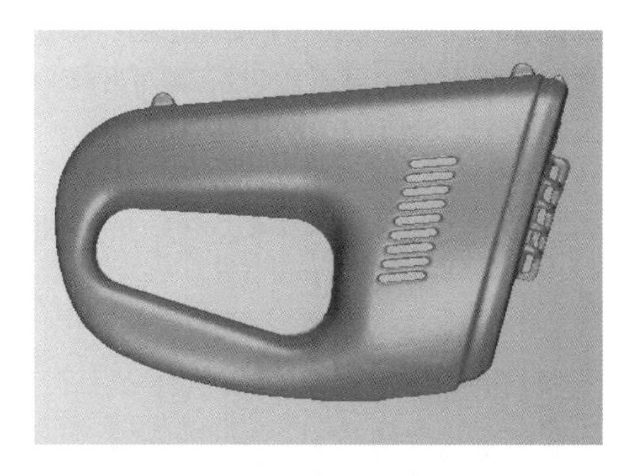

图 5-112 最终模型

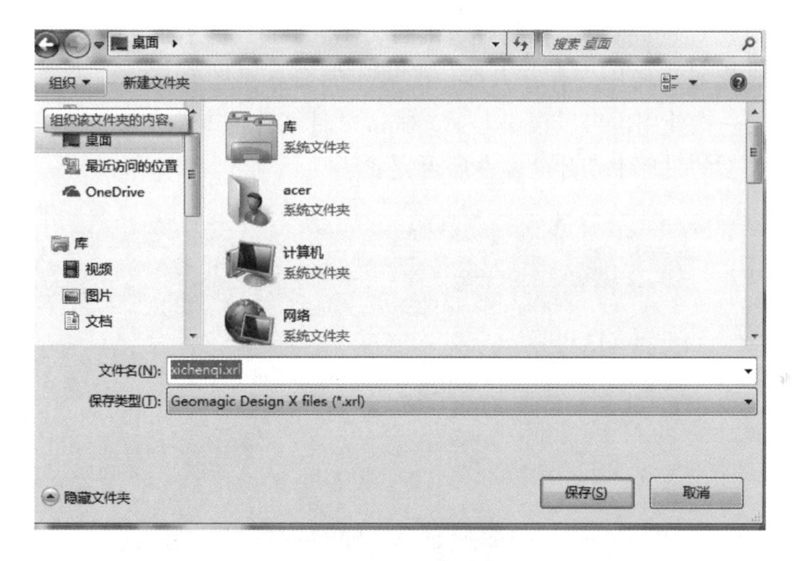

图 5-113 文件输出

任务 5.4 吸尘器的 3D 打印

课件：任务5.4 吸尘器的3D打印

任务导入

按照公司生产要求，已经对吸尘器产品进行优化和升级，完成了改型设计，本次任务对重构后的吸尘器模型使用 3D 打印机进行打印，接下来需要做哪些工作呢？

任务要求

（1）在学银在线或学习通平台上完成在线学习任务，学会知识点基本技能操作，完成知识构建。

（2）按照任务要求，使用 Cura 软件完成吸尘器模型切片和 3D 打印任务。

（3）记录模型切片和 3D 打印过程中出现的问题，并写出修正措施。

（4）填写工作过程记录单，提交课程平台。

（5）根据任务实施情况，分组制作展示 PPT。

（6）在学银在线或学习通平台上完成拓展任务、参与话题讨论。

微课视频：CURA 切片软件主要功能操作示范

知识链接

5.4.1 知识点 1：认识 Cura 切片软件

对吸尘器模型进行切片处理使用的是 Cura 软件，Cura 软件是一款智能的前端显示、调整切片大小和打印软件，其用户界面如图 5-114 所示。Cura 软件负责将模型文件切片生成 Gcode 代码，控制打印机的动作，是打印过程的关键。

Cura 软件非常易于使用，有着人性化的操作界面（见图 5-114），设置简单，且速度非常快，即使第一次使用也可以很快上手。Cura 软件切片速度非常快，操作过程中不需要等待，在查看模型的过程中切片已经在后台完成。

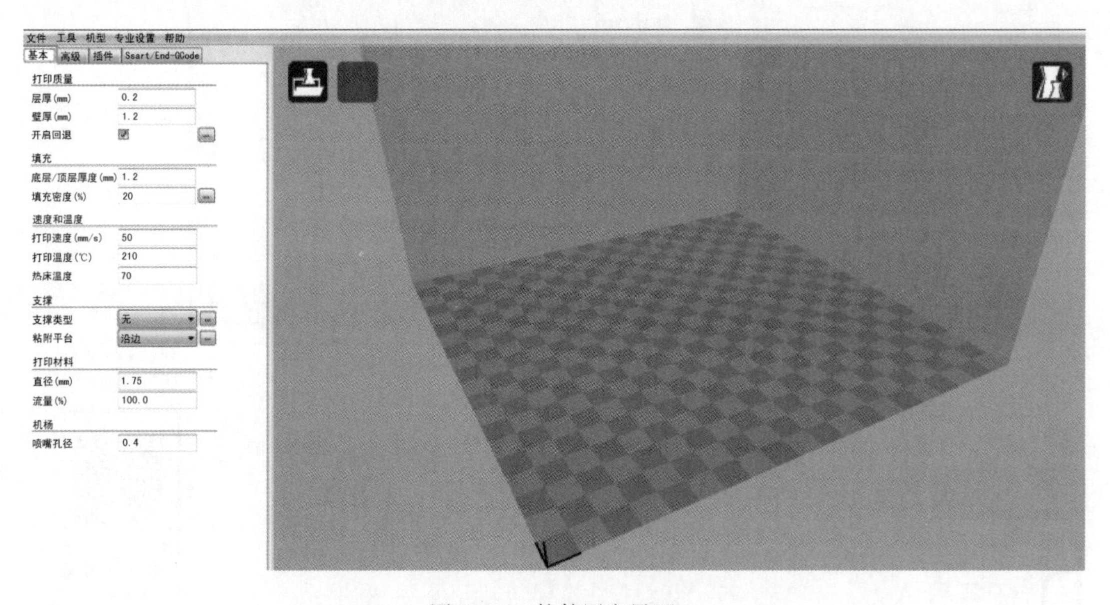

图 5-114 软件用户界面

5.4.2 知识点 2：Cura 软件用户界面

5.4.2.1 “基本”选项卡

“基本”选项卡如图 5-115 所示。

（1）“打印质量”选项区域：

1）“层厚”文本框，一般打印设置为 0.2 mm，高质量使用 0.1 mm，高速但低质量用 0.3 mm。其中，0.2 mm 的层高既照顾了打印时间又保证了打印精度。

2）“壁厚”文本框，通常设置成2 mm或者3 mm，打印要求强度的结构件大多使用3 mm的厚度。

（2）“填充”选项区域：

1）“底部/顶部厚度”文本框，一般设置为喷头直径的整数倍。

2）“填充密度”文本框，一般不选择100%填充和10%以下，20%左右的填充比较合适。

（3）“速度和温度”选项区域：

1）“打印速度”文本框，在实际打印过程中，大多设置30%～50%的打印速度，不建议设置100%的打印速度。

2）“打印温度”文本框，根据打印材料设定温度，常用PLA材料的打印温度范围为180～210 ℃，ABS材料的打印温度范围为210～230 ℃。

3）“热床温度”文本框：打印时热床的温度，自己预加热请设置为0。

（4）“支撑”选项区域；

1）“支撑类型”列表框，有3个选项，分别是无支撑、延伸到平台和所有悬空。打印模型没有悬空部分，选择无支撑；打印模型外部有悬空部分，选择延伸到平台；选择所有悬空，软件会自动填补所有空隙。

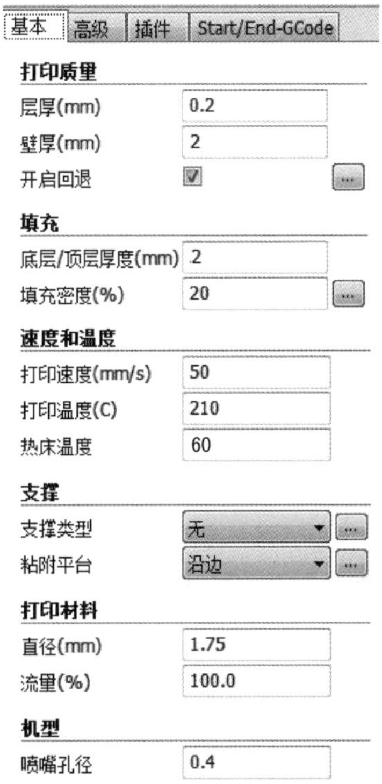

图5-115 “基本”选项卡

2）“粘附平台”列表框，决定了模型与加热平台的接触面积，用来防止打印件翘边，3个选项分别是无、沿边、底座。选择沿边会在模型底边周围增加数圈薄层，推荐使用这个选项。选择底座会在打印模型前打印一个网状底座。

（5）“打印材料”选项区域：

1）“直径”列表框，耗材的直径。PLA材质直径为1.75 mm。

2）“流量”列表框，流量补偿，最终挤出量是设定的挤出量乘以这个值。

（6）“机型”选项区域：“喷嘴孔径”列表框，喷嘴尺寸是相当重要的，它会被用于计算走线宽度、外壁走线次数和厚度。

5.4.2.2 “高级”选项卡

“高级”选项卡如图5-116所示。

（1）“回退”选项区域：

1）“回退速度”指回退丝的速度，设定较高的速度能达到较好的效果，但是较高的速度会导致丝的磨损。

2）“回退长度”指回退丝的长度，设置为0 mm时不会回退，远程挤出时设置3～5 mm时效果最佳。

（2）“打印质量”选项区域：

1）“初始层厚”指底层厚度，较厚的底部能使材料和打印平台粘附得更好，一般选择0.2 mm即可。

2）“初始层线宽”用于第一层的挤出宽度设定，在一些打印机上，第一层设定较宽的数值可以增加与平台的黏度，参考设置200%。

3）“底层切除（mm）”用于下沉模型。当下沉模型下沉进平台的部分不会被打印出来，或者模型底部不平整或者太大时，可以使用这个参数，切除一部分模型再打印。

4）“两次挤出重叠（mm）”指添加一定的重叠挤出，这样能使两个不同的颜色融合得更好。

（3）“速度”选项区域：

1）“移动速度”指移动喷头时的速度，此移动速度是指非打印状态下的移动速度，建议不要超过150 mm/s，否则可能造成电机丢步。

2）“底层速度（mm/s）”指打印底层的速度，这个值通常会设置很低，这样能使底层和平台黏附得更好。

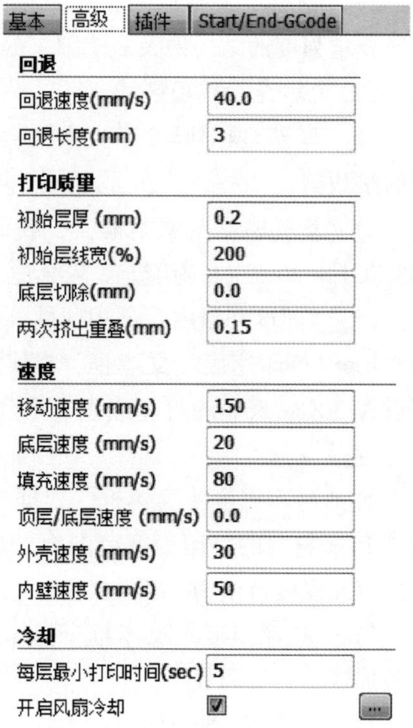

图5-116 “高级”选项卡

3）“填充速度（mm/s）”指打印内部填充时的速度，当设置为0时，会使用打印速度作为填充速度。高速打印填充能节省很多打印时间，但是可能会对打印质量造成一定消极影响。

4）“外壳速度（mm/s）”指打印外壳时的速度，当设置为0时，会使用打印速度作为外壳速度。使用较低的打印速度可以提高模型打印质量，但是如果外壳和内部的打印速度相差较大，可能会对打印质量有一些消极影响。

5）“内壁速度（mm/s）”指打印内壁时的速度，当设置为0时，会使用打印速度作为内壁速度。使用较高的打印机速度可以减少模型的打印时间，需要设置好外壳速度、打印速度、填充速度之间的关系。

（4）“冷却”选项区域

1）“每层最小打印时间”指打印每层至少要耗费的时间，在打印下一层前留一定时间让当前层冷却。如果当前层会被很快打印完，那么打印机会适当降低速度，以保证有这个设定时间。

2）“开启风扇冷却”指在打印期间开启风扇冷却。在快速打印时，开启风扇冷却是很有必要的。

任务实施

（1）吸尘器模型切片处理。在吸尘器 3D 打印案例中，我们将使用到 Cura 软件进行切片处理，以下简单讲解吸尘器模型的切片处理。吸尘器模型数据重构完成后，要将导出的 STL 模型导入切片软件进行切片处理，使得 3D 打印机能够识别文件，然后按照每一层的文件进行分层打印。

1）载入 STL 模型。读取 STL 模型，打开切片软件，点击“文件”→“读取模型”文件，选择“stl 格式模型”，载入需要进行切片的模型。在“Load”按钮旁边可以看到一个进度条在前进。当进度条达到 100%时，就会显示打印时间、所用打印材料的长度和质量。

2）调整摆放模型。在 3D 观察界面上，单击鼠标右键并拖动，可以实现观察视点的旋转；使用鼠标滚轮，可以实现观察视点的缩放。这些动作都不改变模型本身，只是变化观察角度。单击“模型”，再单击左下角的“旋转”按钮，可以看到吸尘器模型周围出现红、黄、绿 3 个圈，分别拖动 3 个圈可以沿 X 轴、Y 轴、Z 轴 3 个不同方向旋转摆放模型。“旋转”按钮上面的是“复位”按钮，操作者可以重新调整模型摆放的位置。最上面的“放平打印模型”按钮可以计算出最适合打印的角度，如图 5-117 所示。

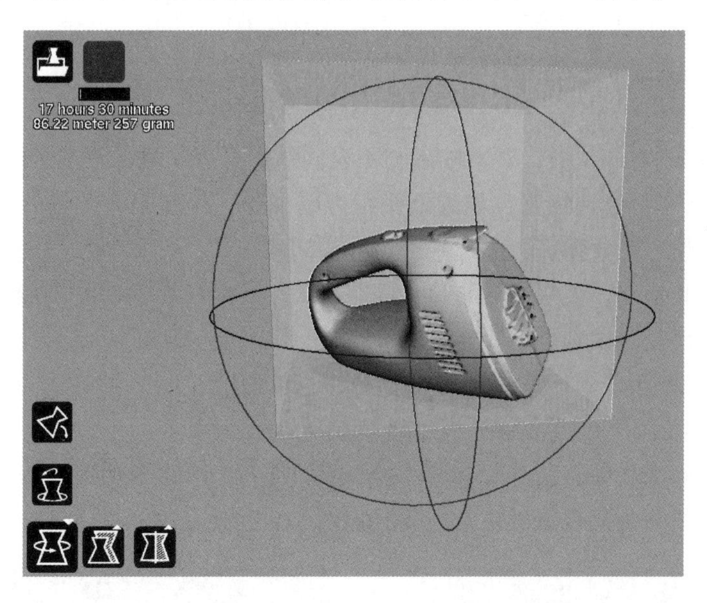

图 5-117 吸尘器模型摆放位置

3）设定打印参数。根据需要对打印参数进行设定，如图 5-118 所示。

完成以上设定后，Cura 软件会自动完成切片，生成 Gcode 文件，单击“保存”将 Gcode 保存。尽量不要直接连接计算机打印，最方便的方式是将 Gcode 文件存放到 SD 卡中，将 SD 卡插入 3D 打印机的 SD 卡槽进行脱机打印。将 SD 卡插入打印机后，单击“卡”按钮，选择吸尘器模型，单击“开始打印”按钮，机器会自行打印。

（2）吸尘器模型的 3D 打印。

1）调平台。在平台上放置一张 A4 纸，单击“确定”“准备”按钮，点击“自动回原

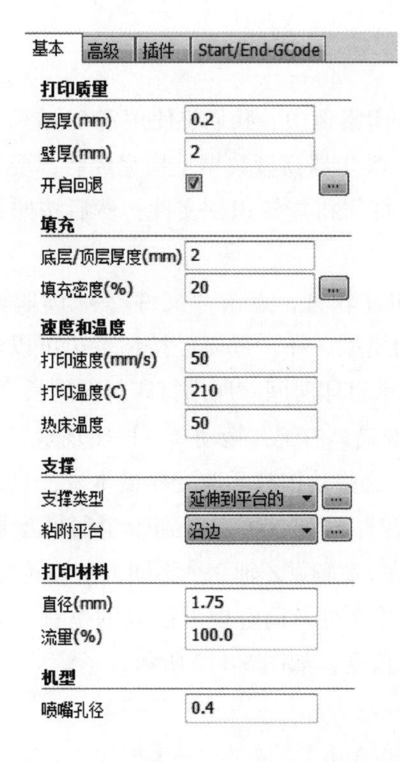

基本 高级 插件 Start/End-GCode
回退
回退速度(mm/s) 40.0
回退长度(mm) 3
打印质量
初始层厚 (mm) 0.2
初始层线宽(%) 200
底层切除(mm) 0.0
两次挤出重叠(mm) 0.15
速度
移动速度 (mm/s) 150
底层速度 (mm/s) 20
填充速度 (mm/s) 80
顶层/底层速度 (mm/s) 0.0
外壳速度 (mm/s) 30
内壁速度 (mm/s) 50
冷却
每层最小打印时间(sec) 5
开启风扇冷却

图 5-118 打印参数设定

点”，喷头自动移到对应位置，观看喷嘴与平台间距离是否间隔一张 A4 纸的距离。

2）调间距。平行拖拽纸张，如果纸张很容易抽出，说明平台与喷头间距离太大，应从右往左拧动旋钮，释放弹簧，减小平台与喷头间的距离，反复测试，直到距离合适；相反，如果纸张很难拖动，说明平台与喷头间距离太小，应从左往右拧动旋钮，拉大喷头与平台间的距离，反复测试到合适为止。

3）确定喷嘴是否吐丝。选择“确定”按钮，单击“控制”按钮，点击“温度”“挤出头”，设定温度 210 ℃，等待平台预热温度到 210 ℃。

等温度预热到 210 ℃，选择“确定”，点击“准备”“移动轴”，选择移动 1 mm，设置吐丝量数值，看喷头是否能够正常吐丝，如图 5-119 所示。

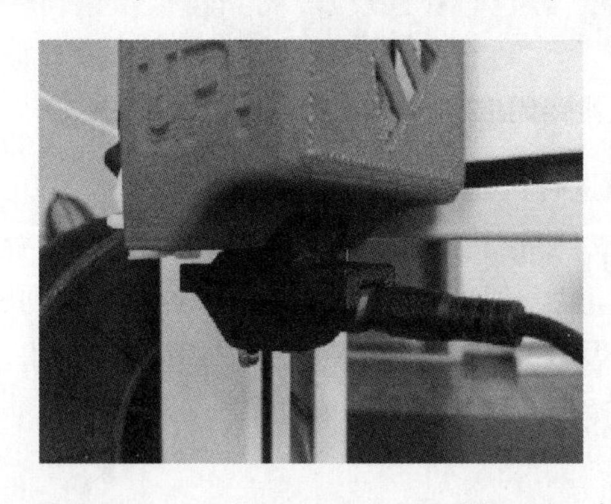

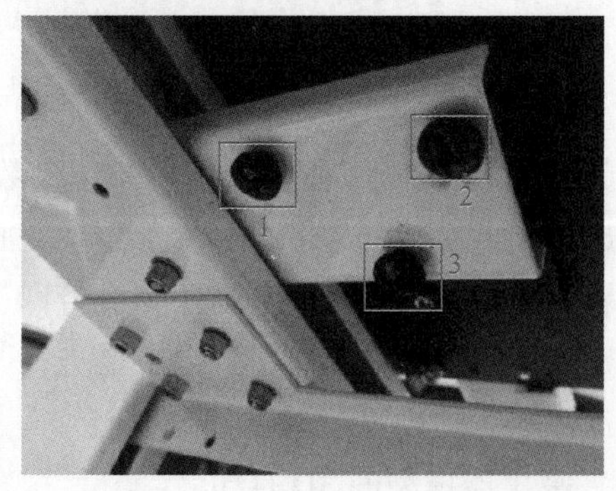

图 5-119 打印机调平

4）打印模型。桌面级打印机支持联机打印和脱机打印两种模式，这里选择脱机打印，将保存好数据的读卡器插入打印机，选择“确定”按钮，主页面点击“读卡器”，找到相应的吸尘器模型文件，点击“开始打印”，如图 5-120 所示。

图 5-120 开始打印

（3）吸尘器模型的后处理。

1）去除基面和大面积支撑。基面是为了增加模型和打印平台的黏结效果而设定的，一般打印机的支撑采用虚点连接，它和模型连接不是十分紧密，打印后可以手工去除，大面积的支撑可以用镊子甚至手动撕下。如果支撑部分和模型的连接过于紧密，可以用壁纸刀或者裁纸刀小心切开并撕下。

2）去除细节部分的支撑。去除细节部分的支撑要十分小心，不可过于用力，可以用制作模型的剪钳一点点地去除。可将剪钳刃口比较平的一面贴近模型，仔细去除，防止一不小心剥离模型的细节，如图 5-121 所示。

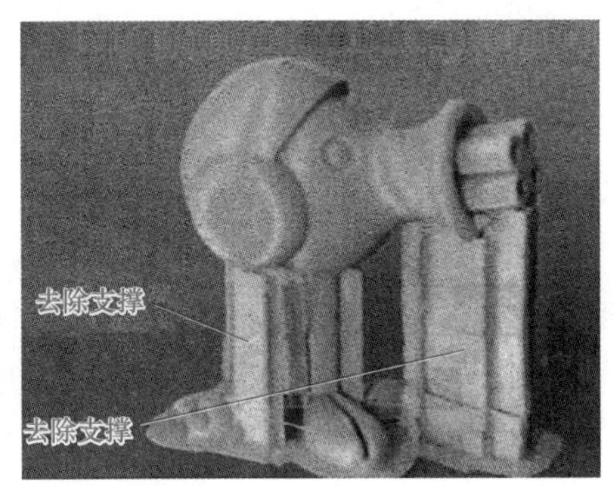

图 5-121 去除支撑

3）打磨。

① 粗打磨。开始可用普通的扁锉锉掉较大的落差，锉削一会儿后，锉刀表面会卡住一些塑胶，可用牙刷或者细的铜丝刷将这些塑胶刷掉，保持锉刀的磨锉力。锉刀的大小有许多种尺寸，应视工作区域的不同来选择不同的形状。

② 精细打磨。使用锉刀锉削至差不多时，换用砂纸继续打磨，如图 5-122 所示。

巩固训练·创新探索

（1）任务名称：某型摄像头数据采集与逆向设计。

（2）任务描述：这是一款某厂家生产的摄像头，由于外形结构单一，不能够吸引顾客的眼球。厂家现想利用逆向工程技术对摄像头的外观进行扫描反求、再设计，制造出新款

图 5-122 锉刀和砂纸

的摄像头产品来增加用户的需求量。摄像头模型如图 5-123 所示。

扫描案例要求：

1）点云完整；

2）杂点、噪声点尽量少；

3）点云分布尽量规整平滑；

4）保留其原始特征。

（3）任务拓展：

1）使用学习的 Geomagic Wrap 软件对点云数据进行处理噪点，光顺表面、封装等优化处理，并保存为“. stl”格式。

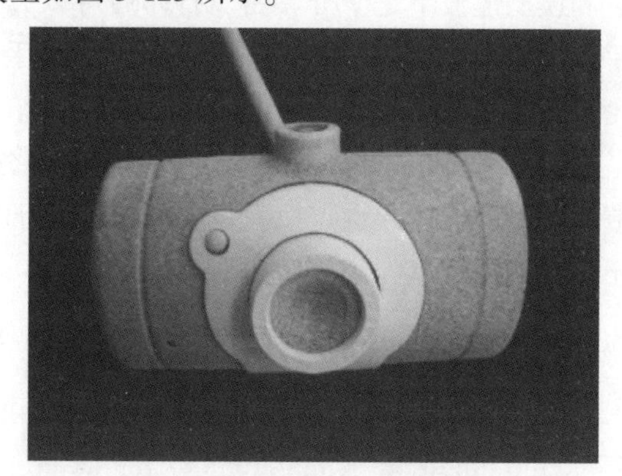

图 5-123 摄像头模型

2）能运用 Geomagic Design X 对摄像头模型数据重构，使其外观应具有美感，并符合人机工学，并保存为“. xrl”格式。

3）可以使用 Cura 软件对已经完成数据重构的摄像头模型进行切片处理，并使用 3D 打印机完成打印工作。

增“材”增“智”

增材制造助力建设航天强国

传统的机械加工方法是“减材制造”，即通过材料逐渐减少实现制造过程。逐渐增加材料实现制造过程的方法，叫作增材制造。

那么，现代增材制造有什么特点和奥秘呢？

“增材制造”又称快速原型、3D 打印，在应用到工业制造之后，成为受到高度关注的新型制造技术。自其诞生之日起，就冲击着某些传统技术制造行业。那么，增材制造到底是什么样的技术，它真的能超越传统制造技术吗？其奥妙在于数字化。以激光选区熔化增材制造技术为例，首先，科研人员利用计算机建立数学模型，并通过相关软件将建好的数学模型分切成 N 层，在每一层设定激光的移动轨迹，从而使激光在金属粉形成的平面上有选择性地进行熔化。随后，在数控程序的控制下，自动化装置逐层下降，熔化的金属粉表面铺上新的金属粉，继续被熔化；每一层被熔化的部分叠加起来，就慢慢“长”成了与数学模型相同的形状，完成了增材制造的过程。经力学性能测试，部件的结构、性能可完美地满足设计与使用要求。

除此之外，增材制造还有许多方法，比如电子束增材制造、激光同轴送粉等，这些方法目前适用于毛坯制造。只有激光精密选区熔化增材制造，加工精度小于 0.2 mm，制造出来的零件可以直接使用。在飞机制造中，有一句名言：“为减轻每一克重量而奋斗。”由此可知，飞机自身的减重颇为关键。在航空小型精密构件、新型飞机和航空发动机的研发等方面，增材制造提高了零件的成型效率和精度，将材料利用率提高到 60%~95%，甚至更高。在成本降低的同时，显著减轻了金属结构件的重量，使飞机油耗降低，轻装上阵。

由于不需要传统的模具、刀具、夹具，增材制造打开了束缚设计和制造人员的思维枷锁，使他们能够按照功能需求，天马行空地创造出多异形、多功能的新结构，大幅度缩短加工周期，减少了机械加工量。

依托数字化、绿色化、高柔性、智能制造等优势，未来，增材制造结合互联网和云计算、区块链等新技术，其应用也将越来越广泛。

模块6 增材制造设备组装调试与维护

背景描述

随着增材制造技术的快速发展，越来越多的企业和研究机构开始应用这项技术于各个领域。作为增材制造技术的核心，增材制造设备扮演着至关重要的角色。为了确保设备的稳定运行和高效输出，设备的组装调试与维护显得尤为重要。

增材制造设备的正确组装调试是确保设备正常运行的前提。增材制造设备通常由多个精密部件组成，这些部件需要精确安装、合理布局，以确保设备在运行时能够达到预期的性能和精度。组装与调试过程中的任何疏忽或错误都可能导致设备性能下降、故障频发，甚至可能引发安全隐患。因此，对于从事增材制造工作的专业人员来说，掌握设备的组装调试技术至关重要。

然而，仅仅完成设备的组装和调试并不足以保证设备的长期稳定运行，设备的维护同样重要。在设备运行过程中，由于各种因素的影响，如使用环境、材料质量、操作方式等，设备可能会出现磨损、故障或性能下降等问题。因此，定期对设备进行维护检查、清洁保养、故障排除等工作是必不可少的。通过维护，可以延长设备的使用寿命，提高设备的稳定性和可靠性，确保生产过程的顺利进行。

Prusa i3 增材制造设备是一款广受欢迎的开源 3D 打印机，由捷克 Prusa Research 公司设计并制造。这款打印机以其稳定的性能、易于组装和维护的特点，吸引了大量的增材制造爱好者和专业用户。

Prusa i3 增材制造设备的结构相对简单，主要由一个长方形的门框构成，负责 Z 轴和 Y 轴的运动，制造平台则负责向 X 轴方向移动。这种设计使得整体空间小，非常适合桌面使用。同时，组装零件精度要求不高，不管是对于初学者还是自身用户都非常友好。

作为一名增材制造技术人员，若你所在的公司正是销售或制造 Prusa i3 类型的增材制造设备，为了给客户实现“交钥匙”工程，现需要你在公司生产或者去客户现场完成增材制造设备的组装、调试和维护保养工作，那么你该怎么开展增材制造设备的组装调试和维护保养工作呢？

模块6
教学设计

学习目标

知识目标：

（1）掌握增材制造设备的种类、特点；

（2）掌握 Prusa i3 增材制造设备组成及各部分工作原理；

（3）掌握 Prusa i3 增材制造设备安装步骤；

（4）掌握增材制造设备常用维护保养方法；

（5）掌握增材制造设备常见故障维修。

技能目标：

（1）能够根据不同产品模型、不同增材制造工艺，选择合适的增材制造设备；

（2）能够独立完成 Prusa i3 增材制造设备的安装与调试；

（3）能够对常用类型增材制造设备进行维护保养。

素质目标：

（1）具备通过网络、图书等途径进行信息查询，搜集所需资源的能力；

（2）具有决策、规划能力，能够从工作岗位获取新的知识，胜任工作岗位，并在一定目标下，负责、踏实、稳定、注重质量地完成工作任务；

（3）具有合作精神、团队协作能力和管理协调能力，具备优良的职业道德修养，能遵守职业道德规范；

（4）具有精益求精的工匠精神，献身制造业的敬业精神，积极进取、求变创新和超越自我的奋斗精神。

思政小课堂

大国工匠王树军：倾注匠心匠艺，锤炼绝活绝技

王树军，潍柴动力一号工厂负责设备维护管理的首席技师，敢于向外国技术发起挑战，通过苦心钻研和技术革新，突破了一个又一个令外国专家瞩目的“中国不可能”，通过改造“洋设备”的原始设计，储备所有部件，根治设备顽疾。

2017 年 12 月，集团新产品公司一台国外某公司龙门五轴加工中心出现 C 轴滑环箱故障，这是个 10 多米高的庞然大物，仅故障部件 Z 轴部分就有 10 t 重，没有完备的资料及可借鉴的经验，联系厂家，答复可以现场维修，周期 1 个月，维修人工费 130 万元，备件费用另计。然而，这台设备加工试制的新产品机器，停产 1 h 就有近万元的损失。外委维修周期长、费用高，公司也没有这个故障的维修经验，集团制造部建议让王树军试试。

在拆下设备防护及外围设备后，大部分的时间，王树军都是对照随机资料，结合设备实物与工作经验，制定总体的维修方案，这一步是至关重要的，思路清晰了，方案正确了，就完成了 50%的工作。“这 3 天也是我收获最大的 3 天，故障部位的模拟结构就如影像般一遍遍回放，只要与日后拆出的实物相符，我就能清楚设备厂商的设计思路，达到先进技术为我所用的目的，实际的情况同样也验证了我的思路。”王树军这次胸有成竹。整个维修过程历时 20 天，2017 年 12 月 24 日，设备恢复正常生产状态。在之后的 2 个月里，王树军没有满足，他利用业余时间将此次经历编写成维修案例，用于指导日后该部位的维修工作。

王树军从一名普通的潍柴技工学校毕业生，成为一名合格的维修工人，并逐渐成长为大国工匠年度人物、全国劳动模范、国务院政府特殊津贴专家、全国技术能手、泰山产业领军人才，甚至是填补高端装备技术行业空白的装备先锋。

王树军，作为大国工匠的优秀代表，大胆创新，攻克进口高精装备的设计缺陷，打破国外技术封锁和垄断，热爱祖国，淡泊名利，彰显了中国工匠的技能和风骨。

任务 6.1 增材制造设备基本构造认知与理解

课件：任务 6.1 增材制造设备基本构造认知与理解

任务导入

增材制造设备对很多人来说是熟悉而又陌生的，或许我们了解它的工作原理，懂得操作方法，但对如何选择却知之甚少。如今市面上生产增材制造设备的厂家越来越多，机器的类型也是形形色色、不拘一格，掌握增材制造设备的分类和增材制造设备的相关参数就显得非常重要。那么，增材制造设备是如何分类的，增材制造设备的基本结构和工作流程是怎么样？

任务要求

（1）在学银在线或学习通平台上完成在线学习任务，学会知识点基本技能操作，完成知识构建。

（2）正确选择增材制造设备。

（3）填写工作过程记录单，提交课程平台。

（4）在学银在线或学习通平台上完成拓展任务、参与话题讨论。

知识链接

如今，市场上的增材制造设备种类繁多，增材制造设备也是根据不同增材制造的原理，将虚拟的数字化三维模型直接转变为实体模型。增材制造设备的基本原理都是通过一台计算机的辅助设计，用增材制造软件把图像分解为一系列数字切片，并把描述这些数字切片的信息输送到增材制造设备中，增材制造设备便连续不断地增加薄层，直到一个坚固的物体出现为止。

目前，增材制造设备有 5 种分类方法，包括：按照增材制造设备的大小分类、成型原理分类、增材制造物体的颜色分类、增材制造喷头的数量分类、材料薄层结合的方式不同分类。根据不同的分类方法，增材制造设备有不同的类型。

6.1.1 知识点 1：常用增材制造设备种类特点与选择应用

微课视频：认识不同种类的打印机

6.1.1.1　按照增材制造设备的大小分类

按照增材制造设备的大小，可以将增材制造设备分为桌面级增材制造设备和工业级增材制造设备。

桌面级增材制造设备（见图 6-1），体积一般比较小，就像普通的增材制造设备一样可以直接放置在桌面上使用。这种增材制造设备基本上采用的都是 FDM 工艺技术，更多地应用于日常生活之中，如增材制造一些小零件或者小玩具。同时，这种增材制造设备因为简单轻便的优势也很受设计师的欢迎，很多设计师会购置此类设备来印证自己的设计是否可行。

工业级增材制造设备（见图 6-2），体积一般比较大，可以制造的物体也是偏大的，一般用于工业产品的制造，如制造一些零部件和模具。根据工艺不同，使用的材料也是各不相同的。

图 6-1　桌面级增材制造设备

图 6-2　工业增材制造设备

6.1.1.2　按照增材制造的成型原理分类

按照增材制造的成型原理不同，可以将增材制造设备分为 FDM（Fused Deposition Modeling，熔融沉积快速成型技术）增材制造设备、SLA（Stereo Lithography Appearance，光固化成型技术）增材制造设备、SLS（Selective Laser Sintering，选择性激光烧结成型）增材制造设备、LOM（Laminated Object Manufacturing，薄材叠层制造）增材制造设备、3DP（Three Dimension Printing，三维增材制造成型技术）增材制造设备等类型。

6.1.1.3　按照增材制造的颜色分类

有些增材制造设备只能支持一种颜色物体的增材制造，而有的增材制造设备可以支持很多种颜色的增材制造。

只有一种颜色的增材制造设备称为单色增材制造设备（见图 6-3），只有两种颜色的增材制造设备称为双色增材制造设备（见图 6-4），支持彩色增材制造的增材制造设备称为全彩增材制造设备。目前，只有 3DP 技术的增材制造设备是支持全彩的。

图6-3 单色增材制造的毛筒

图6-4 双色增材制造的花瓶

6.1.1.4 根据增材制造喷头的数量分类

根据FDM增材制造设备的增材制造喷头的数量可以将增材制造设备分为单头增材制造设备（见图6-5）、双头增材制造设备（见图6-6）和多头增材制造设备。这是相对于FDM工艺技术进行分类的，FDM增材制造设备是使用喷头将增材制造材料的丝从喷头挤出层层堆叠的。目前单头增材制造设备比较多，因为相对而言单头增材制造的物体精度要更高一些。

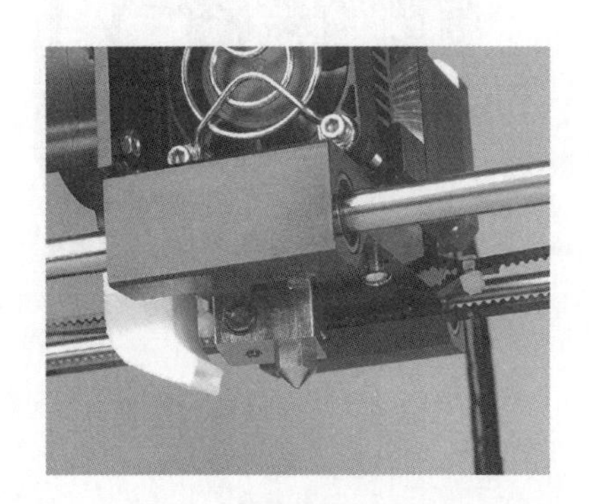

图6-5 单头增材制造设备

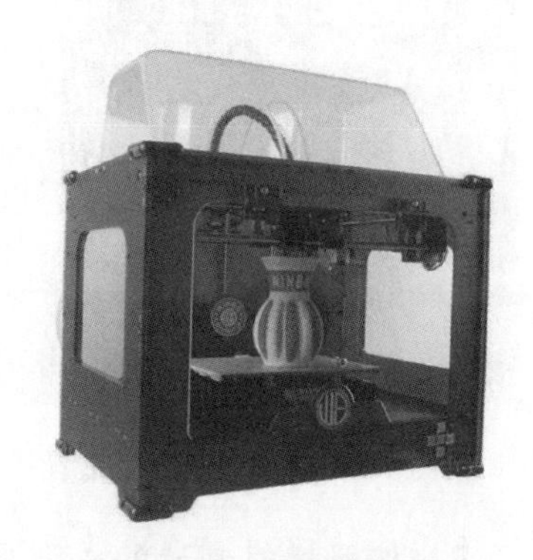

图6-6 双头增材制造设备

6.1.1.5 按照材料薄层结合的方式不同分类

按照增材制造设备增材制造时材料的薄层结合方式不同，可以将增材制造设备分为喷墨增材制造设备、粉剂增材制造设备和生物增材制造设备，如图6-7~图6-9所示。

图6-7 喷墨增材制造设备

（1）喷墨增材制造设备：喷墨增材制造设备的工作原理是，利用喷墨头在一个托盘上喷出超薄的液体塑料层，并经过紫外线照射而凝固；此时，托盘略微降低，在原有薄层的基础上添加新的薄层。FDM增材制造设备应用的就是这种方法。

图 6-8 粉剂增材制造设备

图 6-9 生物增材制造设备

（2）粉剂增材制造设备：大多数工业增材制造设备利用粉剂作为增材制造材料，这些粉剂在托盘上被分布成一层薄层，然后通过喷出的液体黏结剂而凝固。在一个被称为激光烧结的处理程序中，通过激光的作用，这些粉剂可以熔融成想要的形状。现在，能够用于增材制造的材料范围非常广泛，例如塑料、金属、陶瓷以及橡胶等材料。

（3）生物增材制造设备：生物增材制造设备其实就是使用增材制造设备复制一些简单的生命体组织，如皮肤、肌肉及血管等。有可能，大的人体组织（如肾脏、肝脏，甚至心脏）在将来的某一天也可以进行增材制造。如果生物增材制造设备能够使用病人自己的干细胞进行增材制造，那么在进行器官移植后，其身体就不可能对增材制造出来的器官产生排斥。

增材制造设备还可以有其他很多分类，如按照应用领域的不同，可以分为工业增材制造设备、人像增材制造设备、食品增材制造设备等；按照增材制造的精度不同，可以分为个人增材制造设备和专业增材制造设备等。

6.1.2 知识点 2：增材制造设备基本结构和工作流程

微课视频：3D 打印机的基本构造和工作流程

不同类型的增材制造设备的基本结构类似，本节主要以 FDM 工艺的增材制造设备为例，介绍增材制造设备的主要结构组成和工作流程。

6.1.2.1 增材制造设备的主要结构

基于 FDM 工艺的增材制造设备从控制结构上看，分为上位机和底层控制两层，如图 6-10 所示。上位机主要运行三维设计软件、切片软件、增材制造控制软件等，底层控制包括嵌入式微控制器、主板、步进电机、电机驱动器、限位开关、热塑材料挤出机、增材制造平台、温度传感器等。上位机可以是笔记本或台式计算机，三维设计软件、切片软件、控制程序都运行在上位机上面。底层控制主要负责增材制造的执行，控制器主板连接增材制造设备需要的所有不同硬件到微控制器。主板特别需要能承受大负载的转换硬件，以便转换到增材制造平台和挤出器加热端的高电流环境。主板既要能读入温度传感器的输入信号，也要能从大电流电源生成整个系统的能源集线器。主板与每个轴的限位开关进行交互，并对增材制造打印头在增材制造前进行精准定位。微控制器可以和主板集成在一起也可以分离开来，它可以读取并解析温度传感器、限位开关等传感器，也可以通过电机驱动器控制电机，并转换到高负载通过特定的晶体管电路。微控制器用分离的步进电机驱动器控制电机，一般用开源硬件作为基础部件。电源采用 ATX 电源等进行供电，电压在12~24 V，电流在 8 A 以上，整个增材制造设备的最大消耗电源部件是挤出机。

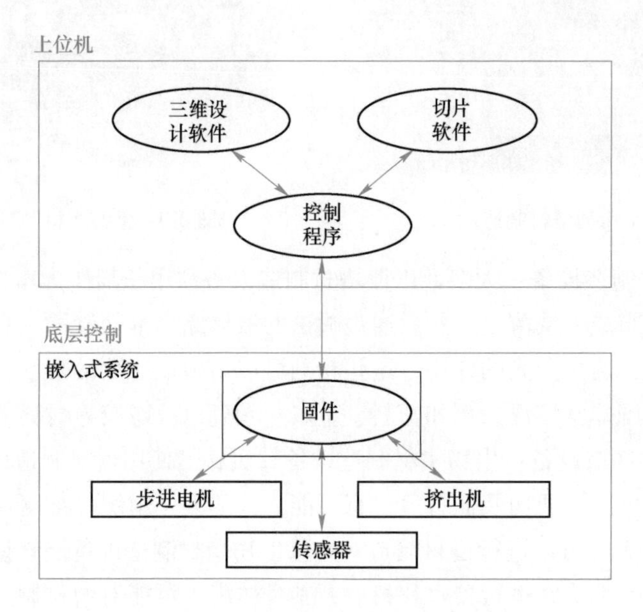

图 6-10 增材制造设备的控制结构

6.1.2.2 增材制造设备的工作流程及各部件之间的关系

在上述增材制造设备控制结构下，增材制造设备的工作流程如图 6-11 所示。3D 模型的构建及模型的检查与修改由三维设计软件来实现，模型的切片及计算刀具路径由切片软件来实现，控制底层固件增材制造由控制程序来实现。整个过程从 3D 模型开始，可以由专用的三维建模软件进行建模，然后对模型进行 STL 格式化处理，以便得到一系列的截面轮廓。需要注意的是，不同的增材制造设备适应的模型尺寸不一致，因此，要根据模型的实际大小，选择合适的增材制造设备。建完模型，控制程序获取 3D 模型，并把它发送给切片程序。切片程序把 3D 模型切分成适合于增材制造的切片。这个过程告诉增材制造设

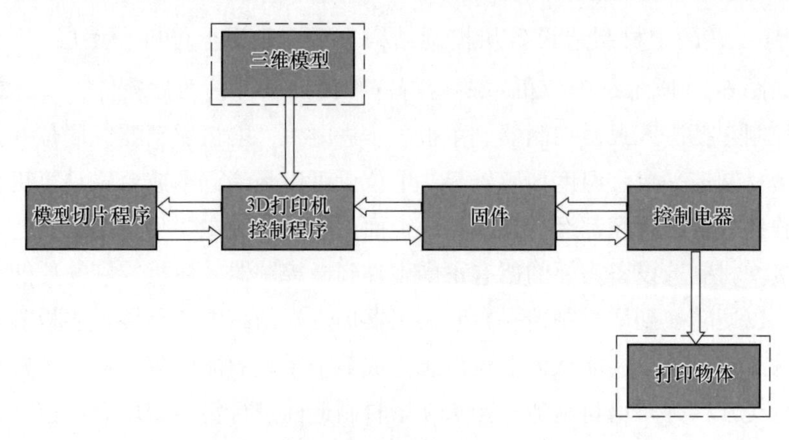

图 6-11 增材制造设备的基本工作流程

备把挤出器移动到什么位置、何时挤出、挤出多少的 G 代码。这些 G 代码被增材制造设备控制软件发送给微控制器上的固件。固件是装载在微控制器的特殊程序代码，它负责解析从增材制造设备控制程序发来的 G 代码命令，控制所有的电器元件（包括步进电机和加热器）。固件根据从控制程序发来的指令建造 3D 模型，并把温度、位置和其他信息发送给控制程序，在计算机的控制下，完成整个 3D 模型的增材制造。

任务实施

根据知识链接和已学到的增材制造知识，分析讨论以下问题：

（1）增材制造设备的种类有哪些？

（2）增材制造设备主要由哪些部分组成？

（3）增材制造设备的哪个部分是最重要的？

（4）搜索不同种类的增材制造设备，分析其构造的不同？

任务 6. 2　Prusa i3 增材制造设备的组装与调试

课件：任务 6.2 Prusa i3 增材制造设备的组装与调试

任务导入

如今，市场上增材制造设备有很多种类，同种类型的增材制造设备，其结构基本一致。学习中常用到的桌面型增材制造设备，一般都是以零部件方式出货。现在有一台 Prusa i3 增材制造设备，请根据前述章节的学习任务，思考其由哪些零部件组成，并自己动手实践组装一台增材制造设备，掌握其零部件结构和组装步骤。

任务要求

（1）在学银在线或学习通平台上完成在线学习任务，学会知识点基本技能操作，完成知识构建。

（2）按零部件列表和组装步骤，完成增材制造设备的组装。

（3）填写工作过程记录单，提交课程平台。

（4）在学银在线或学习通平台上完成拓展任务、参与话题讨论。

知识链接

6. 2. 1　知识点 1：桌面级增材制造设备的结构组成

本次组装的增材制造设备机型为学习过程中常用到的 Prusa i3 MK3S 型增材制造设备，该设备具有一定的代表性和较高的性价比，且稳定性，精度较高。此种设备为模块化组装，可以划分为以下几个模块：框架模块，控制盒模块，电源模块，增材制造头模块，挤出机模块，*X* 轴、*Y* 轴、*Z* 轴模块，增材制造平台模块，显示屏模块。根据增材制造设备的结构，按照顺序，把上述几个模块有步骤地连接起来，即可完成 Prusa i3 型增材制造设备的组装。

6.2.2 知识点 2：Prusa i3 型增材制造设备的组装步骤

根据 Prusa i3 型设备的结构组成，按照以下步骤完成组装：

（1）完成 Prusa i3 型增材制造设备 *Y* 轴组装；

（2）完成 Prusa i3 型增材制造设备 *X* 轴安装；

（3）完成 Prusa i3 型增材制造设备 *Z* 轴组装；

（4）完成 Prusa i3 型增材制造设备 *E* 轴组装；

（5）完成 Prusa i3 型增材制造设备显示器组装；

（6）完成 Prusa i3 型增材制造设备安装增材制造平台和电源组件；

（7）完成 Prusa i3 型增材制造设备电气控制板导线组装；

（8）完成 Prusa i3 型增材制造设备上电调试。

6.2.3 知识点 3：Prusa i3 型增材制造设备的调试

微课视频：
3D 打印机的
组装与调试

6.2.3.1 增材制造平台的调平

由于 Prusa i3 型增材制造设备是逐层堆叠进行物体的增材制造的，因此增材制造打印平台是否垂直于增材制造头是成功完成增材制造的关键因素之一。在拿到一个新的设备或者长时间未使用的设备时，首先要进行的就是增材制造打印平台调平。

Prusa i3 型增材制造设备的调平就是测试设备挤出头距离打印平台不同点位的位置是否相等。一个最简单的方法是：将一张 A4 纸放于打印平台和设备挤出头之间，然后让设备挤出头移动到打印平台上 4 个角的位置和平台中心位置，尝试拖动 A4 纸。如果 A4 纸在打印平台和设备挤出头之间可以移动，但又与挤出头之间产生轻微摩擦，即可认为挤出头和打印平台的距离适中，如图 6-12 所示，依次选择打印平台上的上述 5 个点做相同的测试。假如在这 5 个点上成型挤出头和打印平台的距离都符合上述要求，则认为打印平台被调平。假如某一点上设备挤出头与打印平台的距离过大，则要调整打印平台底部的螺钉，使此位置的平台升高，直至距离适中。假如某一点上设备挤出头与打印平台的距离过小，则同样要调整打印平台底部的螺钉，降低此位置打印平台高度，直至距离适中。在调整打印平台前，首先要在设备中选择控制设备进行调平程序，使打印平台复位，才可以进行上述测试。

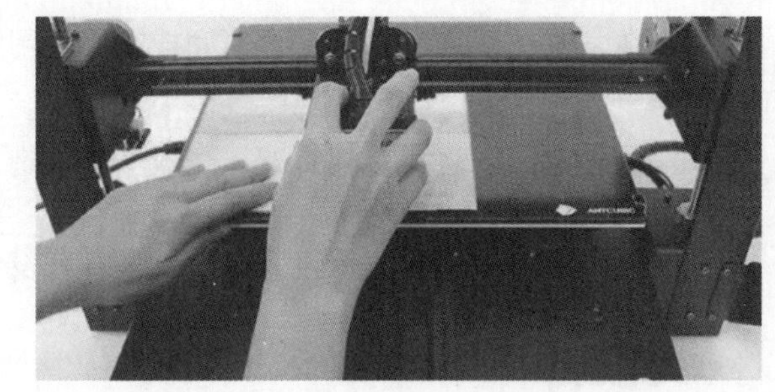

图 6-12 桌面级增材制造设备调平示意图

6.2.3.2 装入制造材料

设备打印平台调整完毕后，下一步即可装入制造材料。桌面级增材制造设备的制造材料，通常为 PLA 或 ABS 丝料，丝料直径常用的为 1.75 mm，载入到挤出机中，使挤出机可以有效地控制材料的挤料与回抽。需要注意的是，装入材料前，需要将设备挤出头加热到材料熔化的温度（通常为 230 ℃左右），否则材料无法从喷头挤出，无法判断是否装载成功。控制设备按钮，选择“PLA 预热”设备进入加热状态，直至达到目标温度将材料从入口放入，然后选择“运动控制”中的“出丝”，转动按钮控制挤出机工作，装载材料进入设备。可以通过两个方面判断材料是否装载成功：第一是感觉到材料随着挤出机的挤出动作被吃进设备；第二是材料从喷嘴处被挤出。当这两种现象出现后，说明材料装入成功，然后设定好相关制造参数，就可进行增材制造了。

任务实施

（1）Prusa i3 型增材制造设备 Y 轴模块的组装步骤，见表 6-1。

微课视频：框架的组装

微课视频：控制盒的安装

微课视频：安装 Y 轴模块

表 6-1 Prusa i3 型增材制造设备 Y 轴模块的组装步骤

组装示意图	组装说明及注意事项
步骤 1：组装工具准备	
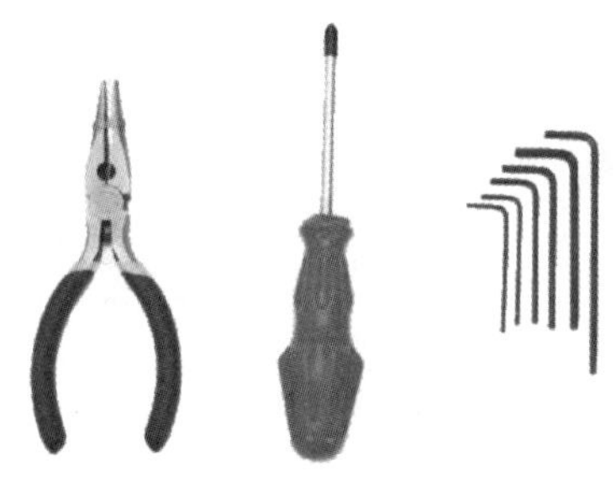	尖嘴钳、十字螺丝刀、内六角扳手
步骤 2：Y、Z 轴框架组装材料准备	
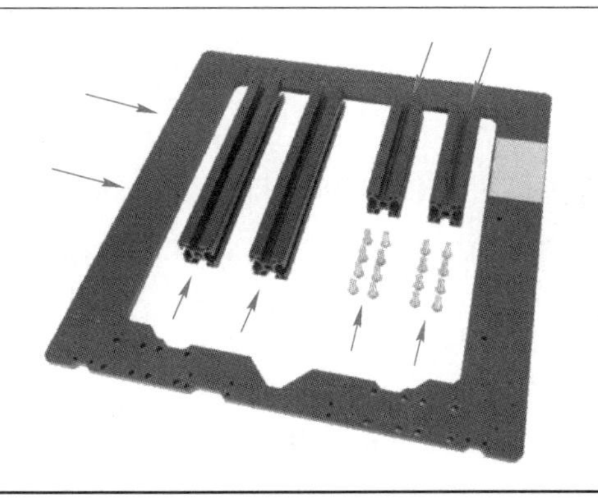	所用材料： （1）铝型材（4 根）； （2）铝框（1 个）； （3）螺钉（M5×16，16 颗）

续表 6-1

组装示意图	组装说明及注意事项
步骤 3：*Y*、*Z* 轴框架长立柱组装	
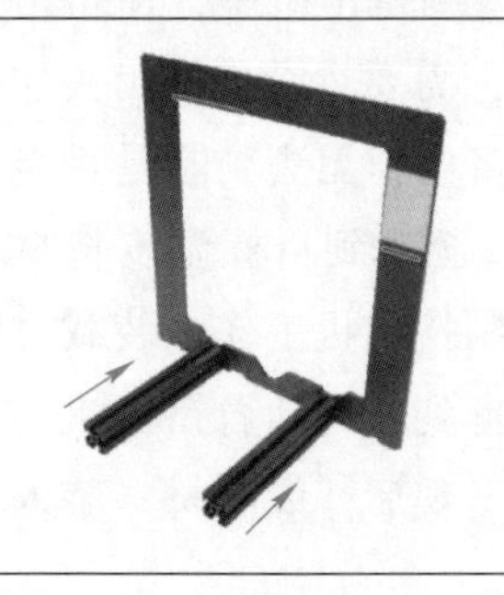 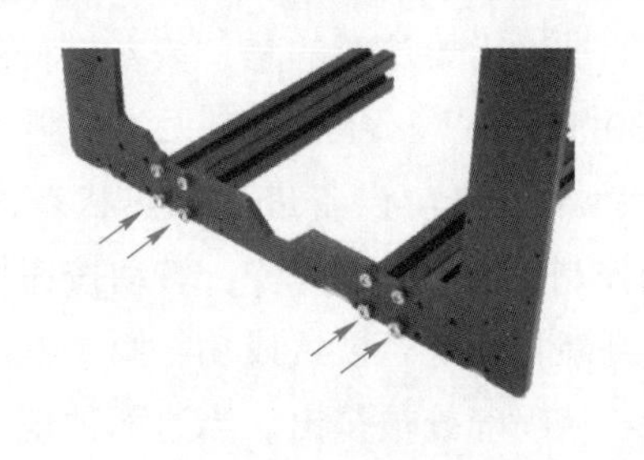	左图示位置，用 M5 螺钉将长立柱连接到框架，内六角扳手稍稍拧紧螺钉
步骤 4：*Y*、*Z* 轴框架短立柱组装	
 	左图示位置，短立柱组装于长立柱对侧，用 M5 螺钉将长立柱连接到框架，内六角扳手稍稍拧紧螺钉
步骤 5：*Y* 轴前后板准备	
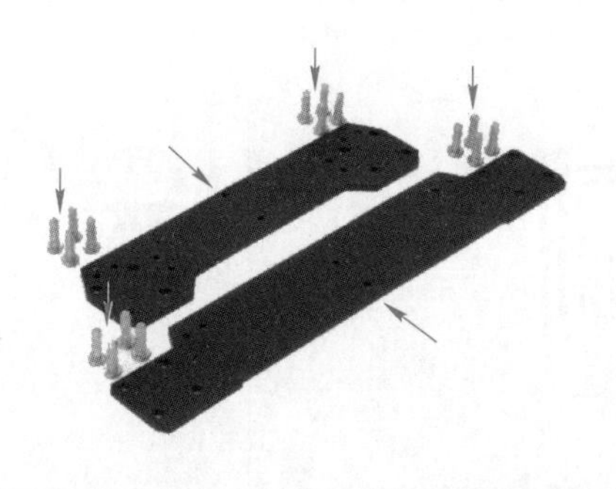	（1）前板（1 个）； （2）后板（1 个）； （3）M5×16 螺钉（16 颗）
步骤 6：*Y* 轴前板组装	
	左图示位置，将前板放置于铝合金框架位置，用螺钉固定。 注意：螺钉先不要拧紧

续表 6-1

<table>
<tr><th>组 装 示 意 图</th><th>组装说明及注意事项</th></tr>
<tr><td colspan="2">步骤 7：Y 轴后板组装</td></tr>
<tr><td></td><td>左图示位置，将后板放置于铝合金框架位置，用螺钉固定。
注意：螺钉先不要拧紧</td></tr>
<tr><td colspan="2">步骤 8：Y 轴稳定性检查</td></tr>
<tr><td></td><td>左图示位置，将框架放置在平坦的表面上，用手试着左右晃动框架，检查框架是否稳定。如果发现缺陷，松开螺钉，调整铝合金相对位置，然后锁紧</td></tr>
<tr><td colspan="2">步骤 9：Y 轴带轮组装</td></tr>
<tr><td>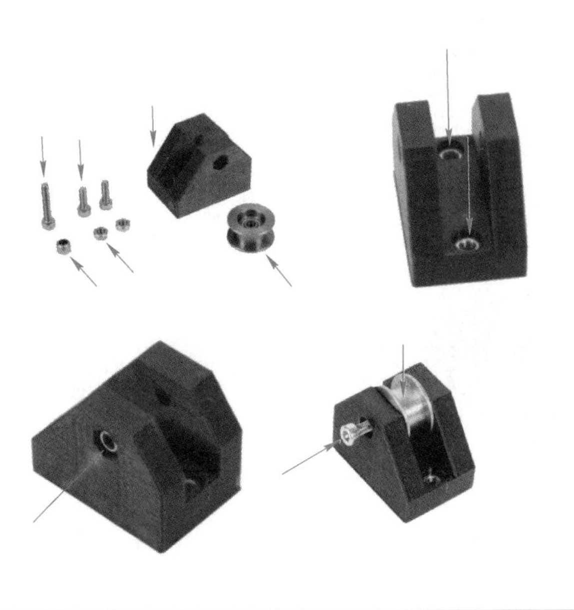</td><td>（1）物料准备：带轮，M3×18 螺钉（1 颗），M3×10 螺钉（2 颗），M3 尼龙锁紧螺母（1 颗），M3 螺母（2 颗），带轮座（1 个）；
（2）把 M3 螺母放入带轮座底部和侧面孔中；
（3）把带轮固定于带轮座上</td></tr>
</table>

续表 6-1

组装示意图	组装说明及注意事项
步骤 10：*Y* 轴带轮安装于框架前板	
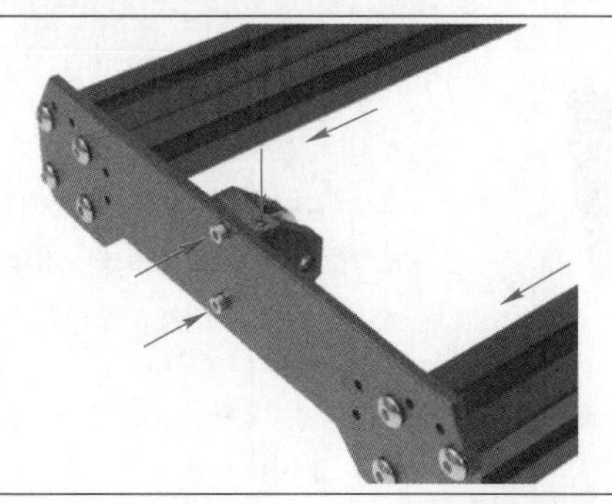	左图示位置，两颗 M3×10 螺钉固定 *Y* 轴皮带轮于框架前板
步骤 11：*Y* 轴电机和电机支架准备	
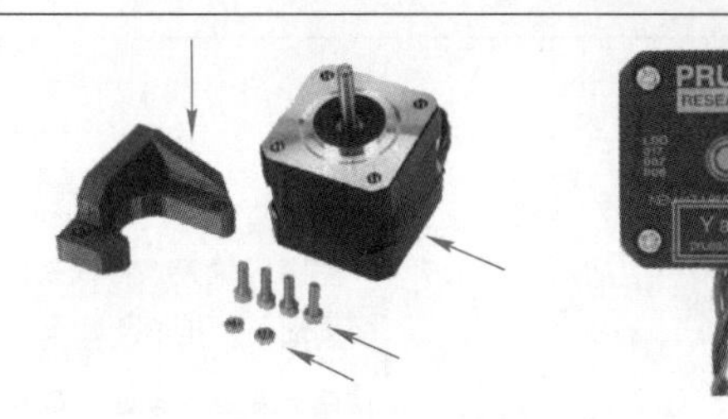	物料准备：*Y* 轴电机（1 台），电机支架（1 个），M3×10 螺钉（4 颗），M3 螺母（2 颗）
步骤 12：组装 *Y* 轴电机和电机支架	
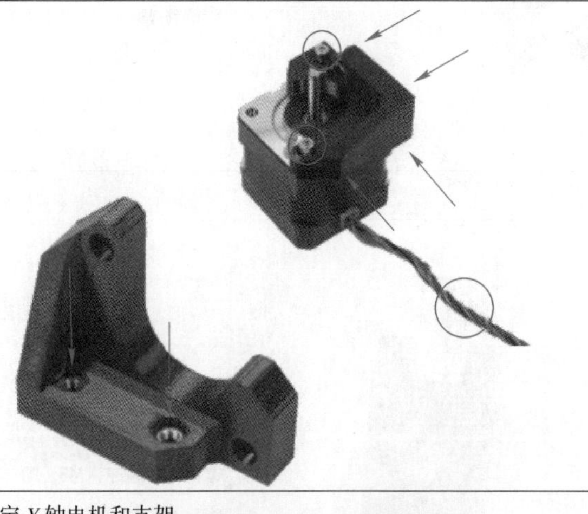	左图示位置，把两颗 M3 螺母放入支架中，然后把支架放置于电机图示位置，两颗 M3×10 螺钉将支架和电机拧紧在一起
步骤 13：固定 *Y* 轴电机和支架	
	左图示位置，把组装好的 *Y* 轴电机及支架，用两颗螺钉 M3×10 固定框架后板上。 注意：电机朝向

续表 6-1

<table>
<tr><th>组装示意图</th><th>组装说明及注意事项</th></tr>
<tr><td colspan="2">步骤 14：*Y* 轴托架准备</td></tr>
<tr><td>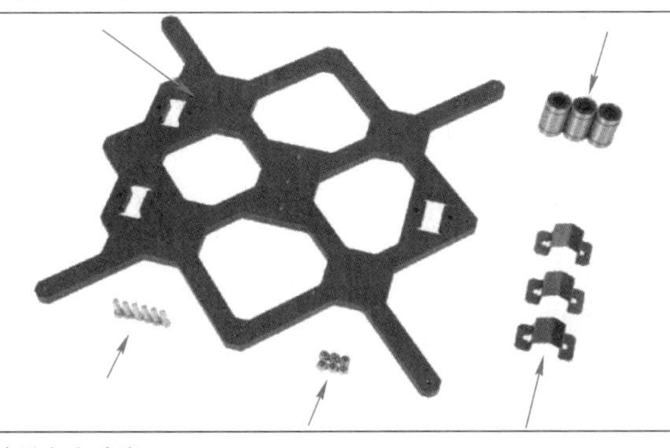</td><td>物料准备：Y 形托架（1 个），直线轴承（3 个），轴承固定架（3 个），M3 尼龙螺母（6 颗），M3×12 螺钉（6 颗）</td></tr>
<tr><td colspan="2">步骤 15：轴承方向确定</td></tr>
<tr><td></td><td>左图示位置，将轴承放置在 Y 形托架上时，确保它们的方向如左图所示，轨道（一排球）必须在侧面</td></tr>
<tr><td colspan="2">步骤 16：固定轴承</td></tr>
<tr><td>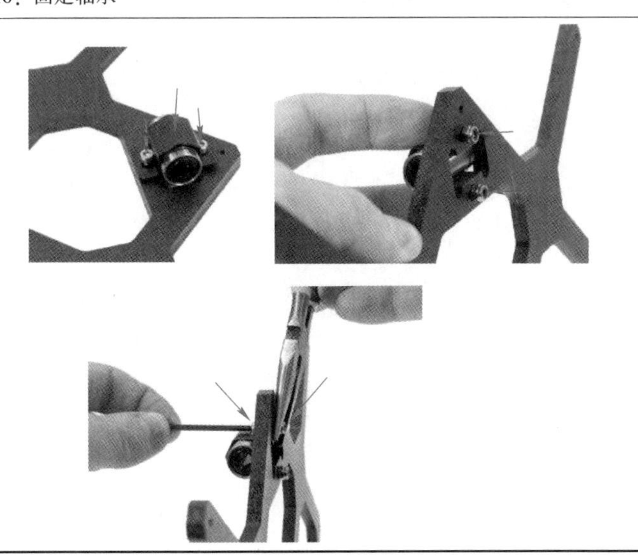</td><td>左图示位置，将轴承固定夹放在轴承上，两颗 M3×12 螺钉插入轴承夹的孔中，用手指握住两个螺钉的头部并转动 Y 形托架，将尼龙螺母放置在两个螺钉上，六角扳手和尖嘴钳拧紧两个螺母</td></tr>
</table>

续表 6-1

组装示意图	组装说明及注意事项
步骤 17：安装滑杆	
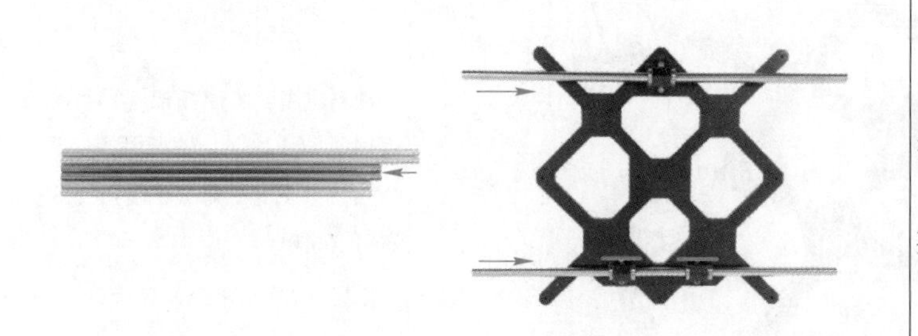	左图示位置，取长度为 330 mm 滑杆，轻轻地将滑杆插入轴承。 注意：不要施加过大的力，也不要倾斜滑杆
步骤 18：组装滑杆支架	
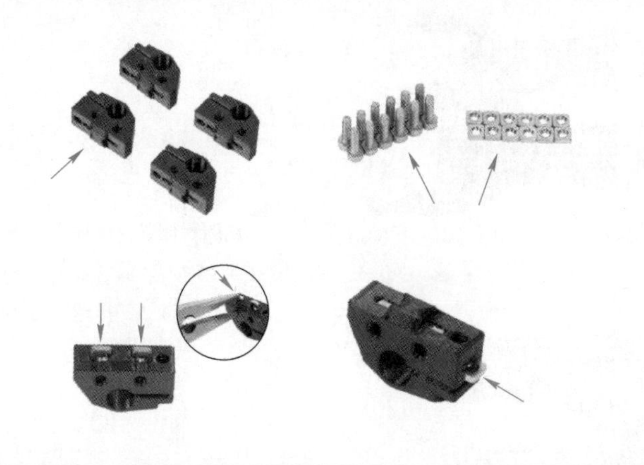	物料准备：支架（4 个），M3×10 螺钉（12 颗），M3 螺母（12 颗）。 依据图示，把螺母压入支架
步骤 19：滑杆与滑杆支架固定	
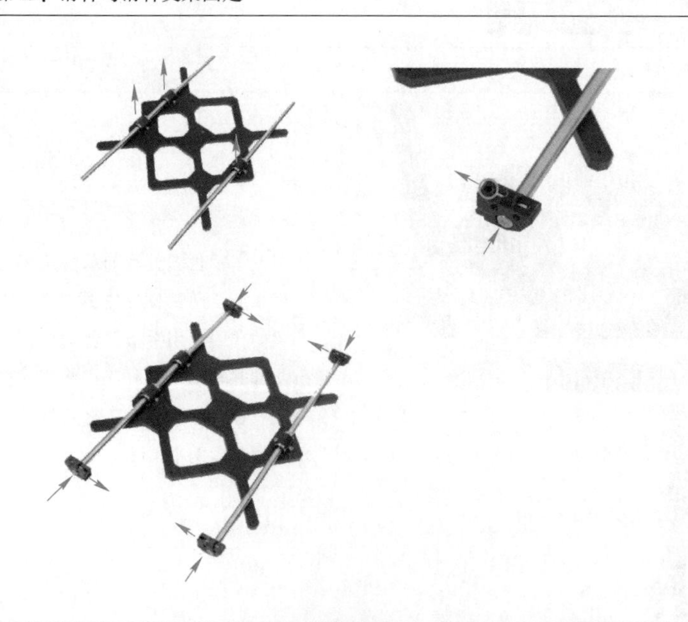	左图示位置，将 Y 形托架放置在平面（工作台）上，轴承朝上。将滑杆支架推到滑杆上，支架端面平齐。 注意：滑杆支架上孔必须朝上，位于 Y 形托架的“内侧”

续表 6-1

组装示意图	组装说明及注意事项
步骤 20：安装 Y 形托架组件	
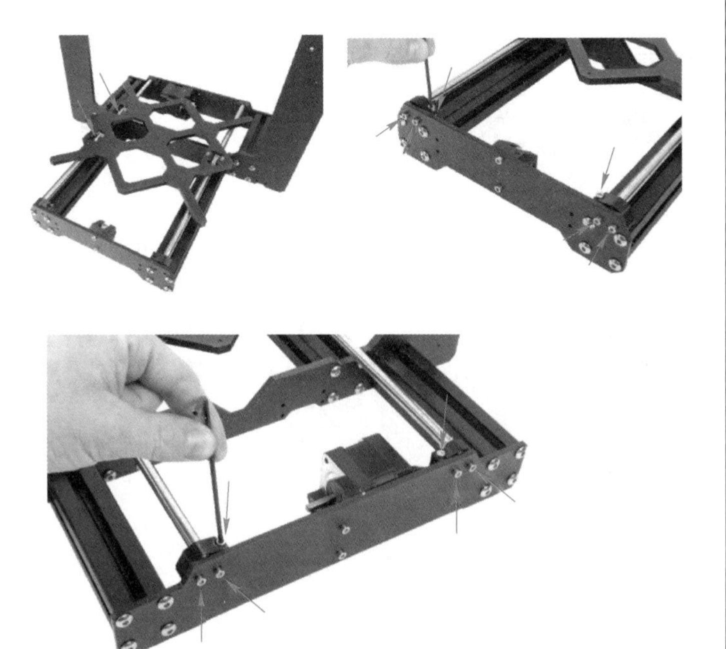	左图示位置，取组装好的 Y 形托架组件，放置在 YZ 框架中。确保两个轴承位于左侧。 （1）用两个 M3×10 螺钉固定每个前支架，均匀拧紧两个螺钉； （2）将 M3×10 螺钉插入每个前支架的孔中并拧紧； （3）用 M3×10 螺钉将固定座固定在后板上； （4）调整固定座上方螺钉至固定座不晃动
步骤 21：调整滑杆	
	注意：滑杆的正确对齐对降低噪声和整体摩擦至关重要。 （1）确保 Y 形托架上的所有 M3×10 螺钉略微松动，以便增材制造部件能够移动； （2）在滑杆的整个长度上来回移动 Y 形托架，以对齐它们； （3）将托架移至前板，并拧紧前 Y 形支架中的所有螺钉； （4）将 Y 形托架移到后板，并拧紧后部 Y 形支架中的所有螺钉

续表 6-1

<table>
<tr><th>组 装 示 意 图</th><th>组装说明及注意事项</th></tr>
<tr><td colspan="2">步骤 22：Y 轴电机皮带轮安装</td></tr>
<tr><td>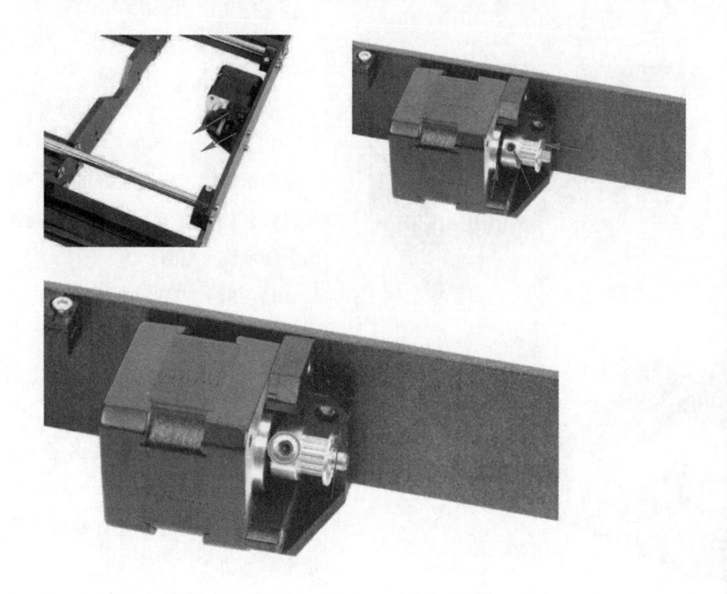</td><td>左图示位置，皮带轮放置在 Y 轴电机轴上，不要将皮带轮压在电机上。留出间隙，使皮带轮可以自由旋转。
（1）其中一个螺钉必须直接面对轴上的衬垫（平面部分），稍微拧紧第一个螺钉；
（2）转动轴并稍微拧紧第二个螺钉。
注意：先不要把皮带轮拧得太紧</td></tr>
<tr><td colspan="2">步骤 23：Y 轴皮带安装</td></tr>
<tr><td>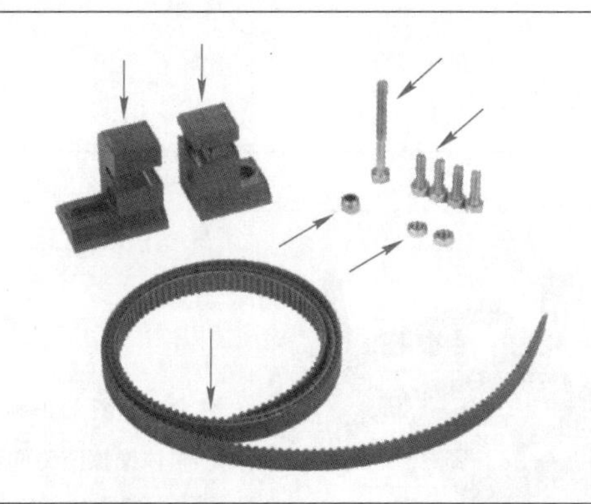</td><td>物料准备：皮带支架（1 个），皮带张紧器（1 个），650 mm 皮带（1 个），M3×30 螺钉（1 颗），M3×10 螺钉（4 颗），M3 尼龙锁紧螺母（1 颗），M3 六角螺母（2 颗）</td></tr>
<tr><td colspan="2">步骤 24：Y 轴皮带支架安装</td></tr>
<tr><td>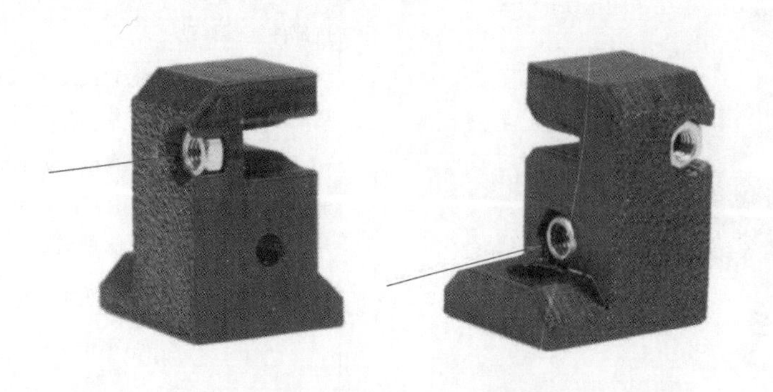</td><td>左图示位置，取皮带支架，依据图示，将 M3 螺母完全插入</td></tr>
</table>

续表 6-1

组装示意图	组装说明及注意事项
步骤 25：皮带与支架安装	
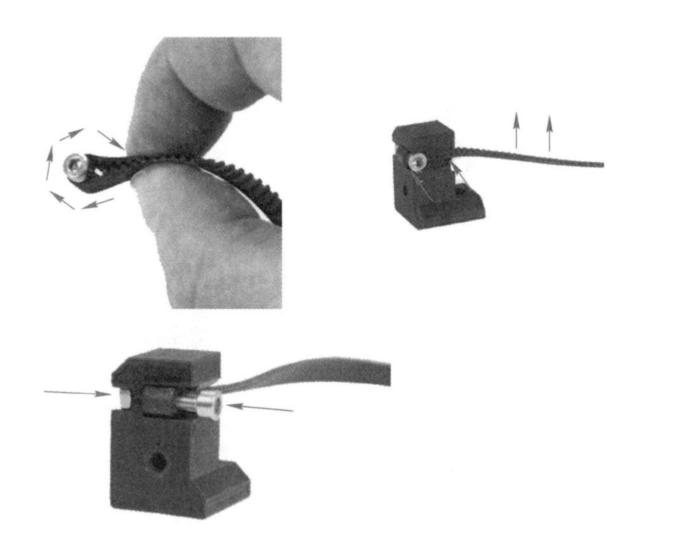	左图示位置，将皮带的一端绕 M3×10 螺钉弯曲，并推入保持架，使用内六角扳手将皮带推入。 （1）确保弯曲部分和末端在增材制造部分的宽度范围内； （2）皮带上的齿必须朝上； （3）拧紧螺钉直到到达螺母，不要过度拧紧螺钉，否则会使皮带变形； （4）从另一侧固定螺母，直到螺钉达到其螺纹
步骤 26：皮带安装	
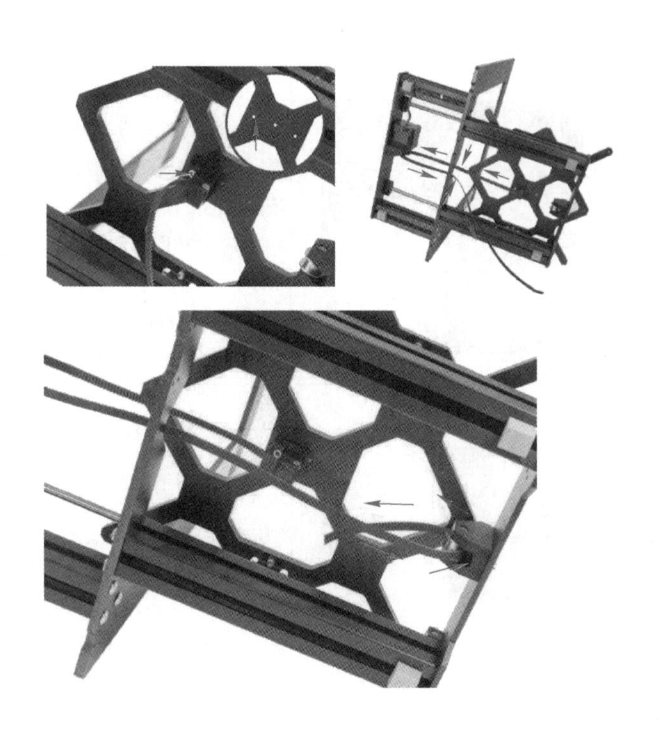	左图示位置，使用 M3×10 螺钉将皮带支架固定到 Y 形托架上。拧紧螺钉，确保铝合金架与电机和皮带轮之间的“轴”平行。 （1）沿 *Y* 轴引导皮带，绕过 *Y* 轴电机上的皮带轮并将其向后引导。 （2）确保安全带在框架内，而不是下方。 注意：暂时将 *Y* 轴电机线缆推入框架底部，这将使装配更容易。 （3）将皮带推过 Y 形皮带轮，并返回 Y 形托架的“中心”

续表 6-1

组装示意图	组装说明及注意事项
步骤 27：安装皮带张紧器	
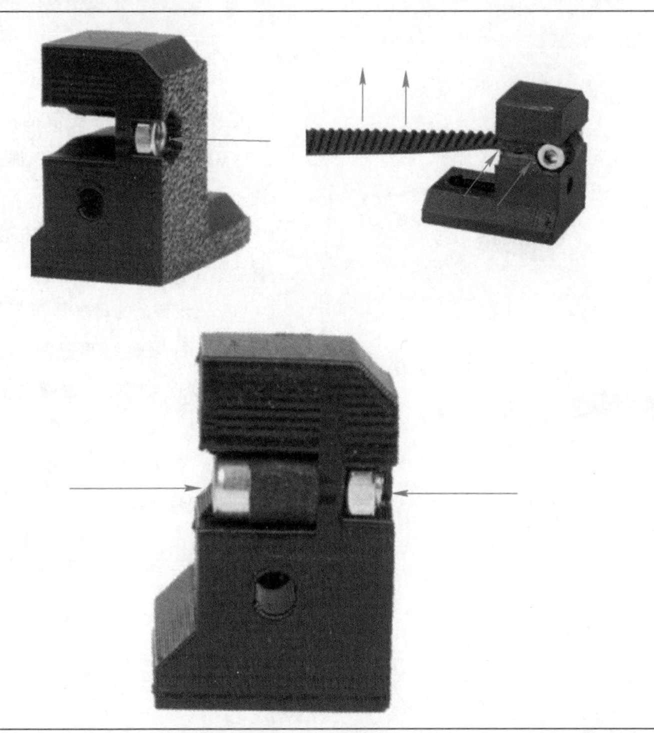	左图示位置，取皮带张紧器将 M3 螺母完全插入。 （1）将皮带的第二端绕着螺钉弯曲，并推入支架，使用内六角扳手将皮带推入； （2）确保弯曲部分和末端在增材制造部分的宽度范围内； （3）皮带上的齿必须朝上； （4）拧紧螺钉直到到达螺母，不要过度拧紧螺钉，否则会使皮带变形； （5）从另一侧固定螺母，直到螺钉达到其螺纹
步骤 28：固定皮带	
 	左图示位置，使用 M3×10 螺钉将皮带张紧器固定到 Y 形托架上。不要完全拧紧螺钉，需要调整增材制造部件的位置。 （1）使用右侧的孔，如左图所示； （2）将 M3×30 螺钉穿过两个构件，拧紧
步骤 29：皮带对齐	
	左图示位置，确保皮带位于增材制造设备的“轴”上，皮带的顶部和底部应平行（彼此上方）。 （1）调整皮带位置，松开皮带轮上的螺钉并轻轻移动，直到达到最佳位置； （2）拧紧皮带轮上的两个螺钉

续表 6-1

<table>
<tr><th>组 装 示 意 图</th><th>组装说明及注意事项</th></tr>
<tr><td colspan="2">步骤 30：调整皮带紧度</td></tr>
<tr><td> </td><td>左图示位置，用一根手指向下推皮带。弯曲传送带需要一些力，但不要试图过度拉伸传送带，否则可能会损坏增材制造设备。
（1）通过调整 Y 形托架下方的 M3× 30 螺钉，可以改变皮带的张力；
（2）拧紧螺钉，使零件更靠近，从而增加整体张力；
（3）松开螺钉，零件将分开，整体张力将降低</td></tr>
<tr><td colspan="2">步骤 31：皮带测试</td></tr>
<tr><td>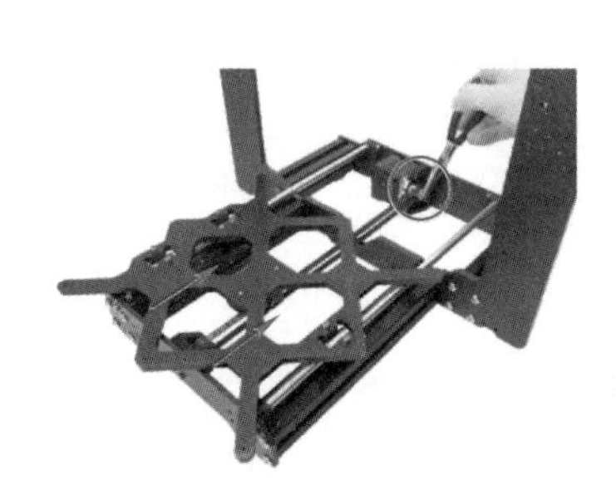 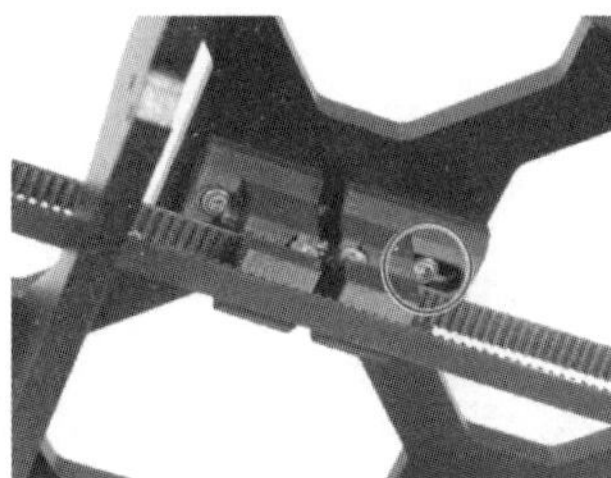</td><td>左图示位置，使用钳子固定 Y 轴电机轴。
（1）用手朝 Y 轴电机移动 Y 轴托架，不要用力过猛；
（2）如果安全带适当拉伸，应该会感到阻力，Y 形托架根本不会移动。如果皮带太松，它会变形（产生“波浪”），并跳过皮带轮上的齿；
（3）设置适当的张力后，拧紧 M3×10 螺钉</td></tr>
<tr><td colspan="2">步骤 32：Y 轴安装完成</td></tr>
<tr><td></td><td>检查最终外观，与图片进行比较。
注意：在使用 Y 形托架移动时，应该会感到一些阻力。这是由于皮带拉紧，并且电机有一些阻力</td></tr>
</table>

（2）Prusa i3 型增材制造设备 *X* 轴模块的组装步骤，见表 6-2。

（3）Prusa i3 型增材制造设备 *Z* 轴模块的组装步骤，见表 6-3。

微课视频：安装*X*轴模块和打印机

微课视频：安装*Z*轴模块

表 6-2 Prusa i3 型增材制造设备 *X* 轴模块组装步骤

组装示意图	组装说明及注意事项
步骤 1：	
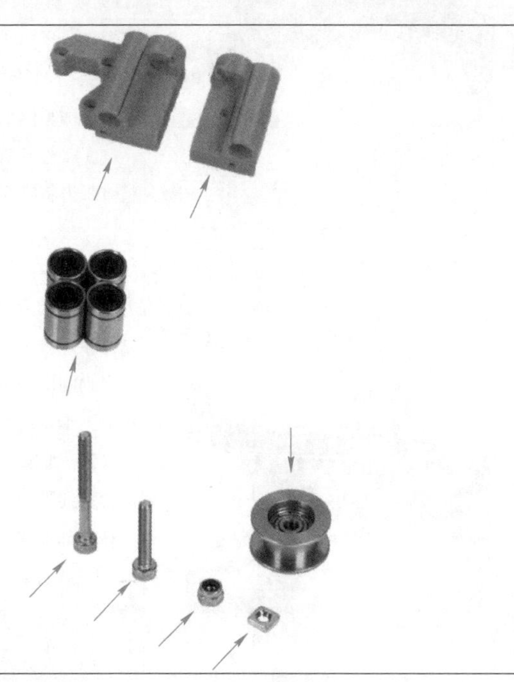	物料准备：电机支架（1 个），张紧器（1 个），直线轴承（4 个），M3×30 螺钉（1 颗），M3×18 螺钉（1 颗），M3 尼龙锁紧螺母（1 颗），M3 螺母（1 颗），带外壳的 623h 轴承（1 个）
步骤 2：安装直线轴承	
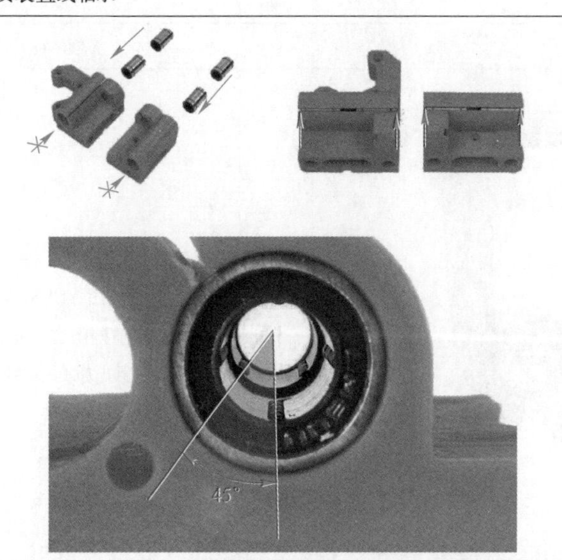	左图示位置，将线性轴承插入电机支架和张紧器，确保将每个部件中的第一个轴承一直向下推，不要试图从另一侧推动轴承，有一个边缘（孔的直径较小）。 （1）第一对轴承应与固定面平齐； （2）第二对轴承应安装在 *X* 端的轮辋上（靠近下表面），可以将轴承压在平面上，以便于插入。 放置两个轴承时，第二个轴承的内滚珠相对于第一个轴承旋转 45°，这样，将实现与滑杆的更大接触

续表 6-2

<table>
<tr><th>组 装 示 意 图</th><th>组装说明及注意事项</th></tr>
<tr><td colspan="2">步骤 3：安装张紧器</td></tr>
<tr><td>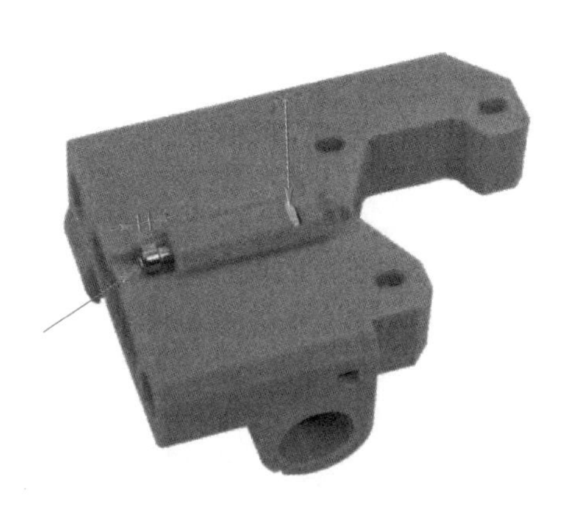</td><td>左图示位置，将方形螺母完全插入。
插入 M3×30 螺钉，不要完全拧紧螺钉，在螺钉头和塑料零件之间留出 2 mm 的间隙</td></tr>
<tr><td colspan="2">步骤 4：轴承固定</td></tr>
<tr><td>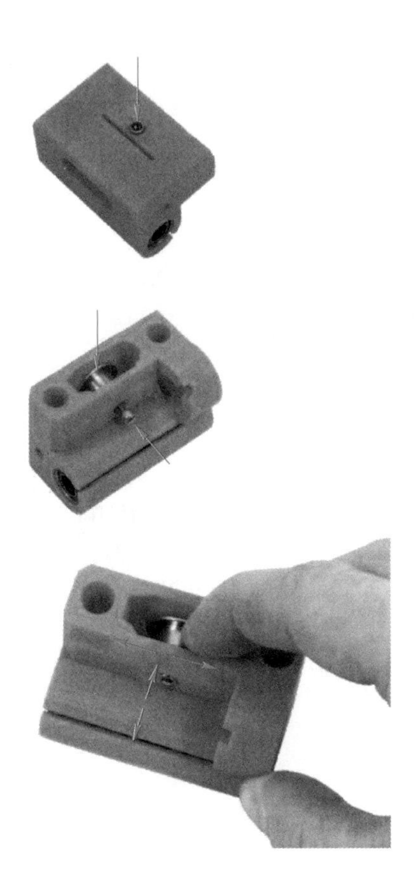</td><td>左图示位置，M3 尼龙锁紧螺母插入 X 端张紧器。如果无法将螺母压入，不要用力过猛，将 623h 轴承插入 X 端张紧器。
（1）使用 M3×18 螺钉将其固定到位；
（2）将手指放在轴承上，确保其可以自由旋转</td></tr>
</table>

续表 6-2

组 装 示 意 图	组装说明及注意事项
步骤 5：预装滑杆	
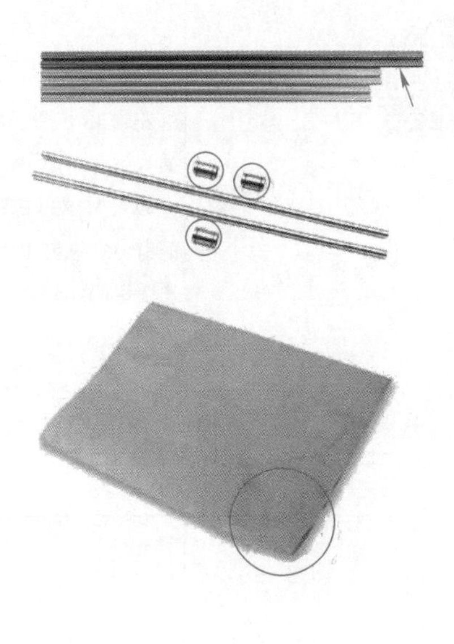	（1）滑杆长度 370 mm； （2）直线轴承（3个）； （3）用几张纸巾擦拭轴承表面的油和油脂
步骤 6：轴承标记	
	（1）用纸巾擦拭轴承外表面的润滑脂； （2）定位轴承，以便可以看到两排滚珠，如左图所示； （3）在轴承的外表面上，在两排滚珠上方的中间用永久性标记做一个标记； （4）对其余两个轴承采用相同的步骤

续表 6-2

组装示意图	组装说明及注意事项
步骤 7：*X* 轴组装	
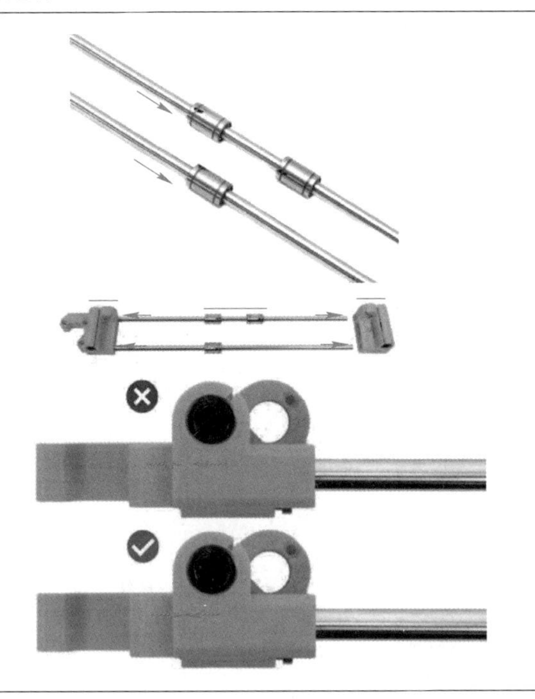	左图示位置，轻轻地将滑杆直接插入轴承，不要施加太大的力，也不要倾斜滑杆。 （1）将带轴承的滑杆完全插入固定件中，固定件上的孔必须清洁。检查孔内是否有污垢或残留，非常小心地插入滑杆，不要过度倾斜滑杆； （2）确保零件和滑杆的方向正确； （3）两个 *X* 端的顶部/底部都有一个特殊的开口，检查是否将滑杆压入
步骤 8：安装 *X* 轴电机皮带轮	
	左图示位置，电机轴上有一个平面部分，向上旋转。 （1）滑动皮带轮，注意正确的方向； （2）其中一个螺钉必须直接面对轴上的衬垫（平面部分），稍微拧紧两个螺钉； （3）不要将皮带轮压在电机上，留出间隙，使皮带轮可以自由旋转

续表 6-2

组装示意图	组装说明及注意事项
步骤 9：电机组件组装	
	左图示位置，将 *X* 轴放在电机上。 插入 M3×18 螺钉并拧紧，使其位于椭圆孔的背面
步骤 10：*X* 轴组装完成	
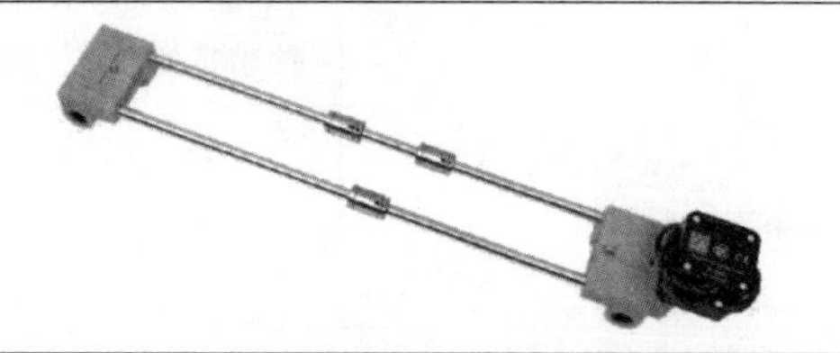	检查最终外观，将其与图片进行比较

表 6-3 Prusa i3 型增材制造设备 *Z* 轴模块组装步骤

组装示意图	组装说明及注意事项
步骤 1：安装电机支架	
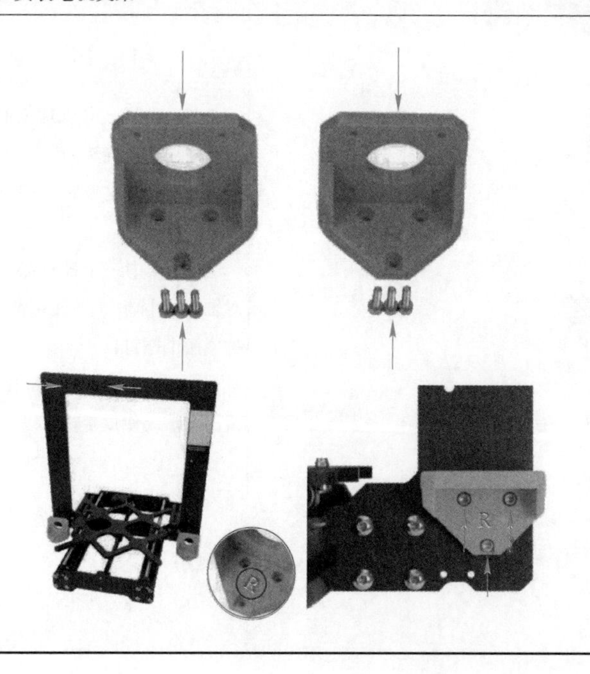	左图示位置，用 M3×10 螺钉拧紧每个部件，拧紧时不要使用过大的强度。 注意：有一个左右方向的部件，参见零件上的标记。还要注意框架的正确方向，“PRUSA”徽标和安全贴纸要面向组装者

续表 6-3

<table>
<tr><th>组装示意图</th><th>组装说明及注意事项</th></tr>
<tr><td colspan="2">步骤 2：放置 Z 形螺钉盖</td></tr>
<tr><td>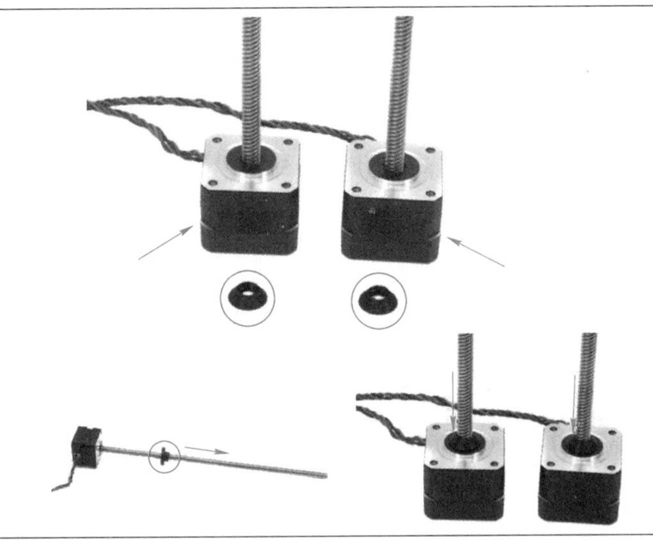</td><td>Z 轴电机（2 个），左图示位置，每个 Z 轴电机有不同的电缆长度，较短的必须在左侧、较长的必须在右侧。
（1）Z 形螺钉盖（2 个）；
（2）从电机上拆下梯形螺母，不要扔掉；
（3）将 Z 形螺钉盖拧到两个丝杠上，螺钉盖应完全拧到电机上，但不要太紧，电机必须能够自由旋转</td></tr>
<tr><td colspan="2">步骤 3：Z 轴电机组装</td></tr>
<tr><td>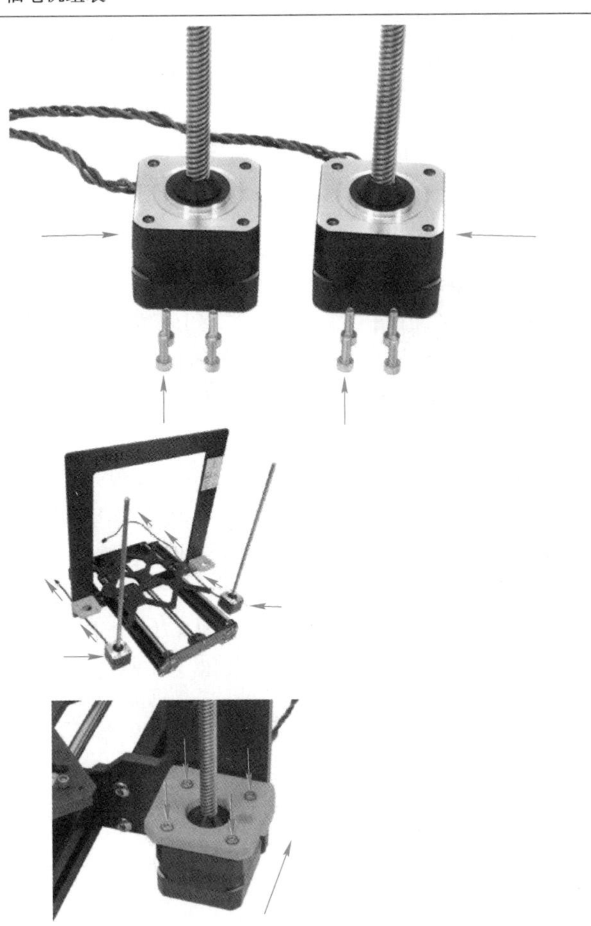</td><td>左图示位置，左 Z 轴电机（标记为左 Z 轴，较短电缆）
（1）Z 轴电机右侧（标记为右 Z 轴，较长电缆）。
（2）M3×10 螺钉（8 颗）。
参见第二张图片，电缆较短的电机（深蓝色箭头）位于左侧，电缆较长的电机（浅蓝色箭头）位于右侧。
注意：电机电缆必须朝向机架！调整（旋转）电机，每根电缆的下边缘框架中都有一个小切口。
（3）用 4 个 M3×10 螺钉固定每个电机，均匀小心地拧紧，以免损坏部件</td></tr>
</table>

续表 6-3

<table>
<tr><th>组装示意图</th><th>组装说明及注意事项</th></tr>
<tr><td colspan="2">步骤 4：梯形螺母安装</td></tr>
<tr><td>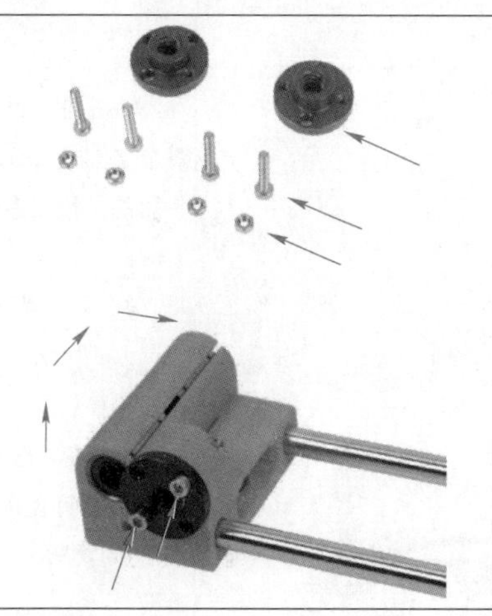</td><td>物料准备：
梯形螺母 2 个，M3×18 螺钉 4 颗，M3 螺母 4 颗。
左图示位置，将 X 轴倒置，并将螺母插入 X 轴的孔中。
（1）小心地将 X 轴旋转到其背面，将梯形螺母插入每个 X 轴。
注意：梯形电机螺母的正确方向！
（2）用 M3×18 螺钉拧紧螺母</td></tr>
<tr><td colspan="2">步骤 5：安装 X 轴和滑杆</td></tr>
<tr><td>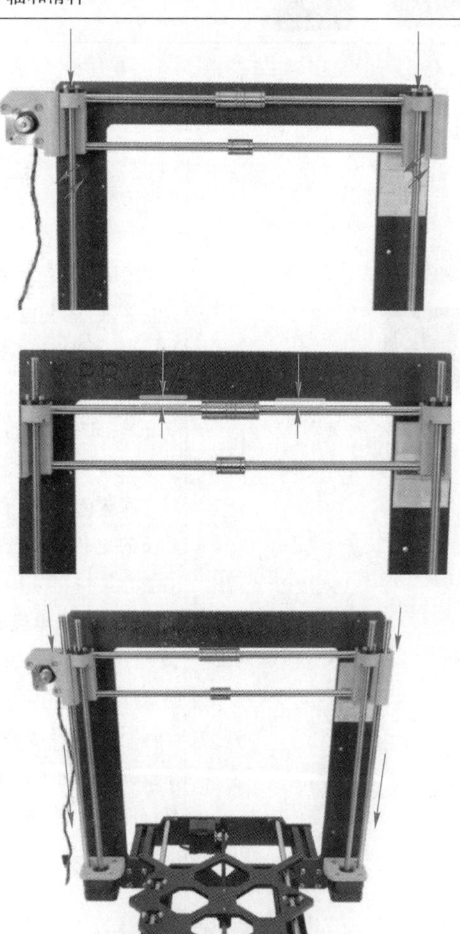</td><td>（1）滑杆长度 320 mm（2 个）。
注意：在梯形丝杠上安装 X 轴时要非常小心。该过程应平滑，否则可能会损坏塑料螺母内的螺纹。
左图示位置，小心地将 X 轴滑动到梯形丝杆上。通过同时旋转两个螺钉，让 X 轴滑动，直到两个梯形丝杆可见。如果感觉到任何明显阻力，要尝试先重新安装轴。
（2）确保 X 轴的顶部滑杆与框架的下边缘平行。
（3）小心并轻轻地将剩余的光滑杆穿过 X 轴上的轴承向下插入印刷件，不要施加太大的力，也不要倾斜杆</td></tr>
</table>

续表 6-3

组装示意图	组装说明及注意事项
步骤 6：*Z* 轴顶部零件安装	
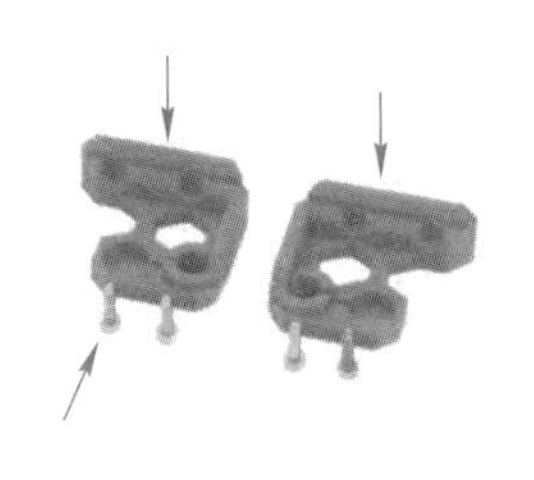  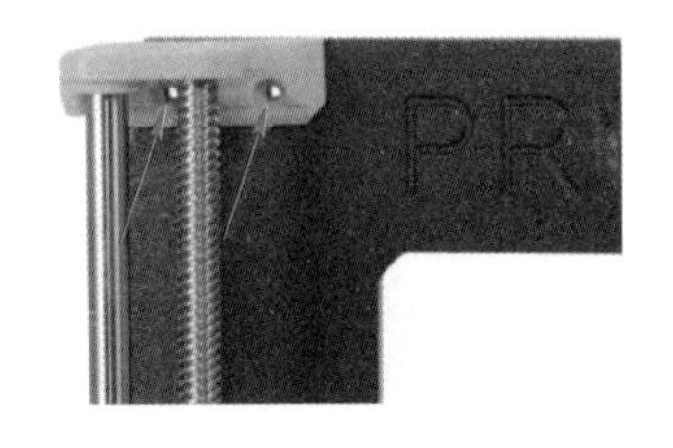 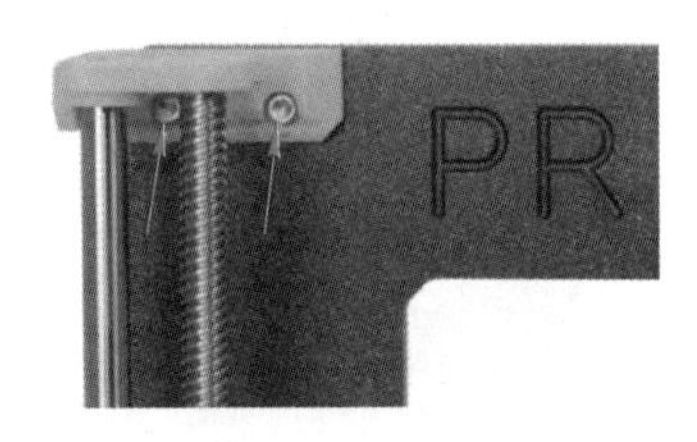	左图示位置，将 *Z* 轴左上部分放在杆上，并将其与框架对齐。 （1）确保零件上的孔与框架上的孔完全对齐； （2）使用两颗 M3×10 螺钉拧紧 *Z* 轴左上部分； （3）重复以上步骤安装另一侧端盖
步骤 7：*Z* 轴组装完成	
	检查最终外观，将其与图片进行比较

（4）Prusa i3 型增材制造设备 *E* 轴模块的组装步骤，见表 6-4。

微课视频：其他模块安装

表 6-4 Prusa i3 型增材制造设备 *E* 轴模块组装步骤

<table>
<tr><th>组 装 示 意 图</th><th>组装说明及注意事项</th></tr>
<tr><td colspan="2">步骤 1：挤出机主体部件准备</td></tr>
<tr><td>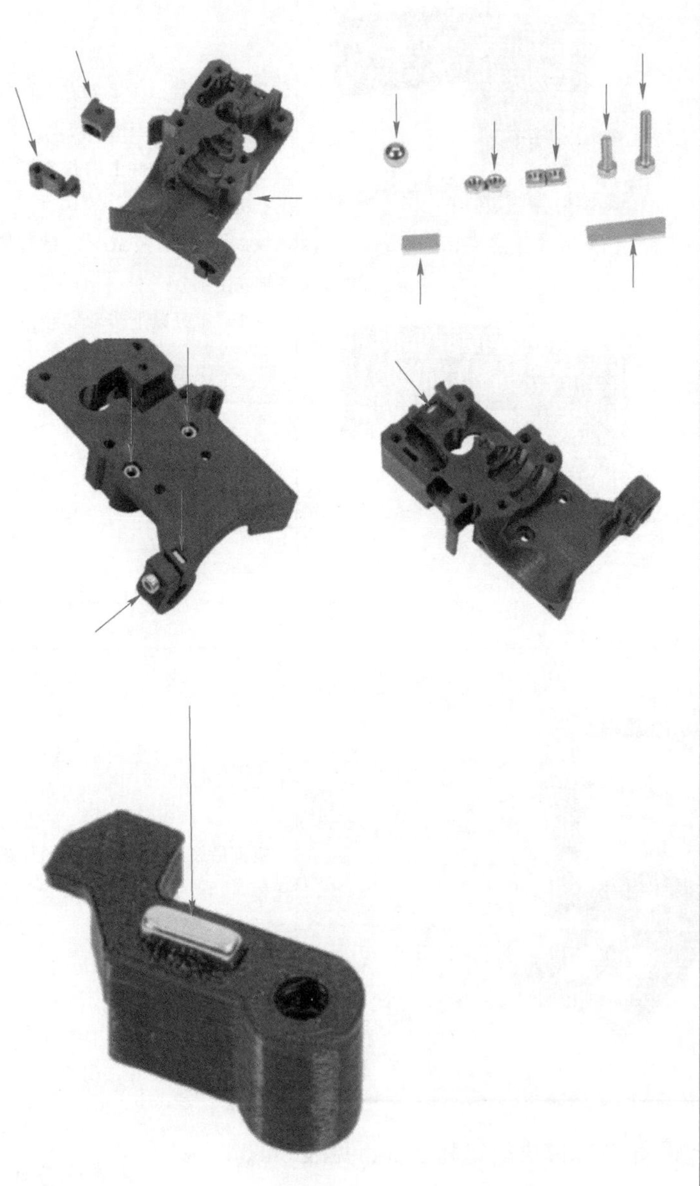</td><td>左图示位置，取下 M3 螺母并将其插入挤出机主体，确保螺母完全插入，使用内六角扳手确保螺母正确对齐。
（1）使用 M3×10 螺钉固定螺母，稍微拧紧螺钉；
（2）取两个 M3 螺母并将其插入；
（3）翻转挤出机主体，并将一个 M3 螺母完全插入零件中；
（4）取较小的磁铁（10 mm×6 mm×2 mm），小心地将其插入 FS 控制杆，大部分磁铁将隐藏在增材制造部件内</td></tr>
</table>

续表 6-4

组装示意图	组装说明及注意事项
步骤 2：FS 杆组件	
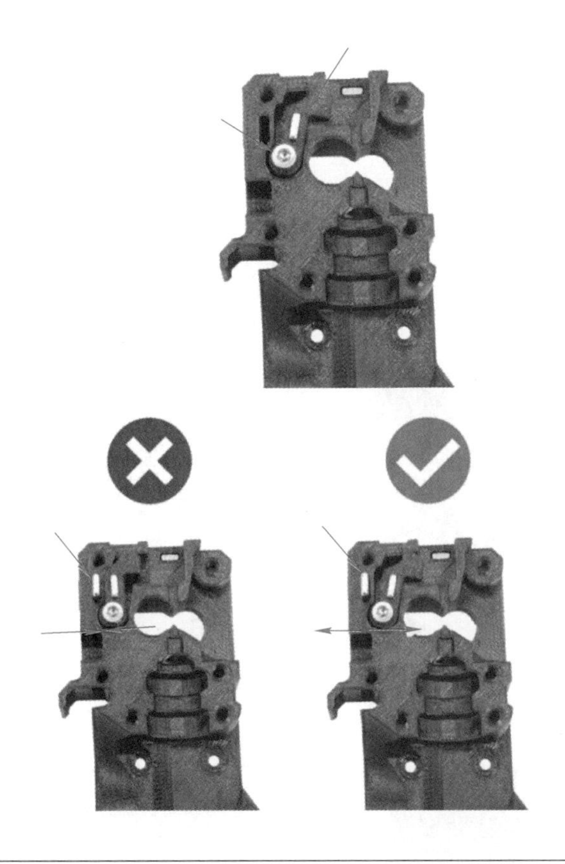	左图示位置，将 FS 操纵杆插入部件。 （1）用 M3×18 固定零件，拧紧，但确保杆可以自由移动。 注意：确保正确执行以下步骤，否则耗材检测传感器将无法工作。 （2）将较大的磁铁（20 mm×6 mm×2 mm）插入挤出机主体中。 （3）不正确设置：磁铁相互吸引，因此操纵杆被拉向左侧。 （4）正确设置：磁铁相互排斥，因此操纵杆被推到右侧
步骤 3：钢球安装	
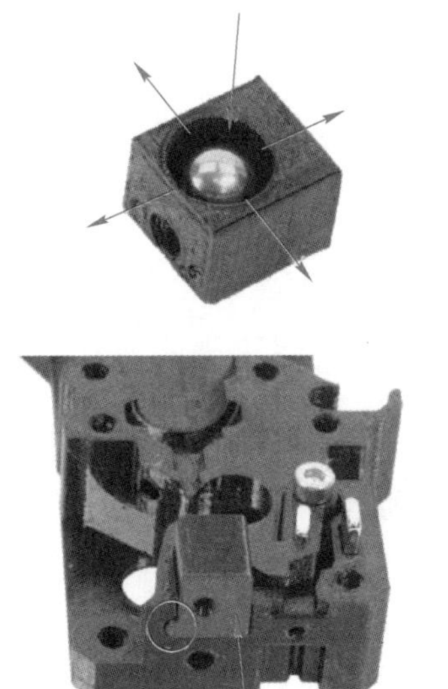	左图示位置，将钢球放入固定体中。 （1）将球向四周滚动，以确保运动平稳。如果表面粗糙，则取下钢球并清洁增材制造零件的内部； （2）将固定体与钢球一起放入挤出机主体中，它必须与挤出机主体的凹槽相匹配，两个零件的表面应几乎对齐。不要使用任何螺钉固定，它应该自己固定在挤出机主体内

续表 6-4

组装示意图	组装说明及注意事项
步骤 4：挤出电机齿轮安装	
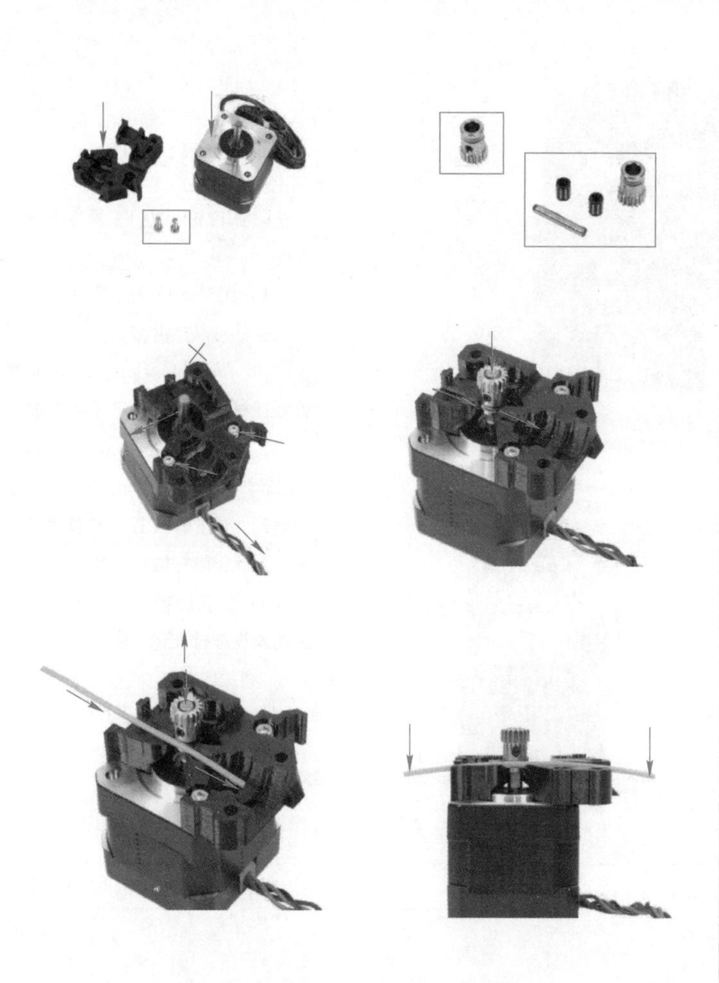	左图示位置，取下挤出机电机板，并使用两个 M3×10 螺钉将其固定。使用电缆作为导向，以正确定位零件。 （1）如左图所示旋转轴，平面零件必须朝向箭头方向； （2）滑动轴上的齿轮，定位螺钉必须面向轴的平坦部分，稍微拧紧螺钉； （3）取一小段增材制造材料，尽可能拉直； （4）沿路径放置增材制造材料，并正确对齐齿轮； （5）增材制造材料将始终略微弯曲； （6）最后检查时，用内六角扳手更换增材制造材料
步骤 5：挤出机盖部件准备	
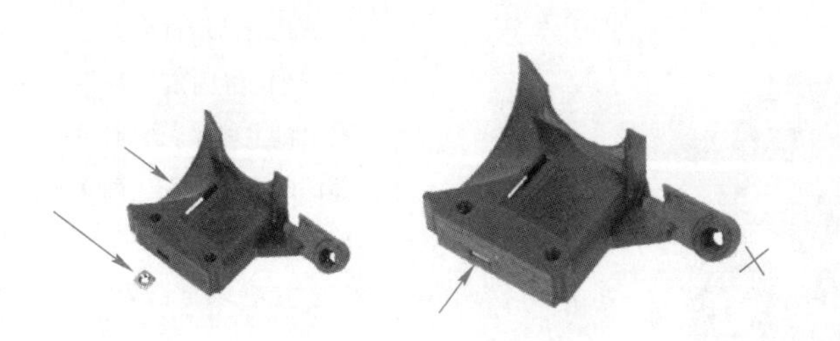	将 M3 螺母放入，使用内六角扳手确保正确对齐

续表 6-4

<table>
<tr><th>组装示意图</th><th>组装说明及注意事项</th></tr>
<tr><td colspan="2">步骤 6：热端组件安装</td></tr>
<tr><td>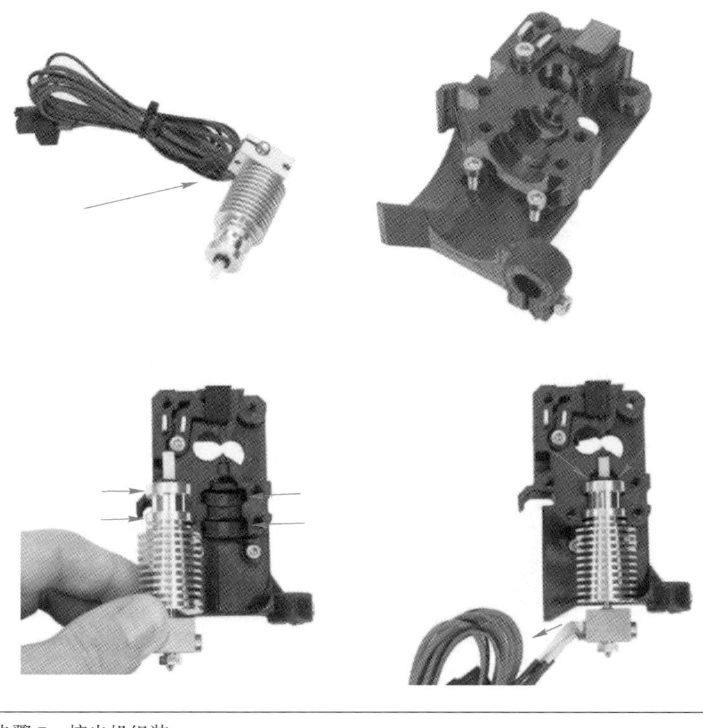</td><td>左图示位置，取两颗 M3×10 螺钉并将其插入孔中。
（1）将热端放置在挤出机主体旁边；
（2）正确放置热端，热端电缆应指向左侧</td></tr>
<tr><td colspan="2">步骤 7：挤出机组装</td></tr>
<tr><td>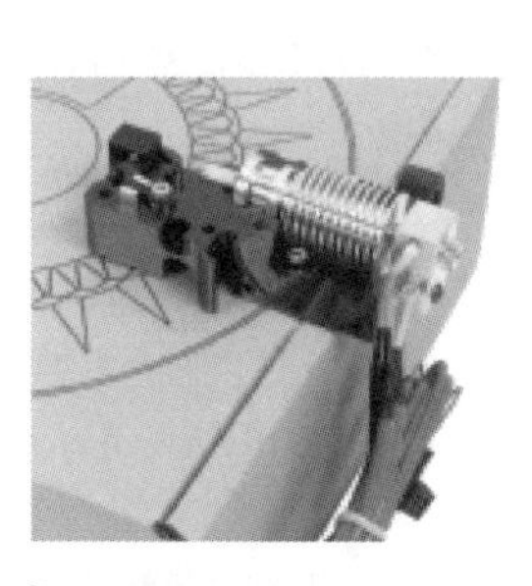  </td><td>左图示位置，将带有热端的挤出机主体放在盒子上，确保电缆位于左侧并指向下方。
（1）将手指暂时放在较长的磁铁上，并将挤出机电机组件放在挤出机主体上；
（2）确保两个零件对齐；
（3）将挤出机盖放在挤出机主体上，确保所有 3 个零件正确对齐；
（4）插入两个 M3×40 螺钉，如前面准备的，拧紧它们，但要小心，它们比整个组件的厚度稍长（2～3 mm）</td></tr>
</table>

续表 6-4

<table>
<tr><th>组装示意图</th><th>组装说明及注意事项</th></tr>
<tr><td colspan="2">步骤 8：X 轴滑动器组装</td></tr>
<tr><td>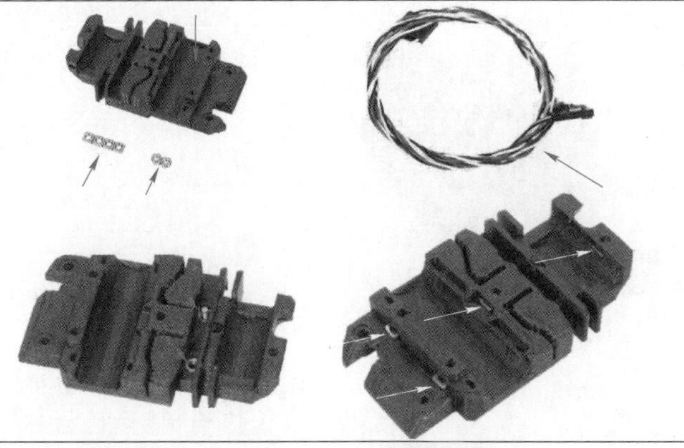</td><td>左图示位置，两个 M3 螺母，使用钳子（或螺钉）将其推入 X 形托架，然后从另一侧使用螺钉将其完全拉入。
用图示 4 个方形螺母放入白色箭头指向位置</td></tr>
<tr><td colspan="2">步骤 9：组装红外传感器</td></tr>
<tr><td>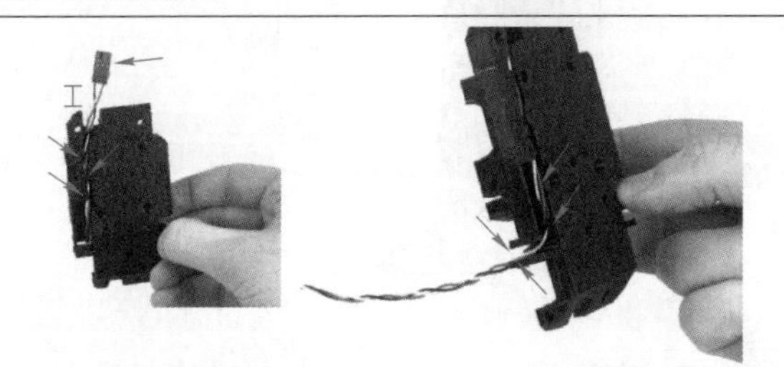</td><td>左图示位置，取下红外传感器电缆，找到带有较小接头的一端。
（1）将电缆放置在 X 形托架中；
（2）连接器和 X 形托架之间的距离应约为 15 mm；
（3）引导电缆穿过插槽</td></tr>
<tr><td colspan="2">步骤 10：组装 X 形托架</td></tr>
<tr><td>
</td><td>左图示位置，在挤出机电机下方形成一个小回路，留出 2～3 cm 的间隙。
（1）将电缆在“通道”中一直向后引导；
（2）稍微向下弯曲电缆，使其围绕边缘形成；
（3）抓起 X 形托架并将其放置在挤出机组件的背面，如左图所示；
（4）确保电机电缆沿着挤出机主体和 X 形托架中的通道；
（5）确保没有电线被夹住，然后使用 M3×10 螺钉和带球头的内六角扳手将两个零件连接在一起；
（6）将挤出机转到另一侧，如果需要，插入第二个 M3×10 螺钉，不要拧紧螺钉，需要调整红外传感器电缆</td></tr>
</table>

续表 6-4

组装示意图	组装说明及注意事项
步骤 11：红外传感器组装	
	左图示位置，将红外传感器放置在挤出机主体顶部，并用 M2×8 螺钉固定，确保黑色塑料“U”形部件朝下。 拧紧 M2×8 螺钉，传感器应该无法移动，但要小心 PCB 不要破坏。 （1）连接电缆时，注意接头和导线的正确方向； （2）在传感器后面留一点间隙，如左图所示； （3）再次检查电缆是否受到挤压，并拧紧之前安装的两个 M3×10 螺钉
步骤 12：安装风扇	
	左图示位置，为便于风扇安装，暂时从电缆束上拆下黑色缠绕扎带，并松开至少一个环。然后把包裹绑回原处。 （1）在进行下一步之前，使用内六角扳手将电机电缆轻轻推到通道上，为风扇电缆留出空间。风扇有两面，一面有贴纸，确保这一侧朝向挤出机内部； （2）在电缆上创建一个回路，确保黑色保护膜靠近风扇边缘； （3）将风扇放置在挤出机上，并按以下方式进行操作：首先，将风扇电缆放在上部通道中，将风扇滑到 X 形托架附近，然后用内六角扳手轻轻推入电缆。将风扇一直推到左侧之前，将电缆放入 X 形托架通道中。最后检查风扇定向时，电缆朝上，然后电缆穿过上部通道，一直到 X 形托架； （4）使用三颗 M3×14 螺钉将风扇固定到位，不要过紧，否则会弄坏风扇的塑料外壳，还要确保风扇可以自由旋转

续表 6-4

组装示意图	组装说明及注意事项
步骤 13：挤出机惰轮安装	
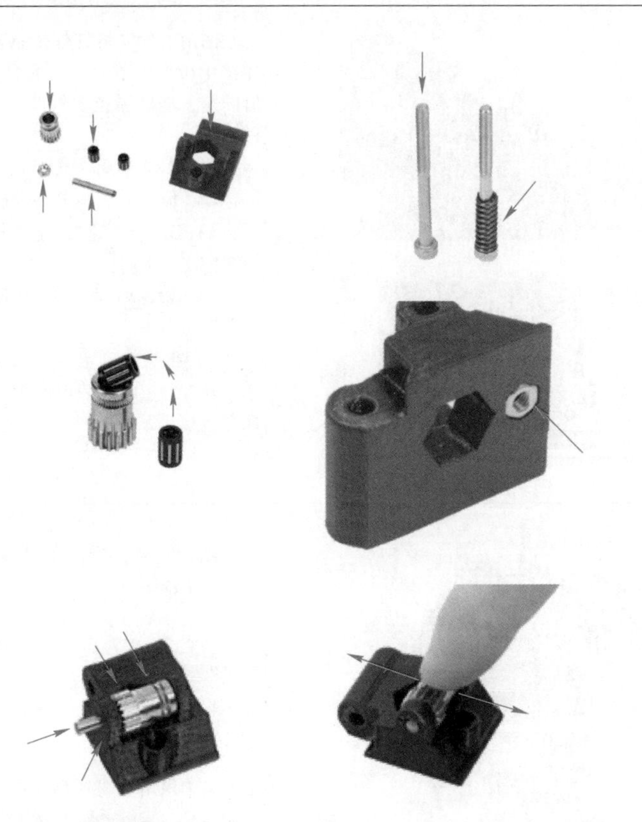  	左图示位置，将弹簧放在螺钉上，将两个轴承插入皮带轮中。 （1）取下 M3 螺母，并将其放入挤出机惰轮中； （2）将皮带轮插入惰轮； （3）将轴滑动穿过惰轮和皮带轮，使用合理的力，否则会损坏增材制造部件； （4）将手指放在轴承上，确保其可以自由旋转
步骤 14：挤出机惰轮固定	
	左图示位置，将挤出机惰轮放置到位，并使用 M3×40 螺钉将其固定。 不要将螺钉拧得太紧，检查惰轮是否可以自由旋转
步骤 15：FS 盖组件	
	左图示位置，将 FS 盖放在挤出机上，并根据图片对齐。 插入 M3×10 螺钉（注意：正确的孔）并拧紧

续表 6-4

组装示意图	组装说明及注意事项
步骤 16：风扇组装	
	左图示位置，将风扇滑入风扇护罩，确保其正确对齐。 （1）使用一个 M3×20 螺钉将风扇固定到位，小心拧紧，否则会损坏风扇外壳； （2）转动挤出机并插入 M3 螺母。如果插入螺母时遇到问题，尝试在拆除风扇的情况下，使用备用袋中较短的螺钉将其拉入，小心别让另一个螺母掉下来； （3）连接增材制造风扇另一侧的其余 M3×20 螺钉并拧紧。小心，可能会损坏风扇罩； （4）根据图示引导电缆，朝挤出机略微弯曲
步骤 17：自动调平传感器组装	
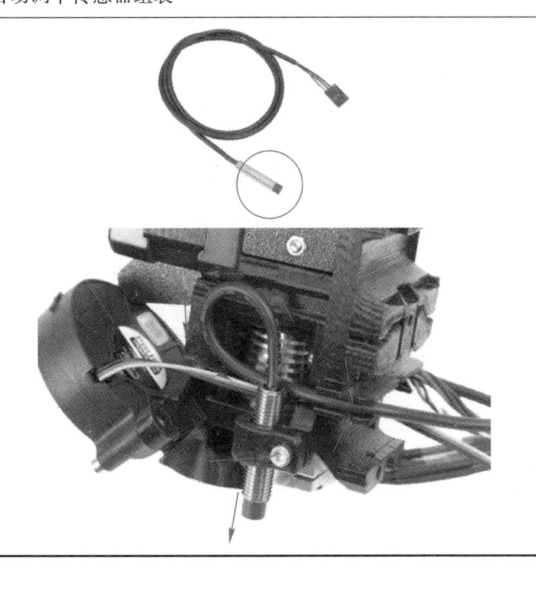	左图示位置，将自动调平传感器插入保持架中。准确的位置无关紧要，稍后会调整。 （1）稍稍拧紧 M3×10 螺钉； （2）在传感器的电缆上创建一个回路； （3）将电缆与风扇电缆一起推入通道

续表 6-4

<table>
<tr><th>组装示意图</th><th>组装说明及注意事项</th></tr>
<tr><td colspan="2">步骤 18：挤出机部件安装</td></tr>
<tr><td>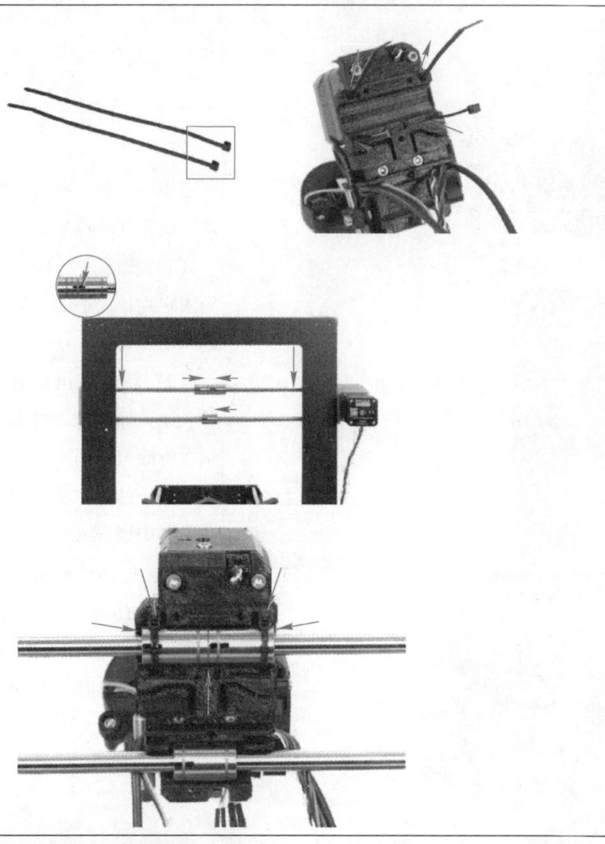</td><td>左图示位置，将拉链扎带插入 X 形托架。
（1）将 X 轴从顶部降低约 1/3；
（2）如左图所示，转动增材制造设备，X 轴电机和较短的固定件朝向内；
（3）转动所有 3 个轴承，使标记朝向操作者；
（4）将挤出机从另一侧放置到轴承上，确保 X 形托架中的轴承开口朝向操作者（包括机架上较短的挤压件），并且顶部轴承完全嵌入凹槽中；
（5）拉紧并剪断拉链带</td></tr>
<tr><td colspan="2">步骤 19：挤出机通道导线整理</td></tr>
<tr><td>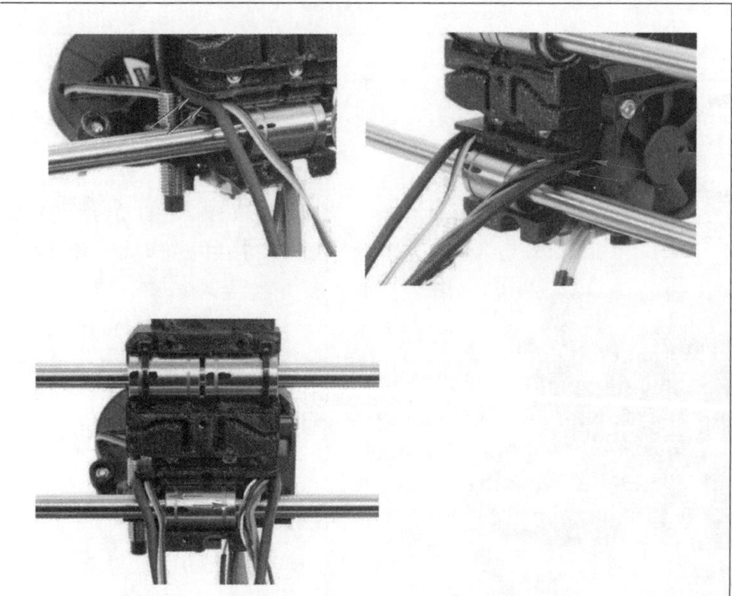</td><td>左图示位置，电缆放在下部滑杆上方的自动调平传感器侧，并将其推回通道中。
（1）将电缆放在下部滑杆上方的热端风扇侧，并将其推回到通道中；
（2）对齐轴承，使其与 X 形托架配合良好</td></tr>
</table>

续表 6-4

组装示意图	组装说明及注意事项
步骤 20：*X* 轴皮带组件组装	
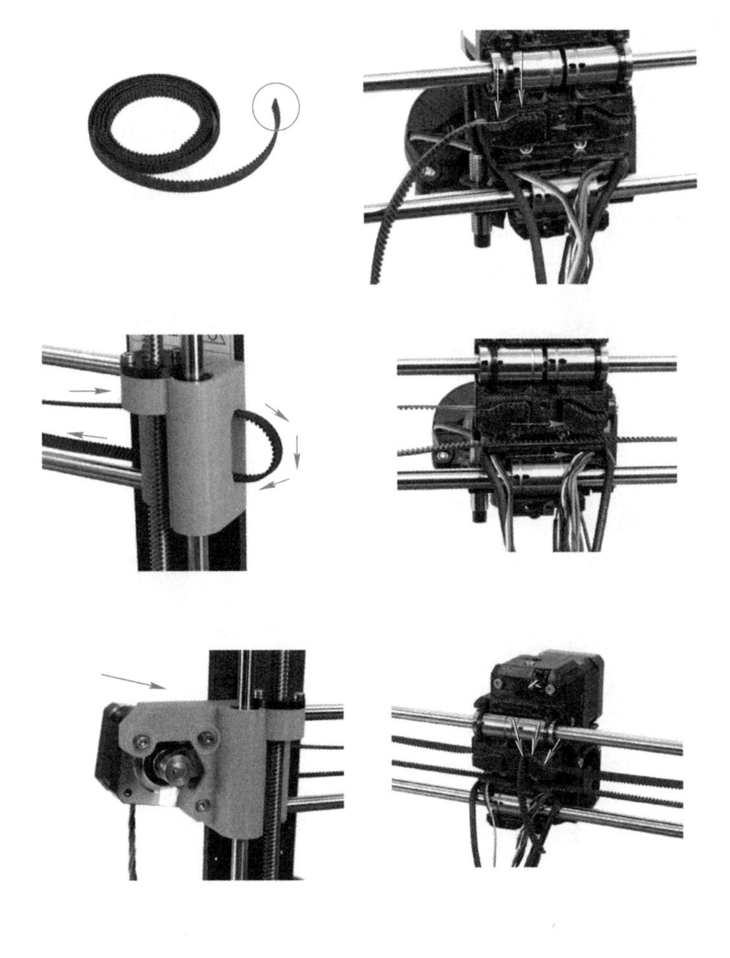	左图示位置，将 *X* 轴皮带的扁平部分插入 X 形托架。 （1）使用螺丝刀或最小的内六角扳手将皮带推入。 （2）引导 *X* 轴皮带穿过 *X* 轴惰轮，绕着 623h 轴承和壳体向后移动。 （3）通过 X 形托架继续传送皮带。 （4）引导 *X* 轴皮带穿过 *X* 轴电机，绕过 GT2-16 皮带轮并返回。 在继续引导皮带穿过 *X* 轴之前，请松开 *X* 轴的两个 M3 螺钉，直到它们与电机分离，必须能够将电机自由移动到两侧。 （5）如左图所示，朝机架旋转 *X* 轴电机。 （6）将 X-GT2 皮带的扁平部分插入 X 形托架。 （7）使用螺丝刀或最小的内六角扳手将皮带推入，这一侧会有皮带悬垂，不要修剪

续表 6-4

组装示意图	组装说明及注意事项
步骤 21：张紧 *X* 轴皮带	
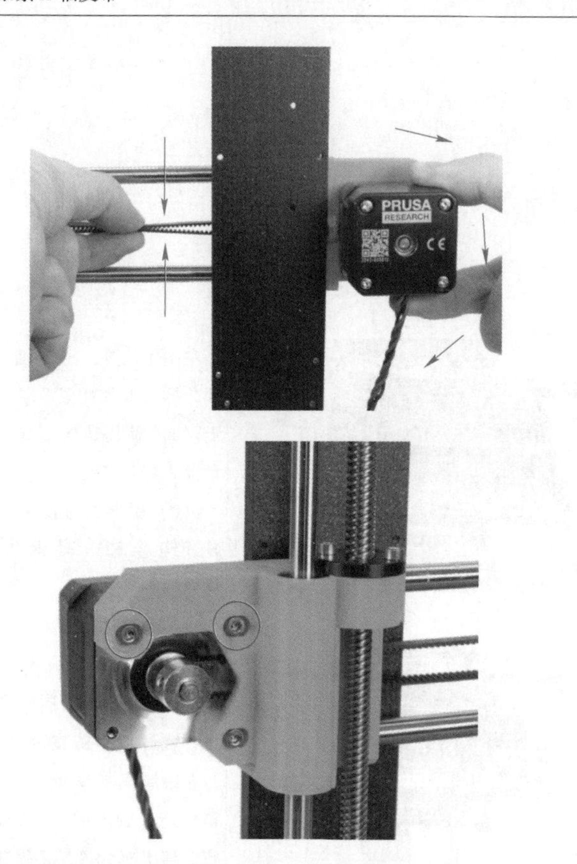	左图示位置，用右手将电机旋转到其原始位置，并保持住（皮带上施加张力）。 （1）用左手上的两个手指将皮带推到一起。弯曲皮带需要非常小的力，但在用手指按压之前，皮带不应因自身重量而弯曲，它必须是直的。如果难以将电机旋转回原位，则皮带张力过高。 （2）根据皮带张紧不足或张紧过度，调整 X 形托架中的皮带量。 （3）完成后，将电机旋转至其原始位置，并再次拧紧 M3 螺钉
步骤 22：尼龙导套组装	
	左图示位置，将尼龙丝孔定位在底部轴承的正上方。 （1）用钳子将尼龙丝尖端插入槽中，在推入增材制造材料的同时将它扭转，用另一只手握住挤出机。 注意：要特别小心，因为钳子容易滑动，并且很容易损坏电线。 （2）要检查增材制造材料是否正确入位，请用手轻轻拉动灯丝。*X* 轴应稍微弯曲，但增材制造材料必须留在槽中

续表 6-4

组装示意图	组装说明及注意事项
步骤 23：X 形托架-靠背组装	
	左图示位置，取下 M3 螺母，并将其放置在固定块中（一直插入）。 （1）旋转 X 形托架，并将其与电缆支架一起拧紧； （2）检查“U”形槽在两个零件上是否正确对齐
步骤 24：固定加热导线	
  	左图示位置，使用两个扎带，将其绕过电缆支架上的上部插槽。 （1）注意：在拧紧扎带之前，先将加热头的两组导线从扎带穿过； （2）拧紧扎带并切割其余部分； （3）打开束线套管，并将加热头导线放入

续表 6-4

组装示意图	组装说明及注意事项
步骤 25：*E* 轴组装完成	
	检查最终外观，将其与图片进行比较

（5）Prusa i3 型增材制造设备显示器模块的组装步骤，见表 6-5。

表 6-5 Prusa i3 型增材制造设备显示器模块组装步骤

组装示意图	组装说明及注意事项
步骤 1：准备物料	
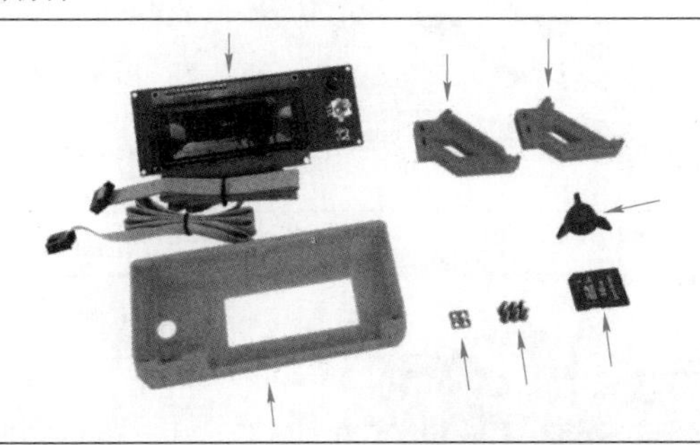	物料准备：液晶显示器盖（1个），LCD 旋钮（1个），LCD 支持（2个），液晶屏（1个），M3×10 螺钉（6个），M3 方形螺母（4个），SD 卡（1个）
步骤 2：组装 LCD 支架	
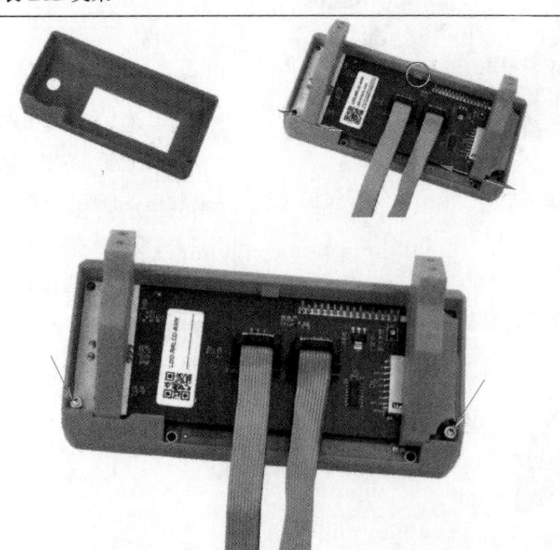	左图示位置，把 LCD 控制器放置于LCD 支架上，确保零件和LCD 控制器的方向正确。 使用 2.5 mm 内六角扳手和两个 M3×10 螺钉，将 LCD 控制器固定到位

续表 6-5

<table>
<tr><th>组装示意图</th><th>组装说明及注意事项</th></tr>
<tr><td colspan="2">步骤 3：将 LCD 显示器安装到增材制造设备上</td></tr>
<tr><td>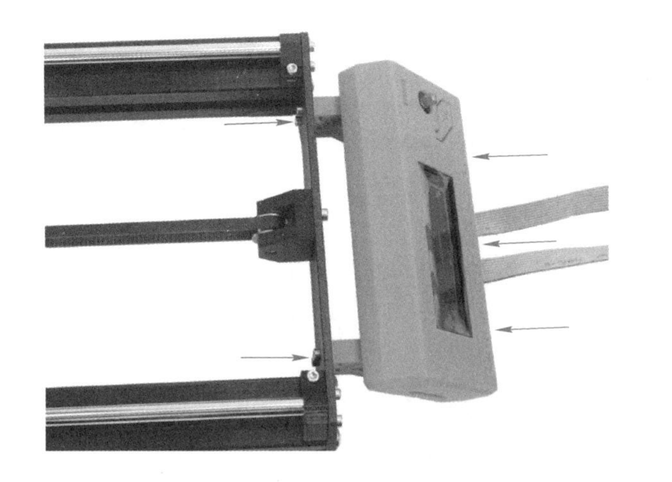</td><td>左图示位置，定位前板上 M3 螺钉的孔。
（1）压入 4 个 M3×10 螺钉；
（2）将 LCD 组件放置在 Y 轴的前侧；
（3）拧紧 4 个螺钉</td></tr>
<tr><td colspan="2">步骤 4：组装 LCD 旋钮</td></tr>
<tr><td> </td><td>左图示位置，组装 LCD 旋钮部件，旋钮安装方向无关紧要</td></tr>
<tr><td colspan="2">步骤 5：LCD 组装完成</td></tr>
<tr><td></td><td>检查最终外观，将其与图片进行比较</td></tr>
</table>

（6）Prusa i3 型增材制造设备制造平台和电源组件模块的组装步骤，见表 6-6。

微课视频：打印平台安装

表 6-6 Prusa i3 型增材制造设备制造平台和电源组件模块组装步骤

组装示意图	组装说明及注意事项
步骤 1：加热导线组件组装	
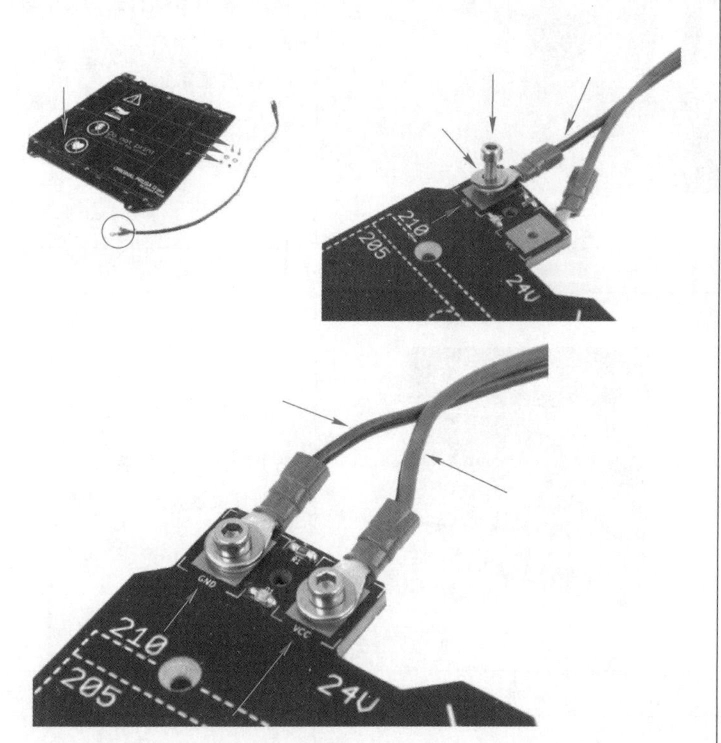	左图示位置，将黑色导线接“GND”引脚。 （1）将 M3×10 螺钉压过所有零件； （2）将 M3 尼龙锁紧螺母放在 M3 螺钉的顶部，并稍微拧紧； （3）使用钳子和内六角扳手将增材制造平台向后转动并拧紧螺钉； （4）对第二根导线重复此步骤
步骤 2：加热导线盖	
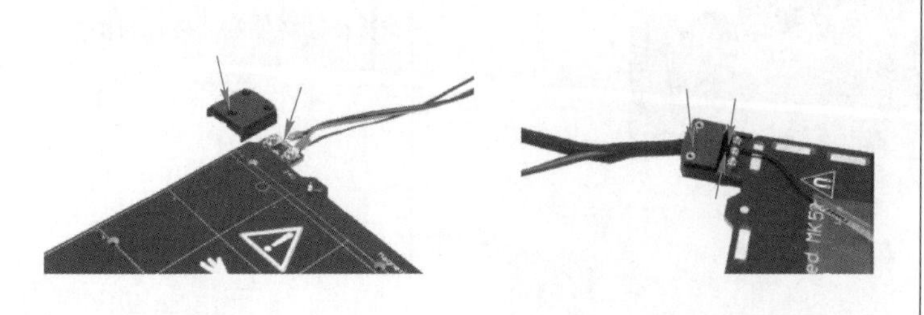	左图示位置，用螺钉把导线盖固定于加热导线接头处

续表 6-6

<table>
<tr><th>组装示意图</th><th>组装说明及注意事项</th></tr>
<tr><td colspan="2">步骤 3：增材制造平台组件安装</td></tr>
<tr><td>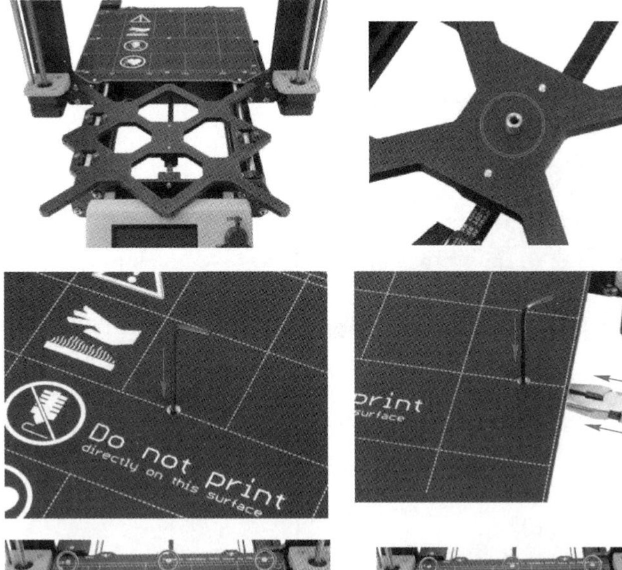

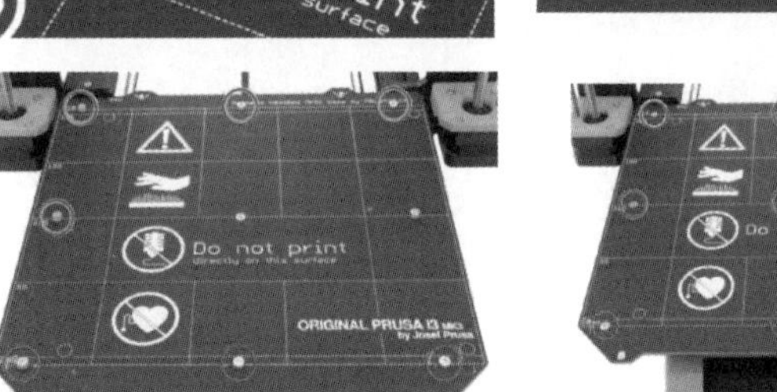
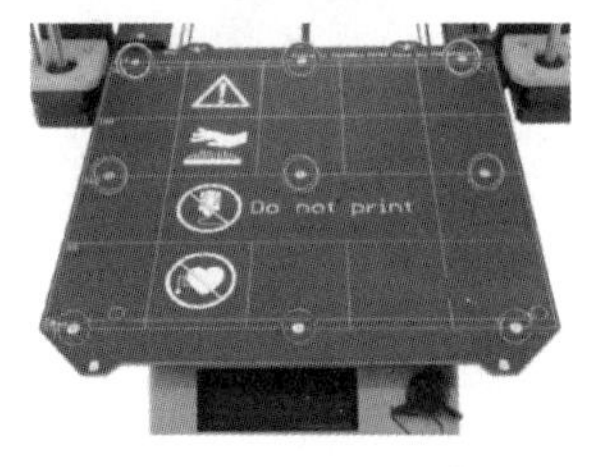</td><td>左图示位置，将 Y 形托架推到前面，并将增材制造平台放在后面。
（1）将内六角扳手推过增材制造平台上的中间孔，并将其放置在隔套上方，使用内六角扳手对齐所有零件。
（2）对齐后，插入 M3×12 螺钉，稍稍拧紧螺钉。
（3）使用钳子插入隔套并拧入其余的孔，不要完全拧紧螺钉。
（4）所有螺钉就位后，按以下顺序拧紧：
1）中心螺钉；
2）前 4 个螺钉（边缘）；
3）最后 4 个螺钉（角）</td></tr>
<tr><td colspan="2">步骤 4：电源组件安装</td></tr>
<tr><td>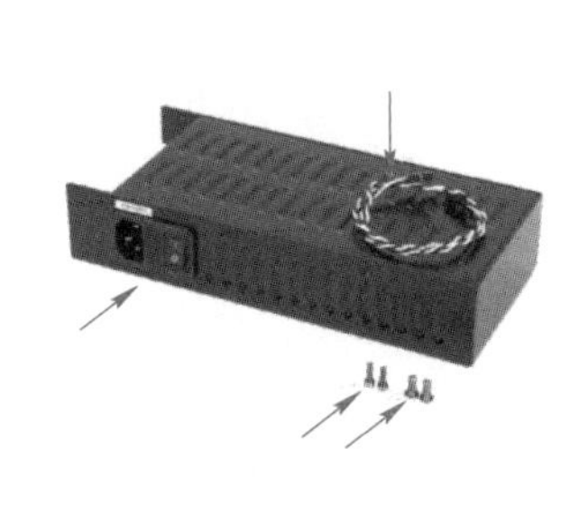
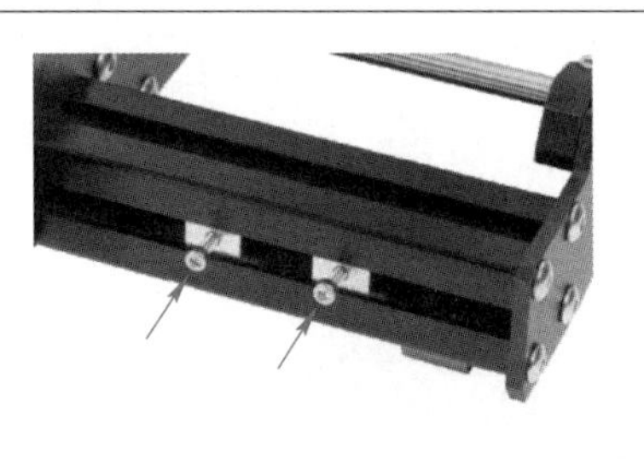

</td><td>左图示位置，将 M3×10 螺钉插入铝合金支架。
（1）取出电源模块，并将其放置在螺钉上方；
（2）调整角度，用螺钉拧紧</td></tr>
</table>

续表 6-6

组 装 示 意 图	组装说明及注意事项
步骤 5：连接电源导线	
  	左图示位置，依据图示导线颜色，将其固定牢靠
步骤 6：安装完成	
	加热平台和电源部分组装完成

（7）Prusa i3 型增材制造设备电气控制板导线的组装步骤，见表 6-7。

表 6-7　Prusa i3 型增材制造设备电气控制板导线组装

组 装 示 意 图	组装说明及注意事项
步骤 1：组装电气控制盒	
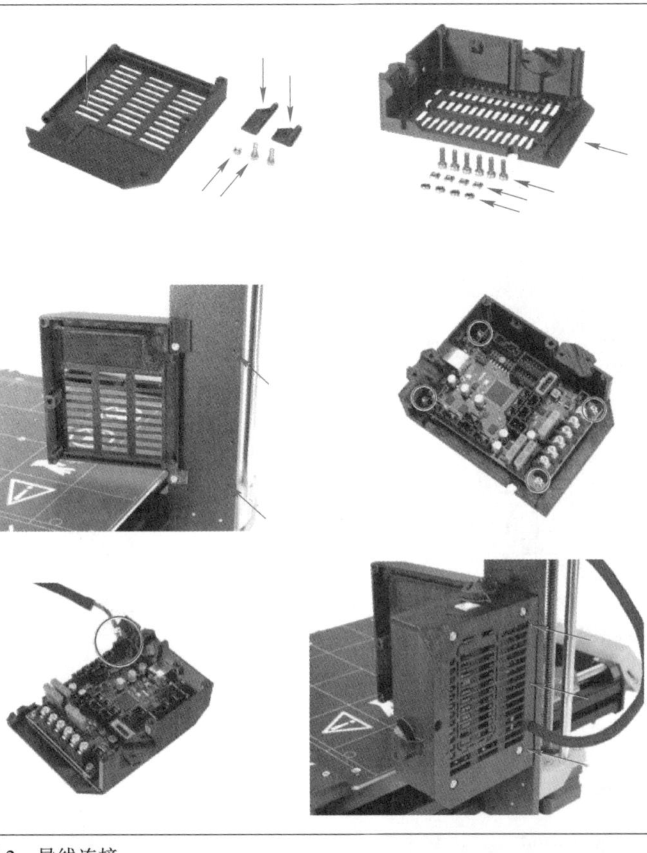	左图示位置，用 M3×10 螺钉把电气控制盒前盖板固定至支架上。 将 4 个 M3 螺母放入电气控制盒后盖板四角空中，然后放入电气控制板，用 4 个 M3×10 螺钉拧紧
步骤 2：导线连接	
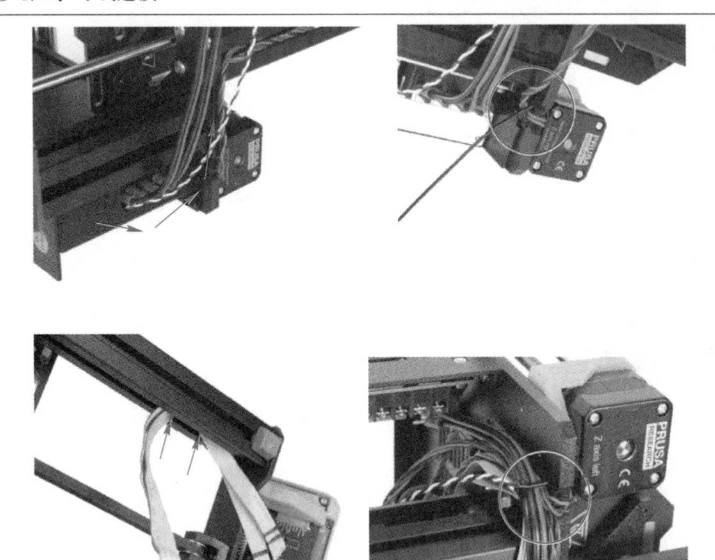	左图示位置，从 Z 轴电机（右侧）开始。 （1）将拉链穿过框架上的圆孔，形成一个环； （2）将电缆轻轻推入拉链带并拧紧，使其紧贴并固定住电线； （3）把显示屏电缆连接至电源，并用扎带固定

续表 6-7

组装示意图	组装说明及注意事项
步骤3：电路控制板电源线连接	
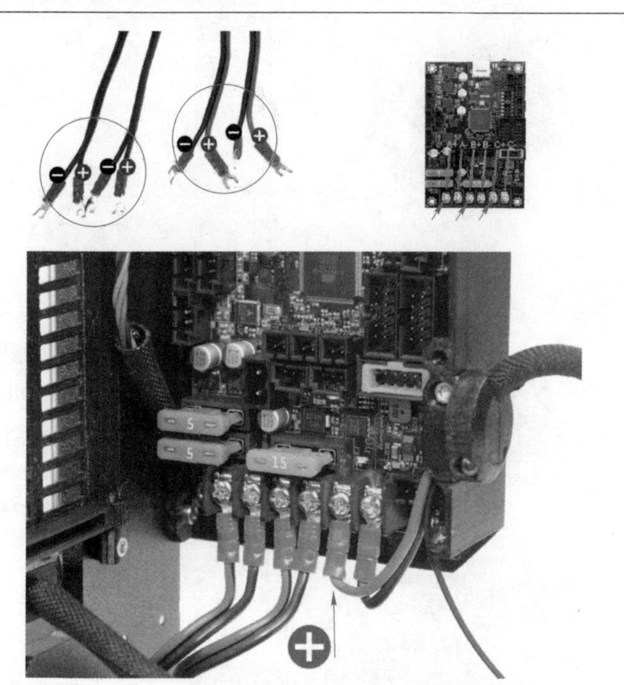	左图示位置，将电源线连接至电路控制板
步骤4：其他导线连接	
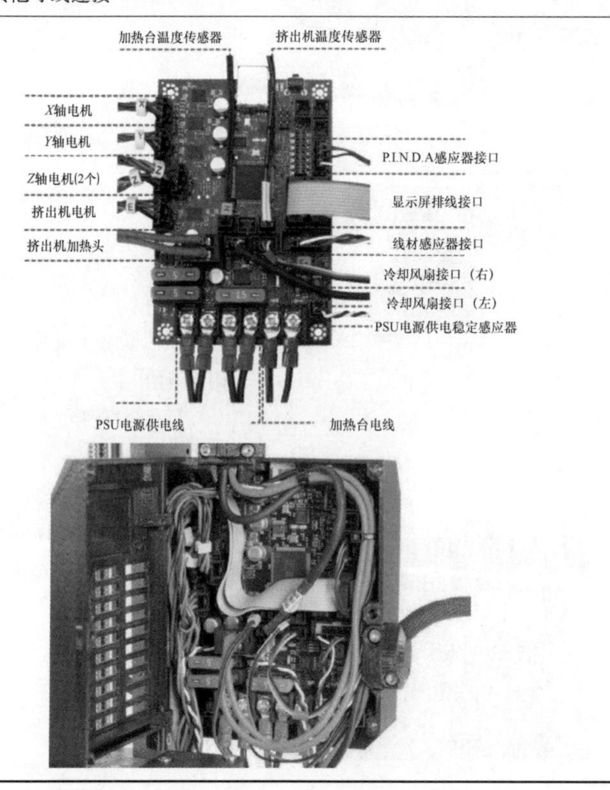	依据电路控制板管脚连接图示，依次连接和检查各部分导线，并用扎带固定

续表 6-7

组装示意图	组装说明及注意事项
步骤5：电气控制板导线组装完成	
	电气控制板导线组装完成

（8）Prusa i3 型增材制造设备上电调试。至此，Prusa i3 型增材制造设备就组装完成了（见图 6-13），再将增材制造设备进行调平等调节操作，即可进行切片增材制造了。

图 6-13　组装完成的 Prusa i3 型增材制造设备

任务 6.3　增材制造设备的维护与维修

课件：任务6.3 增材制造设备的维护与维修

任务导入

增材制造工作中，大多数用户只考虑如何使用增材制造设备，往往会忽略该设备的日常维护与保养。其实，增材制造设备的日常维护是很有必要的，如果想时刻保持它在最佳增材制造的状态，那么对它的保养尤为重要。不同类型的增材制造设备，其维护保养也有所不同。如果你正在使用增材制造设备，该如何对它进行维护与维修呢？

任务要求

（1）在学银在线或学习通平台上完成在线学习任务，学会知识点基本技能操作，完成知识构建。

（2）学会增材制造设备常用维护保养方法、常见故障维修。

（3）填写工作过程记录单，提交课程平台。

（4）在学银在线或学习通平台上完成拓展任务、参与话题讨论。

知识链接

为了保证增材制造设备能长期稳定的运行，提高工作效率，延长使用寿命，通常需要注意对其进行日常的维护与保养。只有掌握了良好的维护保养方法，才能最大限度地延长增材制造设备的寿命。同时，良好的操作习惯，以及经常性的保养工作也能够让增材制造设备更好地发挥功能，增材制造出高精度的物体。对于增材制造设备有些机器部件，特别是一些不断运动的部分，随着运行时间的增加，会出现一定的磨损。如果想使设备一直处于良好的运行状态，就应该注意日常的保养，尽量避免增材制造过程中出现异常状况。

6.3.1 知识点1：增材制造设备的日常维护

微课视频：3D打印机的维护与保养

6.3.1.1 日常维护注意事项

（1）设备使用前应确保各安全防护装置完好。

（2）定期做好设备的清洁保养工作，尽量将喷头、热床、运动部件及其他零件的表面清扫干净，防止因粉尘过多而造成的磨损。

（3）每次维修和保养后，需将拆卸零部件完好地装回原位，避免漏装和错装造成的机械故障。

6.3.1.2 日常基本维护保养

（1）每天开启设备前，要仔细做一些检查：喷头是否有堵塞或损坏现象，各部分连接线是否正常，导轨或光轴是否缺油，平台是否校准调平等。喷头内有滞留物时要立即清理干净；零件或线路有损坏或老化时应及时更换；定期给导轨或光轴添加润滑油；校准过程中若发现螺丝、螺母松动，则应使用内六角扳手、十字螺丝刀、扳手等工具拧紧。

（2）在制造过程中，模型尺寸不可超出设备的实际制造能力范围，同时也不可让机器在温度过高、负载过大的情形下工作；否则不仅不能制造出合格的产品，还有可能因为超负荷工作而损坏机器。

（3）为了能更好地使用设备，在设备使用结束后，应抽出挤出头内的剩余材料，并密封保存好剩余的材料，防止材料因受潮后变脆断在喷头里，造成喷头堵塞。

6.3.1.3　其他注意事项

（1）在正常增材制造过程中不能直接断电，如需要停电，则先关闭系统，再关闭电源。顶盖要先关闭才能进行增材制造，在运行状态下，切勿开盖。

（2）加换材料时，先暂停设备，然后换上新的材料盒，关上材料抽屉再继续增材制造。如果在增材制造进行中加换材料盒，则必须在 1 min 内装上材料并关上材料抽屉。

（3）清理托盘上的残余材料及灰尘时，应避免将其清入机器内部及挤出头，从而导致器件破坏。

（4）如果需要在晚上或者周末增材制造时，要有“工作中，勿断电”的提示，以免被误断电。

（5）增材制造设备的固件也需要经常进行升级，以保证长期的正常运作。

6.3.2　知识点2：机械部件维护保养

6.3.2.1　机械系统的维护

（1）增材制造完成，清理掉工作平台上的固体残渣，清理堵塞的孔洞。

（2）材料溅上导轨，可用酒精擦拭干净。

（3）要定期清理导轨上的杂物，3个月加一次润滑油。

（4）要定期清理 Z 轴导轨和丝杠的杂物，6个月加一次润滑油。

（5）不要用尖锐利器刻划设备表面，避免损伤设备表面。

（6）不要用钝器敲打设备，防止设备表面变形。

6.3.2.2　调整传动带松紧度

一般来说，传动带不能太松，但也不能太紧，不要给电机轮轴和滑轮太多的压力。传动带安置好后，试一下转动滑轮是否有太多的阻力。当拉动传动带时，如果传动带发出比较响的声音，表明传动带太紧了，增材制造设备运转时应该几乎是无声的或者是轻微的声音。如果电机发出噪声较大，则表明传动带太紧。如果传动带自然下垂，则表示传动带过松。

传动带的松紧程度取决于固定电机的插槽。很多增材制造设备选用插槽而不是固定的圆孔，这可以让电机平行于滑动轴转动。对于传动带的松紧调整，可以通过调整螺钉来进行，拧松螺钉，移动电机，可以调整传动带的松紧度；当达到适当的程度时，再拧紧螺钉。

6.3.2.3　运动轴的维护保养

当机器运行起来振动有些大时，需要清理一下滑杆。所有的轴杆在没有任何振动的情况下，保证能够平行滑动，添加一些润滑油可以清理滑杆，减少摩擦，使套管和滑杆之间的磨损最小化。增材制造设备的 Z 轴是很重要的，它控制着增材制造工件的高度、厚度。它的精度是由母件与丝轴配合来决定的，一般增材制造设备的 Z 轴与母件配合精度为 0.05 mm，因此在 Z 轴上不可有污物或油泥。Z 轴的母件中间有润滑油，两端有自清洁母件，但清洁能力不够，还需要人为清理，至少半年清理一次。清理方法很简单，用干净的牙刷或毛刷横向轻扫 Z 轴，从上至下即可，不要用布或者纸类，否则会有残留线头或纸屑，影响 Z 轴转动。

6.3.2.4 直线导轨维护保养

（1）直线导轨的标准品在出货前已将良质的润滑剂（润滑油或黄油）封入滑块内，在装用并试运转之后、正式运转之前，要再次对滑块进行润滑，使用相同黄油的润滑剂。

（2）直线导轨的标准品在出货前，导轨表面四周已涂敷防锈油；安装时，若有清晰滑轨的动作，在机台设备完装时，再次将滑轨表面四周涂敷一层适当的润滑油（使用兼容的润滑剂）。

（3）直线导轨的滑块系由许多塑料材质零件组成，清洁时避免用有机溶剂接触或浸泡这些零件，以免造成产品损坏。

（4）异物进入滑块内是造成滑块故障损坏的原因之一，应注意予以避免。

（5）任意拆解直线导轨的零配件有可能造成异物引入滑块或降低直线导轨的精度，不要任意拆解直线导轨。

（6）不当倾斜直线导轨可能造成滑块因自重而滑出导轨，要在移动直线导轨时保持直线导轨水平状态。

（7）直线导轨摔落或撞击会损坏正常功能，要避免直线导轨产生不当的摔落或撞击。

（8）一般性直线导轨可容许的最高环境温度为 100 ℃。

以上仅是部分注意事项，在实际使用过程中，还要认真阅读生产厂家的操作说明书或维修保养手册，严格按照要求进行日常的维护保养。

6.3.3 知识点3：增材制造设备的简单故障维修

6.3.3.1 无法装入增材制造材料

增材制造时，有时会发生按照增材制造材料装载步骤操作却无法正常装载增材制造材料的情况，此时可以按以下方法逐一排查问题：

（1）检查增材制造设备是否加热到可以熔化增材制造材料的温度。如果增材制造设备温度还未上升到设定温度，增材制造材料进入加热腔后不发生熔化，增材制造材料无法从喷嘴挤出。

（2）挤出机无法卡住增材制造材料。只有当挤出机卡住增材制造材料后，材料才可以随着挤出机转动发生运动。有时增材制造材料无法被挤出机卡住，这时可以尝试加大增材制造材料插入的力度；若依旧无法成功装载，可将增材制造材料的头部剪成斜角，然后垂直进入挤出机的入口位置，用力使材料进入挤出机。此过程中也可以使用钳子等工具，但材料要保持垂直，不要倾斜。

6.3.3.2 喷嘴吐丝异常

在增材制造过程中，会出现喷嘴吐丝不流畅的状况，此时应进行以下检查：

（1）检查挤出机是否出现工作异常；

（2）检查增材制造设备设定的温度是否与增材制造材料所要求的温度一致；

（3）检查切片参数，查看是否回抽距离设置过大导致材料回抽后无法返回。

6.3.3.3 喷嘴堵塞

有时喷嘴会发生完全堵塞的情况，这主要是因为在增材制造过程中，挤出材料的线宽受喷嘴直径、挤出速度以及增材制造头移动速度等因素的影响。若这些因素不能协调工作，则会发生实际挤出线宽大于理论线宽的情况发生，这一现象使材料挤出后会粘贴在喷嘴外侧。随着材料的累积越来越多，喷嘴堵塞就会发生。当堵塞发生后，可进行以下操作进行疏通清理：

（1）使用钢针从上至下插入喷嘴中疏通；

（2）拆卸喷嘴，清理喷嘴内部的残留耗材；

（3）提高增材制造温度，使喷嘴中的耗材先充分融化，再进行增材制造。

6.3.3.4 增材制造材料无法完全粘贴在增材制造平台

增材制造材料的第一层无法完全粘贴在增材制造平台上，将会影响后面每一层的增材制造，严重的将导致增材制造失败。此时需要进行以下检查：

（1）检查增材制造平台的材质是否可供增材制造材料粘贴，某些材质（比如亚克力材质）不易被增材制造材料粘贴的，此时应在增材制造平台上均匀地涂抹一层胶水或固体胶或者使用胶带粘贴在增材制造平台上；

（2）检查增材制造头和增材制造平台的距离是否有一张 A4 纸的距离，距离太远或太近都有可能导致无法粘贴在平台上；

（3）检查增材制造设备出料是否正常，是否有出料过少的现象；

（4）如果以上操作都不能解决问题，可以尝试在增材制造模型底部加增材制造底座（Raft），使增材制造物体更容易粘贴在平台上。

6.3.3.5 增材制造物体翘边

在使用 ABS 材料进行增材制造时，模型经常会发生翘边，尤其在物体模型较大或模型底部面积较大时，翘边问题更为严重。

引起翘边的根本原因是：在增材制造过程中，增材制造材料经历了由固态熔化到液态、再冷却到固态的阶段。由于材料体积的热胀冷缩，导致挤出材料产生内应力，从而引起模型的变形、翘边或者分层。在使用桌面 FDM 式增材制造设备时，当模型底部与增材制造平台粘贴无力时，或者温度下降过快导致材料收缩时，翘边现象就十分容易发生。总之，引起翘边的原因有增材制造平台加热不均匀、ABS 材料的弹性和收缩度不足，以及增材制造速度过慢等，可以通过调节增材制造平台温度来减少或减轻翘边。

6.3.3.6 增材制造头运动失常

在增材制造过程中，增材制造头运动可能会发生移动不到位的现象，这可能由电动机失步导致，需进行以下检查：

（1）检查电动机同步轮是否拧紧；

（2）检查滑杆阻力是否太大，导致运动不流畅。

6.3.3.7 增材制造模型形状是否失真

比如，要增材制造一个正方形，结果增材制造出来的是矩形；要增材制造一个圆形，结果增材制造出来的是椭圆形。此种情况是由于 *X* 轴和 *Y* 轴不是正交造成的，此时就要调整使之正交。调整的方法是：分别移动 *X* 轴到外壳的两侧，观察并调整使 *X* 轴与外壳平行；再移动 *Y* 轴到外壳两侧，观察并调整使 *Y* 轴与外壳平行。

任务实施

（1）立体光固化成型类型增材制造设备的维护保养。市场上有多种品牌的立体光固化成型类型增材制造设备，本书以联泰 AME_R6000 型号为例，其他品牌参考即可。

1）光路系统的保养。SLA 设备光路主要器件包含激光器、反射镜、变光斑模组、扫描振镜、场镜、扫描振镜保护窗、透射镜、扩束镜、静态聚焦镜等。

① 激光器的保养。激光器起到光源的作用，在 SLA 光路中提供波长 355 nm 的紫光。

· 激光器使用环境温度保持在 15~35 ℃，湿度 20%~80%。

· 每隔 6 个月定期观察窗口镜是否被污染。方法：戴上特定的激光防护眼镜，把激光功率设置为小功率（<30 mW），使激光作用于白纸上，观察光斑周围是否有散斑。

· 激光器如果长时间不用，需要每半月通电一段时间，延长使用寿命。

· 激光器安装，或返厂维修时，要轻拿轻放，部分激光器线束内含有光纤，不要大角度折弯。

· 清洁激光器风扇处的灰尘，每隔 6 个月观察风扇散热片处是否积累有大量的灰尘等杂质，将激光器断电后进行清洁，注意不要损坏扇叶。

② 变光斑模组的保养。变光斑模组起到扩束聚焦和调节光斑大小的作用，保养方法如下：

· 光斑大小同心度。每隔 6 个月定期检查大小光斑的直径和同心度，如果存在偏离，要按照各个机型的要求调好大小光斑的直径，大小光斑同心度小于 0.03 mm。

· 散斑。每隔 6 个月检查模组镜片污染、雾化散斑等情况，一是在激光处于弱光的情况下，戴上护目镜观察激光通过模组后光斑是否有严重缺失、散斑等；二是使用功率计检测模组前激光功率和模组后激光功率对比，衰减大于 5% 为异常，清洁镜片以后再检测，若还是大于 5%，则需更换镜片。

· 每隔 6 个月需要打一次油。

③ 扫描振镜的保养。扫描振镜主要起到扫描轨迹的作用，保养方法如下：

· 每隔 6 个月观察 XY 扫描反射镜是否有污染划伤等，方法：激光器完全关掉，拆下振镜保护窗或者场镜，用手电照射振镜扫描反射镜，观察反射镜上是否有污染物、划伤、裂痕等；如果有，可使用沾有浓度 99% 酒精或丙酮的无脂纸或棉签擦拭掉污染物。

· 打件过程中是否有啸叫、电流声等。

④ 动态聚焦镜的保养。动态聚焦主要起到扩束聚焦的作用，实现实时动态聚焦。动

态聚焦镜是比较精密的光学器件，一般较少出现问题，做好防尘防污，在安装拆卸时轻拿轻放，切勿用手触摸镜片。

· 光斑检查：每隔 6 个月检查光斑大小，如果发现光斑异常变大，各点光斑大小不一，需要用专业仪器由生产厂家进行保养。

· 散斑检查：每隔 6 个月通过观察动态聚焦镜前后的光斑对比是否有散斑，如前面有散斑，排查前部分光路；如后面有散斑，由生产厂家进行保养。

⑤ 场镜的保养。场镜主要起到聚焦作用，保养方法如下：

· 场镜下表面：每隔 6 个月观察场镜下表面是否有树脂、灰尘等污染物，如果有，可使用沾有浓度 99%酒精或丙酮的无脂纸或棉签擦拭掉污染物。

· 场镜上表面：每隔 6 个月拆下场镜，观察场镜上表面是否有树脂、灰尘等污染物，如果有，可使用沾有浓度 99%酒精或丙酮的无脂纸或棉签擦拭掉污染物。

⑥ 扫描振镜保护窗的保养。扫描振镜保护窗位于振镜下方，防止灰尘、树脂反溅到扫描镜片上。扫描振镜保护窗上下表面，每隔 6 个月拆下扫描振镜保护窗观察上下表面是否有树脂、灰尘等污染物，如果有，可使用沾有浓度 99%酒精或丙酮的无脂纸或棉签擦拭掉污染物。

⑦ 透射镜的保养。透射镜位于功率检测头中，防止树脂、灰尘等污染功率传感器。透射镜表面，每隔 6 个月观察透射镜上表面是否有树脂、灰尘等污染物，如果有，可使用沾有浓度 99%酒精或丙酮的无脂纸或棉签擦拭掉污染物。

⑧ 扩束镜的保养。扩束镜起到光斑放大的作用，保养方法如下：

· 镜片：每隔 6 个月检查进出扩束镜的光斑、功率比值判断镜片是否有污染，如果有，可使用沾有浓度 99%酒精或丙酮的无脂纸或棉签擦拭掉污染物。

· 光斑大小：使用光束分析仪检查光斑直径和圆度是否在设备核定范围内，需要用专业仪器由生产厂家保养。

⑨ 静态聚焦镜的保养。静态聚焦镜不仅起到光斑放大的作用，还起到聚焦作用，主要使用在前聚焦光路中，保养方法如下：

· 镜片：每隔 6 个月检查进出静态聚焦镜的光斑、功率比值判断镜片是否有污染、损伤，如果有，可使用沾有浓度 99%酒精或丙酮的无脂纸或棉签擦拭掉污染物。

· 光斑大小：使用光束分析仪检查光斑直径和圆度，是否在设备核定范围内。

2）机械系统的保养。

① 机械系统的维护：

· 增材制造完成后，清理掉工作平台上的树脂固体残渣，清理堵塞的孔洞；

· 树脂溅在导轨上，可用酒精擦拭干净；

· 及时清理掉刮刀上的异物；

· 要定期清理刮刀导轨上的杂物，3 个月加一次润滑油；

· 要定期清理 Z 轴导轨和丝杠的杂物，6 个月加一次润滑油；

· 不要用尖锐利器刻划设备表面，避免损伤设备表面；

· 不要用钝器敲打设备，防止设备表面变形。

② 限位解除：

· *Z* 轴限位。当 *Z* 轴运动向下或向上超过极限位置时会发生限位，此时 PLC 将信息发送给报警灯，报警灯会有黄色指示灯闪烁。用户通过软件操作使 *Z* 轴向相反方向运动脱离极限位，报警信息会消除，进入正常状态。

· 刮刀限位。当刮刀运动行程超过极限位置时会发生限位，此时 PLC 将信息发送给报警灯，报警灯会有黄色指示灯闪烁。用户通过软件操作使刮刀向相反方向运动脱离极限位，报警信息会消除，进入正常状态。

③ 直线导轨的保养：

· 每组直线导轨以及润滑珠槽轨道，虽然润滑油脂较不易流失，但为了避免因润滑损耗造成润滑不足，应在使用距离达 100 km 时，补充润滑油脂一次，此时可用注油枪通过滑块上所附油嘴，将油脂打入滑块中。润滑油脂适用于速度不超过 60 m/min，且对冷却作用无要求的场合。

· 使用油黏滞力为 32～150 cst 的润滑油润滑直线导轨。润滑油的损耗比润滑油脂更快，使用时必须注意供油是否充分，若润滑不足易造成直线导轨异常磨损降低其使用寿命，建议打油频率约为 0.3 cm^3/h，可依据使用状况酌情使用。润滑油使用于各种负载及速度的场合，由于润滑油易挥发，故不适用于高温润滑。

直线导轨维护注意事项：

· 直线导轨的标准品在出货前已将良质的润滑剂（润滑油或黄油）封入滑块内，在装用并试运转之后、正式运转之前，再次对滑块进行润滑，必须使用相同黄油的润滑剂。

· 直线导轨的标准品在出货前，导轨表面四周已涂敷防锈油；安装时，若有清晰滑轨的动作，在机台设备完装时，再次将滑轨表面四周涂敷一层适当的润滑油（使用相容的润滑剂）。

· 直线导轨的滑块系由许多塑料材质零件组成，清洁时避免用有机溶剂接触或浸泡这些零件，以免造成产品损坏。

· 异物进入滑块内是造成滑块故障损坏的原因之一，应注意予以避免。

· 任意拆解直线导轨的零配件有可能造成异物引入滑块或降低直线导轨的精度，不要任意拆解直线导轨。

· 不当倾斜直线导轨可能造成滑块因自重而滑出导轨，在移动直线导轨时保持直线导轨水平状态。

· 直线导轨摔落或撞击会损坏正常功能，要避免直线导轨产生不当的摔落或撞击。

· 一般性直线导轨可容许的最高环境温度为 100 ℃。

④ 滚珠丝杠的维护与保养：

· 应每半年将滚珠丝杠上的润滑脂更换一次，清洗丝杠上的旧润滑脂，涂上新的润滑脂。用润滑油润滑的滚珠丝杠副，可在每次机床工作前加油一次。

· 滚珠螺杆保养油为一般市售润滑油，黏度建议为 30～40 cst 的润滑油。

· 轴向间隙的消除。滚珠丝杠副拆装后，为保证反向传动精度和轴向刚度，必须消除轴向间隙。双螺母滚珠丝杠副消除间隙的方法为：利用两个螺母的相对轴向位移，使两个滚珠螺母中的滚珠分别贴紧在螺纹滚道的两个相反的侧面上。用这种方法预紧消除轴向间隙时，应注意预紧力不宜过大，否则会使空载力矩增加，从而降低传动效率。

· 滚珠丝杠副的防护。滚珠丝杠副应避免灰尘进入，可用螺旋弹簧钢带套管、伸缩套管或折叠式套管等。安装时，将防护罩的一端连接在滚珠螺母的端面，另一端固定在滚珠丝杠的支承座上。

· 如果滚珠丝杠处于隐蔽的位置，则可采用密封圈防护，将密封圈装在螺母的两端。接触式密封圈防尘效果好，但有接触压力，使摩擦力矩略有增加。非接触密封可避免摩擦力矩，但防尘效果稍差。

· 定期检查支承轴承。应定期检查丝杠支承与床身的连接是否松动，支承轴承是否损坏，如果有问题应及时紧固松动部位并更换支承轴承。

⑤ 刮刀的清理：

· 增材制造做件完成后，将刮刀回零，用刮刀清理工具轻轻地擦理刮刀内腔以及刮刀刀刃，将上面残留的固体残渣清理掉。刮刀清理需要定期进行，频率尽量高；同时在使用过程中，避免误操作，防止刮刀碰到其他物体从而损坏刀刃。

· 使用一定时间或有样品打坏的情况下，刮刀底部会或多或少粘有一些残渣颗粒，为避免影响下一次打印质量，这时需要工作人员对刮刀底部进行清理。建议正常情况下，三天清理一次。若有损坏制件、支撑的情况，应及时清理。

· 清理步骤。第一步：刮刀归位。在RSCON打印界面的左下角，点击“清理刮刀”图标，让刮刀和网板回到清理位置。第二步：清理刮刀。戴上手套，先用手检查刮刀底部残渣情况，然后用抛光砂条、硅胶板轻轻摩擦，在有固体颗粒的地方多清理几次，如图6-14所示。注意：如刮刀上粘的是大且较牢固的颗粒，可先用钻石面的清理件打磨，再用砂砾面的清理件。第三步：检查刮刀底部。打磨完后再用手检查底部是否清理干净（见图6-15），否则重复第二步。第四步：刮刀回零。在RSCON界面的菜单中下拉出“硬件控制”界面，点击“刮刀”回零即可，如图6-16所示。

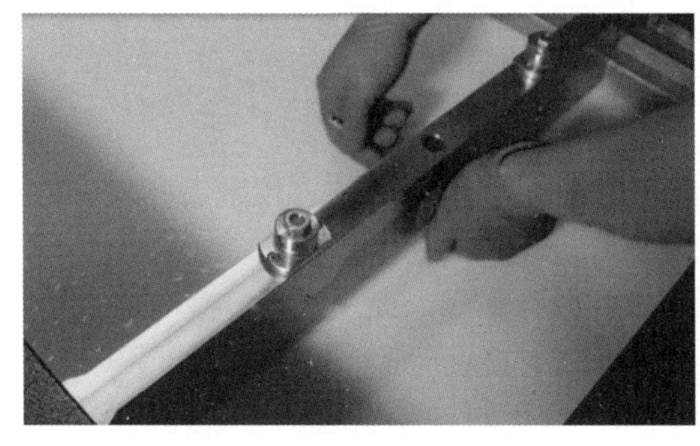

图6-14　清理刮刀示意图

图6-15　检查刮刀底部

3）电气系统的维护。

① 工控机维护。主板保养：防尘，定时清洁（至少每年1次）；CPU散热风扇除尘，

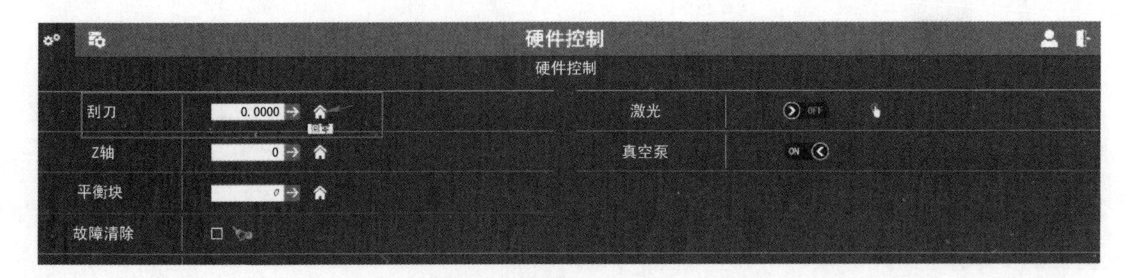

图6-16 刮刀回零

电源风扇除尘，防止CPU散热不良。软件维护：

· 硬件驱动，采用保守策略；只要应用稳定，一定要谨慎更新策略，禁止在工作电脑上安装其他软件。

· 设备尽量不要连接外网，在局域网内，图形处理工作电脑建议安装杀毒软件。

· 工作计算机之间的数据传输建议用专用U盘或通过磁盘映射的方式，避免电脑之间病毒传播。

· 电脑定时重启，可以清除运行垃圾，保证设备稳定运行。

· 不要存放数据到桌面，打印数据固定存放。

② 液位系统维护：

· 保持液位传感器检测面干净；

· 保持液位传感器正下方无异物，否则会干扰检测。

③ 电盘维护：

· 电盘外观保持整洁；

· 继电器、接触器、断路器外观保持清洁，触点完好，无过热现象，接触器无噪声；

· 每月检查电盘散热风扇，确保散热风扇能正常工作，无振动、无异响；

· 电盘断路器和接触器主触点螺丝、接地排的螺丝要定期紧固，防止松动；

· 电机联轴器螺丝要定期紧固；

· 电机动力插头，编码器插头等接插件要定期查看紧固；

· 真空泵的气管要定期查看紧固；

· 继电器和继电器底座要定期查看紧固；

· 电盘漏电断路器要每月按一次漏电开关“TEST”键。

（2）选择性激光熔融设备维护保养。市场上有多种品牌的选择性激光熔融类型增材制造设备，本节以华曙高科FS121M型号为例，其他品牌可以参考执行。

1）激光窗口镜清洁。激光窗口镜是激光通过的窗口，如果上面有灰尘，激光通过窗口镜时会被衰减，因此要经常清洁窗口镜。准备好清洁窗口镜时照明用的LED手电筒，清洁方法如下：

① 佩戴好指套或橡胶手套，用空气球将镜片表面浮物吹掉，如果吹不掉污染物，则用无水酒精沾湿无尘布或无尘纸，轻轻地擦洗表面；如果除不掉污染物，需松掉螺钉，将窗口镜拆下用白醋沾湿棉签或脱脂棉，用很小的力擦洗表面，接着立即用无水酒精沾湿无尘布或无尘纸，轻 轻地擦拭表面，除去残留的白醋。

② 每次烧结前清洁。

2）刮刀更换及清洁。每次烧结完成后，需要使用抹布将刮刀及刮刀座表面擦拭干净，擦拭时可用酒精。更换步骤如下：

① 更换好下次烧结用的成型缸烧结基板；

② 在运动控制界面内，把基板降到工作平面以下，将刮刀移动到方便双手操作的合适位置；

③ 旋松压板紧固螺钉，取出压板；

④ 平移取出刮刀，更换另一个刮粉面或新的刮刀；

⑤ 平移推入支撑座，放入压板，旋紧压板紧固螺钉，完成刮刀更换。

3）活塞密封圈及集尘系统日常维护：

① 每周将活塞密封圈清洁一次。

② 集尘器和电控设备要有专人操作和检修，操作人员必须全面掌握集尘器性能、构造和操作规程，发现问题及时处理，确保系统正常运行。定期测定工艺参数，如流量、温度、压力等。

③ 停机时，在工艺系统停止后应保持除尘器和引风机继续空载工作一段时间，以除去设备内的潮气和粉尘。必须注意的是：在集尘器停止工作时，要反复对除尘器进行清灰操作（可用手动清灰）将滤筒上的粉尘除掉，以防止潮气影响而堵塞滤筒。

巩固训练·创新探索

通过前面几个模块的学习，已经掌握了增材制造设备的结构种类及特点，实践操作了Prusa i3 增材制造设备的组装及调试和维护保养。根据学习的内容，通过查找学习资料，可操作其他品牌增材制造设备，例如创想三维Ender-3 V3 型增材制造设备的安装、维护与保养等内容，如图 6-17 所示。

图 6-17　Ender-3 V3 型增材制造设备

增“材”增“智”

数字经济下的新职业：增材制造工程技术人员

2022 年，人社部发布《中华人民共和国职业分类大典（2022 年版）》（以下简称“大典”），民宿管家、家庭教育指导师、研学旅行指导师、机器人工程技术人员等 5 批共 74 个新职业纳入大典中。

据介绍，新职业陆续发布后，人社部门还将及时推进新职业的标准开发工作，全面推动相关的培养、评价工作，开发新职业相关标准，不仅对规范新职业的培训市场具有积极意义，还有利于引领职业教育培训改革。除了组织制定新职业标准、指导培训机构依据国家职业标准开展培训外，还将积极稳妥推行新职业技能水平的社会化评价，对评价认定合格的人员，由评价机构按照有关规定颁发证书。

从《“十三五”国家战略性新兴产业发展规划》中提出打造增材制造产业链，到“十四五”规划纲要中提出在制造业核心竞争力提升方面发展增材制造，近年来，我国高度重视增材制造业发展。

增材制造，又被称为“3D 打印”，广泛应用于航空航天、汽车、医疗、建筑、艺术等领域，进行增材制造的“魔术师”在 2022 年 6 月有了正式名称——“增材制造工程技术人员”。在大家眼中，他们能变出各种各样的物件。这一新职业的日常工作是什么，这些“魔术师”对增材制造的未来有何期待？位于安徽省芜湖市繁昌经济开发区的春谷 3D 打印智能装备产业园里，有增材制造产业链上游的新材料、数据软件企业，中下游的整机设备和生物医疗、汽车工业、文创工艺等相关应用服务的制造、供应商。

该产业园投用 10 年间，集聚了 62 家增材制造企业，其中规模以上企业 19 家。产业园负责人陈守锋介绍，2022 年园区总产值达 13.8 亿元，同比增长 130%，呈现出特色明显、区域集聚、快速增长的发展态势。

2021 年，增材制造工程专业列入普通高等学校本科专业目录，全国多所高校已设置“增材制造工程”本科专业。2023 年 3 月，《增材制造工程技术人员国家职业标准（2023 年版）》正式颁布；9 月，三帝科技联合上海交通大学、聊城职业技术学院发起成立全国增材制造行业产教融合共同体，一同培养专业人才。

一名优秀的增材制造工程技术人员，既要懂技术，也要对行业发展有清晰认知。近年来，3D 打印步入快速成长期。2021 年，中国增材制造企业营收约 265 亿元，同比增长 31%，高出全球年均增长水平约 10%；相关机构预测，至 2025 年，全球增材制造有望产生 2000 亿美元到 5000 亿美元的效益。

参考文献

[1] 杨伟群 . 3D 设计与打印 [M]. 北京：清华大学出版社，2015.
[2] 李艳 . 3D 打印企业实例 [M]. 北京：机械工业出版社，2017.
[3] 袁赟，袁锋 . 三维数字化建模与 3D 打印 [M]. 北京：机械工业出版社，2020.
[4] 王嘉，田芳 . 逆向设计与 3D 打印案例教程 [M]. 北京：机械工业出版社，2020.
[5] 曹明元 . 3D 打印快速成型技术 [M]. 北京：机械工业出版社，2017.
[6] 高永伟，徐顺和 . 3D 打印技术案例教程（SOLIDWORKS 2020）[M]. 北京：机械工业出版社，2023.
[7] 鲁华东，张骜，杨帆 . 增材制造技术基础 [M]. 北京：机械工业出版社，2022.
[8] 卢秉恒，李涤尘 . 增材制造（3D 打印）技术发展 [J]. 机械制造与自动化，2013，42（4）：1-4.
[9] Joan Horvath. 3D 打印技术指南　建模、原型设计与打印的实战技巧 [M]. 张佳进，张悦，谭雅青，等译 . 北京：人民邮电出版社，2016.
[10] 朱红，易杰，谢丹 . 3D 打印技术基础 [M]. 武汉：华中科技大学出版社，2021.
[11] 辛志杰 . 逆向设计与 3D 打印实用技术 [M]. 北京：化学工业出版社，2017.
[12] 黄卫东 . 建设增材制造（3D 打印）技术的科技、教育与产业发展的系统工程 [J]. 改革与开放，2014（15）：7-10.
[13] JB/T 14190—2022　增材制造设备　桌面型熔融挤出成形机 [S].
[14] GB/T 35351—2017　增材制造术语 [S].
[15] 于灏 . “中国制造 2025”下的 3D 打印 [J]. 新材料产业，2015（7）：20-27.
[16] 敬石开 . “中国制造 2025”与职业教育 [J]. 中国职业技术教育，2015（21）：5-9.

附　录

附录 A　学生工作任务单

课程名称	增材制造技术		
模块名称			
任务名称			
上课时间		上课地点	
任务下发人		日期	年　月　日
任务执行人		班级组别	
任务描述	（由任课教师下达）		
任务相关知识点			
任务实施过程			

附录 B 工作过程评价表

<table>
<tr><td colspan="2">课程名称</td><td colspan="8">增材制造技术</td></tr>
<tr><td colspan="2">模块名称</td><td colspan="8"></td></tr>
<tr><td colspan="2">任务名称</td><td colspan="8"></td></tr>
<tr><td colspan="2">上课时间</td><td colspan="3"></td><td colspan="2">上课地点</td><td colspan="3"></td></tr>
<tr><td colspan="2">被评价人</td><td colspan="3"></td><td colspan="2">班级组别</td><td colspan="3"></td></tr>
<tr><td colspan="2">评价人</td><td colspan="3"></td><td colspan="2">日期</td><td colspan="3">年 月 日</td></tr>
<tr><td colspan="2">评价等级</td><td>A
（90 分
及以上）</td><td>B
（80~89 分）</td><td>C
（70~79 分）</td><td>D
（60~69 分）</td><td>E
（59 分
及以下）</td><td>得分</td><td>权重</td><td>成绩</td></tr>
<tr><td rowspan="5">知识技能</td><td>收集信息</td><td></td><td></td><td></td><td></td><td></td><td></td><td>10%</td><td></td></tr>
<tr><td>制定计划</td><td></td><td></td><td></td><td></td><td></td><td></td><td>10%</td><td></td></tr>
<tr><td>做出决策</td><td></td><td></td><td></td><td></td><td></td><td></td><td>10%</td><td></td></tr>
<tr><td>实施计划</td><td></td><td></td><td></td><td></td><td></td><td></td><td>30%</td><td></td></tr>
<tr><td>检查控制</td><td></td><td></td><td></td><td></td><td></td><td></td><td>10%</td><td></td></tr>
<tr><td rowspan="3">职业素养</td><td>遵守时间</td><td></td><td></td><td></td><td></td><td></td><td></td><td>5%</td><td></td></tr>
<tr><td>团结协作</td><td></td><td></td><td></td><td></td><td></td><td></td><td>10%</td><td></td></tr>
<tr><td>表达能力</td><td></td><td></td><td></td><td></td><td></td><td></td><td>5%</td><td></td></tr>
<tr><td colspan="2">思政</td><td></td><td></td><td></td><td></td><td></td><td></td><td>10%</td><td></td></tr>
<tr><td colspan="7">总 成 绩</td><td colspan="3"></td></tr>
</table>

附录 C 工作过程评价标准

评价等级		A（90 分及以上）	B（80~89 分）	C（70~79 分）	D（60~69 分）	E（59 分及以下）
知识技能	收集信息	能够完整收集完成项目所需要信息，正确回答引导文中的问题，正确完成资讯单，过程有详细的记录	能够完整收集完成项目所需要信息，正确回答引导文中的问题，正确完成资讯单，过程有记录	能够收集完成项目所需要信息，回答引导文中的问题，正确完成资讯单，过程不记录	收集信息与任务需求匹配度较低	不能完成任务
	制定计划	完成项目实施计划表，实施计划安排合理，实施准备充分，有详细的可监控预期结果	完成项目实施计划表，实施计划安排合理，实施准备充分，有完整可监控预期结果	完成项目实施计划表，实施计划安排较为合理，有可监控预期结果	项目实施计划表基本完成，实施计划可执行性不强	不能完成任务
	做出决策	项目方案设计合理，正确完成项目决策单，知识结构完整详细，过程有详细的记录	项目方案设计合理，正确完成项目决策单，知识结构完整，过程有记录	项目方案设计较为合理，完成项目决策单，完成知识结构学习	有项目方案设计，过程不记录	不能完成任务
	实施计划	在规定的时间内能按计划完成项目子任务，知识结构完整，重难点突出，讲解清晰，过程有详细的记录	在规定的时间内能按计划完成项目子任务，知识结构比较完整，重难点明确，讲解比较清楚，过程有记录	在规定的时间内能按计划基本完成项目子任务，知识结构相对完整，知识点讲解相对清楚	在规定的时间内能按计划基本完成项目子任务，但过程不记录	不能完成任务
	检查控制	能完整总结项目的开始、过程、结果，准确总结分析知识点，正确回答思考题	能完整总结项目的开始、过程、结果，较准确总结分析知识点，能够回答思考题	能较完整总结项目的开始、过程、结果，可以理解相关知识点，基本上回答出思考题	项目的开始、过程、结果记录较少	不能完成任务
职业素养	遵守时间	不迟到、不早退，中途不离开项目实施现场	不迟到、不早退，中途离开项目实施现场的次数不超过 1 次	有迟到或早退现象，中途离开项目实施现场的次数不超过 2 次	迟到或早退超过 2 次	
	团结协作	配合很好，服从组长的安排，积极主动，认真完成本项目	配合较好，能够按照组长的安排完成项目	能够与同学配合完成本项目	不能与同学配合	

续表

评价等级		A （90分及以上）	B （80~89分）	C （70~79分）	D （60~69分）	E （59分及以下）
职业素养	表达能力	积极回答问题，条理清晰，声音洪亮	主动回答问题，条理较清晰，声音较大	能够回答问题，声音清晰	不能回答问题	
学习反思		能详细、完整写出本次任务所得、不足及改进措施	基本写出本次任务所得、不足及改进措施	能写出本次任务所得或不足及改进措施	没有完成本次任务所得或不足及改进措施